环境安全
风险管控与应急处置

主　编　黄小武
副主编　黄西菲　代　允

Environmental Safety:

Risk Management and Emergency Response

武汉大学出版社

图书在版编目(CIP)数据

环境安全风险管控与应急处置 / 黄小武主编. -- 武汉：武汉大学出版社, 2025.8. -- ISBN 978-7-307-24975-2

Ⅰ. X32；X507

中国国家版本馆 CIP 数据核字第 2025ES4747 号

责任编辑：范绪泉　　责任校对：汪欣怡　　版式设计：马　佳

出版发行：武汉大学出版社　　（430072　武昌　珞珈山）

（电子邮箱：cbs22@whu.edu.cn　网址：www.wdp.com.cn）

印刷：武汉中科兴业印务有限公司

开本：720×1000　1/16　印张：32.5　字数：523 千字

版次：2025 年 8 月第 1 版　　2025 年 8 月第 1 次印刷

ISBN 978-7-307-24975-2　　定价：98.00 元

版权所有，不得翻印；凡购我社的图书，如有质量问题，请与当地图书销售部门联系调换。

编 委 会

主　编 黄小武
副主编 黄西菲　代　允
参编人员（按姓氏笔画排序）
　　　　　李　俊　吴　杨　陈　威　陈倩倩
　　　　　陈振容　肖舒婷　张　枫　张秀敏
　　　　　郑少澄　周吉利　周　健　承书振
　　　　　姚　驯　贾晓栋　薛余化

前　　言

改革开放四十多年来，我国取得了举世瞩目的巨大经济成就，综合国力和人民的生活水平跃上了新台阶，且未来可期，令人欢欣鼓舞。然而，工业化和城镇化进程中诸如大气污染、水污染、土壤污染、生物多样性锐减、水土流失、突发环境事件等对我们赖以生存的人居环境构成了新的威胁，相关领域的专家学者开始用安全的视角去看待和应对环境危机，从宏观层面对环境安全开展前瞻性研究，逐渐形成了环境安全理念，甚至将环境安全问题提升到国家安全高度，提出了若干应对路径与策略，颇有见地。

本书致力于从突发环境事件的预防与应急这一维度分析研究环境安全问题，主要内容包括企业环境风险评估、突发环境事件预防、环境应急能力建设与应急处置等，力图为降低企业和区域环境安全风险提供专业指南。此外，鉴于若干地方生态环境主管部门基于实用角度将环保设备设施安全生产并入环境安全管理范畴，因此本书对如何开展环保设备设施安全管理也进行了专业阐述。

2011年4月，本人主编并出版了《环境应急管理》。其时，我国的环境应急管理还处于探索阶段，系列的指导性、规范性文件尚未出台。近10余年来，因若干突发环境事件造成了区域性或跨区域性生态环境危害，有的甚至产生了国际影响，环境应急工作逐渐为全社会高度关注。生态环境部相继颁布了《突发环境事件应急管理办法》《企业突发环境事件风险评估指南（试行）》《企业突发环境事件风险分级方法》《环境应急资源调查指南（试行）》《企业事业单位突发环境事件应急预案备案管理办法（试行）》等文件，各地生态环境主管部门在此基础上相应地制定了若干技术或管理规范，为企业事业单位开展环境安全工作指明了方向。这些制度、标准、指南和指引也构成本书的重要编写依据。

根据对相关数据资料的分析，我国的突发环境事件风险目前依然处于高位，且具有以下特征：

(1)次生污染事件数量占比上升。据生态环境部的相关统计数据，近年来，全国生产安全事故和交通运输事故次生污染事件数量占全部突发环境事件总量的80%以上，且呈上升趋势，违法排污和环境管理失控造成的污染事件数量占比明显下降。

(2)石油类污染事件明显增多。一方面是因为近10年来石油管网大量建设，固有环境风险升高，且原有的石油管道长时间地下运行，管道破损至漏油事件的概率相应增加；另一方面是因社会对石油需求旺盛，公路油罐车事故次生污染风险增大。

(3)突发重金属污染事件在某些地区较为频繁。我国某些地区因产业配套需要，诸如电镀、印制电路板、铅酸蓄电池等企业不可或缺，相应的重金属污染风险较高，涉重的突发环境污染事件相应较多，对属地环境应急力量的配置建设提出了新的要求。

(4)集中式饮用水源污染事件最为敏感且处置难度大。饮用水源污染事件涉及千家万户，社会影响大，如果操作不当甚至可能引起巨大的舆情压力，因此各类突发环境事件中集中式饮用水源污染最为敏感。此外，集中式饮用水源毕竟不同于普通的地表水，对应急处置方法、处置时间及应急结束条件有严格的要求，因此处置难度相对较大。

针对新的环境风险特征和环境应急政策要求，如何预防突发环境事件，如何做好环境应急准备，如何科学处置突如其来的环境污染和生态破坏事件，甚至怎样管控环保设备设施安全生产等，已成为各级生态环境主管部门、企业界、相关专家学者共同关心的现实问题。本书编著人员多年来专注于为企业事业单位和生态环境主管部门提供环境应急及环保设备设施安全生产咨询服务，同时参与相关课题研究，积累了大量技术资料和研究成果，本书编写过程中对这些成果资料进行了系统梳理与归纳总结，同时借鉴了国内外的最新研究成果，追求实用性和可操作性。

本书共分为十二章，第一章是概述，第二章、第三章、第四章重点分析讨论了环境风险防控的内容，第五章、第六章、第七章、第八章、第九章具体阐述了环境应急响应与事件调查评估，第十章着重于环保设备设施安全管控的相关要求，第十一章是企业开展环境安全标准化建设的程序与内容，第十二章分析了 10 起典型案例。

在前期调研和编写过程中，深圳市生态环境局、深圳市应急管理局给予了大力支持，中国地质大学(北京)罗云教授对环保设备设施安全风险管控进行了方向性指导，在此一并表示衷心的感谢。

由于我们水平有限，书中可能存在若干不足甚至错误之处，敬请广大读者批评指正。

黄小武

2025 年 1 月于深圳

目　　录

第1章　概述 ··· 1
　1.1　环境安全的范畴与特征 ··· 1
　1.2　突发环境事件类型 ··· 6
　1.3　突发环境事件分级 ··· 7
　1.4　环境应急工作原则 ··· 9
　1.5　企业环境应急管理主体责任 ··· 11

第2章　环境风险评估 ··· 16
　2.1　环境风险评估概述 ··· 16
　2.2　建设项目环境风险评价 ··· 21
　2.3　突发环境事件风险评估 ··· 49
　2.4　区域环境风险评估 ··· 67
　2.5　适用于环境污染责任险的风险评估方法 ·························· 84
　2.6　化学物质环境风险评估 ··· 90

第3章　危险废物规范化管理与鉴别技术 ······························· 98
　3.1　危险废物概述 ··· 98
　3.2　工业危险废物产生单位规范化环境管理 ························· 105
　3.3　危险废物经营单位规范化环境管理 ······························· 126
　3.4　危险废物鉴别技术 ··· 136
　3.5　医疗废物规范化管理 ·· 143

第 4 章 危险化学品环境安全管理 ········ 149
4.1 概述 ········ 149
4.2 理化与危害特性 ········ 153
4.3 危险化学品生产安全 ········ 172
4.4 危险化学品储存与运输安全 ········ 176
4.5 不相容危险化学品辨识 ········ 187
4.6 危险化学品火灾扑救 ········ 190
4.7 危险化学品安全法规 ········ 194

第 5 章 环境应急能力建设 ········ 200
5.1 突发环境事件应急预案 ········ 200
5.2 环境应急物资与装备 ········ 224
5.3 环境应急演练与培训 ········ 232

第 6 章 信息报告与污染处置技术 ········ 263
6.1 信息报告 ········ 263
6.2 污染处置 ········ 276
6.3 水环境污染常见应急处置方法 ········ 293

第 7 章 环境应急"一河一策一图" ········ 303
7.1 "一河一策一图"基本工作思路 ········ 303
7.2 "找空间"——摸底流域环境应急空间与设施 ········ 304
7.3 "定方案"——编制"一河一策一图"环境应急响应方案 ········ 313
7.4 "抓演练"——开展"一河一策一图"应用演练 ········ 317

第 8 章 环境应急监测 ········ 321
8.1 环境应急监测程序 ········ 321
8.2 环境应急监测方案 ········ 323

8.3 应急监测对象 …… 326
8.4 环境应急监测方法 …… 328
8.5 环境应急监测装备 …… 332
8.6 环境应急监测报告的编制 …… 340

第9章 突发环境事件调查处理 …… 351
9.1 调查处理的程序与内容 …… 351
9.2 突发环境事件原因分析 …… 354
9.3 突发环境事件损害评估 …… 356
9.4 应急处置阶段直接经济损失评估 …… 363
9.5 突发环境事件调查报告 …… 373

第10章 环保设备设施安全风险管控 …… 386
10.1 环保设备设施安全风险评估 …… 386
10.2 环保设备设施安全风险管控 …… 394
10.3 环保设备设施有限空间作业安全 …… 397
10.4 环保设备设施安全隐患排查与治理 …… 410

第11章 企业环境安全标准化建设 …… 420
11.1 企业环境安全风险管控标准化 …… 420
11.2 环境安全隐患排查治理标准化 …… 434
11.3 应急管理标准化 …… 442
11.4 环境安全标准化考核评级 …… 445

第12章 典型案例分析 …… 447
12.1 典型案例一："3·21"危险废物特别重大爆炸事故及污染事件 …… 447
12.2 典型案例二："8·12"特别重大爆炸事故次生污染事件 …… 453
12.3 典型案例三："11·13"火灾爆炸事故次生松花江污染事件 …… 463
12.4 典型案例四："11·22"特别重大爆炸事故次生污染事件 …… 469

12.5　典型案例五："4·3"重大饮用水源镉污染事件 …………… 475
12.6　典型案例六："6·14"柴油泄漏致重大污染事件 …………… 478
12.7　典型案例七："9·9"甬莞高速交通事故次生污染事件 …… 482
12.8　典型案例八："3·31"固体废物燃爆较大责任事故 ………… 487
12.9　典型案例九："2·15"污染防治设施有限空间较大中毒事故 …… 493
12.10　典型案例十："8·2"特别重大粉尘爆炸事故 ……………… 500

参考文献 ……………………………………………………………………… 507

第1章 概 述

1.1 环境安全的范畴与特征

1.1.1 基本概念

环境安全为近年来在生态环境领域出现的高频词汇，环境安全探索与研究现已悄然成为环境科学和可持续发展研究的一个方兴未艾的热点。早在1981年美国世界观察研究所莱斯特·R.布朗在《建设一个可持续发展的社会》(一书)中率先提出了环境安全概念，并对这一概念进行了阐述，力图将环境议题纳入国家安全范畴。我国在2000年12月发布的《全国生态环境保护纲要》中首次明确提出"维护国家生态环境安全"的目标，认为生态环境安全是国家安全的重要组成部分。

环境安全概念有广义和狭义之分。

广义的环境安全是指人类赖以生存发展的环境处于一种不受污染和损害的安全状态。这一视角是在环境科学领域内引入安全科学的理念，重新审视、思考和研究那些严重威胁人类社会生存与发展的环境问题，包括酸雨污染、温室效应或气候变暖、臭氧层破坏、土地沙漠化、森林覆盖率减少、生物多样性锐减、水环境污染与水资源危机、水土流失、垃圾包围城市、大气污染、新污染物危机等；然而在现代工业社会里，很难有理想的环境安全状态，人类居住的环境或多或少会受到污染影响。那么如何能够简单地判断局部生态环境是否安全呢？通常的方法是运用环境质量标准和面临的环境风险来衡量，如果水环境、大气环境或土壤环境中污染物浓度低于环境质量标准限值，且不受污染或损害威胁，则可认为局部生态环境处于安全状态；否则，如果生态环境中污染物浓度超过环境质量标准限值，或面临较高的环境风险时，则认为局部生态环境没有满足安全条件，生态环境处于不安全状态。

狭义的环境安全是指生态环境处于不受或少受破坏与威胁的状态。造成生态环境处于不安全状态或威胁生态环境安全的直接致因是突发环境事件。这是目前被生态环境主管部门认同的环境安全定义，也是本书研究和探讨的主要内容。根据生态环境部的定义，突发环境事件是指由于污染物排放或者自然灾害、生产安全事故等因素，导致污染物或者放射性物质等有毒有害物质进入大气、水体、土壤等环境介质，突然造成或者可能造成环境质量下降，危及公众生命和财产安全，或者造成生态环境破坏，或者造成重大社会影响，需要采取紧急措施予以应对的事件。因此，以狭义的视角，突发环境事件可称之为环境安全事件，企业对突发环境事件的预防与应急处置可视为环境安全管控。

上述对突发环境事件的定义包括以下三层含义：

其一，突发环境事件是由于污染物（环境风险物质）意外排放，或者火灾爆炸事故，或者交通事故，或者不可抗力引起的环境污染事件。根据相关统计数据，2019年至2023年的5年间，火灾爆炸事故和交通事故次生污染事件约占全部突发环境事件的80%[①]，这也为突发环境事件的预防和应急准备指明了方向。

其二，突发环境事件的后果可能是突然造成环境质量下降危及公众生命和财产安全，或者造成生态环境破坏，或者造成重大社会影响。突发环境事件可能造成环境或社会危害，因此需要采取相应的预防措施，及时发现并消除突发环境事件隐患，避免事件发生。

其三，突发环境事件发生后，需要第一时间采取紧急应对措施。这些紧急应对措施包括指挥协调、信息报告、污染处置、应急监测、舆情引导等内容，具有明显的专业性和合规性特征。如果在环境应急处置过程中没有专业队伍和专业的应急物资装备，就可能错过应急处置的黄金时间，进而造成更大的环境危害。

---

① 佚名.生态环境部举行6月例行新闻发布会[EB/OL].[2024-12-10].生态环境部网站.http://www.scio.gov.cn/xwfb/bwxwfb/gbwfbh/sthjb/202406/t20240627_853422_m.html[2024-06-24].

国内外曾发生若干起与环境污染相关的突发事件，如：

(1) 2005年11月13日，中国石油天然气股份有限公司吉林石化分公司双苯厂硝基苯精馏塔发生爆炸，事故区域排出的污水中含有约98吨苯类物质流入松花江，造成水体严重污染，沿岸数百万居民的生活受到影响。

(2) 2010年4月20日，位于墨西哥湾的英国石油公司所属"深水地平线"钻井平台起火爆炸后沉没，底部油井持续漏油，一度迫使美国的佛罗里达州、亚拉巴马州、路易斯安那州宣布进入紧急状态，成为美国历史上最严重的生态灾难。

(3) 2013年11月22日凌晨3点，位于青岛市黄岛区秦皇岛路与斋堂岛街交汇处，中石化输油储运公司潍坊分公司输油管线破裂，泄漏原油约2000吨。事故应急处置过程中发生火灾爆炸事故，造成62人死亡、136人受伤，直接经济损失75172万元，且大量油污流向附近海域，造成严重的海洋污染。

(4) 2015年8月12日，天津港发生危险品特别重大火灾爆炸事故，造成165人遇难和重大环境污染。

(5) 2019年3月21日，江苏响水天嘉宜化工有限公司长期违法储存危险废物硝化废料(主要成分为：三硝基二酚48.4%、间二硝基苯26.2%)，因持续积热升温导致自燃，燃烧引发硝化废料爆炸。本次特别重大爆炸事故，造成78人死亡、76人重伤、640人住院治疗，直接经济损失198635.07万元，且对周边的水环境造成了严重污染。

(6) 2020年7月14日6时6分许，贵州省遵义市桐梓县境内中石化输油管道因山体滑坡导致管道受损，管道运输的柴油发生泄漏(泄漏量约289.91吨)，后因处置不及时，造成影响跨贵州、重庆两省(市)的重大突发环境事件。

(7) 2020年9月9日，广东省甬莞高速揭阳普宁市赤岗段发生一起天然气运输车辆和苯酚运输车辆追尾的交通事故，造成1.1吨天然气泄漏和28.94吨苯酚全部泄漏，泄漏的苯酚沿着高速公路流入下游沟渠，威胁一级饮用水源保护区。

一系列重大突发环境事件及其应急处置，推动了各级生态环境主管部门和企业界对环境应急工作的高度重视。突发环境事件的预防、应急准备和应急响应现已成为生态环境保护领域的重要工作内容之一。

本书研究探讨的主要内容是狭义的环境安全。此外，环境安全管理范畴通常还带有地方特色，部分生态环境主管部门根据地方政府的要求，按照"管行业必须管安全、管业务必须管安全、管生产经营必须管安全"的安全管理体制,将环保设备设施安全管理或者生态环境领域安全管理纳入环境安全工作范畴。这方面的相关内容,将在本书第十一章集中阐述。

1.1.2 突发环境事件的主要特征

突发环境事件往往呈现发生的突然性、后果的危害性、影响的流域性和应急处置的专业性等特征。

(1)突然性。

突发环境事件多数是在没有任何征兆的情况下发生的,具有很强的偶然性。如运输危险化学品的车辆翻入饮用水源保护区、氯气罐突然爆裂引起大面积泄漏污染、电镀生产车间火灾造成次生环境污染、危险废物储存点遭洪水袭击等都能造成突发环境事件。2020年3月22日上午9时6分,G4广深高速一辆装有95号汽油的油罐车受到猛烈撞击在隔离带上侧翻起火。消防部门紧急灭火,现场产生了大量含油消防废水,部分消防废水进入距离事故现场约1千米的河道。经多方努力,事态控制良好。这种突发性环境事件对属地环境应急能力是一个严峻的考验。

长期以来,部分单位对突发环境事件的预防与应急准备重视不够,以至事件突然来临时措手不及,小事件可能升级成大事件。松花江污染事件造成的后果及其追责处理,引起了各级生态环境主管部门、企业对环境应急工作的高度重视,纷纷制定突发环境事件应急预案并组织演练,检验环境应急处置能力。

(2)危害性。

突发环境事件往往会在瞬间排放大量的有毒有害物质进入大气、水体和土壤等环境介质,造成局部环境质量迅速恶化,还可能因环境污染造成人员伤亡、财产损失及生态环境的严重破坏。

突发环境事件对环境造成的危害有时是短期的(如地表水汽油泄漏污染、含氰废水污染、生活废水污染),有时还是中长期的(如重金属污染土壤事件),需要区别对待,针对性采取应急处置措施。

2016年4月3日,位于江西省宜春市某非法小冶炼企业,在暴雨期间集中将厂区内含有高浓度镉、铊、砷等重金属的废液直接排入仙女湖,造成新余市第三自来水厂取水中断，严重影响了市民正常生活，为重大突发环境事件。

(3) 流域性。

我国幅员辽阔，长江、黄河、珠江、松花江等大江大河通常横跨多个区域，甚至横跨数个省，如流域上游发生水污染事件，污染团必然顺水向下游漂移，如果控制不及时极可能造成跨区域污染。2005 年 12 月 15 日，常规监测发现北江韶关段镉严重超标，广东省环保厅经紧急排查，确认是韶关冶炼厂设备检修期间违法超标排放含镉废水所致，事件对流域下游广州、佛山、清远等城市的正常供水造成重大影响，威胁流域人员饮水安全，经广东省政府、国家环保总局及众多单位历时 1 个多月的艰苦努力，事态得以良好控制，2006 年 1 月 28 日应急终止。2020 年 7 月 14 日，贵州省遵义市桐梓县境内中石化输油管道柴油发生泄漏，造成事故点下游捷阵溪、松坎河及綦江共计 119 千米河道（横跨贵州省和重庆市）石油类超标，流域多处取水被迫中断，经贵州省政府、重庆市政府和生态环境部合力应对，跨区域事件得到有效控制，污染消除。

突发环境事件往往需要属地政府组织生态环境、消防、水务、交通及应急管理等部门协同应对。例如，因火灾爆炸事故引起的水污染事件就需要生态环境部门、消防部门和水务部门联动应对方能在尽可能短的时间内控制事态，阻遏污染团向下游扩散。基于此，相关专业部门需要建立制度化的应急联动机制。2020 年 1 月，生态环境部和水利部联合发布了《关于建立跨省流域上下游突发水污染事件联防联控机制的指导意见》（环应急[2020]5 号），用于指导跨省流域上下游突发水污染事件联动应急处置。2020 年 2 月，广东省应急管理厅、广东省生态环境厅、广东省住房和城乡建设厅、广东省水利厅和广东省消防救援部队联合发布《危险化学品生产安全事故消防废水应急处置联动机制》（粤应急[2020]27 号），用于指导建立危险化学品事故消防废水联动应急处置工作机制。

(4) 专业性。

突发环境事件现场应对的核心内容是污染处置和应急监测。前者可能会运用到如氧化还原反应、中和反应、聚合反应等化学方法，或者运用到吸附、过滤、收集、拦截、导流等物理方法；后者需要按照《突发环境事件应急监测技术规范》（HJ 589—2021）的要求编制环境应急监测方案、采样、分析，提交监测分析数据。此外，突发环境事件发生后，污染物的迁移受风向、地形、水流等因素的影响很大，污染处置和应急监测方法可能随时都需要调整。

因此，突发环境事件的应急处置对专业性有较高的要求：一方面，环境应急需要有科学的预案，需要对相关人员进行专业培训和操练，同时需要配备专业的环境应急物资、装备和仪器；另一方面，突发环境事件的应急处置现场，往往需要环境应急专家指导，为现场的各项环境应急处置行动提供技术支撑。

1.2 突发环境事件类型

突发环境事件大体上可分为以下 7 种类型：

(1) 水环境污染事件。生产活动过程中因装置失效或管理失误或应急处置不当，可能导致有毒有害物质进入地表水或地下水，如危险化学品泄漏进入地下水、含高浓度重金属生产废水直排进入地表水等均可能引起突发水环境污染事件。

(2) 大气污染事件。生产、储存或运输氯(液氯)、氨(液氨)、氰化氢、硫化氢、氯化氢(盐酸)、苯、甲苯、二甲苯、甲醛等有毒有害气体或易挥发性有毒有害液体的管道、容器一旦破损引起大量泄漏，必然急剧污染周围大气，直接威胁公众的安全健康。此外，生产废气超标排放也可能造成突发性大气污染事件，甚至引起群体性事件。

(3) 土壤污染事件。液态危险化学品或危险废物泄漏侵入土壤造成突发性土壤污染事件。

(4) 放射性污染事件。放射性物质丢失、被盗或失控，以核辐射方式造成直接危害公众生命安全与健康的污染事件。

(5) 海洋污染事件。这主要指海上运输船舶、钻井平台因撞击、倾覆事故造成石油类或其他危险化学品泄漏造成的海洋污染事件。

(6) 不可抗力导致次生污染事件。地质灾害、洪水、台风等自然灾害引起的次生性环境污染或生态破坏事件。

(7) 人为污染事件。这包括恶意向外环境非法排放生产废水，非法倾倒危险废物，或管理失误造成环境风险物质泄漏污染事件等。

上述 7 大类事件中，本书不涉及放射性污染和海洋污染事件的预防与应急处置，读者可参考相关专业文献。

《深圳市突发环境事件应急预案》从事件发生的原因出发进行归类，将突发环境事件分为以下4类：

(1) 生产安全事故次生环境污染事件。企业发生火灾、爆炸、泄漏等生产安全事故(如电镀车间火灾、化工生产车间火灾、危险化学品爆炸)，导致大量消防废水、泄漏物、有毒有害气体释放到外环境造成污染事件。

(2) 交通事故次生环境污染事件。危险化学品、危险废物在运输过程中遭遇交通事故，导致大量泄漏，造成水体、大气、土壤污染。

(3) 违法排污致突发环境事件。企业或自然人非法违法排放废水、废气或倾倒危险废物导致水体、大气和土壤污染。

(4) 自然灾害次生突发环境事件。台风、暴雨、山体滑坡等极端天气或自然灾害，导致环境风险物质泄漏污染水体、大气或土壤。

《深圳市突发环境事件应急预案》的事件分类方法避免了环境事件类别的重复交叉，具有较好的操作性。

1.3　突发环境事件分级

按照突发环境事件严重程度，《国家突发环境事件应急预案》将突发环境事件分为特别重大、重大、较大和一般四级。

1.3.1　特别重大突发环境事件

凡符合下列情形之一的，为特别重大突发环境事件：
(1) 因环境污染直接导致30人以上死亡或100人以上中毒或重伤的；
(2) 因环境污染疏散、转移人员5万人以上的；
(3) 因环境污染造成直接经济损失1亿元以上的；
(4) 因环境污染造成区域生态功能丧失或该区域国家重点保护物种灭绝的；
(5) 因环境污染造成设区的市级以上城市集中式饮用水水源地取水中断的；
(6) Ⅰ、Ⅱ类放射源丢失、被盗、失控并造成大范围严重辐射污染后果的；放射性同位素和射线装置失控导致3人以上急性死亡的；放射性物质泄漏，造成大范围辐射污染后果的；

(7)造成重大跨国境影响的境内突发环境事件。

1.3.2 重大突发环境事件

凡符合下列情形之一的，为重大突发环境事件：

(1)因环境污染直接导致10人以上30人以下死亡或50人以上100人以下中毒或重伤的；

(2)因环境污染疏散、转移人员1万人以上5万人以下的；

(3)因环境污染造成直接经济损失2000万元以上1亿元以下的；

(4)因环境污染造成区域生态功能部分丧失或该区域国家重点保护野生动植物种群大批死亡的；

(5)因环境污染造成县级城市集中式饮用水水源地取水中断的；

(6)Ⅰ、Ⅱ类放射源丢失、被盗的；放射性同位素和射线装置失控导致3人以下急性死亡或者10人以上急性重度放射病、局部器官残疾的；放射性物质泄漏，造成较大范围辐射污染后果的；

(7)造成跨省级行政区域影响的突发环境事件。

1.3.3 较大突发环境事件

凡符合下列情形之一的，为较大突发环境事件：

(1)因环境污染直接导致3人以上10人以下死亡或10人以上50人以下中毒或重伤的；

(2)因环境污染疏散、转移人员5000人以上1万人以下的；

(3)因环境污染造成直接经济损失500万元以上2000万元以下的；

(4)因环境污染造成国家重点保护的动植物物种受到破坏的；

(5)因环境污染造成乡镇集中式饮用水水源地取水中断的；

(6)Ⅲ类放射源丢失、被盗的；放射性同位素和射线装置失控导致10人以下急性重度放射病、局部器官残疾的；放射性物质泄漏，造成小范围辐射污染后果的；

(7)造成跨设区的市级行政区域影响的突发环境事件。

1.3.4 一般突发环境事件

凡符合下列情形之一的，为一般突发环境事件：

(1)因环境污染直接导致 3 人以下死亡或 10 人以下中毒或重伤的；

(2)因环境污染疏散、转移人员 5000 人以下的；

(3)因环境污染造成直接经济损失 500 万元以下的；

(4)因环境污染造成跨县级行政区域纠纷，引起一般性群体影响的；

(5)Ⅳ、Ⅴ类放射源丢失、被盗的；放射性同位素和射线装置失控导致人员受到超过年剂量限值的照射的；放射性物质泄漏，造成厂区内或设施内局部辐射污染后果的；铀矿冶、伴生矿超标排放，造成环境辐射污染后果的；

(6)对环境造成一定影响，尚未达到较大突发环境事件级别的。

上述分级标准有关数量的表述中，"以上"含本数，"以下"不含本数。

《国家突发环境事件应急预案》对突发环境事件的分级适用于全国各地，有的生态环境主管部门结合自身的环境应急管理实际以及所处的地理环境，对事件分级进行了微调，但不影响整体的分级架构。有的地方政府根据应急管理需要，独立编制了辐射事故、海洋污染事件应急预案。深圳市突发事件应急委员会将《深圳市突发环境事件应急预案》《深圳市辐射事故应急预案》《深圳市大气污染应急预案》和《深圳市海域污染应急预案》分别作为市级专项应急预案，并列运行。

此外，为了第一时间控制敏感事件，《深圳市突发环境事件应急预案》规定以下情形为一般突发环境敏感事件：因环境污染直接导致 3 人以下死亡或 10 人以下中毒或重伤的，或者可能引发群体性事件及造成较大社会影响的，或者对饮用水水源保护区、居民聚居区、学校、医院等敏感区域和敏感人群造成较大环境影响的，或者重金属污染物、有毒有害物质造成或可能造成重点河流污染的一般突发环境事件。对于一般突发环境敏感事件，通常需要调动市级环境应急力量参与应对，即所谓"提级响应"。

1.4 环境应急工作原则

突发环境事件应急处置工作主要遵循以下原则：

1.4.1 以人为本

保护公众的安全与健康是环境应急管理工作的出发点,在突发环境事件的预防、应急准备与应急响应的各环节,须把公众的生命安全放在首位。

此外,突发环境事件应急处置过程中要同时保护好应急处置人员的安全。一个不容忽视的问题是在环境应急响应行动中,应急救援人员伤害事故时有发生,须足够重视。

1.4.2 预防为主

企业建立环境安全隐患排查和治理工作机制,定期组织开展隐患排查并建立隐患排查治理台账,实现隐患闭环管理;推行企业环境安全标准化,增强企业的预防和应急处置能力;强化环境安全执法检查,建立长效风险监督管控机制。通过采取上述措施,尽可能降低环境安全风险,是突发环境事件预防工作的重要抓手。

美国的安全专家海因里希研究表明,98%的事故是可以预防的,但有2%的事故是不可预防的。鉴于此,环境安全管理工作应立足于预防预警,防患于未然。应急机制是用于应对不可预防的事件,是"没有办法的办法"。

1.4.3 依法管理

在突发环境事件预防预警、信息报告、污染处置、应急监测、善后处置,以及责任追究等环节应强调依法应急,违法必究。

1.4.4 统一指挥

突发环境事件时,往往需要政府生态环境、应急管理、水务、消防、交警多部门和环境应急处置机构共同参与应急响应。为了提高环境应急工作效率,要求参加现场应急处置的单位和个人服从现场指挥部统一指挥,各路应急专业队伍形成合力,尽快控制事态。

1.4.5 快速响应

建立污染预警和应急响应的快速反应机制,平常进行必要的应急物资、人才和技术准备,突发环境事件时,及时采取措施,迅速控制事态。

突发环境事件的应急处置,时间决定成败。事件初发的两小时往往是最佳处置时机,如果应对及时,措施得力,就能达到大事化小的功效;如果错过最佳处置时机,则可能造成严重后果。生态环境部要求各级生态环境主管部门在面临突发环境事件时做到"五个第一时间",即:"第一时间报告",立即按规定向本级政府、上级环保部门等报送信息;"第一时间赶赴现场",及时核清事实、查明情况,掌握第一手资料,提出防控措施建议;"第一时间开展监测",准确掌握污染物扩散和环境质量变化情况,为科学处置提供依据;"第一时间向社会发布信息",及时将事件真相和生态环境部门所做的工作告知媒体、群众,主动引导社会舆论,维护社会稳定;"第一时间组织开展调查",主动调查事故原因,迅速排查污染源,采取有效处置措施,减小污染损失和生态破坏程度。

1.4.6 属地管理

企业事业单位对本单位突发环境事件的应急处置承担主体责任,突发环境事件时立即启动自有应急力量或可调动的应急力量参与应急处置。

无论是国有企业、外资企业、民营企业发生突发环境事件,或者危险化学品、危险废物运输车辆发生交通事故次生环境污染事件,事件所在辖区的地方政府都有责任和义务迅速启动应急预案,组织力量开展应急救援行动或者实施先期处置。

属地管理的原则对于及时遏制污染事态具有重要的现实意义,各级政府及其生态环境主管部门均应高度重视。

1.5 企业环境应急管理主体责任

按照《突发环境事件应急管理办法》的规定,企业应当按照相关法律法规和标准规范履行突发环境事件风险评估、环境风险防控、环境安全隐患排查与治理、环境应急预案备案和演练、环境应急能力保障建设、突发环境事件时第一时间开展应急处置等主体责任。

1.5.1 突发环境事件风险评估

涉及有毒有害或易燃易爆物质生产、使用、储存的建设项目，需要按照《建设项目环境风险评价技术导则》(HJ 169—2018)的规定开展环境风险评价，评价内容包括风险调查、环境风险潜势初判、风险识别、事件情形分析、风险预测与评价、环境风险管理等。评价报告要明确给出建设项目环境风险是否可防控的结论，提出缓解环境风险的建议措施。

企业编制突发环境事件应急预案之前需要编制突发环境事件风险评估报告，这份风险评估报告要随同环境应急预案和环境应急资源调查报告一并报备。该风险评估报告的编制依据是《企业突发环境事件风险评估指南(试行)》和《企业突发环境事件风险分级方法》(HJ 941—2018)。评价内容包括企业基本情况、环境风险受体与环境风险物质调查、突发环境事件情景分析、突发环境事件隐患排查和划分环境风险等级。其核心内容是掌握环境风险受体与环境风险物质、准确划分环境风险等级。

上述两个环境风险评估的侧重点和评估目的有差异，前者是从风险管理角度评估建设项目的可行性，侧重于防范；后者是编制环境应急预案的前提，侧重于应急管理。

1.5.2 强化突发环境事件风险防控措施

企业的突发环境事件风险防控措施，主要是有效防止泄漏物质、消防废水、污染雨水等扩散到外环境的收集、导流、拦截、降污等措施。具体包括：

拦截：主要通过关闭厂区雨水总排口、沙袋封堵、气囊封堵、关闭泄漏管道阀门、封堵泄漏点、围油栏拦截等措施，阻止消防废水或泄漏物流出厂界污染外环境，已经流出厂界的还要在河道分段拦截污染物。

收集：采用围堵聚合的方式，将流淌在地面的消防废水和泄漏物收集在一起，或者将河流上的油污通过围油栏将其合围在一定区域内。

导流：将收集起来的消防废水和泄漏物通过水泵、管道或自然落差引入应急池或其他可以暂时收容的场所。

降污：采用物理或化学方法，就地降低污染物的危害或浓度。现场降污的办法包括在自然条件下破氰、调节酸碱度、油污吸附、木屑吸附、重金属污染物沉降和开动废水站处理废水等措施。

转移：使用槽车或容器将污染物转移到具备处置能力的单位（如危险废物经营单位）进行处置，现场产生的危险废物也应转移到危险废物经营单位处置。

1.5.3　环境安全隐患排查与治理

企业应根据《企业突发环境事件隐患排查和治理工作指南（试行）》，或者属地生态环境部门组织编制的隐患排查和治理指南，或者企业结合实际自行编制的环境安全隐患排查表，按照自查、自报、自改、自验的方式组织开展隐患排查，建立隐患排查治理台账，投入必要的资源治理隐患，并对隐患治理效果进行验收，实现隐患闭环管理。

根据排查频次、排查规模、排查项目不同，环境安全隐患排查可分为综合排查、日常排查、专项排查及抽查等方式。企业应建立以日常排查为主的隐患排查工作机制，及时发现并治理隐患。

1.5.4　制定突发环境事件应急预案并备案、演练

《中华人民共和国固体废物污染环境防治法》规定，产生、收集、储存、运输、利用、处置危险废物的单位，应当依法制定意外事故的防范措施和应急预案，并向所在地生态环境主管部门和其他负有固体废物污染环境防治监督管理职责的部门备案。

广东省生态环境厅《突发环境事件应急预案备案行业名录（指导性意见）》，规定了23大类行业企业需要编制突发环境事件应急预案并备案。

突发环境事件应急预案是企业环境应急管理工作指南，也可以视为企业的一项环境应急管理制度；因此，编制环境应急预案需要结合企业的环境风险实际，合理安排环境应急组织结构，拟定应急响应措施，在适用性和操作性上下功夫。《深圳市企业事业单位突发环境事件应急预案编制指南（试行）》对一些模糊性的认识做了系统性的规定，是辖区相关单位编制突发环境事件应急预案的工作指

引。未列入《突发环境事件应急预案备案行业名录(指导性意见)》的危险废物产生单位(如小汽修厂、小印刷厂、小诊所、小电子厂),按照《中华人民共和国固体废物污染环境防治法》的规定需要编制环境应急预案,但这类企业产废量少、环境风险小,深圳市生态环境局根据这类企业的环境风险管控实际,创新性地推行环境应急预案简化管理流程,组织编制了《深圳市危险废物产生单位环境应急预案"四表一卡"简化管理工作指引(试行)》,有效地降低了小汽修厂、小印刷厂、小诊所、小电子厂应急预案编制工作量,同时满足了法规的要求。

此外,企业需要定期开展突发环境事件应急演练,以检验应急预案的适用性,检验环境应急处置能力,检验环境应急准备的充分性。

1.5.5 加强环境应急能力保障建设

企业的环境应急能力保障通常由三部分构成,即环境应急物资与装备保障、环境应急预案保障、专业技术保障。

环境应急物资与装备大体可分为7大类,即污染源切断类、污染物控制类、污染物收集类、污染物降解类、安全防护类、应急通信和指挥类、环境监测类。企业应根据自身的实际情况,储备与面临的环境风险相匹配的环境应急物资与装备。

环境应急预案属于制度保障范畴。制定结合企业或区域环境风险实际的环境应急预案是应急准备的重要组成部分,是开展环境应急处置的工作指南。

专业技术保障主要包括两个方面:其一是有专业的人才,如很多城市设立了环境应急专家库;其二是有专业的环境应急处置队伍,生态环境主管部门往往通过购买服务的方式培育本区域的专业应急处置机构。

1.5.6 应急响应与责任承担

如果企业发生突发环境事件,作为事件责任主体,企业应第一时间组织力量应对,或启动车间级响应,或启动厂级响应,或启动社会级响应,力争在应急黄金时间内控制事态,阻止污染物扩散到外环境,同时向属地生态环境主管部门报告事件信息。

突发环境事件可能会对环境造成损害,应急处置会消耗一定的资源。企业应对造成的环境损害承担责任，对于社会环境应急力量依法予以补偿。

1.5.7 开展环境安全标准化建设

企业环境安全标准化建设包括环境安全风险管控标准化、环境安全隐患排查与治理标准化、环境应急管理标准化。推行环境安全标准化建设是降低企业环境安全风险，提高环境应急处置能力的重要抓手。

为指导企业有效推行环境安全标准化创建，深圳市生态环境局组织力量制定了《深圳市企业环境安全标准化建设指南》和《深圳市企业环境安全标准化考核评级标准》，其中《深圳市企业环境安全标准化考核评级标准》共设置有3个一级指标，14个二级指标和8个针对二级指标的一票否决项。

1.5.8 加强环保设备设施安全管理

根据《中华人民共和国安全生产法》关于"管行业必须管安全、管业务必须管安全、管生产经营必须管安全"的安全管理体制，以及《国务院安全生产委员会成员单位安全生产工作任务分工》《关于进一步加强环保设备设施安全生产工作的通知》和《深圳市党政部门及中央和省驻深有关单位安全生产工作职责》《部分新业态新领域安全生产工作职责》的规定，生态环境主管部门应依职责"承担生态环境领域安全生产监督管理工作""督促指导环境污染第三方治理企业落实安全生产主体责任"，对工业环保设备设施安全履行职责范围内的监管责任，督促企业加强具有脱硫脱硝、挥发性有机物回收、污水处理、粉尘治理、蓄热式焚烧炉5类重点环保设备设施的安全管理。基于此，深圳市生态环境局于2024年组织编制并印发了《深圳市工业环保设备设施安全管控工作指引（试行）》和《深圳市工业环保设备设施安全风险评估指南（试行）》等系列开创性技术指南文件，打开了全市工业环保设备设施安全管理的新局面。

为便于管理，部分生态环境主管部门将环保设备设施安全归类于环境安全范畴，虽然从专业角度有些勉强，但实用性良好。

第 2 章 环境风险评估

2.1 环境风险评估概述

2.1.1 环境风险评估的基本概念

2.1.1.1 风险

风险涵盖的领域非常广，从现有的文献来看，风险及其相关主题涉及的概念包括安全科学领域的"自然灾害风险""事故灾难风险""社会安全风险""公共卫生风险"等；环境科学领域的"城市生态环境风险""水环境风险""大气环境风险""突发环境事件风险""区域环境风险"等。关于风险的定义有很多，1981年美国风险分析协会成立初期对风险列出来的定义有14条，并指出风险定义难以取得完全的统一。

由于看待风险的方式、研究风险的角度不同，对风险的认识和理解存在差异，国内外学者对风险这一概念的定义以及如何对风险进行量化的问题仍没有一个公认的解释。表2-1对主要的风险定义进行了梳理。

2.1.1.2 环境风险

环境风险指突发性事故或事件对环境造成的危害程度及可能性。环境风险管理重点关注环境风险物质对环境风险受体的伤害途径、范围与程度，环境风险管理系统包括风险源、初级控制（风险源控制）和二级控制（传播条件控制）。

表 2-1 风险的主要定义及重点内容

定义时间	定义出处	定义内容	定义重点
2018	ISO 31000：2018	不确定性对目标的影响。这种影响是能演变为机遇或挑战的一种积极/消极的偏差；这种目标可以是多面的，是体现在不同层面的；风险通常依照风险源、潜在事件、风险后果以及风险可能性来表达。	风险受体面临的不确定性
2016	文献	风险是指不期望事件概率(Probability)与其可能后果严重程度(Severity)的结合。①	可能性与严重度的函数
2015	ISO 13702：2015	伤害发生的可能性与伤害的严重性的组合。	可能性与严重度的函数
2005	文献	风险是指对于给定地区及指定时间段，由特定危险而造成的预期(生命、人员受伤、财产受损和经济活动中断)损失。按数学计算，风险是特定灾害的危险概率与易损性的乘积。②	概率与易损性的函数
2000	文献	从定性上说，事故风险指某系统内现存的或潜在的可能导致事故的状态，在一定条件下，它可能发展成为事故。事故风险通常被用来描述未来事件可能造成的损失，就是说它总涉及不可靠性和不能肯定的事件。③	与不可靠性相关

环境风险的分类方式繁多，从风险致因的角度来看，环境风险可分为自然环境风险和人为环境风险；从环境要素的角度来看，可分为大气环境风险、水环境风险、土壤环境风险；从风险评价对象来看，可分为建设项目环境风险、区域环境风险、企业突发环境事件风险、化学物质环境风险等。

---

① 罗云, 樊运晓, 马晓春. 风险分析与安全评价[M]. 北京：化学工业出版社, 2004：57.
② 黎益仕. 英汉灾害管理相关基本术语集[M]. 北京：中国标准出版社, 2010：50-56.
③ 苑茜, 周冰, 沈士仓, 等. 现代劳动关系词典[M]. 北京：中国劳动社会保障出版社, 2000：22-24.

2.1.1.3 环境风险受体

环境风险受体指在突发环境事件中可能受到危害的企业外部人群、具有一定社会价值或生态环境功能的单位或区域等。

2.1.1.4 环境风险物质

环境风险物质指具有有毒有害、易燃易爆、易扩散等特性,在意外释放条件下可能对企业外部人群和环境造成伤害、污染的化学物质。根据《企业突发环境事件风险分级方法》(HJ 941—2018),目前生态环境部收录的企业突发环境事件风险物质有 8 大类 392 种,分别是"有毒气态物质"36 种、"易燃气态物质"37 种、"有毒液态物质"110 种、"易燃液态物质"61 种、"其他有毒物质"66 种、"遇水生成有毒气体的物质"65 种、"其他重金属及其化合物"10 种以及"其他类物质及污染物"7 种。

2.1.1.5 环境风险单元

环境风险单元指长期地或临时地生产、加工、使用或储存风险物质的一个(套)装置、设施或场所,或同属一家企业的且边缘距离小于 500 米的几个(套)装置、设施或场所。

对环境风险单元进行分析,并将结果进行统计,能够直观地判断风险评价对象的整体风险分布情况。

2.1.1.6 环境风险识别

环境风险识别是指针对系统的特点,发现、识别其可能存在的环境风险因素及其特征,初步分析其后果、原因、对策、责任的基础性风险管理工作过程。

2.1.1.7 环境风险评估

环境风险评估是指应用定性、定量或半定量的风险分析方法及技术,计算系统的环境风险因素导致突发环境事件的可能性以及事件后果的严重程度,划分环境风险等级,从而为科学制定环境风险防控措施提供依据。

2.1.1.8　环境风险控制

环境风险控制是指在风险识别及评估基础上，应用现有的技术和管理手段，降低突发环境事件发生的可能性及后果严重程度，使系统的环境风险维持在最优水平。科学有效地实现风险控制是风险管理工作的最终目的。

2.1.2　环境风险评估的发展情况

环境风险评估的相关研究与应用始于 20 世纪 70 年代。1975 年，美国原子能委员会（Nuclear Regulatory Commission，简称 NRC）发布的《反应堆安全研究》①（WASH—1400）中，以减少核电工程事故风险损失为目的，系统地建立了概率风险评估方法，是最早的风险评估代表性文件。

20 世纪 80 年代至 90 年代，环境风险评估进一步发展。1983 年美国国家科学院（National Academy of Sciences，United States，简称 NAS）在《联邦政府的风险评价：管理程序》中，提出包含风险识别、剂量反应评估、暴露评估以及风险表征共 4 个步骤的风险评估流程，成为风险评估领域的指导性文件。1990 年，亚洲开发银行将环境风险评估划分为危害甄别、危害框定、环境途径评估、风险表征、风险管理 5 个步骤，致力于解决环境风险评估中的不确定性问题。此外美国国家环保局（EPA）先后发布了致癌风险评估、致畸风险评估、暴露评估等一系列技术性文件、准则和指南。

其间，我国也开始了环境风险的评估工作。早在 1990 年国家环保局要求对重大环境污染事故隐患进行环境风险评估，1993 年我国召开了第一次环境风险评估学术会议。

2000 年至今，我国的环境风险得到了越来越多的关注与发展。2004 年我国颁布了《建设项目环境风险评价技术导则》（HJ 169—2018），从风险调查、环境风险潜势初判、风险识别、风险事故情形分析、风险预测与评价、环境风险管

---

① 报告名为：Reactor Safety Study—An Assessment of Accident Risks in U.S. Commericial Nuclear Power Piants. 本文选用已刊发期刊的译名．来自：汤搏．在实践中不断发展的核电安全理念和方法——一种历史角度的考察[J]．核安全，2024，23(3)：1-20．

理、评价结论与建议几方面规定了我国建设项目环境风险评价要求，2014年印发的《企业突发环境事件风险评估指南（试行）》，为环境应急精细化管理奠定了坚实基础，而后针对环境风险分级，于2018年补充发布了行业标准《企业突发环境事件风险分级方法》（HJ 941—2018），进一步优化了环境风险等级的划分。随着区域环境影响评估的推行，为规范区域环境风险评估工作，2018年生态环境部发布了《行政区域突发环境事件风险评估推荐方法》，指导地方政府组织开展区域突发环境事件风险评估。环境风险评估从建设项目环境风险到企业面临的环境风险，再到区域的环境风险，形成了从微观到宏观的全覆盖。

2.1.3 环境风险评估的主要方法

环境风险评估方法主要分为3大类：

其一为概率风险评估（Probability Risk Assessment，简称PRA）。这是传统意义上的环境风险评价，主要用于预测某设施或项目可能发生的事故概率及可能造成的环境影响，最具代表性的是美国核管会（NRC）于1975年完成对核电站进行的系统安全研究，其研究报告为著名的《反应堆安全研究》。我国建设项目环境影响评价的风险评价专篇就是采用这种类型，通常考虑的是事故的可能性与事故后果的组合。

其二为实时（Real-time）现状评价。其主要用途是在事故发生期间给出实时的有毒物质迁移轨迹及浓度分布数据，以便环境事件处置现场指挥者能及时作出正确决策，控制事态发展，如"九五"国家攻关项目——国家核事故应急办公室牵头研究的"核事故应急专家支持系统"，引入欧盟于20世纪90年代开发的"RODOS"系统（实时在线决策支持系统），现已成功应用于我国的秦山、大亚湾核电站。这种评价类型主要服务于突发环境事件的过程决策，为突发事件的快速、高效处置提供技术支持。

其三为事件后（Past Accident）评价。这是指环境事件处置结束后，对事件可能造成的中长期环境影响进行评价。其最具代表性的是1988—1994年由国际原子能机构（International Atomic Energy Agency，简称IAEA）及欧盟共同发起主持的、有20多个国家共同参与的大型长期国际研究项目——"核素在陆地、水体、城市环境中迁移模式有效性研究"（简称"VAMP"），其主要研究对象是苏联切尔诺贝利核泄漏事故后对中、西欧造成的环境安全影响。

本章主要介绍建设项目环境风险评价、突发环境事件风险评估和区域环境风险评估方法，分析和讨论突发性环境事件对公众安全健康以及区域生态环境的影响，以及环境风险评估在环境责任险上的适用性。

2.2 建设项目环境风险评价

建设项目环境风险评价工作的重点，是提出科学、合理、高效的环境风险防范措施建议，为项目环境风险管控、相关部门监督检查及建设项目的后续管理提供技术支撑。我国的建设项目环境风险评估的指导性文件是《建设项目环境风险评价技术导则》(GB 169—2018)，该风险导则于 2004 年发布，2018 年完成修订，参数来源涵盖《塞维索指令Ⅲ》(2012/18/EU)、荷兰 TNO 紫皮书、美国能源部的 PAC 数值(版本号 Rev. 29)等多个国际文件。其适合涉及建设项目有毒有害和易燃易爆危险物质生产、使用、储存的环境，以及相关规划类的环境风险评价。

根据《建设项目环境风险评价技术导则》，环境风险评价应以突发性事故导致的危险物质环境急性损害为目标，对建设项目的环境风险进行分析、预测和评估，提出环境风险预防、控制、减缓措施，明确环境风险监控及应急建议要求，为建设项目环境风险防控提供科学依据。建设项目环境风险评价分析过程可概括如图 2-1 所示。

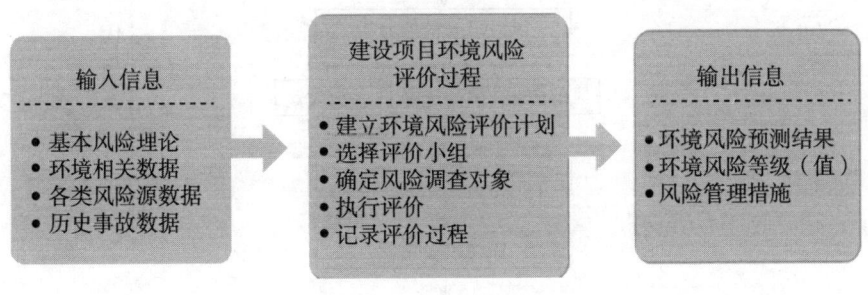

图 2-1　建设项目环境风险评估分析过程概括图

建设项目环境风险评价的特点在于由评价小组对风险调查对象涉及的风险源

与环境敏感目标进行分析,在早期的环境风险评价程序基础上,增加了风险潜势初判环节,并对主要事故情形进行预测。评价小组通常由化工、安全、环境、工程等专业人士组成,负责人对建设项目的熟悉程度以及对建设项目环境风险评价方法的掌握程度,会影响评价结果的可靠性。

2.2.1 建设项目环境风险评价程序

建设项目环境风险评价流程如图 2-2 所示。评价工作程序主要分为风险调查、环境风险潜势初判、风险识别、风险事故情形分析、风险预测与评价、环境风险管理、评价结论与建议等阶段展开。

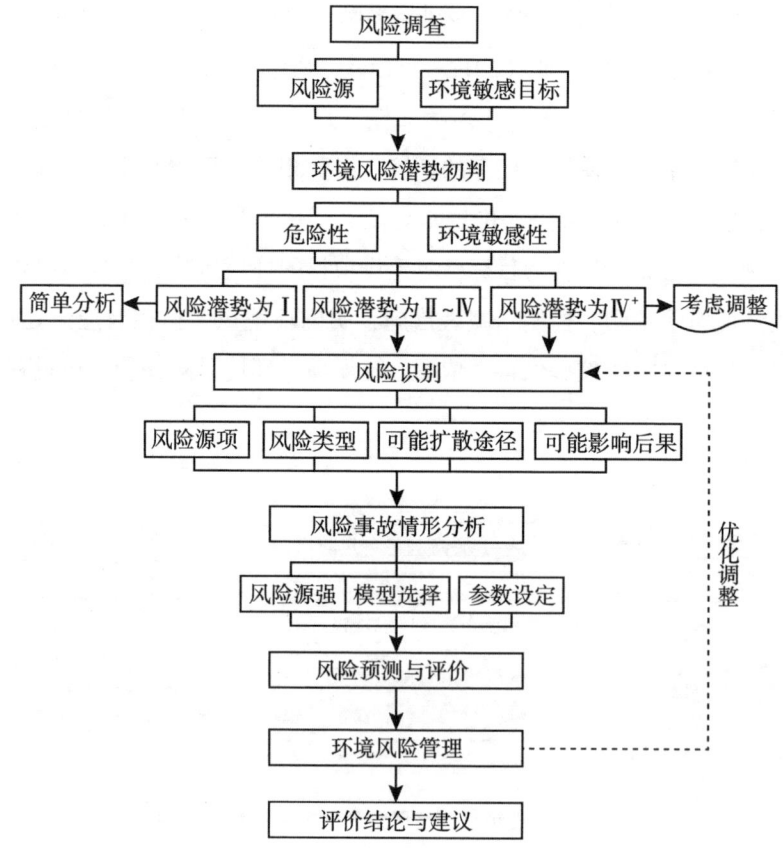

图 2-2　建设项目环境风险评价工作程序

2.2.2 环境风险潜势初判

(1) 环境敏感程度。

环境敏感程度是指建设项目的周边环境在突发事件发生后，遭受破坏的反应程度，具体表现为大气环境、地表水环境、地下水环境在突发事件中的敏感性。

环境敏感程度划分为高、中、低三级。

大气环境敏感程度的分级与人口密度、环境敏感目标密切相关，划分方式见表2-2。

表 2-2 　　　　　　　　大气环境敏感程度划分方式

分级	大气环境敏感性
E1	周边 5 千米范围内居住区、医疗卫生、文化教育、科研、行政办公等机构人口总数大于 5 万人，或其他需要特殊保护区域；或周边 500 米人口总数大于 1000 人；油气、化学品输送管线管段周边 200 米范围内，每千米管段人口大于 200 人。
E2	周边 5 千米范围内居住区、医疗卫生、文化教育、科研、行政办公等机构人口总数大于 1 万人，小于 5 万人；或周边 500 米人口总数大于 500 人，小于 1000 人；油气、化学品输送管线管段周边 200 米范围内，每千米管段人口大于 100 人，小于 200 人。
E3	周边 5 千米范围内居住区、医疗卫生、文化教育、科研、行政办公等机构人口总数小于 1 万人；或周边 500 米人口总数小于 500 人；油气、化学品输送管线管段周边 200m 范围内，每千米管段人口小于 100 人。

地表水环境敏感程度的分级与事故情况下危险物质泄漏到水体的排放点受纳地表水功能敏感性、下游环境敏感目标相关，划分方式见表2-3。

表 2-3 　　　　　　地表水环境敏感程度划分方式

环境敏感目标	地表水功能敏感性		
	F1	F2	F3
S1	E1	E1	E2
S2	E1	E2	E3
S3	E1	E2	E3

地下水环境敏感程度分级与地下水功能敏感性、包气带防污性能相关，划分方式见表2-4。

表2-4   地下水环境敏感程度划分方式

包气带防污性能	地下水功能敏感性		
	G1	G2	G3
D1	E1	E1	E2
D2	E1	E2	E3
D3	E2	E3	E3

其中，地表水功能敏感性分3级：

F1(敏感)：指排放点进入地表水水域环境功能为Ⅱ类及以上，或海水水质分类第一类；或以发生事故时，危险物质泄漏到水体的排放点算起，排放进入受纳河流最大流速时，24小时流经范围内涉跨国界的地区。

F2(较敏感)：指排放点进入地表水水域环境功能为Ⅲ类，或海水水质分类第二类；或以发生事故时，危险物质泄漏到水体的排放点算起，排放进入受纳河流最大流速时，24小时流经范围内涉跨省界的地区。

F3(低敏感)：上述地区以外的其他地区。

环境敏感目标分3级：

S1(环境高度敏感区)：发生事故时，危险物质泄漏到内陆水体的排放点下游(顺水流向)10千米范围内、近岸海域一个潮周期水质点可能达到的最大水平距离的两倍范围内，有如下一类或多类环境风险受体：

①集中式地表水饮用水水源保护区(包括一级保护区、二级保护区及准保护区)；

②农村及分散式饮用水水源保护区；

③自然保护区；

④重要湿地；

⑤珍稀濒危野生动植物天然集中分布区；

⑥重要水生生物的自然产卵场及索饵场、越冬场和洄游通道；

⑦世界文化和自然遗产地；

⑧红树林、珊瑚礁等海滨湿地生态系统；

⑨珍稀、濒危海洋生物的天然集中分布区；

⑩海洋特别保护区；

⑪海上自然保护区；

⑫盐场保护区；

⑬海水浴场；

⑭海洋自然历史遗迹；

⑮风景名胜区；

⑯其他特殊重要保护区域。

S2(环境中度敏感区)：发生事故时，危险物质泄漏到内陆水体的排放点下游(顺水流向)10km 范围内、近岸海域一个潮周期水质点可能达到的最大水平距离的两倍范围内，有如下一类或多类环境风险受体：

①水产养殖区；

②天然渔场；

③森林公园；

④地质公园；

⑤海滨风景游览区；

⑥具有重要经济价值的海洋生物区域。

S3(环境低度敏感区)：排放点下游(顺水流向)10km 范围内、近岸海域一个潮周期水质点可能达到的最大水平距离两倍范围内，无上述 22 类敏感保护目标的区域。

其中，地下水功能敏感性分 3 级：

G1(敏感)：集中式饮用水水源(包括已建成的在用、备用、应急水源，在建和规划的饮用水水源)准保护区；除集中式饮用水水源以外的国家或地方政府设定的与地下水环境相关的其他保护区、如热水、矿泉水、温泉等特殊地下水资源保护区。

G2(较敏感)：集中式饮用水水源(包括已建成的在用、备用、应急水源，在建和规划的饮用水水源)准保护区以外的补给径流区；未划定准保护区的集中式饮用水水源，其保护区以外的补给径流区；分散式饮用水水源地；特殊地下水资源(热水、矿泉水、温泉等)保护区以外的分布区等其他未列入上述敏感分级的环境敏感区(见《建设项目环境影响评价分类管理名录》中所界定的涉及地下水的环境敏感区)。

G3(不敏感)：上述地区之外的其他地区。

包气带防污性能分3级(Mb 指岩土层单层厚度，K 指渗透系数)：

D3：$Mb \geqslant 1.0m$，$K \leqslant 1.0 \times 10^{-6} cm/s$，且分布连续、稳定。

D2：$0.5m \leqslant Mb < 1.0m$，$K \leqslant 1.0 \times 10^{-6} cm/s$，且分布连续、稳定；$Mb \geqslant 1.0m$，$1.0 \times 10^{-6} cm/s < K \leqslant 1.0 \times 10^{-4} cm/s$，且分布连续、稳定。

D1：岩(土)层不满足上述条件。

(2)环境风险潜势初判。

环境风险潜势是指对建设项目潜在环境危害程度的概化分析表达，是基于建设项目涉及的物质和工艺系统危险性及其所在地环境敏感程度的综合表征。

建设项目环境风险潜势分为Ⅰ、Ⅱ、Ⅲ、Ⅳ/Ⅳ⁺五个等级，环境风险潜势逐级递增，等级划分方式见表2-5。

表2-5　　　　　　　　　环境风险潜势划分方式

环境敏感程度 (E)	危险物质及工艺系统危险性(P)			
	极高危害(P1)	高度危害(P2)	中度危害(P3)	轻度危害(P4)
环境高度敏感区(E1)	Ⅳ⁺	Ⅳ	Ⅲ	Ⅲ
环境中度敏感区(E2)	Ⅳ	Ⅲ	Ⅲ	Ⅱ
环境低度敏感区(E3)	Ⅲ	Ⅲ	Ⅱ	Ⅰ

注：Ⅳ⁺为极高环境风险。

危险物质及工艺系统危险性 P 的等级由行业及生产工艺特点(M)、危险物质数量与临界量比值(Q)两项参数决定环境敏感程度 E 等级的确定：

首先，计算危险物质数量与临界量的比值 Q：

$$Q = \frac{q_1}{Q_1} + \frac{q_2}{Q_2} + \cdots + \frac{q_n}{Q_n}$$

其中，q_1，q_2，$\cdots$，q_n 指每种危险物质的最大存在总量，t；

Q_1，Q_2，$\cdots$，Q_n 指每种危险物质的临界量，t；

当 $Q<1$ 时，该项目环境风险潜势为 I；

当 $Q \geq 1$ 时，将 Q 值划分为 3 类：①$1 \leq Q<10$；②$10 \leq Q<100$；③$Q \geq 100$。

其次，计算行业及生产工艺分值并划分等级。分析建设项目行业及生产工艺特点，依据表 2-6 打分，对有多套工艺的进行求和处理。将结果划分为 4 级：①$M>20$；②$10<M \leq 20$；③$5<M \leq 10$；④$M=5$，分别用 $M1$-$M4$ 表示。

表 2-6　　　　　　　　　　行业及生产工艺分值表

行　业	评　估　依　据	分　值
石化、化工、医药、轻工、化纤、有色冶炼等	涉及光气及光气化工艺、电解工艺(氯碱)、氯化工艺、硝化工艺、合成氨工艺、裂解(裂化)工艺、氟化工艺、加氢工艺、重氮化工艺、氧化工艺、过氧化工艺、氨基化工艺、磺化工艺、聚合工艺、烷基化工艺、新型煤化工工艺、电石生产工艺、偶氮化工艺。	10/套
	无机酸制酸工艺、焦化工艺。	5/套
	其他高温(工艺温度≥300℃)或高压(压力容器设计压力 P≥10.0MPa)，且涉及危险物质的工艺过程、危险物质储存罐区。	5/套(罐区)
管道、港口/码头等	涉及危险物质管道运输项目、港口/码头等。	10
石油天然气	石油、天然气、页岩气开采(含净化)、气库(不含加气站的气库)、油库(不含加气站的油库)、油气管线(不含城镇燃气管线；长输管道运输项目应按站场、管线分段进行评价)。	10
其他	涉及危险物质使用、储存的项目。	5

最后，对危险物质及工艺系统危险性(P)进行分级，见表2-7。

表2-7　　　　　　危险物质及工艺系统危险性(P)分级情况

| 危险物质数量与 | 行业及生产工艺(M) | | | |
临界量比值(Q)	M1	M2	M3	M4
Q≥100	P1	P1	P2	P3
10≤Q<100	P1	P2	P3	P4
1≤Q<10	P2	P3	P4	P4

在上述工作基础上，按照表2-8确定风险评价工作等级。风险潜势为Ⅳ及以上，进行一级评价；风险潜势为Ⅲ，进行二级评价；风险潜势为Ⅱ，进行三级评价；风险潜势为Ⅰ，可开展简单分析，即在描述危险物质、环境影响途径、环境事件频次、环境危害后果、风险防范措施等方面给出定性评价的说明。

表2-8　　　　　　环境风险评价工作等级划分

环境风险潜势	Ⅳ、Ⅳ+	Ⅲ	Ⅱ	Ⅰ
评价工作等级	一	二	三	简单分析

2.2.3　环境风险识别

风险识别是基于风险调查结果，对建设项目存在的危险性以及危险物质转移途径的识别，是风险分析和风险控制的基础。风险识别工作一方面对风险调查的危险因素特点进行分析，考虑工艺条件、操作环境、危险物质状态等要素，识别物质和生产系统的危险性；另一方面，识别物质转化为事故的触发条件和可能的环境风险类型，分析其影响途径，判断其对风险调查中涉及的环境敏感目标的影响情况。

2.2.3.1　资料准备

根据建设项目可能造成的环境风险类型，收集建设项目工程相关资料、环境资料和国内外同行业事故统计分析及典型事故案例资料，调查国内外相关类型环境事件和安全事故情况。对已建工程，收集环境管理制度、操作和维护手册、突发环境事件应急预案、应急培训、演练记录，历史突发环境事件及生产安全事故调查资料、设备失效统计数据等资料。

2.2.3.2 识别及分析

风险识别的对象及内容如图 2-3 所示。

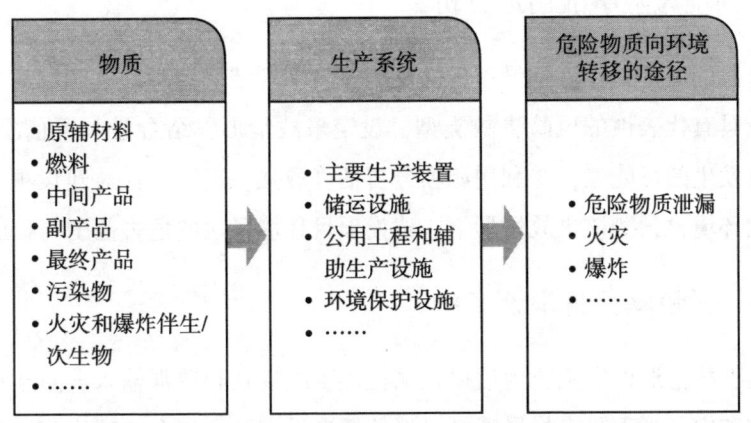

图 2-3 风险识别对象及内容

物质危险性识别以《建设项目环境风险评价技术导则》（GB 169—2018）附录 B 中所列突发环境事件危险物质及临界量为基础，根据物质自身的危险、有害特性及其在系统中的存在方式进行识别，识别结果以图表方式直观呈现。

生产系统危险性识别与物质危险性识别结果相结合，基于工艺流程和平面布置功能区划，划分危险单元。分析各危险单元的风险源危险性、存在条件和转化为事故的触发因素，综合考虑危险物质的最大存在量、工艺过程、操作条件等因素，找出潜在风险源。应用定性或定量方法，筛选出重点危险单元，作为事故情形分析的对象。建设项目公用工程或辅助设施的危险性，应在风险识别中明确。

根据物质及生产系统危险性识别结果，针对建设项目涉及的环境风险类型（泄漏、火灾、爆炸事故引发的伴生/次生污染物排放），确定危险物质向环境转移的可能途径以及影响方式。

2.2.3.3 结果展示

将识别的危险单元分布情况以分布图的形式输出，同时，编制建设项目环境风险识别结果的数据汇总文件，用以说明风险源的主要参数。文件应包含：建设项目危险单元、风险源、主要危险物质、环境风险类型、环境影响途径、可能受影响的环境敏感目标等。

2.2.4 环境风险事故情形分析

本阶段的评价工作以建设项目的环境风险识别结果为基础，选取对环境影响较大以及具有代表性的风险事故类型，设定事故情形，结合最大可信事故设定，确定事故发生的可能性，并利用源项分析估算源强。进而，针对建设项目的大气环境和水环境，预测该事故情形下，建设项目环境风险的危害范围与程度。

2.2.4.1 风险事故情形设定

风险事故情形设定主要为后果预测提供事故场景和源强输入，对建设项目的风险防控和应急管理具有指导意义。事故情形设定至少包含 5 项内容：环境风险类型、风险源、危险单元、危险物质和影响途径。同一种物质可能有多种环境风险类型，例如氨气既有易燃性又有毒性，使之同时具有爆炸和泄漏的环境风险。因此，对不同环境要素产生影响的事故情形应分别进行设定。

环境风险事故情形包括危险物质泄漏、火灾、爆炸等，其中危险物质泄漏事故对环境造成的影响通常易于被关注；但在火灾、爆炸事故中，火灾热辐射和爆炸冲击波导致的人员伤害和财产损失等直接影响，往往更受人关注，火灾、爆炸事故中未完全燃烧的危险物质以及燃烧过程中产生伴生和次生物质对环境的影响，反而被忽略。需要注意的是，前者应属于安全评价分析范畴，在环境风险评价中，易被忽略的后者应作为评价的重点进行分析。

在事故情形分析中，通常将事故发生的可能性设定在与经济技术水平相适应的合理区间中。表 2-9 列出了国内外常用的个体风险接收准则。

表 2-9　　　　　　　　　　　　　　个体风险接收准则

国家/地区/企业	个体风险接受准则
应急管理部(中国)	高敏感场所(如学校、医院、幼儿园、养老院等)、重要目标(如党政机关、军事管理区、文物保护单位等)、特殊高密度场所(如大型体育场、大型交通枢纽等)：$<3×10^{-7}$/年； 居住类高密度场所(如居民区、宾馆、度假村等)、公众聚集类高密度场所(如办公场所、商场、饭店、娱乐场所等)：$<10^{-6}$/年
英国健康与安全职委会	广泛可接受：$<10^{-6}$/年
荷兰建设和环境部	可接受：$<10^{-6}$/年
美国加利福尼亚州	可接受：$<10^{-5}$/年；可忽略：$<10^{-6}$/年
壳牌石油公司	广泛可接受：$<10^{-6}$/年
英国石油公司	广泛可接受：$<10^{-5}$/年

从各国及企业规定的可接受风险准则中可看出，普遍可接受的个体风险值不低于 10^{-6}，我国对于高敏感场所、重要目标以及特殊高密度场所的个体可接受风险甚至达到了 10^{-7} 量级。一般而言，发生频率小于 10^{-6}/年的事件是极小概率事件，可作为代表性事故情形中最大可行事故设定的参考。这里所说的"代表性事故情形"是指在危险物质、环境危害、影响途径等多方面具有代表性的事故情形。

2.2.4.2　源项分析

源项分析包含泄漏频率分析和事故源强分析两部分内容。

泄漏频率能够反映设定的环境事故情形发生的可能性。泄漏频率可采用事故树、事件树分析、类比法等确定，或者根据现有的泄漏频率统计表直接进行查询。通过计算方法分析得到建设项目泄漏频率结果针对性较强，但涉及建设项目资料数据多，耗时较长。根据官方口径查询得到的数值认可度较高，操作简单便捷，针对性较弱但具有较强的普适性，是建设项目环境风险评价中的常用方法。

根据荷兰国家应用科学研究院(TNO)"紫皮书"等相关文献发布的数据，泄漏事故类型如容器、管道、泵体、压缩机、装卸臂和装卸软管的泄漏和破裂等的泄漏频率见表 2-10。

表 2-10　　　　　　　　　　泄漏频率表

部件类型	泄漏模式	泄漏频率
反应器/工艺储罐/气体储罐/塔器	泄漏孔径为 10 mm 孔径 10 min 内储罐泄漏完 储罐全破裂	$1.00\times10^{-4}/a$ $5.00\times10^{-6}/a$ $5.00\times10^{-6}/a$
常压单包容储罐	泄漏孔径为 10 mm 孔径 10 min 内储罐泄漏完 储罐全破裂	$1.00\times10^{-4}/a$ $5.00\times10^{-6}/a$ $5.00\times10^{-6}/a$
常压双包容储罐	泄漏孔径为 10 mm 孔径 10 min 内储罐泄漏完 储罐全破裂	$1.00\times10^{-4}/a$ $1.25\times10^{-8}/a$ $1.25\times10^{-8}/a$
常压全包容储罐	储罐全破裂	$1.00\times10^{-8}/a$
内径≤75mm 的管道	泄漏孔径为 10%孔径 全管径泄漏	$5.00\times10^{-6}/(m\cdot a)$ $1.00\times10^{-6}/(m\cdot a)$
75mm＜内径≤150mm 的管道	泄漏孔径为 10%孔径 全管径泄漏	$2.00\times10^{-6}/(m\cdot a)$ $3.00\times10^{-7}/(m\cdot a)$
内径＞150mm 的管道	泄漏孔径为 10%孔径（最大 50 mm） 全管径泄漏	$2.40\times10^{-6}/(m\cdot a)$ * $1.00\times10^{-7}/(m\cdot a)$
泵体和压缩机	泵体和压缩机最大连接管泄漏孔径为 10%孔径（最大 50 mm） 泵体和压缩机最大连接管全管径泄漏	$5.00\times10^{-4}/a$ $1.00\times10^{-4}/a$
装卸臂	装卸臂连接管泄漏孔径为 10%孔径（最大 50 mm） 装卸臂全管径泄漏	$3.00\times10^{-7}/h$ $3.00\times10^{-8}/h$
装卸软管	装卸软管连接管泄漏孔径为 10%孔径（最大 50mm） 装卸软管全管径泄漏	$4.00\times10^{-5}/h$ $4.00\times10^{-6}/h$

注：*来源于国际油气协会（International Association of Oil & Gas Producers）发布的 Risk Assessment Data Directory（2010，3）。

事故源强反映了事故中可能释放出的能量，决定了事故造成的环境事件严重程度。根据美国安全专家哈登(Haddon)于 1966 年提出的事故能量转移理论，事故是能量的不正常转移，从能量在系统中流动的角度，应该控制能量并使之按照人们规定的能量流通渠道流动，如果由于某种原因失去了对能量的控制，就会发生违背人的意愿的意外释放或溢出，使进行的活动终止进而发生事故。

事故能量转移的情况表现为事故源强的计算分析结果，在危险物质泄漏、火灾、爆炸等突发环境事件中，通过事故原参数、释放/泄漏速率、释放/泄漏时间、释放/泄漏量、泄漏液体蒸发量等数据进行确定，其主要的分析方法有计算法和经验估算法两种。

(1) 计算法。

计算法适用于以腐蚀或应力作用等引起的泄漏型事故，涉及泄漏速率、泄漏时间和蒸发速率三项内容的计算。

① 泄漏速率计算。泄漏类型包括液体泄漏、气体泄漏和两相流泄漏。

液体泄漏速率 Q_L 用伯努利方程计算(限制条件为液体在喷口内不应有急骤蒸发)：

$$Q_L = C_d A \rho \sqrt{\frac{2(P - P_0)}{\rho} + 2gh} \tag{2-1}$$

式中：Q_L 为液体泄漏速率，kg/s；P 为容器内介质压力，Pa；P_0 为环境压力，Pa；ρ 为泄漏液体密度，kg/m³；g 为重力加速度，9.81 m/s²；h 为裂口之上液位高度，m；C_d 为液体泄漏系数，按表 2-11 选取；A 为裂口面积，m²。

表 2-11　　　　　　　　　　液体泄漏系数(C_d)

雷诺数 Re	裂 口 形 状		
	圆形(多边行)	三角形	长方形
>100	0.65	0.60	0.55
≤100	0.50	0.45	0.40

气体泄漏计算方法如下:

当式(2-2)成立时,气体流动属音速流动(临界流):

$$\frac{P_0}{P} \leqslant \left(\frac{2}{\gamma+1}\right)^{\frac{\gamma}{\gamma-1}} \tag{2-2}$$

当式(2-3)成立时,气体流动属于亚音速流动(次临界流):

$$\frac{P_0}{P} > \left(\frac{2}{\gamma+1}\right)^{\frac{\gamma}{\gamma-1}} \tag{2-3}$$

式中:P 为容器压力,Pa;P_0 为环境压力,Pa;γ 为气体的绝热指数(比热容比),即定压比热容 C_p 与定容比热容 C_V 之比。

假定气体特性为理想气体,其泄漏速率 Q_G 按式(2-4)计算:

$$Q_G = YC_d AP \sqrt{\frac{M\gamma}{RT_G}\left(\frac{2}{\gamma+1}\right)^{\frac{\gamma+1}{\gamma-1}}} \tag{2-4}$$

式中:Q_G 为气体泄漏速率,kg/s;P 为容器压力,Pa;C_d 为气体泄漏系数,当裂口形状为圆形时取 1.00,三角形时取 0.95,长方形时取 0.90;M 为物质的摩尔质量,kg/mol;R 为气体常数,J/(mol·K);T_G 为气体温度,K;A 为裂口面积,m²;Y 为流出系数,对于临界流 $Y=1.0$;对于次临界流按式(2-5)计算:

$$Y = \left[\frac{P_0}{P}\right]^{\frac{1}{\gamma}} \times \left\{1 - \left[\frac{P_0}{p}\right]^{\frac{(\gamma-1)}{\gamma}}\right\}^{\frac{1}{2}} \times \left\{\left[\frac{2}{\gamma-1}\right] \times \left[\frac{\gamma+1}{2}\right]^{\frac{(\gamma+1)}{(\gamma-1)}}\right\}^{\frac{1}{2}} \tag{2-5}$$

两相流泄漏速率 Q_{LG} 的计算中,假定液相和气相是均匀的,且互相平衡,计算公式如式(2-6)至式(2-8)所示。

$$Q_{LG} = C_d A \sqrt{2\rho_m(P - P_C)} \tag{2-6}$$

$$\rho_m = \frac{1}{\dfrac{F_V}{\rho_1} + \dfrac{1-F_V}{\rho_2}} \tag{2-7}$$

$$F_V = \frac{C_p(T_{LG} - T_C)}{H} \tag{2-8}$$

式中:Q_{LG} 为两相流泄漏速率,kg/s;C_d 为两相流泄漏系数,取 0.8;P_C 为临界压力，Pa，取 0.55 Pa；P 为操作压力或容器压力，Pa；A 为裂口面积，m^2；ρ_m 为两相混合物的平均密度，kg/m^3；ρ_1 为液体蒸发的蒸汽密度，kg/m^3；ρ_2 为液体密度，kg/m^3；F_V 为蒸发的液体占液体总量的比例；C_p 为两相混合物的定压比热容，$J/(kg \cdot K)$；T_{LG} 为两相混合物的温度，K；T_C 为液体在临界压力下的沸点，K；H 为液体的汽化热，J/kg。

当 $F_V > 1$ 时，表明液体将全部蒸发成气体，此时应按气体泄漏计算；如果 F_V 很小，则可近似地按液体泄漏公式计算。

② 泄漏时间分析。

为有效避免由于泄漏时间设计不科学，导致实际应用中的随意性和主观性过强，进而影响泄漏量估算结果的准确性等问题，建设项目源项分析的泄漏时间确定应遵循一般原则。

根据《化工企业定量风险评价导则》（AQ/T 3046—2013），泄漏时间的长短与危险源配备的系统类型、泄漏孔径的状况直接相关。探测和隔离系统的判定见表2-12。

表 2-12　　　　　　　　　　　探测和隔离系统

	系 统 类 型	系统分级
探测系统	专门设计的仪器仪表，用来探测系统的运行工况变化所造成的物质损失（即压力损失或流量损失）。	A
	适当定位探测器，确定物质何时会出现在承压密闭体以外。	B
	外观检查、照相机，或带远距功能的探测器。	C
隔离系统	直接在工艺仪表或探测器启动，而无须操作者干预的隔离或停机系统。	A
	操作者在控制室或远离泄放点的其他合适位置启动的隔离或停机系统。	B
	手动操作阀启动的隔离系统。	C

不同等级的探测及隔离系统相结合的情况下，泄漏孔径分别为 5mm、25mm、100mm 时对应的泄漏时间矩阵见表 2-13 所示。

表 2-13　　　　　　　　　　危险物质泄漏时间矩阵表

隔离系统等级 \ 探测系统等级	A	B	C
A	5 毫泄漏孔径，20 分钟。 25 毫米泄漏孔径，10 分钟。 100 毫米泄漏孔径，5 分钟。	5 毫米泄漏孔径，40 分钟。 25 毫米泄漏孔径，30 分钟。 100 毫米泄漏孔径，20 分钟。	5 毫米泄漏孔径，60 分钟。 25 毫米泄漏孔径，40 分钟。 100 毫米泄漏孔径，20 分钟。
B	5 毫米泄漏孔径，30 分钟。 25 毫米泄漏孔径，20 分钟。 100 毫米泄漏孔径，10 分钟。		
C	5 毫米泄漏孔径，40 分钟。 25 毫米泄漏孔径，30 分钟。 100 毫米泄漏孔径，20 分钟。	5 毫米泄漏孔径，60 分钟。 25 毫米泄漏孔径，30 分钟。 100 毫米泄漏孔径，20 分钟。	

荷兰国家应用科学研究所（TNO）"紫皮书"中对阻塞系统的关闭时间做了规定，关闭时间是建立在完全自动气体检测系统的基础上的，阻塞系统类型及关闭时间见表 2-14。

表 2-14　　　　　　　　　　阻塞系统类型及关闭时间

阻塞系统类型	关闭时间（min）	时 间 分 布
自动型	2	30 秒用于气体到达检测器； 30 秒关闭信号传输到要关闭的阀门； 1 分钟用于阀门的关闭。
远程型	10	30 秒用于气体到达检测器； 30 秒用于警示信号传输到控制室； 7 分钟用于验证信号的有效性； 2 分钟用于关闭阀门。
手动型	30	30 秒用于气体到达检测器； 30 秒用于警示信号传输到控制室； 7 分钟用于验证信号的有效性； 15 分钟用于操作人员到达阻塞阀门处及使用个人防护装备； 7 分钟用于打开安全锁并打开阀门。

不考虑手动阻塞系统的效果情况下，最大的泄漏时间为 30 分钟。

综上，源项分析的泄漏时间确定的一般原则为：一般情况下，设置紧急隔离系统的单元，泄漏时间可设定为 10 分钟；未设置紧急隔离系统的单元，泄漏时间可设定为 30 分钟。

③ 蒸发速率计算。

泄漏液体的蒸发形式有三种，按蒸发的发展轨迹来看，首先是闪蒸蒸发，指事故泄漏液体因过热而将部分溶剂急剧气化的蒸发形式；其次是热量蒸发，指当液体闪蒸不完全时，一部分液体在地面形成液池，并吸收地热汽化的蒸发形式；最后是质量蒸发，指热量蒸发结束后，由液池表面气流运动使液体蒸发的蒸发形式。

a. 闪蒸蒸发速率估算。

液体中闪蒸部分：

$$F_v = \frac{C_p(T_T - T_b)}{H_v} \tag{2-9}$$

过热液体闪蒸蒸发速率可按下式估算：

$$Q_1 = Q_L \times F_v \tag{2-10}$$

式中：F_v 为泄漏液体的闪蒸比例；T_T 为储存温度，K；T_b 为泄漏液体的沸点，K；H_v 为泄漏液体的蒸发热，J/kg；C_p 为泄漏液体的定压比热容，J/(kg·K)；Q_1 为过热液体闪蒸蒸发速率，kg/s；Q_L 为物质泄漏速率，kg/s。

b. 热量蒸发速率估算。

热量蒸发速率计算公式如式(2-11)所示：

$$Q_2 = \frac{\lambda S(T_0 - T_b)}{H\sqrt{\pi \alpha t}} \tag{2-11}$$

式中：Q_2 为热量蒸发速率，kg/s；T_0 为环境温度，K；T_b 为泄漏液体沸点，K；H 为液体汽化热，J/kg；t 为蒸发时间，s；λ 为表面热导系数（取值如表 2-15 所示），W/(m·K)；S 为液池面积，m²；α 为表面热扩散系数（取值见表 2-15），m²/s。

表 2-15　　　　　　　　　　不同地面的热传递性质

地面情况	$\lambda/[W/(m \cdot K)]$	$\alpha/(m^2/s)$
水泥	1.1	1.29×10^{-7}
土地(含水 8%)	0.9	4.3×10^{-7}
干涸土地	0.3	2.3×10^{-7}
湿地	0.6	3.3×10^{-7}
砂砾地	2.5	11.0×10^{-7}

c. 质量蒸发速率估算。

质量蒸发速率计算公式如式(2-12)所示：

$$Q_3 = \alpha p \frac{M}{RT_0} u^{\frac{(2-n)}{(2+n)}} r^{\frac{(4+n)}{(2+n)}} \tag{2-12}$$

式中：Q_3 为质量蒸发速率，kg/s；p 为液体表面蒸气压，Pa；R 为气体常数，J/(mol·K)；T_0 为环境温度，K；M 为物质的摩尔质量，kg/mol；u 为风速，m/s；r 为液池半径，m；α，n 为大气稳定度系数，取值见表 2-16。

表 2-16　　　　　　　　　　液池蒸发模式参数

大气稳定度	n	α
不稳定(A，B)	0.2	3.846×10^{-3}
中性(D)	0.25	4.685×10^{-3}
稳定(E，F)	0.3	5.285×10^{-3}

液池最大直径取决于泄漏点附近的地域构型、泄漏的连续性或瞬时性。有围堰时，以围堰最大等效半径为液池半径；无围堰时，设定液体瞬间扩散到最小厚度时，推算液池等效半径。

综上，得到液体总蒸发量 W_P 如式(2-13)所示：

$$W_P = Q_1 t_2 + Q_2 t_2 + Q_3 t_3 \tag{2-13}$$

式中：Q_1 为闪蒸液体蒸发速率，kg/s；Q_2 为热量蒸发速率，kg/s；Q_3 为质量蒸发速率，kg/s；t_1 为闪蒸蒸发时间，s；t_2 为热量蒸发时间，s；t_3 为从液体泄漏到全部清理完毕的时间，s。

蒸发时间应结合物质特性、气象条件、工况等综合考虑，一般情况下，可按 15~30 分钟计；泄漏物质形成的液池面积以不超过泄漏单元的围堰（或堤）内面积来计算。

（2）经验估算法。

经验估算法适用于火灾、爆炸等突发性事故伴生/次生的污染物释放情形。污染物包括火灾、爆炸事故在高温下迅速挥发释放至大气的未完全燃烧危险物质（有毒有害物质），以及在燃烧过程中产生的伴生/次生污染物。

表 2-17 给出了火灾、爆炸产生的有毒有害物质的释放取值比例。

表 2-17　　火灾、爆炸产生的有毒有害物质的释放比例（单位:%）

Q	LC_{50}					
	<200	≥200,<1000	≥1000,<2000	≥2000,<10000	≥10000,<20000	≥20000
≤100	5	10				
>100，≤500	1.5	3	6			
>500，≤1000	1	2	4	5	8	
>1000，≤5000		0.5	1	1.5	2	3
>5000，≤10000			0.5	1	1	2
>10000，≤20000				0.5	1	1
>20000，≤50000					0.5	0.5
>50000，≤100000						0.5

注：LC_{50} 为物质半致死浓度，mg/m³；Q 为有毒有害物质在线量，t。

火灾伴生/次生污染物产生量估算。

油品火灾伴生/次生二氧化硫产生量计算公式如式（2-14）所示：

$$G_{二氧化硫} = 2BS \qquad (2-14)$$

式中：$G_{二氧化硫}$ 为二氧化硫排放速率，kg/h；B 为物质燃烧量，kg/h；S 为物质中硫的含量，%。

油品火灾伴生/次生一氧化碳产生量的计算公式如式(2-15)所示：

$$G_{一氧化碳} = 2330qCQ \tag{2-15}$$

式中：$G_{一氧化碳}$为一氧化碳的产生量，kg/s；C为物质中碳的含量，取85%；q为化学不完全燃烧值，取1.5%~6.0%；Q为参与燃烧的物质量，t/s。

除计算法和经验估算法外，针对装卸、油气长输管线和水体污染等其他特定的事故情形，可参照特定要素，应用其他相对应的估算方法。

装卸事故。泄漏量按装卸物质流速和管径及失控时间计算，失控时间一般可按5~30分钟计。

油气长输管线事故。按管道截面100%断裂估算泄漏量，应考虑截断阀启动前、后的泄漏量。截断阀启动前，泄漏量按实际工况确定；截断阀启动后，泄漏量以管道泄压至与环境压力平衡所需要时间计。

水体污染事故。结合污染物释放量、消防用水量及雨水量等因素综合确定。

将各参数计算结果汇总，形成建设项目源强一览表，为事故情形预测阶段工作提供数据支撑，参照表2-18建立。

表2-18　　　　　　　　　建设项目源强一览表

序号	风险事故情形描述	危险单元	危险物质	影响途径	释放或泄漏速率/(kg/s)	释放或泄漏时间/min	最大释放或泄漏量/kg	泄漏液体蒸发量/kg	其他事故源参数
1									
2									
3									
4									
……									

2.2.5　环境风险预测与评价

环境风险预测的目的是获取突发环境事件可能造成的影响范围及程度。预测过程围绕相关参数收集、预测模型选择、终点浓度值选取等内容，对有毒有害物质在大气、地表水、地下水环境中的扩散影响范围进行分析。在此基础之上，分析说明建设项目环境风险的危害范围与程度，形成环境风险评价结果。

2.2.5.1 大气环境风险预测

大气风险预测的分析对象为代表性气象条件下有毒有害物质泄漏可能造成的影响范围及程度，因此需综合考虑气象/水体参数、事故源参数，保证模型和毒性终点浓度值选取的有效性。

① 代表性气象条件选取。

开展事故风险预测时，为了考虑危害最严重的情形，一般考虑最不利气象条件下的扩散情况以及事故发生地最常见气象条件为代表性气象条件。在一级评价中，需对这两类气象条件分别进行后果预测，对比分析预测结果；在二级评价中，只需选取最不利气象条件进行分析。

根据美国国家环境保护局(Environmental Protection Agency，简称 EPA)在风险管理中的相关规定，最大事故情景分析的气象条件(即最不利气象条件)为：风速 1.5m/s，稳定度为 F 类，温度和湿度可为 25℃、50%。

在事故情景预测的气象条件采用当地有代表性的气象条件时，有代表性的气象条件可由当地近 3 年的逐时气象数据进行统计分析得出。针对我国最常见气象条件，生态环境部(原环境保护部)对全国 31 个省(市)部分站点的近 3 年内连续 1 年的逐日、逐次观测资料进行了统计分析，结果表明我国大部分省市以 D、E、F 稳定度出现的频率较高，平均风速以 1.5~2.5m/s 出现频率较高。

因此，事故发生地最常见气象条件的确定方法为：取建设项目所在地近 3 年内的至少连续 1 年气象观测资料统计分析得出有代表性的气象条件，统计内容包括出现频率最高的稳定度、该稳定度下出现频率最高的风向(非静风)、日平均气温、年平均湿度。

② 大气毒性终点浓度值选取。

国际上目前较为广泛使用的短期急性接触的空气浓度标准包括急性暴露指导水平值(Acute Exposure Guideline Levels，简称 AEGL)、应急响应计划指南值(Emergency Response Planning Guideline，简称 ERPG)、暂定应急暴露限值(Temporary Emergency Exposure Limit，简称 TEEL)等。美国能源部在采取保护性行动标准(Protective Action Criteria，简称 PAC)中也对应急标准选择进行了规定，即当存在 AEGLs 标准值时，优先选用 AEGLs 标准值；当无 AEGLs 标准值时选用 ERPGs 标准值，若上述两种均无，则选用 TEELs 标准值。若上述三种标准均无，又确实具有评价或者应急需求时，则可临时选用紧急暴露指导水平（Emergency Exposure Guidance Level，简称 EEGL）、立即威胁生命和健康（Immediately Dangerous to Life or Health，简称 IDLH）等浓度标准。

总体来看，PAC 提出的标准值可分为三级，一级对人群影响最小，三级最严重。各级对应的标准值及伤害程度见表 2-19。

表 2-19　　　　　　　　　　　　PAC 标准值分级表

级别	标准值类型	对应内容
PAC-1	AEGLs-1，ERPGs-1，TEELs-1	除了短暂的不利健康影响或不良气味外，一般不会产生其他的不良影响。
PAC-2	AEGLs-2，ERPGs-2，TEELs-2	一般不会对人体造成不可逆的伤害，或出现的症状不会损伤该个体采取有效防护措施的能力。
PAC-3	AEGLs-3，ERPGs-3，TEELs-3	可能对人群造成生命威胁。

风险预测与评价时应以 PAC-2、PAC-3 分别进行影响预测分析。由于目前我国尚未针对公众制定短期大气毒性终点浓度标准，因此毒性终点浓度值选取与 PAC-2 和 PAC-3 一致。其中毒性终点浓度-1 与 PAC-3 一致，当大气中危险物质浓度低于该限值时，绝大多数人员暴露 1 小时不会对生命造成威胁，当超过该限值时，有可能对人群造成生命威胁；毒性终点浓度-2 与 PAC-2 一致，当大气中危险物质浓度低于该限值时，暴露 1 小时一般不会对人体造成不可逆的伤害，或出现的症状一般不会损伤该个体采取有效防护措施的能力。

对于国内标准所不包括的危险物质，可参考 PAC 标准选择方式选取相关标准。对大气毒性终点浓度包络影响区域，应考虑提出相应的规划、应急、疏散等要求。

③ 风险预测模型筛选。

按环境中的气体密度与空气的关系，气体可被分为轻质气体、中质气体和重质气体，并适用于不同的大气风险预测模型。相关模型多种多样，为对模型的正确合理选择提供帮助,在免费开源、界面封装、操作相对简单等原则下,我国生态环境部以及美国国家环境保护局均推荐 SLAB、AFTOX 模型分别作为平坦地形下重质气体、中性/轻质气体后果预测扩散模型。推荐模型的特点对比见表 2-20 所示。

表 2-20　　　　　　　　　　　模型特点对比表

名称	SLAB	AFTOX
适用对象	平坦地形下重质气体	平坦地形下中性/轻质气体、液池蒸发气体
核心理论	浅层模型,重气云的扩散行为通过空间(或时间)上的参数变化来表示,可模拟重气效应及重气效应消失后的被动扩散	假设污染物呈高斯分布
源强模型	无	具有液池挥发模型
模型友好性	较友好,有简单界面	友好,有交互式界面
技术支持度	有用户手册,理论和操作描述全面	有用户手册,理论和操作描述全面
计算效率	高	高

适用对象,即事故中烟团/烟羽的气体性质,取决于它相对空气的"过剩密度"和环境条件等因素。通常采用理查德森数(R_i)作为标准进行判断。R_i 的概念公式为:

$$R_i = \frac{烟团的势能}{环境的湍流动能} \tag{2-16}$$

一般而言,依据排放类型,理查德森数的计算分连续排放、瞬时排放两种形式,如式(2-17)、式(2-18)所示:

连续排放:

$$R_i = \frac{\left[\dfrac{g(Q/\rho_{rel})}{D_{rel}} \times \left(\dfrac{\rho_{rel} - \rho_a}{\rho_a}\right)\right]^{\frac{1}{3}}}{U_r} \tag{2-17}$$

瞬时排放：

$$R_i = \frac{g\,(Q_t/\rho_{rel})^{\frac{1}{3}}}{U_r^2} \times \left(\frac{\rho_{rel} - \rho_a}{\rho_a}\right) \tag{2-18}$$

式中：ρ_{rel} 为排放物质进入大气的初始密度，kg/m^3；ρ_a 为环境空气密度，kg/m^3；Q 为连续排放烟羽的排放速率，kg/s；Q_t 为瞬时排放的物质质量，kg；D_{rel} 为初始的烟团宽度，即源直径，m；U_r 为 10m 高处风速，m/s。

判定连续排放还是瞬时排放，可以通过对比排放时间 T_d 和污染物到达最近的受体点（网格点或敏感点）的时间 T 确定，如公式（2-19）所示。

$$T = 2X/U_r \tag{2-19}$$

式中：X 为事故发生地与计算点的距离，m；U_r 为 10 米高处风速，m/s。假设风速和风向在 T 时间段内保持不变，当 $T_d > T$ 时，可被认为是连续排放的；当 $T_d \leq T$ 时，可被认为是瞬时排放。

气体性质的判断标准为：对于连续排放，$R_i \geq 1/6$ 为重质气体，$R_i < 1/6$ 为轻质气体；对于瞬时排放，$R_i > 0.04$ 为重质气体，$R_i \leq 0.04$ 为轻质气体。当 R_i 处于临界值附近时，说明烟团/烟羽既不是典型的重质气体扩散，也不是典型的轻质气体扩散；这时，可以进行敏感性分析，分别采用重质气体模型和轻质气体模型进行模拟，选取影响范围最大的结果。

推荐模型的说明、源代码、执行文件、用户手册以及技术文档可在全国环境影响评价管理信息平台下载。需要注意的是，SLAB、AFTOX 模型适用的地形为平坦地形，当泄漏事故发生在丘陵、山地等时，应考虑地形对扩散的影响，选择其他成熟适合的大气风险预测模型，并对其应用的合理性加以分析。

④ 模型相关参数。

a. 预测范围。这是指预测物质浓度达到评价标准时的最大影响范围，通常由预测模型计算获取。预测范围一般不超过 10 km。

b. 计算点。计算点分特殊计算点和一般计算点，特殊计算点指大气环境敏感目标等关心点，一般计算点指下风向不同距离点。一般计算点的设置应具有一定分辨率，距离风险源 500 米范围内可设置 10~50 米间距，大于 500 米范围内可设置 50~100 米间距。

c. 事故源参数。根据大气风险预测模型的需要，调查泄漏设备类型、尺寸、操作参数（压力、温度等），泄漏物质理化特性（摩尔质量、沸点、临界温度、临界压力、比热容比、气体定压比热容、液体定压比热容、液体密度、汽化热等）。

d. 伤害概率。对于存在极高大气环境风险的建设项目，应开展关心点概率分析，即有毒有害气体（物质）剂量负荷对个体的大气伤害概率、关心点处气象条件的频率、事故发生概率的乘积，以反映关心点处人员在无防护措施条件下受到伤害的可能性。

通过大气环境风险预测，可得到下风向不同距离处有毒有害气体（物质）的最大浓度，以及预测浓度达到不同毒性终点浓度的最大影响范围；同时，可得到各关心点的有毒有害气体（物质）浓度随时间变化情况，以及关心点的预测浓度超过评价标准时对应的时刻和持续时间，为相应风险管理措施的制定提供支撑。

2.2.5.2 水环境风险预测

（1）模型选取。

有毒有害物质进入水环境的途径，包括事故直接导致的和事故处理处置过程间接导致的两种途径。水体的类型可划分为地表水和地下水两类，分别依照其特点筛选风险预测模型。

地表水预测模型种类繁多，选取时需考虑根据建设项目特点与水体特征，并与国家及行业标准中关于地表水环境影响预测模型形成有效衔接，参考对象包括《环境影响评价技术导则 地表水环境》（HJ 2.3—2018）、《海洋工程环境影响评价技术导则》（GB/T 19485—2014）等。适用于地表水预测的数学模型见表 2-21 所示。

表 2-21　　地表水预测模型及适用条件

模型大类	适用对象及模型名称	适 用 条 件
面源污染负荷估算模型	源强系数法	评价区域有可采用的源强产生、流失及入河系数等面源污染负荷估算参数。
	水文分析法	评价区域具备一定数量的同步水质水量监测资料。
	面源模型法	结合污染特点、模型适用条件、基础资料等综合确定。

续表

模型大类	适用对象及模型名称		适用条件
水动力模型及水质模型	河流	零维数学模型	水域基本均匀混合。
		纵向一维数学模型	沿程横断面均匀混合。
		河网模型	多条河道相互连通,使得水流运动和污染物交换相互影响的河网地区。
		平面二维	垂向均匀混合。
		立面二维	垂向分层特征明显。
		三维模型	垂向及平面分布差异明显。
	湖岸	零维数学模型	水流交换作用较充分、污染物质分布基本均匀。
		纵向一维数学模型	污染物在断面上均匀混合的河道型水库。
		平面二维	浅水湖库,垂向分层不明显。
		垂向一维	深水湖库,水平分布差异不明显,存在垂向分层。
		立面二维	深水湖库,横向分布差异不明显,存在垂向分层。
		三维模型	垂向及平面分布差异明显。
	感潮河段入海河口	纵向一维非恒定数学模型	污染物在断面上均匀混合的感潮河段、入海河口。
		一维河网数学模型	感潮河网区。
		平面二维非恒定数学模型	浅水感潮河段和入海河口。
		一、二维连接数学模型	感潮河段、入海河口的下边界难以确定。
	近岸海域	平面二维非恒定模型	近岸海域区域。
		三维数学模型	评价海域的水流和水质分布在垂向上存在较大的差异(如排放口附近水域)。
		溢油粒子模型	近岸海域区域溢油事故。

地下水环境影响预测方法包括数学模型法和类比分析法,其中,数学模型法包括数值法、解析法等方法。地下水环境风险预测模型一般参照《环境影响评价技术导则 地下水环境》(HJ 610—2016)提出的数学模型构建。

数值法对应的预测模型为地下水水流模型和地下水水质模型,后者由水流模型和溶质运移模型两部分构成。数值法可以预测各种条件下的地下水状态,但不适用于管道流(如岩溶暗河系统等)的模拟评价。

解析法对应的预测模型围绕一维稳定流动一维水动力弥散问题和一维稳定流动二维水动力弥散问题展开。求解复杂的水动力弥散方程定解问题非常困难，实际问题中多靠数值方法求解；但可以用解析解对照数值解法进行检验和比较，并用解析解去拟合观测资料以求得水动力弥散系数。

预测方法的选取应根据建设项目工程特征、水文地质条件及资料掌握程度来确定，数值法适用范围较广，当数值方法不适用时，可用解析法或其他方法预测。两种模型的适用前提为：

数值模型：完成有效的参数识别和模型验证。

解析模型：污染物的排放对地下水流场没有明显的影响，评价区内含水层的基本参数（如渗透系数、有效孔隙度等）不变或变化很小。

(2) 终点浓度值确定。

终点浓度值指污染浓度下降到符合水体标准的范围内的数值，因水体分类、预测点水体功能要求不同而有异，各类水体功能分类情况见表 2-22。根据《海水水质标准》（GB 3097—1997）、《生活饮用水卫生标准》（GB 5749—2022）、《地表水环境质量标准》（GB 3838—2002）以及《地下水质量标准》（GB/T 14848—2017），可得到水体分类、预测点水体功能的重点浓度值。对于未列入上述标准，但确需进行分析预测的物质，其终点浓度值选取可参照 HJ 2.3、HJ 610。对于难以获取终点浓度值的物质，可按质点运移到达判定。

(3) 预测结果构成。

预测结果围绕建设项目水环境风险类型及特点展开，为后续的风险防控及应急提供支持。

对于地表水，预测结果包括污染物在关心点处浓度随时间的变化过程，对环境敏感点和环境敏感目标的影响和作用；评价水域，应分析污染物的迁移扩散路径、时空分布特征、最大预测浓度及出现时间，或污染物经排放通道到达关心点的时间，保障关心点达标的该通道排放断面最低控制浓度或排放量等。

对于地下水，预测结果包括有毒有害物质进入地下水体到达下游厂区边界和环境敏感目标处的到达时间、超标时间、超标持续时间及最大浓度等。

表 2-22　　　　　　　　　　各类水体功能分类表

功能类别	地下水	地表水		生活饮用水
		其他地表水	海水	
Ⅰ类	各种用途(化学组分含量低)	源头水、国家自然保护区。	海洋渔业水域、海上自然保护区、珍稀濒危海洋生物保护区。	无功能分类(农村小型集中式供水和分散式供水的水质因条件限制,部分标准限值不一致)。
Ⅱ类	各种用途(化学组分含量较低)	集中式生活饮用水地表水源地一级保护区、珍稀水生生物栖息地、鱼虾类产卵场、仔稚幼鱼的索饵场等。	水产养殖区、海水浴场、人体直接接触海水的海上运动或娱乐区、工业用水区(人类食用相关)。	
Ⅲ类	集中式生活饮用水水源及工农业用水	集中式生活饮用水地表水源地二级保护区、鱼虾类越冬场、洄游通道、水产养殖区等渔业水域及游泳区。	一般工业用水区、滨海风景旅游区。	
Ⅳ类	农业和部分工业用水,适当处理后可作生活饮用水	一般工业用水区及人体非直接接触的娱乐用水区。	海洋港口区、海洋开发作业区。	
Ⅴ类	不宜作为生活饮用水水源,其他用水根据使用目的选用	农业用水区及一般景观要求水域。	\	

2.2.5.3　环境风险评价

环境风险评价是对风险预测结果的分析小结,从有毒有害物质扩散途径,说明建设项目环境风险的危害范围与程度,重点为避免急性损害。其中,大气环境风险的影响范围和程度由大气毒性终点浓度确定,明确影响范围内的人口分布情况;地表水、地下水对照功能区质量标准浓度(或参考浓度)进行分析,明确对下游环境敏感目标的影响情况。

2.2.6 环境风险管控

根据最低合理可行原则(As Low As Reasonable Practicable,简称 ALARP),建设项目环境风险管控的目的是确保环境风险防范措施与社会经济技术发展水平相适应,运用科学的技术手段和管理方法,对环境风险进行有效的预防、监控、响应,确保环境风险维持在可接受的范围内。

环境风险管控措施设计从大气环境风险、事故废水环境风险(地表水风险)、地下水环境风险三个对象入手,针对建筑项目所在位置、风险源情况、应急能力情况等特点,结合风险预测结果,围绕风险监控与监测、应急设施建设、突发环境事件预控预警机制等内容展开。强化配套系统建设,与园区/区域环境风险防控体系相匹配。按分级响应要求及时启动园区/区域环境风险防范措施,实现厂内与园区/区域环境风险防控设施及管理有效联动,有效防控环境风险。

突发环境事件应急预案是检验建设项目环境风险管控缺漏的重要抓手。应急预案的主要内容包括适用范围、环境事件分类与分级、组织机构与职责、监控和预警、应急响应、应急保障、善后处置、预案管理与演练等。企业突发环境事件应急预案应体现分级响应、区域联动的原则,与地方政府突发环境事件应急预案相衔接,明确分级响应程序。通过后期不断完善环境应急预案,组织环境应急演练与员工培训,能够有效牢固环境风险意识,防范突发环境事件发生。

最后,从项目危险因素、环境敏感性及环境风险事故影响、环境风险防范措施和应急预案要求等方面进行整体、全面概括,并给出环境风险评价的总体结论,完成评价工作。

2.3 突发环境事件风险评估

近年来,突发环境事件数量居高不下,已成为威胁公众健康、公共安全和社会稳定的重要因素之一。2015年8月12日,天津港瑞海公司危险品仓库特别重大火灾爆炸事故造成165人死亡,事故残留的化学品和产生的二次污染物有百余种。2019年3月21日,江苏响水天嘉宜公司危险废物特别重大爆炸事故造成78人死亡、76人重伤,周边三排河、新丰河受污染水体高达6.3万立方米,苯胺类、氨氮、化学需氧量均严重超标。突发环境事件引发的严重后果使企业环境风险的社会关注度不断提高。

2011年起,国务院陆续发布了《国务院关于加强环境保护重点工作的意见》《土壤污染防治行动计划》(简称"土十条")《水污染防治行动计划》(简称"水十条")《大气污染防治行动计划》(简称"大气十条")《强化危险废物监管和利用处置能力改革实施方案》(简称"危废十条")和《突发事件应急管理办法》等政策法规,在强调提出了"完善以预防为主的环境风险管理制度,严格落实企业环境安全主体责任,制定环境风险评估规范"等要求的同时,规定"编制应急预案应当在开展风险评估和应急资源调查的基础上进行",明确了企业环境风险评估的重要作用。

2014年原环境保护部印发了《企业突发环境事件风险评估指南(试行)》(环办[2014]34号),将企业环境风险评估对象定义为可能发生突发环境事件的已建成投产或处于试生产阶段的企业,规定了企业环境风险评估程序,即资料准备与环境风险识别、可能突发环境事件及其后果分析、现有环境风险防控和环境应急管理差距分析、制定完善环境风险防控和应急措施的实施计划、划分突发环境事件风险等级共五个步骤。该指南附录A提出的风险分级方法是对企业综合环境风险进行等级划分,没有突出企业大气和水环境各自的风险特征,在环境风险物质及其临界量设置方面亦存在不合理处,且涉及的安全生产管理指标过多。鉴于此,2018年发布的国家环境保护标准《企业突发环境事件风险分级方法》(HJ 914—2018),取代了《企业突发环境事件风险评估指南(试行)》中关于突发环境事件风险分级的内容。指南中"现有环境风险防控和环境应急管理差距分析"现通常称之为"环境安全隐患排查"。

因此,编制企业突发环境事件风险评估报告时,需要将《企业突发环境事件风险评估指南(试行)》和《企业突发环境事件风险分级方法》结合使用。

2.3.1 环境风险识别

环境风险识别对象包括：企业基本信息、周边环境风险受体、涉及环境风险物质和数量、生产工艺、安全生产管理、环境风险单元及现有环境风险防控与应急措施、现有环境应急资源等。

2.3.1.1 企业基本信息

一是企业信息，包括单位名称、组织机构代码、法定代表人、单位所在地、中心经度、中心纬度、所属行业类别、建厂年月、最新改扩建年月、主要联系方式、企业规模、厂区面积、从业人数等（如为子公司，还需列明上级公司名称和所属集团公司名称）等；

二是企业周边地理信息，包括地形、地貌（如在泄洪区、河边、坡地）、气候类型、年风向玫瑰图、历史上曾经发生过的极端天气情况和自然灾害情况（如地震、台风、泥石流、洪水等）；

三是功能区划和环境质量信息，包括环境功能区划情况以及最近一年地表水、地下水、大气、土壤环境质量现状。

2.3.1.2 环境风险受体信息

大气环境风险受体信息主要包括企业周边 5000 米或 500 米范围内人口数，以及涉及的军事禁区、军事管理区、国家相关保密区域。

水环境风险受体信息主要包括企业雨水排口、清净下水排口、污水排口下游 10 千米流经范围内涉及的水体类型以及跨境情况。

2.3.1.3 环境风险物质和数量信息

依据企业涉及的各类化学物质种类和数量进行环境风险物质识别，识别内容包括物质名称、CAS 号、突发事件案例以及遇水反应生成的物质、临界量。具体的环境风险物质共有 8 大类 392 种，见《企业突发环境事件风险分级方法》附录 A 所示。

可以认为，纳入《企业突发环境事件风险分级方法》附录 A 的物质以及相应的危险废物可视为环境风险物质，其他的物质可不考虑。

此阶段还需要掌握各种环境风险物质的最大存储量。

2.3.1.4 生产工艺

通过列表说明企业生产工艺及其特征：生产工艺名称、反应条件(包括高温、高压、易燃、易爆)；是否属于《重点监管危险化工工艺目录》或者国家规定有淘汰期限的淘汰类落后生产工艺装备等；是否涉及光气及光气化工艺、电解工艺(氯碱)、氯化工艺、硝化工艺、合成氨工艺、裂解(裂化)工艺、氟化工艺、加氢工艺、重氮化工艺、氧化工艺、过氧化工艺、胺基化工艺、磺化工艺、聚合工艺、烷基化工艺、新型煤化工工艺、电石生产工艺、偶氮化工艺。

这里所指高温为工艺温度 $\geqslant 300℃$，高压为压力容器的设计压力$(p) \geqslant 10.0 MPa$，易燃易爆等物质是指按照《化学品分类、警示标签和警示性说明安全规范》(GB 20576—2006 至 GB 20602—2006)所确定的化学物质。淘汰类落后生产工艺装备依据国家发展改革委《产业结构调整指导目录》(最新版本)中的清单确认。

2.3.1.5 安全生产管理

企业的安全生产信息主要包括：

消防验收情况；

安全生产许可(适用于危险化学品生产企业)；

危险化学品安全评价及安全设施竣工验收情况；

危险化学品重大危险源备案管理。

2.3.1.6 环境风险单元及现有环境风险防控与应急措施

环境风险单元划分是环境风险评估的基础工作之一，通常适用于大型企业，指长期或临时生产、加工、使用或储存环境风险物质的一个(套)生产装置、设施或场所或同属一家企业且边缘距离小于 500 米的几个(套)生产装置、设施或场所。对于中小型企业，可将整个厂区视为一个环境风险单元。

企业每个单元的环境风险防控与应急措施包括：

污染源截断措施；

泄漏物和事故排水收集措施；

清净下水系统防控措施；
雨排水系统防控措施；
生产废水处理系统防控措施；
有毒有害气体泄漏监控预警装置和紧急处置装置；
其他环境风险防控措施。

2.3.1.7 现有环境应急资源情况

企业的现有环境应急资源是指第一时间可以获取使用的企业内部应急物资、应急装备和应急救援队伍，以及企业外部可以请求援助的应急资源，包括政府生态环境部门的应急资源、与其他组织或单位(如危险废物经营单位、专业消防机构、危险化学品应急机构)签订应急救援协议或互救协议情况等。

环境应急物资与装备类别包括：污染源切断类、污染物控制类、污染物收集类、污染物降解类、安全防护类、应急通信指挥类和环境应急监测类。

环境风险评估人员可分别列表说明：自有环境应急物资的名称、功能、数量、有效期；外部供应单位名称、联系人、联系电话、环境应急物资种类与数量；协议应急单位名称、联系人、联系电话、专业特长等。

2.3.2 可能发生的突发环境事件情景及后果分析

基于企业环境风险识别结果，分析企业可能发生的突发环境事件情景，判断每种情景的源强、环境风险物质释放途径、涉及的应急措施以及产生的直接、次生、衍生后果，为强化风险管理工作的针对性提供建议。

企业可能发生的突发环境事件及其后果情景分析可大致分为：情景识别、源强分析、途径及后果分析三步进行。

2.3.2.1 情景识别

情景识别着重于讨论突发环境事件的最坏情景。在划分事故影响范围的研究中，美国环保局(United States Environmental Protection Agency，简称EPA)在风险管理项目导则中提出了最坏情景(Worst-case Scenario)的概念。最坏情景是指从容器或管线事故中释放出最大量的危险物质的泄漏情况，以及导致最大的事故影响范围的有毒或易燃危险物质的泄漏情况。

在企业环境风险评估中，主要考虑的最坏情景来源包括：

(1)火灾、爆炸、泄漏等生产安全事故及可能引起的次生、衍生厂外环境污染及人员伤亡事故(例如，因生产安全事故导致有毒有害气体扩散出厂界，消防水、物料泄漏物及反应生成物，从雨水排口、清净下水排口、污水排口、厂门或围墙排出厂界污染环境等)。

(2)环境风险防控设施失灵或非正常操作(如雨水阀门不能正常关闭，化工行业火炬意外灭火)引起的污染物排出厂界事件。

(3)非正常工况(如开、停车等)引起的泄漏或火灾爆炸次生污染事件。

(4)污染治理设施非正常运行造成污染超标排放，如废水处理设施故障造成生产废水超标排放，废气处理装备没有及时加药导致污染物超标排放。

(5)违法排污造成环境污染，如非法倾倒危险废物、偷排重金属废水、直排电镀或者印制电路板生产废气。

(6)停电、断水、停气等次生污染物排放事件。

(7)通讯或运输系统故障引起环境污染事件，如废水管道泄漏、运输危险废物或运输危险化学品车辆发生交通事故次生污染事件。

(8)各种自然灾害、极端天气或不利气象条件引起次生污染事件，如洪水冲击危险化学品仓库、泥石流冲击危险废物储存区。

(9)其他可能的突发环境事件情景。

2.3.2.2 源强分析

源强分析内容包括，释放环境风险物质的种类、物理化学性质、最小和最大释放量、扩散范围、浓度分布、持续时间、危害程度等。

企业突发环境事件的源强分析方法与建设项目环境风险评价中使用的方法一致，有计算法和经验估算法两种，具体步骤见本章第二节。

(1)释放途径及后果分析。

对识别出的突发环境事件情景，进行环境风险物质释放途径、涉及环境风险防控与应急措施、应急资源情况分析，分析重点内容见表2-23。根据分析结果，判断可能产生的直接、次生和衍生后果。

表 2-23　　　　　　　　　　　污染类型及分析重点

污染类型	分析重点
地表水、地下水和土壤污染	环境风险物质从释放源头(环境风险单元)，经厂界内到厂界外，最终影响到环境风险受体的可能性、释放条件、排放途径，涉及环境风险与应急措施的关键环节，需要应急物资、应急装备和应急救援队伍情况。
大气污染	依据风向、风速等分析环境风险物质少量泄漏和大量泄漏的情况下，白天和夜间可能影响的范围，包括事故发生点周边的紧急隔离距离、事故发生地下风向人员防护距离。

突发环境事件后果影响对象包括地表水、地下水、土壤、大气、人口、财产、社会等方面。通过源强分析及环境风险物质污染途径分析给出的环境风险受体受到的影响程度和范围，能够明确以下后果，制定有效的防范策略。

需要疏散的人口数量；

判断污染物走向，是否影响到饮用水水源地、河流及土壤；

预估污染范围，是否造成跨界影响；

是否影响生态敏感区生态功能；

预估可能发生的突发环境事件级别；

其他后果。

2.3.3　环境安全隐患排查与治理

环境安全隐患排查在《企业突发环境事件风险评估指南(试行)》称之为"环境风险防控与应急措施差距分析"。

《企业突发环境事件风险评估指南(试行)》的附录 C 给出了"企业环境风险防控与应急措施实行标准对照表"，可当作环境安全隐患排查依据。实际操作中，环境风险评估人员可以依据《企业突发环境事件隐患排查和治理工作指南(试行)》(环境保护部 2016 年第 74 号公告)的"企业突发环境事件应急管理隐患排查表"和"企业突发环境事件风险防控措施隐患排查表"开展企业的环境安全隐患排查，同时建立隐患排查治理台账。

对于排查出的环境安全隐患，企业需要根据轻、重、缓、急逐项制定短期、中期或长期计划，落实具体的责任人、时间和措施，投入必要的资源分别治理各项隐患，并对隐患的治理效果进行验收。

关于环境安全隐患排查工作制度、标准、内容、方式、频次、组织实施等内容将在第三章中具体讲述。

2.3.4 突发环境事件风险分级

企业突发环境事件风险依据《企业突发环境事件风险分级方法》（HJ 941—2018）实施。该方法分别对突发大气环境事件风险和突发水环境事件风险进行分级评估，取风险等级高者为企业突发环境事件风险等级。

2.3.4.1 风险评估程序

企业突发环境事件风险评估与风险分级工作程序见图2-4。

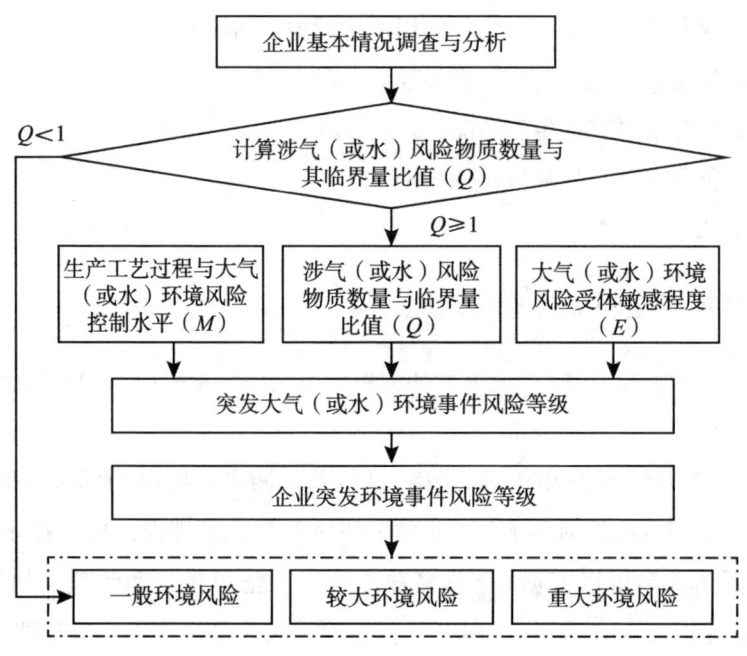

图2-4 企业突发环境事件风险评估与风险分级流程图

2.3.4.2 环境风险物质识别与 Q 值计算

Q 值指环境风险物质数量(最大存在量)与临界量比值,这是评估企业突发环境事件风险等级最重要的参数。根据 HJ 941 附录 A 中所列环境风险物质及临界量清单的分类,涉气及涉水环境风险物质对应的小类见表 2-24。

HJ 941 附录 A 列出了环境风险物质共 8 大类 392 种,风险评估人员通常会统计企业的危险化学品仓库的最大储存量,但对企业的生产原料、产品、中间产品、副产品、催化剂、辅助生产物料、燃料等常常没有纳入统计范畴,直接影响了 Q 值的计算,进而影响企业环境风险等级划分的准确性。

此外,特别是对危险废物临界量更是无所适从。我们认为,某些危险废物(如废有机溶剂)的危险特性与相对应的危险化学品并没有多大差异,因此计算 Q 值时也应将这些危险废物纳入统计范畴。

表 2-24　　涉气及涉水环境风险物质分类情况

风险物质大类	风险物质小类	覆盖范围
涉气风险物质	有毒气态物质	全部
	易燃易爆气态物质	全部
	有毒液态物质	全部
	易燃液态物质	全部
	遇水生成有毒气体的物质	全部
	其他类物质及污染物	除 NH3-N 浓度 ≥ 2000mg/L 的废液、CODCr 浓度 ≥ 10000mg/L 的有机废液之外的气态和可挥发造成突发大气环境事件的固态、液态风险物质。
涉水风险物质	有毒液态物质	全部
	易燃液态物质	全部
	其他有毒物质	全部
	遇水生成有毒气体的物质	全部
	重金属及其化合物	全部

续表

风险物质大类	风险物质小类	覆盖范围
	其他类物质及污染物	全部
涉水风险物质	有毒气态物质、易燃易爆气态物质中溶于水和遇水发生反应的风险物质	溶于水的硒化氢、甲醛、乙二腈、二氧化氯、氯化氢、氨、环氧乙烷、甲胺、丁烷、二甲胺、一氧化二氮、砷化氢、二氧化氮、三甲胺、二氧化硫、三氟化硼、硅烷、溴化氢、氯化氰、乙胺、二甲醚，以及遇水发生反应的乙烯酮、氟、四氟化硫、三氟溴乙烯。

表 2-25 给出了部分危险废物的临界量，可供环境风险编制人员在评估企业的环境风险时使用。

表 2-25　　**部分环境风险物质(危险废物)及参考临界量**

风险物质名称	临界量(吨)	说　明
废有机溶剂	10	参照异丙醇、正己烷取值。
废矿物油	2500	参照石油、柴油、汽油取值。
无机氰化物废物	50	基于对健康危险急性毒性废物的考虑。
废盐酸	7.5	废盐酸按浓度≥37%核算，不可用于折算成氯化氢。
废硝酸	7.5	不考虑浓度差异。
废硫酸	10	废发烟硫酸临界量取5吨。
废碱	200	包括强碱。
铜、镍、铬、铅等重金属污染物及其化合物(以重金属离子计)	0.25	主要适用于印刷电路板企业废水处理污泥、废蚀刻液、电镀废槽液、电镀用硫酸铜、硫酸镍、铬酸酐等。
属于危险废物的废水处理污泥	200	主要适用于电镀废水处理污泥或其他属于危险废物的废水处理污泥。

续表

风险物质名称	临界量(吨)	说　　明
危害水环境急性毒性类危险废物	100	危害水环境物质分类参见 GB 30000.28。
其他工业危险废物或医疗废物（含废双氧水）	200	主要考虑危险废物对水环境慢性危害。

Q 值的计算方法如下：

当企业只涉及一种环境风险物质时，该物质的数量与其临界量比值，即为 Q 值。

当企业存在多种环境风险物质时，则按式(2-20)计算：

$$Q = \frac{w_1}{W_1} + \frac{w_2}{W_2} + \cdots + \frac{w_n}{W_n} \tag{2-20}$$

式中：$w_1, w_2, \cdots, w_n$ 指每种风险物质的最大存在量，t；$W_1, W_2, \cdots, W_n$ 指每种风险物质的临界量，t。

按照数值大小，将 Q 划分为 4 个水平：

$Q<1$，以 Q_0 表示，企业直接评为一般环境风险等级；

$1 \leq Q < 10$，以 Q_1 表示；

$10 \leq Q < 100$，以 Q_2 表示；

$Q \geq 100$，以 Q_3 表示。

2.3.4.3　企业生产工艺过程与环境风险控制水平(M)评估

M 值指生产工艺过程与环境风险控制水平。采用评分法对企业生产工艺过程（占比 30%）、环境风险防控措施及突发环境事件发生情况（占比 70%）进行评估，将各项分值累加，确定企业的 M 值。

(1) 生产工艺过程含有风险工艺和设备情况。

水环境和大气环境的风险工艺和设备情况评估依据相同（见表 2-26）。该部分在 M 值计算中占比为 30%，即该指标分值最高为 30 分。

表 2-26　　　　　　　　企业风险工艺和设备情况评估依据

评 估 依 据	分值
涉及光气及光气化工艺、电解工艺(氯碱)、氯化工艺、硝化工艺、合成氨工艺、裂解(裂化)工艺、氟化工艺、加氢工艺、重氮化工艺、氧化工艺、过氧化工艺、胺基化工艺、磺化工艺、聚合工艺、烷基化工艺、新型煤化工工艺、电石生产工艺、偶氮化工艺	10/每套
其他高温或高压、涉及易燃易爆等物质的工艺过程[a]	5/每套
具有国家规定限期淘汰的工艺名录和设备[b]	5/每套
不涉及以上危险工艺过程或国家规定的禁用工艺/设备	0

注：a 高温指工艺温度≥300℃，高压指压力容器的设计压力(p)≥10.0MPa，易燃易爆等物质是指按照 GB 30000.2 至 GB 30000.13 所确定的化学物质；b 指《产业结构调整指导目录》中有淘汰期限的淘汰类落后生产工艺装备。

(2)环境风险防控措施及突发环境事件发生情况。

企业大气环境和水环境风险防控措施及突发环境事件发生情况评估指标分别见表2-27 和表2-28，其中大气环境指标包含毒性气体泄漏监控预警措施、符合防护距离情况、近 3 年内突发大气环境事件发生情况共 3 项内容；水环境指标包含截流措施、事故废水收集措施、清净废水系统风险防控措施、雨水排水系统风险防控措施、生产废水处理系统风险防控措施、废水排放去向、厂内危险废物环境管理、近 3 年内突发水环境事件发生情况共 8 项内容。

该部分在 M 值计算中占比为 70%，即各项指标分值合计最高为 70 分。

表 2-27　企业大气环境风险防控措施及突发大气环境事件发生情况评估指标

评估指标	评 估 依 据	分值
毒性气体泄漏监控预警措施	①不涉及附录 A 中有毒有害气体的；或 ②根据实际情况，具备有毒有害气体(如硫化氢、氰化氢、氯化氢、光气、氯气、氨气、苯等)厂界泄漏监控预警系统的。	0
	不具备厂界有毒有害气体泄漏监控预警系统的。	25

续表

评估指标	评估依据	分值
符合防护距离情况	符合环评及批复文件防护距离要求的。	0
	不符合环评及批复文件防护距离要求的。	25
近3年内突发大气环境事件发生情况	发生过特别重大或重大等级突发大气环境事件的。	20
	发生过较大等级突发大气环境事件的。	15
	发生过一般等级突发大气环境事件的。	10
	未发生突发大气环境事件的。	0

表2-28 企业水环境风险防控措施及突发水环境事件发生情况评估指标

评估指标	评估依据	分值
截流措施	①环境风险单元设防渗漏、防腐蚀、防淋溶、防流失措施；且 ②装置围堰与罐区防火堤（围堰）外设排水切换阀，正常情况下通向雨水系统的阀门关闭，通向事故存液池、应急事故水池、清净下水排放缓冲池或污水处理系统的阀门打开；且 ③前述措施日常管理及维护良好，有专人负责阀门切换或设置自动切换设施保证初期雨水、泄漏物和消防废水排入污水系统。	0
	有任意一个环境风险单元（包括可能发生液体泄漏或产生液体泄漏物的危险废物储存场所）的截流措施不符合上述任意一条要求的。	8
事故废水收集措施	①按相关设计规范设置应急事故水池、事故存液池或清净下水排放缓冲池等事故排水收集设施，并根据相关设计规范、下游环境风险受体敏感程度和易发生极端天气情况，设计事故排水收集设施的容量；且 ②确保事故排水收集设施在事故状态下能顺利收集泄漏物和消防水，日常保持足够的事故排水缓冲容量；且 ③通过协议单位或自建管线，能将所收集废水送至厂区内污水处理设施处理。	0
	有任意一个环境风险单元（包括可能发生液体泄漏或产生液体泄漏物的危险废物储存场所）的事故排水收集措施不符合上述任意一条要求的。	8

续表

评估指标	评估依据	分值
清净废水系统风险防控措施	①不涉及清净废水；或 ②厂区内清净废水均可排入废水处理系统；或清污分流，且清净废水系统具有下述所有措施： a. 具有收集受污染的清净废水的缓冲池(或收集池)，池内日常保持足够的事故排水缓冲容量；池内设有提升设施或通过自流，能将所收集物送至厂区内污水处理设施处理；且 b. 具有清净废水系统的总排口监视及关闭设施，有专人负责在紧急情况下关闭清净废水总排口，防止受污染的清净废水和泄漏物进入外环境。	0
	涉及清净废水，有任意一个环境风险单元的清净废水系统风险防控措施但不符合上述②要求的。	8
雨水排水系统风险防控措施	①厂区内雨水均进入废水处理系统；或雨污分流，且雨水排水系统具有下述所有措施： a. 具有收集初期雨水的收集池或雨水监控池；池出水管上设置切断阀，正常情况下阀门关闭，防止受污染的雨水外排；池内设有提升设施或通过自流，能将所收集物送至厂区内污水处理设施处理； b. 具有雨水系统总排口(含泄洪渠)监视及关闭设施，在紧急情况下有专人负责关闭雨水系统总排口(含与清净废水共用一套排水系统情况)，防止雨水、消防废水和泄漏物进入外环境。 ②如果有排洪沟，排洪沟不得通过生产区和罐区，或具有防止泄漏物和消防废水等流入区域排洪沟的措施。	0
	不符合上述要求的。	8

续表

评估指标	评 估 依 据	分值
生产废水处理系统风险防控措施	①无生产废水产生或外排；或 ②有废水外排时： 　a. 受污染的循环冷却水、雨水、消防废水等排入生产废水系统或独立处理系统； 　b. 生产废水排放前设监控池，能够将不合格废水送废水处理设施处理； 　c. 如企业受污染的清净废水或雨水进入废水处理系统处理，则废水处理系统应设置事故水缓冲设施； 　d. 具有生产废水总排口监视及关闭设施，有专人负责启闭，确保泄漏物、受污染的消防废水、不合格废水不排出厂外。	0
	涉及废水外排，且不符合上述②中任意一条要求的。	8
废水排放去向	无生产废水产生或外排。	0
	①依法获取污水排入排水管网许可，进入城镇污水处理厂；或 ②进入工业废水集中处理厂；或 ③进入其他单位。	6
	①直接进入海域或进入江、河、湖、水库等水环境；或 ②进入城市下水道再入江、河、湖、水库或再入海域；或 ③未依法取得污水排入排水管网许可，进入城镇污水处理厂；或 ④直接进入污灌农田或蒸发池。	12
厂内危险废物环境管理	①不涉及危险废物的；或 ②针对危险废物分区储存、运输、利用、处置具有完善的专业设施和风险防控措施。	0
	不具备完善的危险废物储存、运输、利用、处置设施和风险防控措施。	10
近3年内突发水环境事件发生情况	发生过特别重大及重大等级突发水环境事件的。	8
	发生过较大等级突发水环境事件的。	6
	发生过一般等级突发水环境事件的。	4
	未发生突发水环境事件的。	0

注：本表中相关规范具体指 GB 50483、GB 50160、GB 50351、GB 50747、SH 3015。

(3) 企业生产工艺过程与环境风险控制水平。

将企业生产工艺过程、大气或水环境风险控制措施及突发环境事件(包括大气环境事件或水环境事件)发生情况评估结果分别进行累加计算。计算结果(M值)按表2-29进行分级，得到企业生产工艺过程与环境风险控制水平类型。

表2-29　　　企业生产工艺过程与环境风险控制水平类型划分

生产工艺过程与环境风险控制水平值	生产工艺过程与环境风险控制水平类型
$M<25$	M1
$25 \leqslant M<45$	M2
$45 \leqslant M<65$	M3
$M \geqslant 65$	M4

2.3.4.4 环境风险受体敏感程度(E)评估

E值指环境风险受体敏感程度。大气环境风险受体敏感程度类型主要按照企业周边5千米范围内人口数进行划分；水环境风险受体敏感程度，主要考虑企业雨水排口、清净下水排口、污水排口下游10千米流经范围内的饮用水源保护区、河流跨界及生态保护红线划定的或具有水生态服务功能的水生态环境敏感区和脆弱区等情况进行划分。一般将环境风险受体敏感程度划分为类型1、类型2和类型3三种类型，分别以E_1、E_2和E_3表示。

大气环境风险和水环境风险敏感程度划分情况分别见表2-30和表2-31。

表2-30　　　企业大气环境风险受体敏感程度类型划分

敏感程度类型	大气环境风险受体
类型1(E_1)	企业周边5千米范围内居住区、医疗卫生机构、文化教育机构、科研单位、行政机关、企事业单位、商场、公园等人口总数5万人以上，或企业周边500米范围内人口总数1000人以上，或企业周边5千米涉及军事禁区、军事管理区、国家相关保密区域。

续表

敏感程度类型	大气环境风险受体
类型2(E2)	企业周边5千米范围内居住区、医疗卫生机构、文化教育机构、科研单位、行政机关、企事业单位、商场、公园等人口总数1万人以上、5万人以下，或企业周边500米范围内人口总数500人以上、1000人以下。
类型3(E3)	企业周边5千米范围内居住区、医疗卫生机构、文化教育机构、科研单位、行政机关、企事业单位、商场、公园等人口总数1万人以下，且企业周边500米范围内人口总数500人以下。

表2-31　　　　企业水环境风险受体敏感程度类型划分

敏感程度类型	水环境风险受体
类型1(E1)	(1) 企业雨水排口、清净废水排口、污水排口下游10千米流经范围内有如下一类或多类环境风险受体：集中式地表水、地下水饮用水水源保护区（包括一级保护区、二级保护区及准保护区）；农村及分散式饮用水水源保护区； (2) 废水排入受纳水体后24小时流经范围（按受纳河流最大日均流速计算）内涉及跨国界的。
类型2(E2)	(1) 企业雨水排口、清净废水排口、污水排口下游10千米流经范围内有生态保护红线划定的或具有水生态服务功能的其他水生态环境敏感区和脆弱区，如国家公园，国家级和省级水产种质资源保护区，水产养殖区，天然渔场，海水浴场，盐场保护区，国家重要湿地，国家级和地方级海洋特别保护区，国家级和地方级海洋自然保护区，生物多样性保护优先区域，国家级和地方级自然保护区，国家级和省级风景名胜区，世界文化和自然遗产地，国家级和省级森林公园，世界、国家和省级地质公园，基本农田保护区，基本草原； (2) 企业雨水排口、清净废水排口、污水排口下游10千米流经范围内涉及跨省界的； (3) 企业位于溶岩地貌、泄洪区、泥石流多发等地区。
类型3(E3)	不涉及类型1和类型2情况的。

注：本表中规定的距离范围以到各类水环境保护目标或保护区域的边界为准。

2.3.4.5 突发环境事件风险等级确定

根据企业周边环境风险受体敏感程度(E)、风险物质数量与临界量比值(Q)和生产工艺过程与环境风险控制水平(M)评估结果,将企业环境风险等级分为一般环境风险、较大环境风险和重大环境风险3级,应用环境风险判定矩阵判定企业环境风险等级。

突发大气环境风险等级和突发水环境风险等级均按照表2-32划分。

表2-32　　　　　企业突发环境事件风险分级矩阵表

环境风险受体敏感程度(E)	风险物质数量与临界量比值(Q)	生产工艺过程与环境风险控制水平(M)			
		M1 类水平	M2 类水平	M3 类水平	M4 类水平
类型 1 ($E1$)	$1 \leq Q < 10 (Q1)$	较大	较大	重大	重大
	$10 \leq Q < 100 (Q2)$	较大	重大	重大	重大
	$Q \geq 100 (Q3)$	重大	重大	重大	重大
类型 2 ($E2$)	$1 \leq Q < 10 (Q1)$	一般	较大	较大	重大
	$10 \leq Q < 100 (Q2)$	较大	较大	重大	重大
	$Q \geq 100 (Q3)$	较大	较大	重大	重大
类型 3 ($E3$)	$1 \leq Q < 10 (Q1)$	一般	一般	较大	较大
	$10 \leq Q < 100 (Q2)$	一般	较大	较大	重大
	$Q \geq 100 (Q3)$	较大	较大	重大	重大

2.3.4.6 突发环境事件风险等级表征

企业突发环境事件风险等级表征时,将大气环境风险和水环境风险分别简称为"大气""水",且分为以下两种情况:

$Q<1$ 时,企业突发大气环境事件风险等级表示为"一般-大气(Q_0)",突发水环境事件风险等级表示为"一般-水(Q_0)"。

$Q \geq 1$ 时,企业突发大气环境事件风险等级表示为"环境风险等级-大气(Q水平-M类型-E类型)",如:较大-大气(Q1-M1-E1);企业突发水环境事件风险等级表示为"环境风险等级-水（Q水平-M类型-E类型）"，如重大-水（Q2-M4-E2）。

2.3.4.7 企业突发环境事件风险等级确定与调整

当企业同时存在水环境风险和大气环境风险时，以等级较高者为企业的总体突发环境事件风险等级。

近3年内企业因违法排放污染物、非法转移处置危险废物等行为受到生态环境主管部门处罚的，在已评定的突发环境事件风险等级基础上调高一级，最高等级为重大。

因此，同时涉及突发大气和水环境事件风险的企业，风险等级表示为："企业突发环境事件风险等级[突发大气环境事件风险等级表征+突发水环境事件风险等级表征]"，例如：重大[重大-大气（Q1-M3-E1）+较大-水（Q2-M2-E2）]。

2.4 区域环境风险评估

我国当前环境风险防范存在区域环境风险总体底数不清、基础工作薄弱、防控能力不足、缺少系统推进抓手等突出问题和短板。通过区域环境风险评估，可以全面了解区域环境风险的分布、类型及大小，发现环境风险管理中存在的问题，为强化环境风险治理和管控提供必要的技术支持。

与以建设项目和企业现状为对象的环境风险评估相比，区域环境风险涉及要素更多，构成更为复杂，属于宏观层面的环境风险评估。

《中华人民共和国突发事件应对法》《中华人民共和国环境保护法》要求各级人民政府应当进行风险评估、做好突发事件的风险控制等工作。《突发环境事件应急管理办法》第十一条要求：县级以上地方环境保护主管部门应当按照本级人民政府的统一要求，开展本行政区域环境风险评估工作，提高区域环境风险防范能力。以此为背景，生态环境部（原环境保护部）于2018年印发了《行政区域突发环境事件风险评估推荐方法》，为区域环境风险评估的开展提供技术支持。

2.4.1 主要概念及评估流程

2.4.1.1 主要概念

(1) 区域环境风险。

区域风险的构成形式与应用范围密切相关，在区域宏观安全风险中，将区域风险看作有效反映客观视角下事故的发生可能性，事故扩散的能量大小以及事故影响区域的暴露、敏感程度和承受能力，即事故发生频率(F)、事故强度(S)和事故影响区域脆弱度(V)三者的结合，即，

$$R = F \times S \times V \tag{2-21}$$

在《行政区域突发环境事件风险评估推荐方法》中，对区域环境风险的构成进行了划定，认为区域环境风险是环境风险源强度指数(S)、环境风险受体脆弱性指数(V)、环境风险防控与应急能力指数(M)的组合，即，

$$R = \sqrt[3]{S \times V \times M} \tag{2-22}$$

(2) 行政区域环境风险源。

风险源是指存在物质或能量意外释放，并可能产生环境危害的源，风险源是风险产生并存在的基础，全面系统地识别并监管建筑项目中的风险源，将环境污染事故遏制在孕育期，是预防污染事件、减少环境危害的有效途径，也是风险评价结果的科学性和风险控制措施实施的保障。

行政区域环境风险源指行政区域内可能造成突发环境事件的各类环境风险源，包括生产、使用、存储或释放涉及突发环境事件风险物质的企业，存储和装卸环境风险物质的港口码头，环境风险物质内陆水运及道路运输载具，尾矿库，石油天然气开采设施，集中式污水处理厂，危险废物经营单位，集中式垃圾处理设施，加油站，加气站，石油天然气及成品油长输管道等。

(3) 行政区域环境风险受体。

行政区域环境风险受体指在突发环境事件中可能受到危害的企业外部人群、企业内部人群集中生活区、具有一定社会价值或生态环境功能的单位或区域等。环境风险受体分为水环境风险受体和大气环境风险受体。

水环境风险受体包括：集中式地表水、地下水饮用水水源保护区、农村及分

散式饮用水水源保护区、饮用水水源取水口和农灌引水口、水产种质资源保护区、水产养殖区、天然渔场、海水浴场、盐场保护区、跨(国家、省和市)界断面、生态保护红线划定或具有生态服务功能的其他水生态环境敏感区和脆弱区。

大气环境风险受体包括：居民区、医疗卫生机构、文化教育机构、科研机构、行政机关和企事业单位、商场和公园、军事禁区、军事管理区、国家相关保密区域、机场、火车站、客运码头等重要基础设施。

2.4.1.2 评估流程

行政区域环境风险评估流程如图 2-5 所示。行政区域环境风险评估分为 5 部分内容，包括资料准备、风险识别、子区域划分、风险分析以及差距分析。

2.4.2 资料收集与数据分类

行政区域环境风险评估基础资料收集范围广、相关要素多，涵盖环境风险源、环境风险受体、环境风险防控与应急救援能力等因素，主要包括：行政区域环境功能区划与空间布局；水环境风险受体、大气环境风险受体、生态保护红线信息；行政区域各类环境风险源突发环境事件应急预案、环境风险评估报告；针对未开展环境风险评估和环境应急预案编制的环境风险源，收集基本信息、环境风险物质存储量与运输量等；行政区域经济水平；行政区域环境风险防控与应急救援能力，环境应急资源现状与需求等。

按照《行政区域突发环境事件风险评估推荐方法》的要求，需要对涉及的环境风险源强度、环境风险受体脆弱性以及环境风险防控与应急能力三大类共 28 项指标数据进行收集，并对资料收集的优先性进行设计，为后续环境风险值的计算与分析提供数据支持。

2.4.2.1 地图绘制类

收集适用于 ArcGIS 的矢量数据，用于区域水环境风险受体分布图、水环境风险源分布图、大气环境风险受体分布图、大气环境风险源分布图、环境风险"热点"区域分布图的绘制工作。

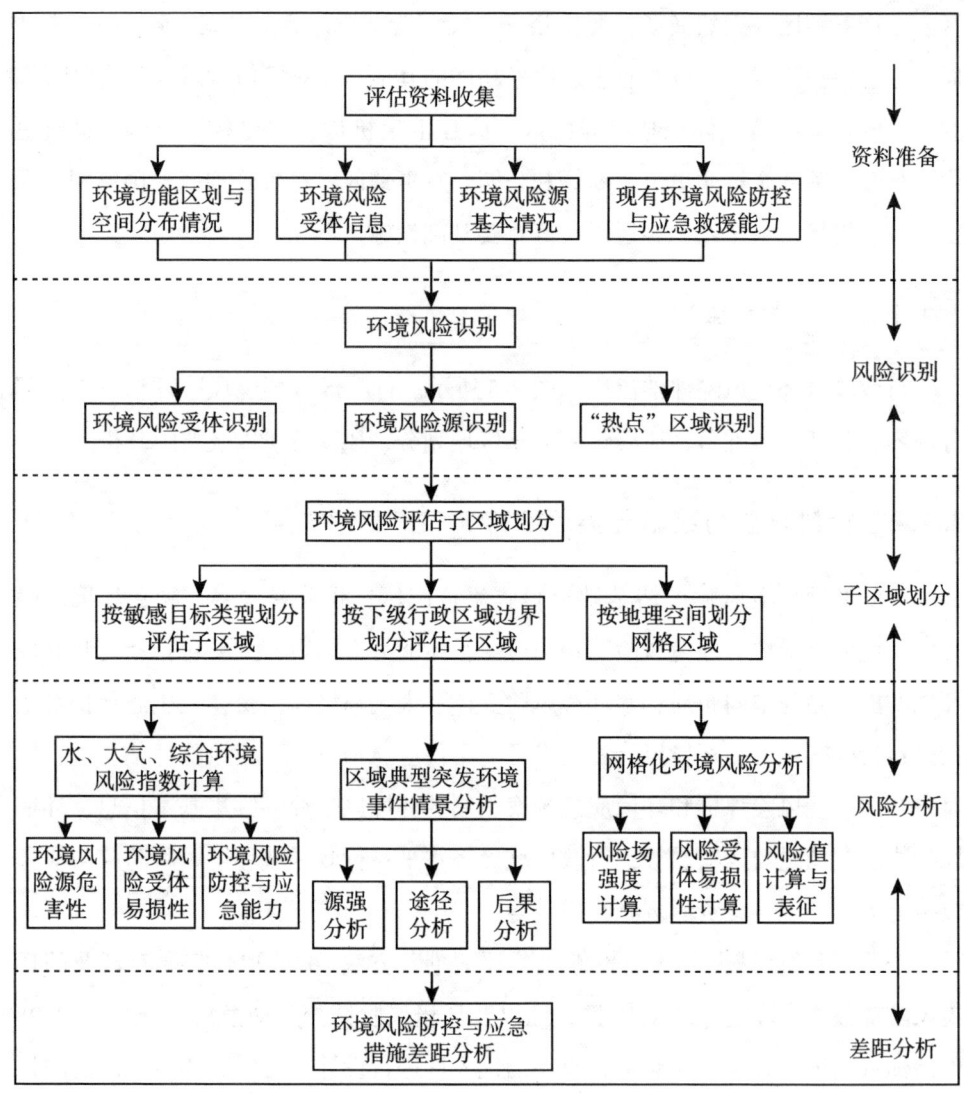

图 2-5 行政区域环境风险评估流程

2.4.2.2 水环境风险受体数据资料

水环境风险受体信息数据收集优先性为：能直接用于 GIS 的矢量或栅格数据>各受体的地理坐标>包含各受体的风险源风险评估报告等文件信息。

2.4.2.3 大气环境风险受体数据资料

大气环境风险受体信息应收集两类数据，一是空间数据，用于反映大气环境风险受体分布情况；二是人口数据，用于反映该受体的人员密度。空间数据收集优先性为：能用于 GIS 的矢量或栅格数据>各受体的地理坐标>包含各受体的风险源风险评估报告等文件信息。人口数据收集优先性为：能用于 GIS 的矢量或栅格数据>包含各受体人员数量信息的风险源风险评估报告、行政区域统计年鉴等文件信息。

2.4.2.4 环境风险源强度数据资料

水环境和大气环境风险源存在重叠，须统一收集后，根据其特性进行划分。收集数据分为空间数据和风险源特征数据两类。

空间数据收集优先性为：能用于 GIS 的矢量或栅格数据>各风险源的地理坐标>风险源风险评估报告、应急预案等文件信息。

风险源特征数据指能够反映风险源的等级、影响范围、可能造成的突发环境事件类别的相关文件资料。风险源收集的资料应一致，便于后期分析工作。

2.4.2.5 环境风险防控与应急能力数据资料

该资料包括环境监测情况、固定源环境风险管理、移动源环境风险管理、区域环境应急管理、环境应急救援能力、环境应急联动机制 6 类内容进行收集，为环境风险防控与应急措施差距分析、区域环境风险管理措施建议的制定提供数据基础。

2.4.3 环境风险识别与地图绘制

区域环境风险识别涉及的资料为环境风险受体和环境风险源信息。由于资料收集涉及数据量庞大，需根据数据属性进行划分，并整理成数据集，为环境风险地图的绘制识别奠定基础。各类数据的数据集构成要素见表 2-33。

表 2-33　　区域环境风险数据集构成要素

数据类型	数据集要素	图 件 形 式
环境风险受体	受体类别 名称 地理坐标	水环境风险受体分布图 大气环境风险受体分布图
环境风险源	风险源类别 名称 地理坐标 规模 主要环境风险物质名称和数量 风险等级	水环境风险源分布图 大气环境风险源分布图

在环境风险分布图绘制过程中，应根据被评估行政区域的实际情况，对不同类型的环境风险源和环境风险受体进行权重划分。以大气环境风险受体分布图为例，大气环境风险受体的主要关注对象为受体中的人群，英国健康与安全执行机构（Health and Safety Executive，简称 HSE）土地规划方法中提出，土地可划分为四个敏感性等级：

Level 1-用于普通工作人群；

Level 2-用于广泛的公众——居家或参与普通活动的人；

Level 3-用于公共场合的脆弱性人群——儿童、行动困难者、无法识别危险者；

Level 4-用于大量的 Level 3 人群以及大型户外活动。

以此为基础，通过德尔菲法、头脑风暴等方法，能够有效完成大气环境风险分级，实现差异化管控，避免将不同要素一概而论。

对水和大气环境风险源、环境风险受体分布图进行叠加分析，初步判断水环境风险、大气环境风险以及综合环境风险"热点"区域（即分布相对集中的区域）。针对"热点"区域，分析环境风险类型、主要环境风险源以及环境风险受体信息，找出"热点"行程的主要原因。

"热点"区域的可视化方式有两种，一是热图形式，能够有效地显示风险源与风险受体分布的过渡情况,如图 2-6 所示,由于形状不规则,难以确定边界,适用于宏观分析;二是网格形式,用于反映每个网格风险源与风险受体聚集情况,提取"热点"单元进行分析,如图 2-7 所示,网格单元边界清晰,能够有效地优化基层环境安全管理工作。

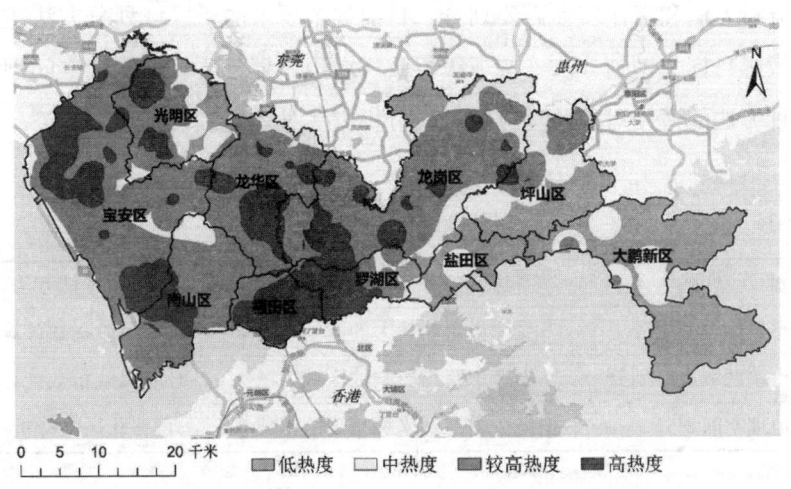

图 2-6 环境风险"热点"区域热图(以深圳市为例)

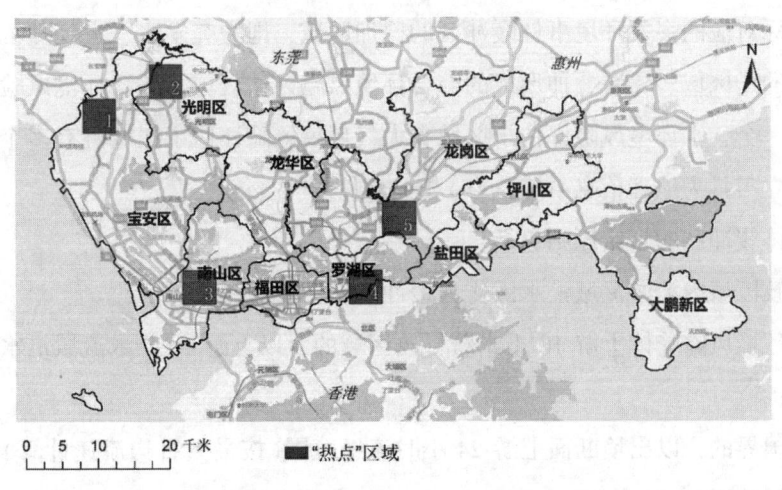

图 2-7 环境风险"热点"区域分布图(以深圳市为例)

2.4.4 评估流程、区域划分及风险分析

2.4.4.1 子区域划分

划分评估子区域是确定风险评估单元、开展风险分析的基础，可结合拟采取的风险分析方法和工作实际需要划分。目前规范要求的子区域划分方法主要有三种：按敏感目标类型划分法、按下级行政区域边界划分法、按地理空间划分网格法。三种方法的适用对象及对应的风险分析方法见表2-34。

表2-34　　　　　　　　子区域划分方法特征

划分方式	适用对象	适用评估方法
按敏感目标类型划分	受跨界影响较大的区域	环境风险指数计算法
按下级行政区域边界划分	不考虑跨界影响的区域	环境风险指数计算法
按地理空间划分	数据充分、地理坐标精确的区域	网格化风险分析法

(1) 按敏感目标类型划分。

水环境风险受体、大气环境风险受体属于突发环境事件中的敏感目标，各项敏感目标对应的突发环境事件缓冲区的叠加区域，即为突发水、大气环境事件风险评估的子区域。二者叠加形成的综合环境风险评估区域，综合环境风险评估区域仅有一个，水环境风险评估子区域和大气环境风险评估子区域可有多个。缓冲区的建立工具为地理信息系统(GIS)相关软件。

水体缓冲区的划定原则包括：

行政区域内上游流域汇水区作为缓冲区；

水环境风险受体上游10千米跨行政区域的，以上游10千米流域汇水区作为缓冲区；

跨国界的，以出境断面上游24小时流经范围(按最大日均流速计算)的汇水区作为缓冲区。

大气缓冲区划定原则为：以5千米为半径的区域作为缓冲区；若为峡谷、盆

地等复杂地形，则按照实际情况划定。

(2) 按下级行政区域边界划分。

在不考虑跨界影响的情况下，可按照评估区域的下级行政区域边界划分评估子区域，计算每个下级行政区域的风险指数，并进行比较和排序。按下级行政区域边界的划分形式，有利于将环境风险管理工作下沉到下级行政区，对于上级行政区域管理者而言，更容易进行分区分级精准施测。

(3) 按地理空间划分。

对于资料数据充分、环境风险源和受体地理坐标较为精确的行政区域，可以按照地理空间将评估区域划分为若干网格区域，以网格为单元进行区域环境风险分析。

网格精度可根据评估区域大小和实际需求确定，需要注意的是：网格过大会导致图件精度不足，无法反映区域各部分之间的差别；网格过小会导致网格内要素单一，缺少区域性；原则上网格不应大于 5km×5km，建议按照 1km×1km 划分网格。

2.4.4.2 主要分析方法

根据环境风险评估子区域划分方式，与环境风险评估对区域特性突发环境事件预防预控的需求，主要的区域环境风险分析方法有三种：环境风险指数计算法、网格化环境风险分析法以及典型突发环境事件情景分析法。在区域环境风险评估的实际工作中，可结合实际需要选用三种方法中的一种或多种实施分析。

在技术到位、时间充裕、环境风险评估结果要求高的情况下，通过采用多种分析方法，能够实现阶段型递进式的分析：首先通过指数分析量化评估区域整体环境风险水平，其次通过网格法细化分析风险"热点"区域内部风险差异性，最后通过典型突发环境事件情景分析、实施针对性应急准备。

(1) 环境风险指数计算法。

环境风险指数法是基于环境风险系统理论，围绕风险源、风险受体、风险控制水平等因素，从评估大气、水、综合三类风险角度构建指标体系，并利用层次分析法进行指标量化和综合评估。环境风险指数法是一种"自上而下"的方法，能够对区域环境风险进行宏观、全局把握，得出风险总体水平，适合大尺度区域环境风险分析，指标体系可以结合实际情况进行调整优化。

环境风险指数计算法需建立水、大气、综合环境风险指标体系，《行政区域突发环境事件风险评估推荐方法》（环办应急〔2018〕9号）中列出了基本指标体系，见表2-35。

表2-35 指标体系汇总表

评估指标			水环境风险指标	大气环境风险指标	综合环境风险指标
环境风险源强度（S）	环境风险源危害性	单位面积环境风险企业数量	✓	✓	✓
		单位面积环境风险物质存量与临界量的比值	✓	✓	✓
		环境风险等级为较大以上环境风险企业所占百分比	✓	✓	✓
		评估区域港口码头数量	✓	✓	✓
		港口码头危险化学品吞吐量	✓	✓	✓
		港口码头单位时间内危险化学品最大存储量	✓		✓
		道路运输危险化学品数量	✓	✓	✓
		内陆水运危险化学品数量	✓		✓
		环境风险等级为较大及以上的尾矿库数量	✓	✓	✓
		石油天然气开采设施数量	✓	✓	✓
		石油天然气及成品油长输管线跨越或影响区域情况	✓	✓	✓
	突发环境事件数量及环境投诉情况	近五年突发环境事件发生数量及影响	✓	✓	✓
		环境投诉数量			✓

续表

评估指标			水环境风险指标	大气环境风险指标	综合环境风险指标
环境风险受体脆弱性(V)	环境风险暴露途径	重要水体流通渠道水质类别	✓		✓
		水网密度指数	✓		✓
		居民区污染风向频率		✓	✓
	环境风险受体易损性	单位面积常住人口数量			✓
		单位面积环境风险受体数量	✓	✓	✓
		乡镇及以上集中式饮用水水源地数量	✓		✓
		乡镇及以上集中式饮用水水源地服务人口数量	✓		✓
	环境风险受体恢复性	人均 GDP 水平	✓	✓	✓
环境风险防控与应急能力(M)	行政区域环境风险防控能力建设	监测预警能力	✓	✓	✓
		污染物拦截、稀释和处置能力	✓	✓	✓
	行政区域环境应急能力建设	环境应急预案编制情况	✓	✓	✓
		单位企业环境应急人员数量	✓	✓	✓
		应急物资储备情况	✓	✓	✓
	行政区域环境应急能力建设	环境应急决策支持			✓
		应急监测能力	✓	✓	✓

对环境风险源强度指数、环境风险受体脆弱性指数、环境风险防控与应急能力指数的各项指标分别打分并加总，得到风险评估子区域的环境风险指数，进行比较和排序，计算流程图如图 2-8 所示。

在计算环境风险指数时，按照评估子区域的类别，使用公式（2-23）—（2-25），分别计算水环境风险指数（$R_水$）、大气环境风险指数（$R_气$）和综合环境风险指数（$R_{综合}$）。

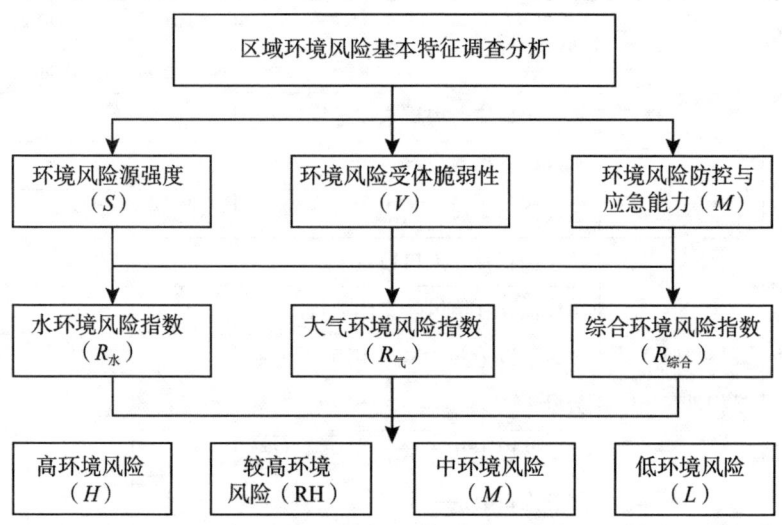

图 2-8　环境风险指数计算的流程图

$$R_水 = \sqrt[3]{S_水 \times V_水 \times M_水} \quad (2-23)$$

$$R_气 = \sqrt[3]{S_气 \times V_气 \times M_气} \quad (2-24)$$

$$R_{综合} = \sqrt[3]{S_{综合} \times V_{综合} \times M_{综合}} \quad (2-25)$$

根据水环境、大气环境和综合环境风险指数的数值大小，将区域环境风险划分为高、较高、中、低四级。环境风险等级划分原则见表2-36。通过对应的风险色，可将风险指数评估结果在地图上标出，形成区域环境风险分布图。

表 2-36　　　　　　　　　**区域环境风险等级划分**

环境风险指数($R_水$、$R_气$、$R_{综合}$)	环境风险等级	环境风险色
≥50	高(H)	红色
[40, 50)	较高(RH)	橙色
[30, 40)	中(M)	黄色
<30	低(L)	蓝色

(2)网格化环境风险分析法。

网格化环境风险分析法适用于分析区域环境风险空间分布特征。按照风险场理论和环境风险受体易损性理论,分别量化每个网格环境风险场强度和环境风险受体易损性,并计算网格环境风险值的过程,反映评估区域风险的空间分布特征,精准识别高风险区域。水环境和大气环境风险计算方式不同,均由风险场强计算和风险受体易损性计算两个部分构成。

①水环境风险计算。

采用线性递减函数构建水环境风险场强度计算模型,假设最大影响范围为10千米区域内某一个网格的水环境风险场强度计算公式:

$$E_{x,y} = \begin{cases} \sum_{i=1}^{n} Q_i P_{x,y} & 0 \leq l_i \leq 1 \\ \sum_{i=1}^{n} \left(\frac{10Q_i}{l_i} - Q_i \right) P_{x,y} & 1 < l_i \leq 10 \\ 0 & 10 < l_i \end{cases} \quad (2\text{-}26)$$

其中,$E_{x,y}$为某一个网格的水风险场强度;Q_i为第 i 个风险源环境风险物质最大存在量与临界量的比值;$P_{x,y}$为风险场在某一个网格出现的概率,一般可取10^{-6}/a(可根据评估区域风险源特征适当调整);l_i为网格中心点与风险源的距离,单位为 km;n 为风险源的个数。

为便于各个网格水环境风险场强度的比较,本方法对各个网格的水环境风险场强度进行标准化处理,如公式(2-27)所示:

$$E_{x,y} = \frac{E_{x,y} - E_{\min}}{E_{\max} - E_{\min}} \quad (2\text{-}27)$$

其中,$E_{x,y}$为某一个网格的水环境风险场强度;$E_{\max}$为区域内网格的最大水环境风险场强度;$E_{\min}$为区域内网格的最小水环境风险场强度。

水环境风险受体易损性指数 $V_{x,y}$ 可根据生态红线涉及的不同区域的敏感性确定,具体方法见表 2-37 所示。

表 2-37　　　　　　　　　　$V_{x,y}$ 确定方法

目标	指标	描　述	分值
水环境风险受体易损性指数	生态红线	网格位于国家级和省级禁止开发区内	100
		网格位于国家级和省级禁止开发区以外的生态红线内	80
		网格位于生态红线以外的区域	40

对于已划分水环境功能区的区域，可根据水环境功能区类别对水环境风险受体易损性指数进行确定。未进行生态红线划定和水环境功能区划分的区域，可根据地表水水域环境功能和保护目标，对水环境风险受体易损性指数进行估算。

b) 大气环境风险计算：

假设评估区域地势平坦开阔，且忽略人工建筑对气体扩散的影响，区域内某一个网格的大气环境风险场强度可表示为：

$$E_{x,y} = \sum_{i=1}^{n} \frac{Q_i(\mu_i + 1)}{2} P_{x,y} \tag{2-28}$$

$$\mu_i = \begin{cases} 1 + 0k_1 + 0k_2 + 0j, & l_i \leq s_1 \\ \dfrac{s_2 - l_i}{s_2 - s_1} + \dfrac{l_i - s_1}{s_2 - s_1}k_1 + 0k_2 + 0j, & s_1 < l_i \leq s_2 \\ 0 + \dfrac{s_3 - l_i}{s_3 - s_2}k_1 + \dfrac{l_i - s_2}{s_3 - s_2}k_2 + 0j, & s_2 < l_i \leq s_3 \\ 0 + 0k_1 + \dfrac{s_4 - l_i}{s_4 - s_3}k_2 + \dfrac{l_i - s_3}{s_4 - s_3}j, & s_3 < l_i \leq s_4 \\ 0 + 0k_1 + 0k_2 + 1j & l_i > s_4 \end{cases} \tag{2-29}$$

其中，$E_{x,y}$ 为某一个网格的大气环境风险场强度；μ_i 为第 i 个风险源与某一个网格的联系度；Q_i 为第 i 个风险源环境风险物质最大存在量与临界量的比值；$P_{x,y}$ 为风险场在某一个网格出现的概率，一般可取 $10^{-5}/a$（可根据评估区域风险源特征调整）；l_i 为网格中心点与风险源的距离，单位为 km；n 为风险源的个数；k、j 分别为差异系数、对立系数，地势平坦开阔的地区取 $k_1 = 0.5$、$k_2 = -0.5$、$j = -1$；s_1、s_2、s_3、s_4 分别取 1km、3km、5km、10km（可根据评估区域地理气象特征适当调整）。

计算结果按公式(2-28)进行标准化处理。

大气环境风险受体易损性计算模型可表示为：

$$V_{x,y} = \frac{\text{pop}_{x,y} - \text{pop}_{\min}}{\text{pop}_{\max} - \text{pop}_{\min}} \times 100 \qquad (2\text{-}30)$$

式中：$V_{x,y}$为某一个网格的大气环境风险受体易损性指数；$\text{pop}_{x,y}$为某一个网格的人口数量；$\text{pop}_{\max}$为区域内网格的人口数量最大值；$\text{pop}_{\min}$为区域内网格的人口数量最小值。

③网格综合环境风险值计算。

根据水环境和大气环境的计算结果，计算网格风险值：

$$R_{x,y} = \sqrt{E_{x,y} V_{x,y}} \qquad (2\text{-}31)$$

风险等级划分方式见表2-38。

表 2-38　　　　　　　　网格环境风险划分方式

环境风险指数($R_{x,y}$)	环境风险等级	环境风险色
>80	高(H)	红色
(60，80]	较高(RH)	橙色
(30，60]	中(M)	黄色
≤30	低(L)	蓝色

根据评估确定的网格风险值，将网格的风险等级在地图上用对应的颜色表示，形成风险地图，也可以用插值法对网格风险值进行均匀处理，获得相对平滑的风险地图。风险地图一般包括水环境风险地图、大气环境风险地图、综合环境风险地图、风险源分布图、风险受体分布图等，并对各类风险等级的单元格占比进行分析。

(3) 典型突发环境事件情景分析法。

情景分析法是针对区域内可能造成突发环境事件的各类环境风险源，分析其可能引发或次生的突发环境事件情景，量化突发环境事件影响的范围与程度。突发环境事件情景分析可在指数法和网格法分析的基础上进行分析，也可以依据风险识别结果单独分析。

典型突发环境事件情景从以下5个角度进行收集，每种角度选取具有区域代表性的情景进行分析。

突发大气环境事件；

突发水环境事件；

群发或链发的突发环境事件；

复合突发环境事件；

历史突发环境事件。

典型突发环境事件情景分析包括源强分析、释放途径分析、后果分析。

①源强分析。

重点分析释放的环境风险物质种类、物理化学性质及危害性、持续时间与释放量。应综合考虑行政区域内群发或链发的突发环境事件情景，并进行源强计算。

②释放途径分析。

重点分析环境风险物质从释放源头，最终影响环境风险受体的可能性、释放条件、释放途径及风险防控与应急措施，针对重要的环境风险受体，列出污染物扩散的传输路径。对可能造成水环境污染的，依据季节性水文特征，分析涉及环境风险与应急措施的关键环节及应急物资、应急装备和应急救援队伍情况。对可能造成大气环境污染的，依据气象条件，分别分析环境风险物质小量和大量泄漏情况下，白天和夜间可能影响的范围，重点判断下风向最大影响距离。

③后果分析。

重点分析环境风险物质泄漏可能影响的范围以及对环境的影响程度。

水体污染：分析受影响的饮用水水源地数量、受影响的生态敏感区、水质影响程度与持续时间、是否造成跨界影响，预估突发环境事件级别。

大气污染：分析受影响和需要疏散的人口数量，确定事故发生点周边的人员紧急隔离距离、防护距离、疏散距离，预估突发环境事件级别。

有关源强和后果分析的计算方法可参考《建设项目环境风险评价技术导则》有关章节，也可引用企业环境风险评估报告的分析结果，或参考国外比较成熟的模型方法，如《北美应急响应手册》(Emergency Response Guidebook)中相关疏散距离的最大值确定环境风险物质泄漏可能影响的范围。

(4) 分析方法优缺点比较。

三种主要的区域环境风险分析方法存在的优点与缺点见表2-39。

表2-39   三种区域环境风险分析方法比较

环境风险分析方法	优　　点	缺　　点
环境风险指数计算法	相对简单、易于操作。	无法完全体现评估区域内部风险的差异性。
网格化环境风险分析法	能较好地反映评估区风险的空间分布特征。	计算量较大，对数据资料和分析技术要求较高。
典型突发环境事件情景分析法	可以精确量化区域典型事件情景可能影响的范围和程度。	数据分析和模型运用技术要求较高。

2.4.5　区域环境风险管控

区域环境风险由环境风险源强度指数(S)、环境风险受体脆弱性指数(V)、环境风险防控与应急能力指数(M)三项因素构成，因此，区域环境风险管控工作的开展也应围绕环境风险源、环境风险受体、环境风险防控与应急能力这三部分进行。通过分析各项环境风险因素存在的差距，制定合理有效的环境风险管控措施。

2.4.5.1　环境风险源管控

固定环境风险源：主要分析对象为重点环境风险企业，按照《企业事业单位突发环境事件应急预案备案管理办法（试行）》《企业突发环境事件风险评估指南（试行）》以及《企业突发环境事件隐患排查和治理工作指南（试行）》等文件要求，分析区域内企业环境应急管理与风险防控措施落实情况。

移动环境风险源：主要分析对象为涉及环境风险物质运输的道路及水路运输载具。按照《危险化学品安全管理条例》《道路危险货物运输管理规定》等有关规定，分析评估区域道路、水路运输监控、路线以及管理制度等要求的落实情况。

2.4.5.2 环境风险受体管控

水环境风险受体：按照《集中式饮用水水源环境保护指南(试行)》《江河湖泊生态环境保护系列技术指南》等文件要求，分析区域饮用水水源保护区排污口设置与新改扩建项目情况、河流水污染防护状况等工作落实情况。

大气环境风险受体：分析环境风险源的风险报告及环评文件，判断机关、学校、医院、居民区等重要环境风险受体与环境风险源的各类防护距离是否符合环境影响评价文件及批复的要求。

生态保护红线：按照行政区域生态保护红线划定方案，重点对比分析生态保护红线内是否存在不符合功能定位的开发活动。

2.4.5.3 环境风险防控与应急能力管控

风险防控：风险防控工作针对突发环境事件的事前预防开展，包括环境风险源布局与管理、环境监测预警等内容。按照《国务院办公厅关于推进城镇人口密集区危险化学品生产企业搬迁改造的指导意见》《全国环保部门环境应急能力建设标准》《全国环境监测站建设标准》《企业突发环境事件风险评估指南(试行)》和《企业突发环境事件隐患排查和治理工作指南》等有关规定以及国家、地方有关淘汰落后产能、产业准入、环境监测的要求，筛选重点环境风险防控对象，实施差异化、有针对性的环境风险管理与环境监测预警设施的建设。

应急能力：应急工作针对突发环境事件的事中应对和事后恢复环节开展。按照《突发环境事件应急管理办法》《环境保护部环境应急专家管理办法》和《突发环境事件应急监测技术规范》等文件要求，主要分析环境应急预案管理、环境应急处置能力、环境应急队伍建设、环境应急物资储备、环境应急联动机制的建设情况。

2.5 适用于环境污染责任险的风险评估方法

我国环境污染责任保险试点工作起步于 2007 年。2013 年，原环境保护部与

2.5 适用于环境污染责任险的风险评估方法

原保监会印发《关于开展环境污染强制责任保险试点工作的指导意见》(以下简称《指导意见》),要求各地开展环境污染强制责任保险试点。2015年9月,党中央、国务院印发的《生态文明体制改革总体方案》明确提出:在环境高风险领域建立环境污染强制责任保险制度。随后,相关部门发布了一系列文件,有力推动了环境污染强制责任保险制度的实施。

目前,针对环境污染责任险的环境风险评估文件有三个,即《环境风险评估技术指南——氯碱企业环境风险等级划分方法》《环境风险评估技术指南——硫酸企业环境风险等级划分方法(试行)》《环境风险评估技术指南——粗铅冶炼企业环境风险等级划分方法(试行)》。

2.5.1 基本评估流程

针对环境污染责任险的环境风险评估基本流程如图2-9所示。评估流程主要由行业主要环境风险辨识、环境风险指标体系构建以及环境风险等级划分三部分构成。

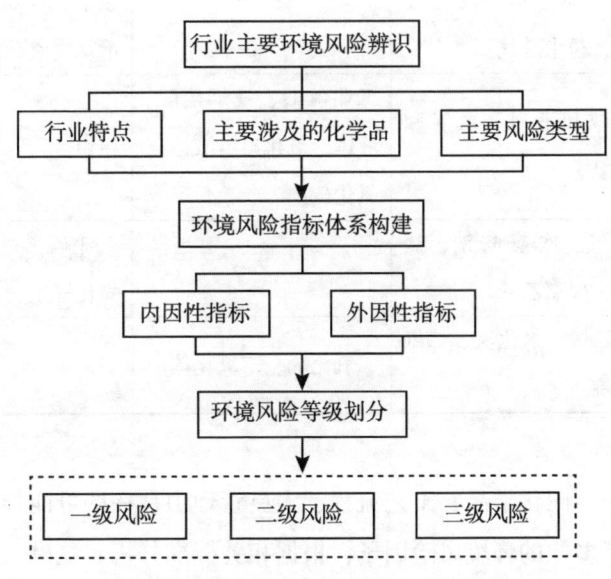

图2-9 适用于责任险的环境风险评估技术流程

2.5.2 行业主要环境风险情况

环境风险识别过程中,首先应对生产中涉及的化学品进行辨识,围绕化学品的原料、污染物、产品以及副产品进行。主要行业涉及的化学品情况见表2-40,其中,氯碱行业涉及的工艺类型较多,不同类型对应的化学品也不相同。

表2-40　　　　　　　　　主要行业涉及的化学品情况

化学品类型	氯碱	硫酸	粗铅冶炼
原料	氯化钠、氯气、氢气、电石、乙炔、乙烯。	硫铁矿(含硫精砂)、硫黄、有色金属冶炼过程中排出的含二氧化硫烟气。	铅精矿、铅锌混合精矿。
污染物	废稀硫酸、酸性废水、废氯气、液氯液化尾气、盐泥水、碱性废水、粉尘废气。	含砷、氟、铅等污染物的酸性废水、硫黄粉尘。	含重金属烟粉尘、二氧化硫、硫酸雾、污酸、酸性废水、水处理污泥、废酸、冶炼废渣。
产品	固碱和液碱、氯气和液氯。	工业硫酸、发烟硫酸、液体二氧化硫、液体三氧化硫。	粗铅。
副产品	氢气、次氯酸钠、盐酸、聚氯乙烯。	/	工业硫酸、鼓风炉渣、次氧化锌尘。
中间产品	氯乙烯、氯化氢、二氯乙烷。	二氧化硫、三氧化硫。	/

行业涉及的不同化学品、工艺流程、人员管理中存在的可能导致突发环境事件的因素构成了多样的环境风险因子,根据相关标准分析,氯碱、硫酸及粗铅冶炼行业中主要工艺存在的环境风险及产生的原因见表2-41。

表 2-41　　　　　主要行业环境风险类型

行业类型	环境风险类型	产生原因
氯碱	电解槽氯气和氢气泄漏	电解槽设备故障。
	氯、氨和三氯化氮泄漏或爆炸	液氯灌装机和冷冻机出现故障。
	氯气、氢气和氯化氢泄漏	氯气和氢气的配比不当及设备故障。
	氯气、氯乙烯和氯化汞泄漏	生产装置安全系统失灵。
	乙烯、二氯乙烷、乙炔爆炸	生产装置安全系统失灵。
	氯乙烯和过氧化物类物质泄漏或火灾、爆炸	生产装置安全系统失灵。
硫酸	二氧化硫尾气事故排放	氧化硫转化率低、尾气吸收故障。
	二氧化硫和三氧化硫事故排放	二氧化硫和三氧化硫、灌装装置的故障和泄漏。
	酸性废水泄漏	酸罐泄漏；含砷、氟、铅等污染物的酸性废水处理设施故障。
	硫黄粉尘及二氧化硫扩散	熔硫工段和硫黄库自燃、火灾、爆炸。
粗铅冶炼	底吹-硫酸系统烟气超标	制酸吸收系统酸泵突发故障停止运行、二氧化硫风机突发事故停止运行、停电或系统长时间停车等。
	制酸过程泄漏、爆炸	设备故障或操作不当。
	含砷、氟、铅的废酸废水事故排放	设备故障、操作不当或受到火灾爆炸事故影响。
	含重金属烟尘废气无组织排放	设备故障、操作不当或受到火灾爆炸事故影响。
	企业周边土壤、农田地下水污染	高铅渣、污酸渣、烟尘、水处理污泥、废酸和其他堆存废渣等危险废物堆存。
	环境风险物质在场外环境累积	企业与场外环境保护目标卫生防护距离不足，长期排污。
	环境风险物质与人员接触	相关人员长期接触原料储运过程洒落的原料，或使用过的劳保用品被带出厂区。

2.5.3 环境风险指标体系构建

针对环境污染责任险的环境风险评估指标体系一般划分为三个层级，体系基本架构如图 2-10 所示。

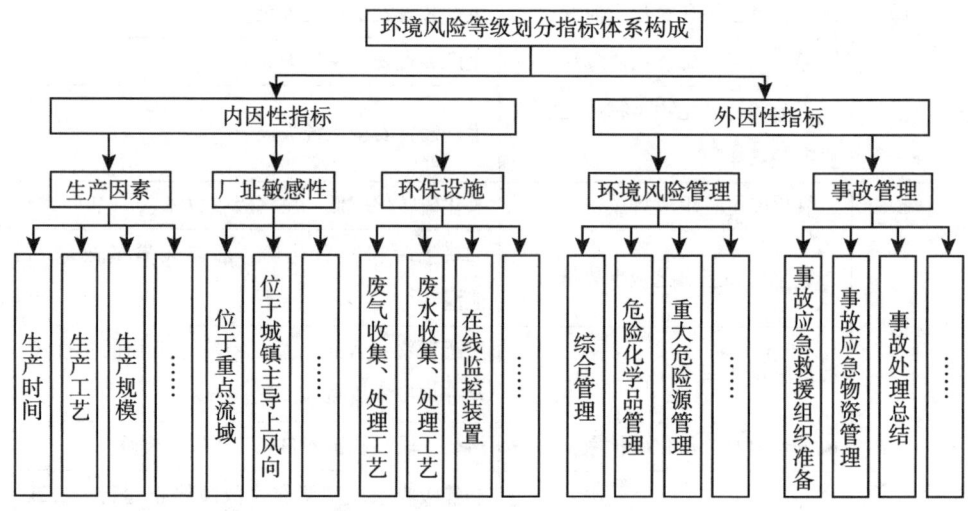

图 2-10 环境风险评估指标体系

第一层级为风险致因类型分类，分为内因性指标和外因性指标。内因性指标反映企业因客观因素不同而导致不同的环境风险程度；外因性指标反映企业因管理水平不同而导致不同的环境风险程度。

第二层级为风险致因类型的构成因素分类，内因性指标的构成因素用于评价企业生产规模、工艺等生产工作的现状、厂址所处位置是否敏感以及各项环保设施及相关工艺是否设置到位；外因性指标的构成因素用于评价企业的环境风险管理水平和突发环境事件管理水平。

第三层级为企业环境风险评估的具体指标，根据构成因素可划分为五大类多个小项，具体内容及指标赋值方式根据企业实际情况，参照相关标准规范设定。以硫酸企业为例，企业以硫铁矿为原料生产时，生产规模大于 20 万吨/年的分值是同等生产规模下，以冶炼烟气为原料生产的分值的 4 倍。

2.5.4 环境风险等级划分

以《环境风险评估技术指南——粗铅冶炼企业环境风险等级划分方法(试行)》为例,通过外因性指标对内因性指标进行修正,得到企业环境风险的评分结果,根据总分值的高低,确定被评估企业的环境风险等级。总分值按式(2-32)计算:

$$P = P_1 + P_2 \tag{2-32}$$

其中,P 为风险评估总分值,P_1 为内因性指标分值,P_2 为外因性指标分值。企业环境风险等级划分为三级,划分方式见表2-42。

表2-42　　　　　企业环境风险等级划分方式

环境风险级别	总分值
一级(重大风险)	$P \geqslant 150$
二级(较大风险)	$80 \leqslant P < 150$
三级(一般风险)	$P < 80$

特殊情况下,需要停止环境风险等级划分工作,或将企业的环境风险等级直接划定为一级。

(1)应当停止环境风险等级划分的情形:

未编制环境影响评价文件或环境影响评价文件未经环境保护部门批准的;

未通过环境保护部门的建设项目竣工环境保护验收的;

未按规定通过建设项目安全设施竣工验收的;

未按规定通过消防验收的;

未按规定取得排污许可证、危险化学品安全生产许可证的;

所采用的工艺属于《产业结构调整指导目录(2011年本)》淘汰类的,但尚未被依法予以淘汰的。

(2)直接划定为一级环境风险的情形:

所采用的工艺不属于《产业结构调整指导目录(2011年本)》淘汰类,但单系列产能5万吨/年规模以下的;

达不到卫生防护距离或大气环境防护距离的；

周边 1000 米有饮用水水源保护区和居民集中区等敏感目标的；

近 5 年内发生过重、特大环境污染事件的；

近 5 年内发生过恶意环境违法事件的。

目前，有的地方生态环境部门为了理顺环境风险分级，将根据《污染源源强核算技术指南　电镀》(HJ 948—2018) 划分的环境风险等级直接应用于环境责任险的风险等级。

2.6　化学物质环境风险评估

早在 20 世纪六七十年代，发达国家就开始制定化学物质管理相关法律，逐步完善化学物质管理体系；并促使联合国相关机构在全球范围逐步建立和实施了有关化学物质管理的一系列国际公约。在立法初期，发达国家的化学物质管理主要是基于化学物质危害性鉴别分类的安全管理。进入 20 世纪 90 年代，随着发达国家风险评估技术研究的发展，化学物质管理开始转变为综合考虑化学物质固有危害性及其暴露的风险管理，即采用科学的程序进行风险评估后，再进一步分析化学物质对社会带来的效益、对社会经济发展的影响以及替代技术等因素做出风险管理决策。为配合化学物质的管理，国际组织和发达国家先后出台了指导风险评估工作的指南或规范。

近 20 年来，随着中国的化工产业迅速增长，新化学物质的数量在急速增长，化学物质管理面临越来越大的压力与挑战，环境安全管理问题日益突出。中国加入 WTO 以后，在化学品管理方面进一步加强与国际化学品管理的接轨，化学品管理逐步实现从关注化学物质本身的危害管理向综合评判化学物质生命周期全过程对环境影响的风险管理的转变。为适应这些要求，环境保护部于 2010 年 1 月修订颁布了《新化学物质环境管理办法》(2010 年环保部第 7 号令)，2011 年 9 月开展了《化学物质风险评估导则》的修订和编制工作，旨在建立新化学物质登记后的风险分类监管机制，采取风险控制措施预防和控制不同管理类别新化学物质的环境风险。

2019 年 8 月，生态环境部办公厅和国家卫生健康委员会办公厅共同发布了

《化学物质环境风险评估技术方法框架性指南(试行)》(环办固体[2019]54号)，针对化学物质的环境风险，建立健全化学物质环境风险评估技术方法体系。

2.6.1 基本评估流程

化学物质环境风险评估应评估化学物质对内陆环境和海洋环境的潜在风险，以及化学物质通过环境间接暴露的人体健康风险。对内陆环境的风险评估一般包括内陆水生环境(包括沉积物)、陆生环境、大气环境、顶级捕食者以及污水处理系统微生物环境。对于海洋环境的风险评估一般包括海洋水环境和顶级捕食者。通过环境间接暴露的人体健康风险评估通常评估人体通过吸入、摄入以及皮肤接触产生的健康风险。

评估的基本流程包括化学物质环境危害识别、剂量(浓度)-反应(效应)评估、暴露评估和风险表征4个步骤，各步骤均围绕环境、健康两个对象展开。如图2-11所示。

风险评估是基于当前科学认知和有限的数据开展的，关于化学物质危害、暴露很难获得极为准确的数据，风险评估存在不确定性，因此应进行不确定性分析，识别风险评估过程存在的所有影响评估结论的不确定性来源，必要时须进行敏感性分析。

结合风险管控目标，为降低风险评估的不确定性，可以进一步研究与收集化学物质有关毒性和暴露数据，持续反复开展风险评估，即风险评估可以是一个迭代过程。

此外，与一般化学物质相比，PBT(持久性，生物累积性，毒性物质)和vPvB(高持久性，生物累积性物质)类化学物质、金属及其化合物因其自身特点，在进行风险评估时应当特殊考虑。

对属于PBT和vPvB类的化学物质，应用上述流程开展定量风险评估存在很大的不确定性，也无法推导出具有充分可靠的安全浓度。通常重点开展排放和暴露特征识别，即识别PBT和vPvB类化学物质在全生命周期内向环境的释放情况，以及该化学物质对人体和环境所有可能的暴露途径。在上述基础上，提出减

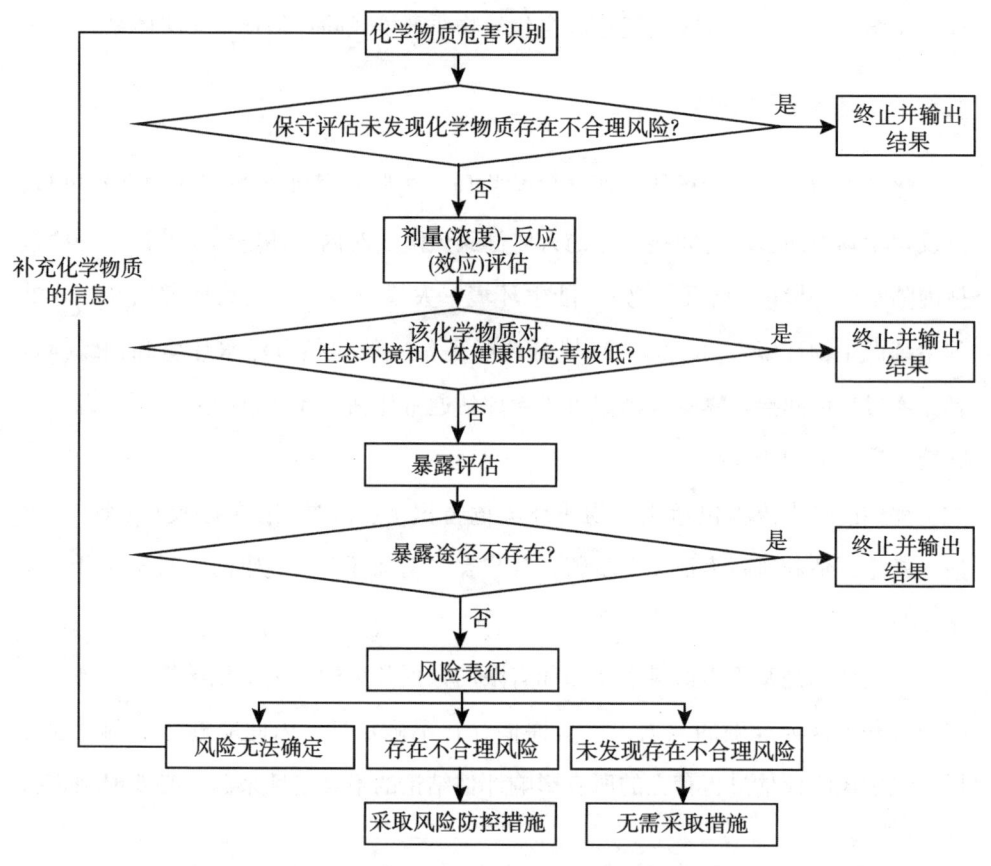

图 2-11　化学物质环境风险评估基本流程

少排放以及对人体和环境暴露的措施。

金属及其化合物在风险评估中应将以下特性纳入考虑：

①自然本底属性。金属及其化合物通常是环境中天然存在的成分，在自然界具有本底浓度，而且不同地理区域的本底浓度存在很大差异。人类和动植物在长期进化过程中，可能对不同水平的金属具有一定的适应性。

②营养属性。一些金属是维持人类、动物、植物和微生物健康必不可少的营养元素，但过少或过量时都会产生负面效应。

③金属形态。不同价态的金属、不同的金属化合物，其生物有效性、毒性效

应等均不相同。

2.6.2 面向生态环境的评估

2.6.2.1 危害识别

化学物质环境危害识别是确定化学物质具有的生态毒理特性，一般包括急性毒性和慢性毒性。通过化学物质对不同的生物、微生物的毒性反应，可以有效识别危害，主要的分析对象与识别对象如下：

藻、溞、鱼→内陆水环境和海洋水环境；

摇蚊、带丝蚓、狐尾藻等生物→沉积物；

植物、蚯蚓、土壤微生物→陆生生物环境；

活性污泥→污水处理系统微生物环境。

另外，对于大气环境的危害通常包括全球气候变暖、消耗臭氧层、酸雨效应等非生物效应以及特定的环境生物效应，评估中重点考虑化学物质对大气环境的生物效应。对于顶级捕食者的评估，重点考虑亲脂性化学物质通过食物链的蓄积。

2.6.2.2 剂量(浓度)-反应(效应)评估

利用生态毒理学数据，针对不同的评估对象，推导预测无效应浓度(PNEC)，如 $PNEC_水$、$PNEC_{沉积物}$、$PNEC_{土壤}$、$PNEC_{微生物}$ 等。PNEC 是指通常不会产生不良效应的浓度。

PNEC 值通常根据最低的半数致死浓度(LC50)、半数效应浓度(EC50)或无观察效应浓度(NOEC)除以合适的评估系数(AF)推导获得。一般来说，水环境生态毒性数据相对丰富，其他评估对象如土壤、沉积物等生态毒理数据相对缺乏。

生态毒性数据充分时，还可采用如物种敏感度分布法等其他方法推导 PNEC；数据缺乏时，需要寻求其他方法进行推导，如相平衡分配法等。使用其他方法时应注意适用范围。

2.6.2.3 暴露评估

环境暴露评估主要基于环境中的实测数据和模型计算，实现推导化学物质的预测环境浓度(PEC)。

环境暴露评估应当考虑化学物质生产使用与排放的不同情况，建立暴露场景时应当考虑地形和气象等条件的差异性。如果使用暴露模型，一般采用通用的标准环境，即预先设立相关的默认环境参数。环境参数可以是实际环境参数的平均值，或合理最坏暴露场景下的环境参数值，如温度、大气、水、土壤的密度，水环境中悬浮物浓度，悬浮物中固相体积比、水相体积比、有机碳重量比等。

2.6.2.4 风险表征

面向生态环境的化学物质环境风险表征主要表示在不同评估对象中化学物质暴露水平与预测无效应浓度之间的关系，主要有定量风险表征和定性风险表征两种形式：

(1)定量风险表征。

对于可以获得预测环境浓度(PEC)以及预测无效应浓度(PNEC)的化学物质，将评估对象中化学物质的 PEC 与 PNEC 进行比较，分别表征化学物质对不同评估对象的环境风险。

PEC/PNEC≤1，表明未发现化学物质存在不合理环境风险；

PEC/PNEC>1，表明化学物质存在不合理环境风险。

鉴于风险评估存在不确定性，对于上述两种情形，可根据具体情况，采用证据权重、专家判断等方式决定是否需要进一步收集暴露与毒性数据，开展进一步风险评估，以最终确定是否存在不合理风险。

(2)定性风险表征。

定性风险表征主要用于无法获得化学物质的 PEC 或 PNEC 值的情形。定性评估时应考虑环境暴露水平以及慢性毒性效应发生的可能性。若定性暴露评估表明该化学物质的环境暴露不会对任何评估对象产生明显影响，则环境风险可不予关注；若定性暴露评估表明该化学物质存在明显的环境暴露，则需要根据化学物质的生物累积性潜力、具有类似结构的其他物质相关数据等进行综合的专业判断。

2.6.3 面向人体健康的评估

2.6.3.1 危害识别

人体健康危害识别的重点是化学物质的致癌性、致突变性、生殖发育毒性、重复剂量毒性等慢性毒性以及致敏性等，需要注意的是，一种化学物质可能具有多种毒性。

化学物质危害识别的数据来源有以下四类：

流行病学调查数据：可靠性最强，一般较难获得，数据可来自人类志愿者受控实验、监测研究、不同暴露水平的人群流行病学研究以及在特定人群中进行的实验或流行病学研究、临床报告、个案调查等。

体外实验数据：主要用于毒性筛选以提供更全面的毒理学资料，也可用于局部组织或靶器官的特异毒效应研究。

动物体内实验数据：毒理学数据与体外实验数据更为全面，通常作为主要数据来源。提供的信息一是毒物的吸收、分布、代谢、排泄情况；二是毒物的毒性效应指标、阈值剂量或未观察到有害作用的剂量等；三是毒物的毒性作用机制及其影响因素；四是物质之间的相互作用；五是机体对毒物的代谢途径、参与代谢的酶和代谢产物等；六是慢性毒性发生的可能性及其靶器官或靶组织。

其他数据。

2.6.3.2 剂量(浓度)-反应(效应)评估

面向人体健康的危害剂量(浓度)-反应(效应)评估与毒性机理密切相关，主要有两种：

其一是有阈值的剂量(浓度)-反应(效应)评估。

这是指化学物质只有超过一定剂量(阈值)，才会造成毒性效应，这一阈值称作"未观察到有害效应的剂量水平"(NOAEL)。当 NOAEL 值无法得到时，可以用"可观察到有害效应的最低剂量水平"(LOAEL)作为毒性阈值。确定 NOAEL 或 LOAEL 值后，进一步计算该化学物质对人体无有害效应的安全阈值，安全阈值一般是用 NOAEL 除以不确定性系数(UF)获得。不确定系数一般考虑种间差异、个体差异和其他不确定性因子(如数据的可靠性、暴露时间等)。由于化学物质在不同物种体内代谢作用不同,个体对化学物质的敏感性不同,通常,不确定系数不超过 10000。

其二是无阈值的剂量(浓度)-反应(效应)评估。

这是指不存在一个下限值,摄入任何剂量的化学物质都有一定概率导致健康危害的情形,如与遗传毒性有关的致癌性问题等。对于无阈值的剂量(浓度)-反应(效应)评估,通常通过数学模型,在给定的可接受风险概率下计算安全剂量(VSD)。

化学物质安全阈值或安全剂量除采用上述方法获得外,也可根据具体情况采用基准剂量法(BMD)进行计算。

2.6.3.3 暴露评估

暴露评估中考虑的暴露途径包括吸入、摄入和皮肤接触。暴露评估结果反映了化学物质对人体的外暴露剂量。暴露评估步骤分为 3 部分:

评估人体不同暴露途径相关介质中化学物质浓度;

评估人体对每类介质的摄入率;

综合人体对各介质的摄入率及介质中化学物质的浓度,计算摄入总量。

暴露评估的重点之一是选择合适的暴露场景,一般优先选择的场景为"合理的最坏场景"和典型场景。事故和滥用导致的暴露一般不予考虑,但已采取的风险管控措施应考虑在内。

2.6.3.4 风险表征

健康风险表征用于表示人体的暴露水平与安全阈值或安全剂量之间的关系,分为定性或定量表征方法。对于同一种化学物质,暴露场景和暴露人群不同,健康危害效应不同,则风险表征结果也不一样。通过比较人体总暴露量与安全阈值或安全剂量之间的关系,表征化学物质的健康风险:

化学物质暴露量<安全阈值或安全剂量,表明未发现化学物质存在不合理健康风险。

化学物质暴露量≥安全阈值或安全剂量,表明化学物质存在不合理健康风险。

　　由于风险评估存在不确定性，对于上述两种情形，可根据具体情况，采用证据权重、专家判断等方式决定是否需要进一步收集暴露与毒性数据，开展进一步风险评估，以最终确定是否存在不合理风险。当无法获得化学物质的人体健康安全阈值或安全剂量时，可采用定性方法表征潜在人体健康风险发生的可能性。

第3章 危险废物规范化管理与鉴别技术

3.1 危险废物概述

3.1.1 危险废物的定义

国际上关于危险废物的定义有多种表述，联合国规划署（United Nations Enviroment Programme，简称 UNEP）将危险废物定义为除放射性废物以外的，具有化学反应性、毒性、易爆性、腐蚀性或其他危险特性，可能对人体健康或环境造成危害的固体废物（固态废物）、污泥、液态废物和容器盛装的气态废物。世界卫生组织（World Health Organization，简称 WHO）的定义是：因具有某些物理、化学或生物特性，而必须采取特殊管理和处置程序，以防止其对人类健康造成危害或产生其他环境危害的废物。美国在其《资源保护和回收法》中将危险废物的定义为：在储存、运输、处置等管理过程中，因未采取正确的管理方法，而引起或可能引起人体疾病和死亡，或对环境造成显著威胁的固体废物。日本《废物处理法》中将具有爆炸性、毒性或感染性等可能对人体健康或环境造成危害的物质定义为"特别管理废物"，即相当于"危险废物"。

《中华人民共和国固体废物污染环境防治法》中将危险废物规定为：列入国家危险废物名录或者根据国家规定的危险废物鉴别标准和鉴别方法认定的具有危险特性的固体废物。这一定义实际上是对危险废物进行了明确的边界认定：

其一，列入国家危险废物名录的固体废物是危险废物，不需要做技术鉴别和认定。

其二，对不明确是否具有危险特性的固体废物，应当按照国家规定的危险废物鉴别标准和鉴别方法予以认定。经鉴别具有危险特性的属于危险废物,应当根据其主要有害成分和危险特性确定所属废物类别,并按代码"900-000-××"(××为危险废物类别代码)进行归类管理;经鉴别不具有危险特性的,不属于危险废物。

3.1.2 危险废物分类与豁免管理

3.1.2.1 危险废物分类

《国家危险废物名录(2025年版)》将危险废物分为46大类别470种。废物类别是在《控制危险废物越境转移及其处置巴塞尔公约》划定的类别基础上,结合我国实际情况对危险废物进行分类,同时给定类别代码,如医疗废物(HW01)、废有机溶剂与含有机溶剂废物(HW06)、废矿物油与含矿物油废物(HW08)、染料和涂料废物(HW12)、爆炸性废物(HW15)、表面处理废物(HW17)、含铜废物(HW22)、无机氰化物废物(HW33)、废酸(HW34)、废碱(HW35)、含镍废物(HW46)等。

470种危险废物中每种都有唯一的废物代码,由8位数组成,其中,第1~3位为危险废物产生行业代码(依据《国民经济行业分类(GB/T 4754—2017)》确定),第4~6位为危险废物顺序代码,第7~8位为危险废物类别代码。

此外,危险废物还可按理化性质分为无机危险废物、有机危险废物、石油类危险废物、污泥类危险废物,见表3-1。

表3-1　　危险废物按理化性质分类

类　别	废物名称(举例)
无机危险废物	废酸、废碱、无机氰化物废物、含铜废物、含铅废物
有机危险废物	废有机溶剂、有机氰化物废物、含酚废物、含有机卤化物废物
石油类危险废物	车辆或机械维修产生的废机油、废燃料油及燃料油储存过程中产生的油泥
污泥类危险废物	电镀废水处理污泥、印制电路板废水处理污泥

3.1.2.2 危险废物豁免管理

《国家危险废物名录(2025版)》的《危险废物豁免管理清单》共列出了31种危险废物。这31种危险废物在所列的豁免环节且满足相应的豁免条件时,可以按照豁免内容的规定实行豁免管理。

危险废物产生单位和危险废物经营单位在使用豁免清单管理危险废物时应慎重,确定某种废物是否符合豁免管理的流程是:①确定该废物属列入《危险废物豁免管理清单》的危险废物(核对废物类别/代码和名称);②确定该废物的豁免管理环节是否与《危险废物豁免管理清单》的规定一致;③确认是否具备《危险废物豁免管理清单》所列的豁免条件。

《危险废物豁免管理清单》的豁免内容如下:

"全过程不按危险废物管理":全过程(各管理环节)均豁免,无需执行危险废物环境管理的有关规定。

"收集过程不按危险废物管理":收集企业不需要持有危险废物收集经营许可证或危险废物综合经营许可证。

"利用过程不按危险废物管理":利用企业不需要持有危险废物综合经营许可证。

"填埋处置过程不按危险废物管理":填埋企业不需要持有危险废物综合经营许可证。

"水泥窑协同处置过程不按危险废物管理":水泥企业不需要持有危险废物综合经营许可证。

"不按危险废物进行运输":运输工具可不采用危险货物运输工具。

"从分类投放点收集转移到所设定的集中储存点的收集过程不按危险废物管理":生活垃圾中的危险废物从分类投放点收集转移到所设定的集中储存点的运输车辆可不具备危险货物运输资质,转移过程中可不运行危险废物转移联单。

3.1.3 危险废物的危险特性

危险废物的危险特性是指废物所表现出来的对人类可能造成致病性或致命性的,或对环境造成生态危害的性质。危险废物的危险特性包括毒性、腐蚀性、易燃性、反应性和感染性。

3.1.3.1 毒性(Toxicity, T)

毒性是危险废物的主要危险特性,绝大部分危险废物均具有毒性。

《危险废物鉴别标准毒性物质含量鉴别》(GB 5085.6—2007)将毒性分为剧毒物质、有毒物质、致癌性物质、致突变性物质、生殖毒性物质、持久性有机污染物共6类,分别给出了量化判定标准,如固体废物中剧毒物质的总含量≥0.1%、有毒物质的总含量≥3%、致癌性物质的总含量≥0.1%、致突变性物质的总含量≥0.1%、生殖毒性物质的总含量≥0.5%、含有持久性有机污染物(除多氯二苯并对二噁英、多氯二苯并呋喃外)的含量≥50mg/kg、含有多氯二苯并对二噁英和多氯二苯并呋喃的含量≥15μg TEQ/kg均认定为是毒性危险废物。

常见仅具有毒性的危险废物大类别有:医药废物(HW02)、废药物和药品(HW03)、农药废物(HW04)、油/水和烃/水混合物或乳化液(HW09)、多氯(溴)联苯类废物(HW10)、有机树脂类废物(HW13)、感光材料废物(HW16)、焚烧处置残渣(HW18)、含铬废物(HW21)、含铜废物(HW22)、石棉废物(HW36)、有机磷化合物废物(HW37)、含酚废物(HW39)、含有机卤化物废物(HW45)、废催化剂(HW50)等。

3.1.3.2 腐蚀性(Corrosivity, C)

当固体废物具有以下特性之一,称其为腐蚀性危险废物。

①按照《固体废物腐蚀性测定玻璃电极法》(GB/T 15555.12—1995)的规定制备的浸出液,pH≥12.5,或者pH≤2.0。

②在55℃条件下,对《优质碳素结构钢》(GB/T 699—2015)中规定的20号钢材的腐蚀速率≥6.35mm/a。

常见的腐蚀性危险废物有废酸(HW34)和废碱(HW35)。废酸包括:液晶显示板或集成电路板的生产过程中使用酸浸蚀剂进行氧化物浸蚀产生的废酸液、使用酸进行清洗产生的废酸液、使用磷酸进行磷化产生的废酸液、使用硝酸进行钝化产生的废酸液等;废碱包括:氢氧化钙、氨水、氢氧化钠、氢氧化钾等的生产、配制中产生的废碱液、固态碱及碱渣,使用碱进行清洗除蜡、碱性除油、电解除油产生的废碱液等。

3.1.3.3 易燃性(Ignitability, I)

具备下列危险特性之一的固体废物，称其为易燃性危险废物。

①闪点温度低于60℃(闭杯试验)的液体、液体混合物或含有固体物质的液体。

②在标准温度和压力(25℃，101.3kPa)下因摩擦或自燃而起火，能剧烈而持续地燃烧并产生危害的固体废物。

③在20℃、101.3kPa状态下，在与空气的混合物中体积占比≤13%时可点燃的气体，或者在该状态下，不论易燃下限如何，与空气混合，易燃范围的易燃上限与易燃下限之差大于或等于12个百分点的气体。

常见的易燃性危险废物有：废有机溶剂与含有机溶剂废物(HW06)、废矿物油与含矿物油废物(HW08)、部分染料和涂料废物(HW12)等。

3.1.3.4 反应性(Reactivity, R)

反应性是指易于发生爆炸或剧烈反应，或反应时放出有毒气体或烟雾的性质。符合下列任何条件之一的固体废物，属于反应性危险废物。

(1)具有爆炸性质。

常温常压下不稳定，在无引爆条件下，易发生激烈变化。

标准温度和压力下(25℃、101.3kPa)，易发生爆轰或爆炸性分解反应。

受强起爆剂作用或在封闭条件下加热，能发生爆轰或爆炸反应。

(2)与水或酸接触产生易燃气体或有毒气体。

与水混合发生激烈化学反应，并放出大量易燃气体和热量。

与水混合能产生足以危害人体健康或环境的有毒气体、蒸气或烟雾。

在酸性条件下，每千克氰化物废物分解产生≥250mgHCN气体，或者每千克含硫化物废物分解产生≥500mgH_2S气体。

(3)废弃氧化剂或有机过氧化物。

极易引起燃烧或爆炸的废弃氧化剂。

对热、震动或摩擦极为敏感的含过氧基的废弃有机过氧化物。

常见的反应性危险废物有：炸药生产和加工过程中产生的废水处理污泥；含爆炸品废水处理过程中产生的废活性炭；使用氰化物剥落金属镀层产生的废物；使用氰化物和双氧水进行化学抛光产生的废物；再生铝和铝材加工过程中，废铝及铝锭重熔、精炼、合金化、铸造熔体表面产生的铝灰渣，及其回收铝过程产生的盐渣和二次铝灰等。

3.1.3.5 感染性(Infectivity，In)

感染性是指废物含有病原微生物，能够对人体造成危害的性质。常见的感染性废物主要是医疗废物(HW01)，包括感染性废物、损伤性废物和病理性废物，以及为防治动物传染病而需要收集和处置的废物。

3.1.4 危险废物管理原则

3.1.4.1 减量化、资源化和无害化

减量化是指采取有效措施最大限度地合理开发资源和能源，减少危险废物的产生量，这是防治危险废物污染环境的首选措施。对于产生危险废物的生产经营单位，应依据相关法律法规和标准要求，合理选择和利用原材料、能源和其他资源，大力开展清洁生产，采用可使废物产生量最少的生产工艺和设备。

资源化是指对已产生的危险废物进行回收加工、循环利用或其他再利用等，使废物变成为产品或转化为可供再利用的二次原料，即通常所称的废物综合利用。实现资源化不但减轻了危险废物的危害，还可以减少浪费，获得经济效益。

无害化是指对已产生但又无法或暂时无法进行综合利用的危险废物进行对环境无害或低危害的安全处理、处置，还包括尽可能地减少其种类、降低危险废物的有害浓度，减轻和消除其危险特征等，以此防止、减少或减轻危险废物对环境的危害。

从根本上说，危险废物的减量化、资源化、无害化，依赖于科学技术的进步。

3.1.4.2 全过程管理

我国对危险废物实行全过程跟踪管理的原则，危险废物转移联单制度是这一管理原则的具体管理形式。《危险废物转移管理办法》要求危险废物移出人、危险废物承运人、危险废物接受人应填写、运行危险废物转移联单，在危险废物转移联单中如实填写移出人、承运人、接受人信息，转移危险废物的种类、重量（数量）、危险特性等信息，以及突发环境事件的防范措施等；承运人名称、运输工具及其营运证件号，以及运输起点和终点等运输相关信息；是否接受的意见，以及利用、处置方式和接受量等信息。将危险废物移出人、承运人、接受人以及产生地和接受地生态环境管理部门联系起来，实施全过程管理。

广东省固体废物环境监管信息平台是全省危险废物申报登记、管理计划、转移联单、分类统计和应急管理等方面的一个专业化网络管理平台，有助于危险废物的全过程管理。

3.1.4.3 分类管理

危险废物的种类繁多，性质也各有不同，在对危险废物进行储存和处理时必须严格执行分类管理原则。其作用在于：一是便于危险废物资源化利用；二是方便处理处置；三是出于安全的考量，即在危险废物收集、储存和运输过程中，避免性质不相容的危险废物混合可能引发火灾爆炸事故或者产生有毒有害气体，威胁人员安全健康。

3.1.4.4 安全管控

由于有的危险废物具有易燃性和反应性，如果安全管理失误则可能引发火灾爆炸或人员中毒事故，因此加强危险废物安全管理，采取必要的安全措施，确保危险废物在安全风险可控的状态下运行是危险废物管理的基本原则之一。

3.1.5 推行危险废物规范化管理的依据

2021年9月1日，生态环境部根据《中华人民共和国固体废物污染环境防治法》和《强化危险废物监管和利用处置能力改革实施方案》的相关要求，印发了

《"十四五"全国危险废物规范化环境管理评估工作方案》，其目的在于加强危险废物污染防治，巩固和深化危险废物规范化环境管理工作成效，进一步推动各级地方政府和相关部门落实危险废物监管职责，强化危险废物监管和利用处置能力，促进危险废物产生单位和危险废物经营单位落实各项法律制度和相关标准规范，全面提升危险废物规范化环境管理水平，有效防控危险废物环境风险的指导性文件。

《"十四五"全国危险废物规范化环境管理评估工作方案》基于原环境保护部《"十三五"全国危险废物规范化管理督查考核工作方案》和《危险废物规范化管理指标体系》。该方案明确了分别适用于生态环境主管部门、工业危险废物产生单位、危险废物经营单位的评估指标，即：

《危险废物规范化环境管理评估指标(生态环境主管部门)》；

《危险废物规范化环境管理评估指标(工业危险废物产生单位)》；

《危险废物规范化环境管理评估指标(危险废物经营单位)》。

上述评估指标包括评估项目、评估内容、分值、评估标准、评分要点和评估方法等内容。

为加强危险废物的规范化管理、各省生态环境主管部门根据生态环境部的总体要求，结合自身实际相继开发了危险废物信息化管理平台或系统，本章的相关描述主要适用于广东省内的危险废物产生单位和危险废物经营单位。

3.2　工业危险废物产生单位规范化环境管理

根据《危险废物规范化环境管理评估指标(工业危险废物产生单位)》，工业危险废物产生单位环境管理评估指标包括污染环境防治责任制度、标识制度、管理计划制度、排污许可制度、台账和申报制度、源头分类制度、转移制度、环境应急预案备案制度、储存设施环境管理和信息发布共10个方面的内容。对于有危险废物自行利用和处置设施的产废企业也给出了相应的规范化环境管理评估指标。

非工业源危险废物产生单位(医疗卫生机构、实验室、机动车保养维修等单位)规范化环境管理评估参照执行《危险废物规范化环境管理评估指标(工业危险废物产生单位)》。

我们将工业企业危险废物规范化环境管理的 10 个评估指标归类为危险废物识别、危险废物环境管理制度建设规范化、储存设施规范化和环境应急能力建设规范化四个部分。

3.2.1 危险废物识别

危险废物的识别是企业开展危险废物规范化管理的前提和基础，也是贯穿于评估指标的内容。如果企业对自己产生的危险废物种类与来源不清楚，就有可能错误地将危险废物当作一般工业废物进行管理，从而导致危险废物非法转移和非法处理处置。

企业可从以下几个路径识别本单位的危险废物类别：

(1)对照国家危险废物名录识别危险废物。国家危险废物名录是识别危险废物的主要依据，如果企业的废物列入了名录，可直接判定为危险废物。

(2)《危险化学品目录》中的废弃危险化学品属于危险废物。需要说明的是，危险化学品成为废弃危险化学品的前提是"被所有者申报废弃"，即危险化学品所有者应该向应急管理部门和生态环境部门申报废弃，或未申报废弃但被非法排放、倾倒、利用、处置的，以及有关部门依法收缴或接收且需要销毁。《危险化学品目录》中仅具有"加压气体"物理危险性的危险化学品不属于危险废物；因此，废弃危险化学品不能简单等同于危险废物。

(3)对于难以判断其是否具有危险特性的固体废物，应依据国家危险废物鉴别标准和鉴别方法予以认定。危险废物的鉴别标准与鉴别方法请参阅本章 3.4 的相关内容。

(4)《医疗废物分类目录(2021 年版)》中的医疗废物均属于危险废物。

为了便于管理，企业在确认产生的危险废物后，应列出危险废物清单：包括危险废物名称、废物代码、产污环节和危险特性。

据现场调查分析，电镀企业的危险废物约有 10 余种(不同电镀企业产生的危险废物种类有差异)。某些电镀企业通常只能提供废水处理污泥的转移联单，可能存在非法处置危险废物的嫌疑。表 3-2 为深圳市某电镀企业识别其产生的危险废物清单。表 3-3 为某汽车修理厂(有喷漆工序)识别其产生的危险废物清单。

表 3-2　　　　　　　　某电镀企业危险废物识别清单

危废类别	废物代码	危险废物名称	产生环节
HW17 表面处理废物	336-(052~101)-17	含重金属污泥	废水处理
	336-051-17	含锌废槽液、槽渣	镀锌、镀镉、镀镍、镀金、镀铜、镀铬等电镀工序
	336-053-17	含镉废槽液、槽渣	
	336-054-17	含镍废槽液、槽渣	
	336-057-17	含金废槽液、槽渣	
	336-058-17	含铜废槽液、槽渣	
	336-060-17	含铬废槽液、槽渣	
	336-064-17	其他废槽液、槽渣	酸(碱)洗、除油、除锈、洗涤、磷化、出光、化抛工艺
HW33 无机氰化物废物	336-104-33	含氰废液、空桶	镀金、碱铜工序
HW34 废酸	900-305-34	退镀废液	硝酸退镀工序
HW35 废碱	900-353-35	碱除油槽液	碱性除油工序
HW49 其他废物	900-041-49	废滤芯	药水槽过滤处理
HW08 废矿物油与含矿物油废物	900-249-08	废矿物油	设备设施维护
HW29 含汞废物	900-023-29	含汞废灯管	灯管更换
HW49 其他废物	900-041-49	危险化学品空桶	包装电镀工序各类危险化学品

表 3-3　　　　　　汽修企业(含喷漆工序)产生的危险废物种类

序号	废物类别	废物代码	危险废物名称
1	HW08	900-214-08	废机油
2	HW31	900-052-31	废铅酸电池
3	HW12	900-252-12	废油漆渣、废溶剂渣
4	HW12	900-299-12	废油漆

续表

序号	废物类别	废物代码	危险废物名称
5	HW06	900-404-06	废有机溶剂
6	HW49	900-039-49	废活性炭/过滤棉
7	HW08	900-249-08	沾染废机油的空容器(桶、罐、壶)和废机油格
8	HW49	900-041-49	沾染油漆的空容器(桶、罐、壶)
9	HW29	900-023-29	废日光灯管
10	HW49	900-041-49	沾染废机油或油漆的废纸、胶带、抹布、劳保用品

3.2.2 危险废物管理制度建设规范化

3.2.2.1 污染防治责任制与信息发布

企业应建立涵盖全过程的危险废物污染环境防治责任制度，负责人明确，各项责任分解清晰；负责人熟悉危险废物环境管理相关法规、制度、标准、规范；制定的制度得到落实，并采取了防治工业固体废物污染环境的措施；执行危险废物污染防治责任信息公开制度，在显著位置张贴危险废物污染防治责任信息。

企业当年的危险废物环境管理组织架构图、危险废物环境管理制度和危险废物种类、名称、去向及产污环节等污染环境防治信息应通过企业网站等途径依法公开。危险废物污染环境防治信息一年至少更新一次。

3.2.2.2 管理计划

企业应根据《危险废物管理计划和管理台账制定技术导则》(HJ 1259—2022)，按照分类管理要求制定本年度危险废物管理计划，位于广东的企业原则上每年 3 月 31 日前通过广东省固体废物环境监管信息平台进行填报。

(1)分类管理要求。

根据危险废物的产生数量和环境风险等因素，产生危险废物的单位的管理类别按照以下原则分为危险废物环境重点监管单位、危险废物简化管理单位和危险废物登记管理单位。

①危险废物环境重点监管单位。

具备下列条件之一的单位，纳入危险废物环境重点监管单位：

同一生产经营场所危险废物年产生量 100 吨及以上的单位。

具有危险废物自行利用处置设施的单位。

持有危险废物经营许可证的单位。

②危险废物简化管理单位。

同一生产经营场所危险废物年产生量 10 吨及以上且未纳入危险废物环境重点监管单位的单位。

③危险废物登记管理单位。

同一生产经营场所危险废物年产生量 10 吨以下且未纳入危险废物环境重点监管单位的单位。

(2)内容填写要求。

危险废物环境重点监管单位的管理计划制定内容应包括单位基本信息、设施信息、危险废物产生情况信息、危险废物储存情况信息、危险废物自行利用/处置情况信息、危险废物减量化计划和措施、危险废物转移情况信息。

危险废物简化管理单位的管理计划制定内容应包括单位基本信息、危险废物产生情况信息、危险废物储存情况信息、危险废物减量化计划和措施、危险废物转移情况信息。

危险废物登记管理单位的管理计划制定内容应包括单位基本信息、危险废物产生情况信息、危险废物转移情况信息。

(3)变更要求。

当危险废物产生单位的危险废物管理计划的内容有下列重大改变的，企业应当及时在平台重新申报：

增加或者减少危险废物类别；

危险废物产生量超过原备案量20%以上；

新建、改建和拆除原有危险废物储存、利用和处置设施；

因工艺改进、产品调整或搬迁而停止产生危险废物。

危险废物产生单位在广东省固体废物环境监管信息平台上报的管理计划，经所在地生态环境部门审核通过后可自动备案。危险废物管理计划强调如实填报,如果危险废物产生单位在危险废物申报和编制管理计划时随意填写就会出现数据前后矛盾,可能导致生态环境部门将其列入"可疑数据"而进行现场技术核查。

3.2.2.3 委托处置

危险废物产生单位自行利用或处置危险废物的设施,在取得生态环境部门的许可后方可运行;否则,应全部委托给持有危险废物经营许可证的单位处置。

危险废物产生单位与危险废物经营单位需要签订委托处置合同,签订合同前应确认其是否具备与所委托废物相适应的经营范围,且合同中应明确委托处置危险废物的类别、代码、名称和计划委托数量等内容,同时约定双方的法律责任。

需要特别说明的是,按照《中华人民共和国固体废物污染环境防治法》的规定,省内跨市转移危险废物不需要行政许可,广东省内的危险废物产生单位与危险废物经营单位通过广东省固体废物环境监管信息平台即可直接办理转移手续;如果危险废物需要跨省转移处置则必须取得转出地和转入地省级生态环境部门的书面许可。

按照广东省固体废物环境监管信息平台的要求,危险废物转移联单需要按以下步骤生成:

第一步,危险废物产生单位登录广东省固体废物环境监管信息平台填写联单中"废物产生单位填写"的内容(包括废物名称、类别、代码、特性、计划数量、主要危险成分等),确认无误后提交平台。

第二步,危险废物运输单位司机上门收运废物,使用手机端 APP 完成"废物运输单位填写"的内容。

第三步,危险废物经营单位完成"废物接收单位填写"的内容,提交平台。

第四步,危险废物产生单位在平台确认后即生成一次危险废物转移联单,工作流程见图 3-1。

建议危险废物产生单位从平台下载电子联单并保存 10 年以上。

3.2 工业危险废物产生单位规范化环境管理

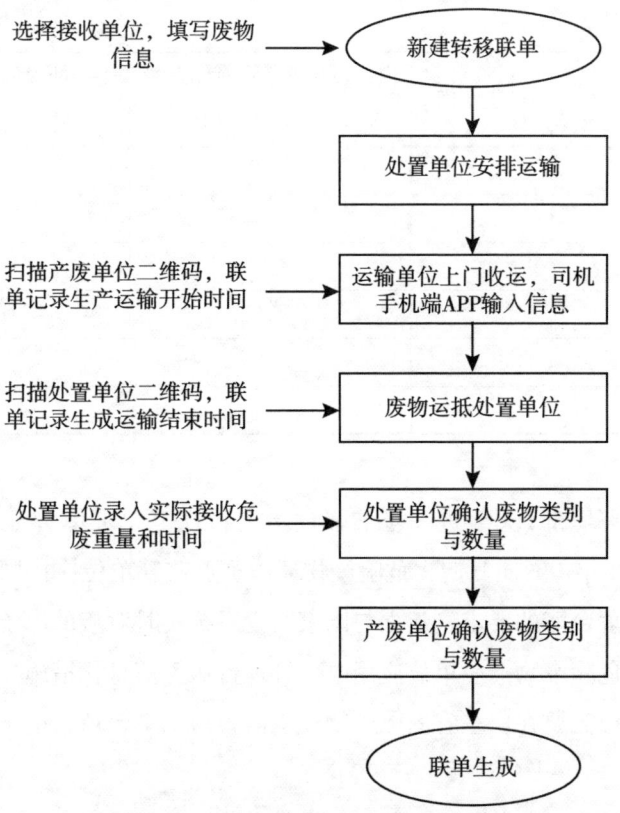

图 3-1 危险废物转移联单生成流程图

3.2.2.4 台账与申报

建立台账的目的就是可以随时掌握或查询企业危险废物在某个时间段内的产生量、储存量和转移量。危险废物台账分为纸质管理台账和电子管理台账两种。

危险废物产生单位应建立危险废物内部转移纸质管理台账(格式可参考表3-4),如实记录危险废物的内部转移与储存情况,包括日期、废物名称、产生车间、内部转移量、现有储存量、委托处置量等内容。为了便于管理,企业可为每类危险废物独立建台账。

表 3-4 　　　　　　　　**企业内部危险废物转移台账**

___年___月　　　　　　　　　　　　　　　　　　　危险废物类别：HW____

日期	废物名称	产生车间	内部转移量 （吨）	现有储存量 （吨）	委托处置量 （吨）	经办人

根据生态环境部《关于进一步加强危险废物规范化环境管理有关工作的通知》要求：2024年1月1日起，危险废物环境重点监管单位应按国家关于制定危险废物电子管理台账的要求，建立与国家固废系统实时对接的电子管理台账；同时，鼓励其他危险废物产生单位应用电子管理台账等信息化措施。广东省内的危险废物产生单位需要在广东省固体废物环境监管信息平台填报电子管理台账，内容主要包括：

(1)危险废物产生环节：记录产生批次编码、产生时间、危险废物名称、危险废物类别、危险废物代码、产生量、计量单位、容器/包装编码、容器/包装类型、容器/包装数量、产生危险废物设施编码、产生部门经办人、去向等；

(2)危险废物入库环节：记录入库批次编码、入库时间、容器/包装编码、容器/包装类型、容器/包装数量、危险废物名称、危险废物类别、危险废物代码、入库量、计量单位、储存设施编码、储存设施类型、运送部门经办人、储存部门经办人、产生批次编码等；

(3)危险废物出库环节：记录出库批次编码、出库时间、容器/包装编码、容器/包装类型、容器/包装数量、危险废物名称、危险废物类别、危险废物代码、出库量、计量单位、储存设施编码、储存设施类型、出库部门经办人、运送部门经办人、入库批次编码、去向等；

(4)危险废物自行利用/处置环节：记录自行利用/处置批次编码、自行利用/处置时间、容器/包装编码、容器/包装类型、容器/包装数量、危险废物名称、危险废物类别、危险废物代码、自行利用/处置量、计量单位、自行利用/处置设施编码、自行利用/处置方式、自行利用/处置完毕时间、自行利用/处置部门经办人、产生批次编码/出库批次编码等；

(5)危险废物委外利用/处置环节：记录委外利用/处置批次编码、出厂时间、容器/包装编码、容器/包装类型、容器/包装数量、危险废物名称、危险废物类别、危险废物代码、委外利用/处置量、计量单位、利用/处置方式、接收单位类型、利用/处置单位名称、许可证编码/出口核准通知单编号、产生批次编码/出库批次编码等。

危险废物产生单位危险废物内部转移纸质管理台账和电子管理台账至少应保存5年。

广东省内的危险废物产生单位应于每年3月31日前，通过广东省固体废物环境监管信息平台向所在地生态环境主管部门申报危险废物的种类、产生量、流向、储存、利用、处置等有关资料，且不得虚报、瞒报、漏报相关信息。

危险废物环境重点监管单位应当按月度和年度申报危险废物有关资料，且于每月15日前和每年3月31日前分别完成上一月度和上一年度的申报。

危险废物简化管理单位应当按季度和年度申报危险废物有关资料，且于每季度首月15日前和每年3月31日前分别完成上一季度和上一年度的申报。

危险废物登记管理单位应当按年度申报危险废物有关资料，且于每年3月31日前完成上一年度的申报。

申报内容包括危险废物产生情况、危险废物自行利用/处置情况、危险废物委托外单位利用/处置情况、储存情况。

3.2.2.5 排污许可

这是《危险废物规范化环境管理评估指标(工业危险废物产生单位)》中新增加的一项指标，要求产生工业固体废物的单位依法取得排污许可证。

排污许可证中按照技术规范对工业固体废物提出明确环境管理要求，工业固体废物的储存、自行利用处置和委托外单位利用处置应符合许可证要求，企业按要求及时提交台账记录和执行报告。

3.2.2.6 利用设施环境管理

危险废物产生单位建设危险废物自行利用设施的,须做到:

(1)依法开展环境影响评价,要求环境影响评价文件对全部危险废物利用设施进行了评价,且完成了"三同时"验收或在验收期限内,取得环保批复。

(2)定期对利用设施污染物排放情况进行环境监测,确认符合排放标准要求。污染物排放至少一年监测一次,监测点位、监测指标和监测频次应符合相关标准规范的要求。

(3)危险废物资源化产物符合《固体废物鉴别标准通则》的相关要求。危险废物资源化产物生产过程中排放到环境中的有害物质限值和该产物中有害物质的含量限值,符合国家相关污染物排放(控制)标准或技术规范要求,并提供证明材料。

3.2.2.7 处置设施环境管理

危险废物产生单位建设危险废物自行处置设施的,须做到:

(1)依法开展环境影响评价,要求环境影响评价文件对全部危险废物处置设施进行了评价,且完成了"三同时"验收或在验收期限内,取得环保批复。

(2)设施运行符合标准规范要求。以焚烧、填埋、水泥窑等方式自行处置危险废物的运行要求符合国家和地方相关标准规范(如《危险废物焚烧污染控制标准》《危险废物填埋污染控制标准》《水泥窑协同处置固体废物污染控制标准》等)。

(3)定期对危险废物处置设施污染物排放进行环境监测,确认符合排放标准要求。污染物排放至少一年监测一次,监测点位、监测指标和监测频次应符合相关标准规范的要求。

3.2.2.8 业务培训

《危险废物规范化环境管理评估指标(工业危险废物产生单位)》没有单独将

业务培训列为评估指标,只是以"加分项"出现。

危险废物产生单位相关管理人员和负责危险废物收集、暂存和委托处置等工作的人员应当接受危险废物管理业务培训,危险废物管理业务培训应纳入企业年度培训计划,每年不少于一次。业务培训的内容包括：国家相关法律法规、规章和标准,本单位制定的危险废物管理制度、工作流程和环境应急预案,危险废物识别、收集、内部转移和储存管理的相关要求或操作要领等。每次培训均应做好培训记录,包括培训主题、培训内容、培训教材、学员签到、现场照片及考核情况等。

3.2.2.9 危险废物档案管理

《危险废物规范化环境管理评估指标(工业危险废物产生单位)》没有单独将档案管理列为评估指标,但企业建立规范的危险废物管理档案又非常必要,可避免档案资料损坏或丢失。表 3-5 为企业危险废物档案清单(参考)。

表 3-5　　　　　　　　　危险废物档案清单(参考)

序号	档案条目(内容)	相关说明
①	危险废物管理制度	规定危险废物规范化管理各环节的管理责任
②	工艺流程与产污环节	重在说明产污环节
③	危险废物管理计划	纸质材料
④	危险废物委托处置合同	合同在有效期内
⑤	危险废物转移联单	从平台下载
⑥	危险废物管理台账	内部管理台账和月台账
⑦	环境应急预案	含备案表
⑧	环境应急演练	策划方案和演练总结
⑨	危险废物业务培训	培训记录完备

危险废物产生单位的管理档案通常为一年一档。危险废物转移频次较多时,

可一年多档(如一月一档)保存危险废物转移联单。

3.2.3 危险废物储存规范化

3.2.3.1 危险废物储存场所选址

危险废物产生单位储存场所选址应满足生态环境保护法律法规、规划和"三线一单"生态环境分区管控的要求，并依法进行环境影响评价；储存场所不应选在生态保护红线区域、永久基本农田和其他需要特别保护的区域内，不应建在溶洞区或易遭受洪水、滑坡、泥石流、潮汐等严重自然灾害影响的地区，不应选在江河、湖泊、运河、渠道、水库及其最高水位线以下的滩地和岸坡，以及法律法规规定禁止储存危险废物的其他地点；储存场所的位置以及其与周围环境敏感目标的距离应依据环境影响评价文件确定。

此外，深圳市从安全角度要求危险废物储存场所与员工宿舍或员工食堂的距离不得小于10米，与危险化学品仓库的安全防护距离应符合相关安全标准规定。

3.2.3.2 识别标志

危险废物储存场所应设置危险废物警示标志，通常设置在危险废物储存场所的外墙上，用于告知废物储存场所的特殊性，存在有毒有害风险，警示无关人员不得入内。

危险废物包装容器或包装袋的外表面应粘贴或悬挂适宜的危险废物标签。危险废物标签为正方形，用于说明危险废物的成分、化学名称、危险情况、安全措施、危险类别以及产废单位相关信息。

《危险废物识别标志设置技术规范》(HJ 1276—2022)对危险废物识别标志与标签的形状、尺寸、颜色、数字识别码、二维码，以及设置场所要求等做出了具体规定。

危险废物识别标志共分三种，即危险废物标签，危险废物储存分区标志，危险废物储存、利用、处置设施标志，见表3-6。

表 3-6　　　　　　　　　　危险废物标志标签及适用场所

警示标签或标志(图样)	规格和使用说明	警示标签或标志设置
![危险废物标签的样式] 危险废物标签的样式	标签颜色：背景为橘黄色，边框和字体为黑色。 标签字体：采用黑体字，其中"危险废物"字体加粗放大。 标签材质：可采用不干胶印刷品，或印刷品外加防水塑料袋或塑封等。 使用场所：危险废物标签在各种包装上的粘贴位置分别为： a) 箱类包装：位于包装端面或侧面； b) 袋类包装：位于包装明显处； c) 桶类包装：位于桶身或桶盖； d) 其他包装：位于明显处。	危险废物标签设置示意图 危险废物柱式标志牌设置示意图
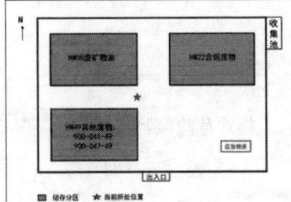 危险废物储存分区标志的样式	标签颜色：背景为黄色，废物种类信息为橘黄色，字体颜色为黑色。 标签字体：采用黑体字，其中"危险废物储存分区标志"字体加粗放大并居中显示。 标签材质：可采用印刷纸张、不粘胶材质或塑料卡片等。 使用场所：危险废物储存分区标志宜设置在该储存分区前的通道位置或墙壁、栏杆等易于观察的位置，可采用附着式(如钉挂、粘贴等)、悬挂式和柱式(固定于标志杆或支架等物体上)等固定形式，标志中各储存分区存放的危险废物种类信息可采用卡槽式或附着式(如钉挂、粘贴等)固定方式。	附着式危险废物储存分区标志设置示意图  柱式危险废物储存分区标志设置示意图

第3章 危险废物规范化管理与鉴别技术

续表

警示标签或标志（图样）	规格和使用说明	警示标签或标志设置
横版危险废物储存、利用、处置设施标志样式 竖版危险废物储存、利用、处置设施标志样式	标签颜色：背景为黄色，字体和边框为黑色。 标签字体：采用黑体字，其中危险设施类型的字样加粗放大并居中显示。 标签材质：宜采用坚固耐用的材料（如 1.5~2 毫米冷轧钢板），柱式标志牌的立柱可采用 38×4 无缝钢管或其他坚固耐用的材料，并经过防腐处理。 使用场所： 对于有独立场所的危险废物储存、利用、处置设施，应在场所外入口处的墙壁或栏杆显著位置设置相应的设施标志； 位于建筑物内局部区域的危险废物储存、利用、处置设施，应在其区域边界或入口处显著位置设置相应的标志； 对于危险废物填埋场等开放式的危险废物相关设施，除了固定的入口处之外，还可根据环境管理需要在相关位置设置更多的标志。 危险废物设施标志可采用附着式和柱式两种固定方式，应优先选择附着式，当无法选择附着式时，可选择柱式。	附着式危险废物设施标志设置示意图 柱式危险废物设施标志设置示意图

根据危险废物的危险特性(包括腐蚀性、毒性、易燃性和反应性),选择表3-7中对应的危险特性警示图形,印刷在标签上相应位置,或单独打印后粘贴于标签上相应的位置。具有多种危险特性的应设置相应的全部图形。

表3-7　　　　　　　　　　　　危险特性警示图形

序号	危险特性	警示图形	图形颜色
1	腐蚀性	（CORROSIVE 腐蚀性）	符号：黑色 底色：上白下黑
2	毒性	（TOXIC 毒性）	符号：黑色 底色：白色
3	易燃性	（FLAMMABLE 易燃）	符号：黑色 底色：红色(RGB：255，0，0)
4	反应性	（REACTIVITY 反应性）	符号：黑色 底色：黄色(RGB：255，255，0)

根据危险废物的组成、成分和理化特性,参考表3-8常见的注意事项用语填写收集、储存、利用、处置时必要的注意事项,也可根据废物具体的理化性质填写其他要求。

表 3-8　　　　　危险废物标签常用的注意事项用语

序号	推 荐 用 语
1	必须锁紧。
2	放在阴凉地方。
3	切勿靠近住所。
4	容器必须盖紧。
5	容器必须保持干燥。
6	容器必须放在通风的地方。
7	切勿将容器密封。
8	切勿靠近食物、饮品及动物饲料。
9	切勿靠近　　　　　（须指定互不相容的物质）。
10	切勿受热。
11	切勿近火，不准吸烟。
12	切勿靠近易燃物质。
13	处理及打开容器时，应小心。
14	存放温度不超过摄氏　　度。
15	以　　　　保持湿润。
16	只可放在原用的容器内。
17	切勿与　　　　混合。
18	只可放在通风的地方。
19	使用时严禁饮食。
20	使用时严禁吸烟。
21	切勿吸入尘埃。
22	切勿吸入气体(烟雾、蒸气、喷雾或其他)。
23	避免沾及皮肤。
24	避免沾及眼睛。
25	切勿倒入水渠。
26	切勿加水。
27	防止静电发生。
28	避免震荡和摩擦。

续表

序号	推 荐 用 语
29	穿上适当防护服。
30	戴上防护手套。
31	如通风不足，则须佩戴呼吸器。
32	佩戴护眼、护面用具。
33	使用　　　　　　（须予指定）来清理受这种物质污染的地面及物件。
34	遇到火警时，使用　　　　灭火设备，切勿使用　　　　。
35	如沾及眼睛，立即用大量清水来清洗，并尽快就医诊治。
36	所有受污染的衣物应立即脱掉。
37	沾及皮肤后，立即用大量(指定液来清洗)。
38	容器必须锁紧，存在阴凉通风的地方。
39	存放在阴凉通风的地方，切勿靠近　　　　（须指明互不相容的物质）。
40	容器必须盖紧，保持干燥。
41	只可放在原用的容器内，并放在阴凉通风的地方，切勿靠近(须指明不互不相容的物质)。
42	容器必须盖紧，并存放在通风的地方。
43	使用时严禁饮食或吸烟。
44	避免沾及皮肤和眼睛。
45	穿上适当的防护服和戴上适当防护手套。
46	穿上适当的防护服，戴上适当防护手套，并戴上护眼、护面用具。

注：各项用语中空缺的部分，应根据废物特性，填写补充完整。

3.2.3.3　源头分类

危险废物应按照类别的不同从源头上做好分类收集，储存场所中不同类别的危险废物间有过道等明显间隔。危险废物不得与生活垃圾或一般工业废物混合储存。

出于安全的考虑，严禁混合收集、运输和储存性质不相容且未经安全处置的危险废物。常见不相容危险废物及混合风险见表3-9。

表 3-9　　　　　　　　　常见不相容危险废物及混合风险

不相容的危险废物		混合时可能产生的危险
废氰化物	废酸	产生氰化氢
次氯酸盐	非氧化性酸	产生氯气
铜、铬、镍等金属	氧化性酸	产生二氧化氮、亚硝酸
强酸	强碱	强烈反应，产生热量
氨盐	强碱	产生氨气
氧化剂	还原剂	强烈反应，爆炸
铝粉	废酸或废碱	产生热量和氢气

3.2.3.4　储存分区

储存设施应根据危险废物分类要求设置必要的储存分区，且应避免危险废物与不相容的物质或材料接触、混合。

（1）固态危险废物。

在常温常压下不易水解、不易挥发的固态危险废物可分类堆放储存，其他固态危险废物应装入容器或包装物内储存。

（2）液态危险废物。

应装入容器内储存，或直接采用储存池、储存罐储存。

（3）半固态危险废物。

应装入容器或包装袋内储存，或直接采用储存池储存。

（4）其他类型危险废物。

具有热塑性的危险废物应装入容器或包装袋内进行储存；易产生粉尘、VOCs、酸雾、有毒有害大气污染物和刺激性气味气体的危险废物应装入闭口容器或包装物内储存；危险废物储存过程中易产生粉尘等无组织排放的，应采取抑尘等有效措施。

3.2.3.5　防渗防腐

储存设施或储存分区内地面、墙面裙脚、堵截泄漏的围堰、接触危险废物的隔板和墙体等应采用坚固的材料建造，表面无裂缝。

储存设施地面与裙脚应采取表面防渗措施；表面防渗材料应与所接触的物料或污染物相容，可采用抗渗混凝土、高密度聚乙烯膜、钠基膨润土防水毯或其他防渗性能等效的材料。储存的危险废物直接接触地面的，还应进行基础防渗，防渗层为至少1米厚黏土层(渗透系数不大于10-7 cm/s)，或至少2毫米厚高密度聚乙烯膜等人工防渗材料(渗透系数不大于10-10 cm/s)，或其他防渗性能等效的材料。

同一储存设施宜采用相同的防渗、防腐工艺(包括防渗、防腐结构或材料)，防渗、防腐材料应覆盖所有可能与废物及其渗滤液、渗漏液等接触的构筑物表面；采用不同防渗、防腐工艺应分别建设储存分区。

液态或半液态废物储存场所(设施)应设置防泄漏设施或围堰，围堰的有效容积应不小于最大储存容器的容积或场所内最大储存量的1/10容积(两者取较大值)。

3.2.3.6 容器包装

针对不同类别、形态、物理化学性质的危险废物，其容器和包装物应满足相应的防渗、防漏、防腐和强度等要求，外表面应保持清洁，材质、内衬应与盛装的危险废物相容。硬质容器和包装物及其支护结构堆叠码放时不应有明显变形、无破损泄漏；柔性容器和包装物堆叠码放时应封口严密，无破损泄漏。

使用容器盛装液态、半固态危险废物时，容器内部应留有适当的空间，以适应因温度变化等可能引发的收缩和膨胀，防止其导致容器渗漏或永久变形。

3.2.3.7 储存管理

危险废物存入储存设施前应对危险废物类别和特性与危险废物标签等危险废物识别标志的一致性进行核验，不一致的或类别、特性不明的不应存入；设施应采取技术和管理措施防止无关人员进入。

应定期检查危险废物的储存状况，及时清理储存设施地面，清理的废物或清洗废水应收集处理；更换破损泄漏的危险废物储存容器和包装物，保证堆存危险废物的防雨、防风、防扬尘等设施功能完好。

3.2.3.8　污染防治

储存危险废物应根据危险废物的形态、物理化学性质、包装形式和污染物迁移途径，采取措施减少渗滤液及其衍生废物、渗漏的液态废物（简称渗漏液）、粉尘、VOCs、酸雾、有毒有害大气污染物和刺激性气味气体等污染物的产生，防止其污染环境。危险废物储存过程产生的污染物应分类收集，按其环境管理要求妥善处理，污染物排放应满足《危险废物储存污染控制标准》（GB 18597—2023）要求。

3.2.3.9　信息化管理

危险废物环境重点监管单位，应采用电子地磅、电子标签、电子管理台账等技术手段对危险废物储存过程进行信息化管理，确保数据完整、真实、准确；采用视频监控的应确保监控画面清晰，视频记录保存时间至少为 3 个月；鼓励有条件的危险废物简化管理单位、危险废物登记管理单位参照危险废物环境重点监管单位要求开展储存过程信息化管理。

3.2.4　环境应急预案备案管理

本项内容主要包括环境应急预案备案和环境应急演练两个方面。

3.2.4.1　环境应急预案

企业应当根据相关要求（如《突发环境事件应急预案备案行业名录（指导性意见）》《深圳市企业事业单位突发环境事件应急预案编制指南》）组织编制突发环境事件应急预案、环境风险评估报告和环境应急资源调查报告，经专家评审通过后报生态环境主管部门备案。

危险废物污染环境事件应急预案可作为企业突发环境事件应急预案的一个专项预案。

企业环境应急预案每 3 年修订一次。当出现下列情况时，应及时组织修订预案：生产工艺或污染防治设施发生较大变化的；环境应急组织机构或职责发生较大调整的；周边环境或者环境敏感点发生较大变化的；环境应急预案依据的法律、法规等发生较大变化的。

3.2.4.2 环境应急演练

依据相关规定,企业应至少每年组织开展一次突发环境事件应急演练。危险废物年产生量在10吨以下的企业要求有演练相关的图片、文字或视频记录;危险废物年产生量10吨(含)以上的企业要求有详细的演练计划,演练的图片、文字或视频记录,演练后的总结材料,且参加演练人员应熟悉意外事故的环境污染防范措施。

《危险废物规范化环境管理评估指标(工业危险废物产生单位)》中,"由于危险废物管理不当导致突发环境事件发生的",可直接评估为"不达标",即为否决项。此处可理解为:如果企业发生了危险废物造成的突发环境事件,那么进行危险废物规范化管理考核时可直接评估为"不达标"。

3.2.5 工业危险废物产生单位规范化环境管理评估标准

依据《危险废物规范化环境管理评估指标(工业危险废物产生单位)》对危险废物产生单位规范化环境管理情况进行评估。

3.2.5.1 评估标准

(1)无自行利用或处置设施的产废单位满分为50分,40~50分为达标,30~40分为基本达标;30分以下为不达标。

(2)有自行利用或处置设施的产废单位满分为60分,48~60分为达标,36~48分为基本达标,36分以下为不达标。

(3)有自行利用和处置设施的产废单位满分为70分,56~70分为达标,42~56分为基本达标,42分以下为不达标。

3.2.5.2 加分项

(1)在危险废物相关重点环节和关键节点应用视频监控的,加0.5分;在危险废物相关重点环节和关键节点应用电子标签的,加0.5分。

(2)对管理人员和从事危险废物收集、运输、储存、利用和处置等工作的人员进行培训的,加 0.5 分;参加培训人员对危险废物管理制度、相应岗位危险废物管理要求等较熟悉的,加 0.5 分。

(3)投保环境污染责任保险的,加 1 分。

3.2.5.3 否决项

(1)擅自转移、倾倒、堆放危险废物的。

(2)将危险废物(收集/利用/处置环节豁免的除外)提供或者委托给无许可证的单位或者其他生产经营者从事经营活动的。

(3)未运行联单擅自转移危险废物或未经批准擅自跨省(自治区、直辖市)、跨境转移危险废物的。

(4)由于危险废物管理不当导致突发环境事件发生的。

(5)执行台账和申报制度存在不报或虚报、瞒报危险废物的。

3.3 危险废物经营单位规范化环境管理

危险废物经营单位推行规范化管理需要明确以下几点:

其一,危险废物经营单位既是危险废物的处理处置单位,同时在危险废物处理处置过程也会产生危险废物;因此,危险废物经营单位既是危险废物的处置者,也是危险废物产生者。基于此,《危险废物规范化环境管理评估指标(工业危险废物产生单位)》中的要求几乎适用于危险废物经营单位。

其二,危险废物经营单位有其自身的行业特征,其开展规范化管理考核的依据是《危险废物规范化环境管理评估指标(危险废物经营单位)》。

基于上述两点,危险废物产生单位规范化管理之台账与申报、管理计划、标识标签、应急管理等同样适用于危险废物经营单位,因此对于上述管理要素在这里不再重复,读者可参考本章 3.2 的相关内容。下面仅对不同于危险废物产生单位的相关规定进行具体阐述。

3.3.1 危险废物经营许可证

《危险废物经营许可证管理办法》(国务院令第 408 号)规定,从事危险废物收集、储存、处置经营活动的单位,应当依法取得危险废物经营许可证。危险废物经营许可证按照经营方式,分为危险废物收集、储存、处置综合经营许可证和危险废物收集经营许可证。获得危险废物综合经营许可证的单位,可以从事许可范围内的危险废物收集、储存、处置经营活动;获得危险废物收集经营许可证的单位,只能从事许可范围内的危险废物收集经营活动。目前,深圳市按照无废城市创建规划,支持建设了若干危险废物综合收集经营单位,可以按照许可的类别和数量收集储存危险废物。

根据《危险废物经营许可证管理办法》的规定,申请领取危险废物收集、储存、处置综合经营许可证的单位,应当具备下列条件:

(1)有3名以上环境工程专业或者相关专业中级以上职称,并有3年以上固体废物污染治理经历的技术人员。

(2)有符合国务院交通主管部门有关危险货物运输安全要求的运输工具。

(3)有符合国家或者地方环境保护标准和安全要求的包装工具,中转和临时存放设施、设备以及经验收合格的储存设施、设备。

(4)有符合国家或者省、自治区、直辖市危险废物处置设施建设规划,符合国家或者地方环境保护标准和安全要求的处置设施、设备和配套的污染防治设施;其中,医疗废物集中处置设施,还应当符合国家有关医疗废物处置的卫生标准和要求。

(5)有与所经营的危险废物类别相适应的处置技术和工艺。

(6)有保证危险废物经营安全的规章制度、污染防治措施和事故应急救援措施。

(7)以填埋方式处置危险废物的,应当依法取得填埋场所的土地使用权。

申请领取危险废物收集经营许可证,应当具备下列条件:

(1)有防雨、防渗的运输工具。

(2)有符合国家或者地方环境保护标准和安全要求的包装工具,中转和临时存放设施、设备。

(3)有保证危险废物经营安全的规章制度、污染防治措施和事故应急救援措施。

生态环境主管部门依据《危险废物经营单位审查和许可指南》规定的程序颁

发许可证前,需要组织专家对申请材料进行评审,同时进行现场核查。

危险废物经营单位开展规范化管理,在这个要素上主要抓住五项重点:

其一是危险废物经营单位必须取得生态环境部门颁发的危险废物综合经营许可证或收集经营许可证(含综合收集许可证),否则就是非法经营。

其二是危险废物经营单位的经营范围不得超出许可的范围。

其三是危险废物经营单位处理处置或收集经营的废物数量原则上不得超过许可量,最高不能超过许可量的20%。

其四是危险废物收集经营单位应与具备相应经营范围的处置单位签订合同,将收集的危险废物在90个工作日内提供或委托给处置单位处置。

其五是危险废物经营单位排放污染物必须符合排污许可证的相关要求。

3.3.2 二次转移与委托处置

危险废物综合经营单位因设施不足或生产安全等原因,有时需要将收集的危险废物提供或委托给外单位处置,通常称为二次转移。

危险废物综合经营单位利用或处置过程中产生的危险废物,却不能自行利用或处置的,应与持有相应资质的危险废物经营单位签订委托处置合同。

不论是二次转移还是产生了不能自行利用处置的危险废物需要委托处置的,广东省内相关单位均应通过广东省固体废物环境监管信息平台按程序办理转移联单,实现全过程跟踪管理。

3.3.3 危险废物运输要求

通过公路运输是危险废物的主要运输方式。按照国家交通运输部的规定,通过公路运输危险废物的承运单位必须持有危险货物道路运输资质(部分危险废物经营企业取得了危险货物道路运输资质)。

危险废物运输企业必须制定完善的车辆保养、运行速度、运输路线、人员资质、业务培训、安全生产等规章制度,编制突发环境事件应急预案和交通安全事故应急预案。承运单位应预先确定合理的运输路线和包装、装载方式,每台危险废物运输车辆必须配备GPS定位系统,企业可以随时掌握车辆的位置和行驶情况;企业要随车配备必要的应急器材和个体防护装备,确保司机和押运人员安全。

危险废物运输车辆不得经过饮用水源保护区，不得穿越隧道，且应尽可能避开人员稠密的地区。禁止将危险废物与旅客在同一运输工具上载运。

对易燃易爆危险废物的装卸，应当在专用场地操作，场地应装配防爆装置和静电消除设施。对于毒性、生物毒性以及可能具有致癌作用的危险废物，为防止危险废物与皮肤、眼睛或呼吸道接触，操作人员必须配戴防毒面具。

3.3.4 危险废物储存设施

由于危险废物经营单位收集储存的危险废物比危险废物产生单位储存的危险废物成分更复杂、数量更大，环境风险更高，因此要求更为严格。

3.3.4.1 一般要求

（1）所有危险废物经营单位应建造专用的危险废物储存设施。

（2）在常温常压下易爆、易燃及排出有毒气体的危险废物必须进行预处理，使之稳定后储存；否则，按易爆、易燃危险化学品储存。

（3）在常温常压下不水解、不挥发的固体危险废物可在储存场地内分别堆放，但应采取防雨和防渗措施；其他危险废物必须装入容器内，无法装入常用容器的危险废物可用防漏胶袋等盛装。

（4）禁止将不相容的危险废物在同一容器内混装，禁止危险废物与一般工业废物或生活垃圾混合储存。

（5）装载液态、半固态危险废物的容器内须留足够空间，容器顶部与液体表面之间保留100毫米以上的空间。

（6）盛装危险废物的容器上必须粘贴符合标准要求的标签（样式见表3-6）。

（7）危险废物的储存期限不得超过1年，需要延长储存期限的须报经生态环境主管部门批准。

3.3.4.2 危险废物储存容器

危险废物包装储存容器应符合以下要求：

（1）应当使用符合国家或地方标准的容器盛装危险废物。

(2)装载危险废物的容器及材质要满足相应的强度要求。

(3)装载危险废物的容器必须完好无损。

(4)盛装危险废物的容器材质和衬里要与危险废物相容(不相互反应),不同危险废物类别与一般储存容器材料的化学相容性见表3-10。

表3-10　不同危险废物类别与一般储存容器材料的化学相容性

危险废物种类	容器或衬垫的材料							
	高密度聚乙烯	聚丙烯	聚氯乙烯	聚四氟乙烯	软碳钢	不锈钢		
						$OCr_{18}Ni_9$	$M_{03}T_i$	$9Cr_{18}M_0V$
酸(非氧化)如盐酸	R	R	A	R	N	★	★	★
酸(氧化)如硝酸	R	N	N	R	N	R	R	★
碱	R	R	R	R	R	R	★	R
铬或非铬氧化剂	R	A★	A★	R	N	A	A	★
废氰化物	R	R	R	A★-N	N	N	N	N
卤化或非卤化溶剂	★	N	N	★	A★	A	A	A
金属盐酸液	R	A★	A★	R	A★	A★	A★	A★
金属淤泥	R	R	R	R	R	★	R	★
混合有机化合物	R	N	N	A	R	R	R	R
油腻废物	R	N	N	N	A★	R	R	R
有机淤泥	R	N	N	R	R	★	R	★
废漆油(原於溶剂)	R	N	N	R	R	R	R	R
酚及其衍生物	R	A★	A★	R	N	A★	A★	A★
聚合前驱物及产生的废物	R	N	N	★	R	★	★	★
皮革废物(铬鞣溶剂)	R	R	R	R	N	★	R	★
废催化剂	R	★	★	A★	A★	A★	A★	A★

注:A:可接受;N:不建议使用;R:建议使用;★:因变异性质,请参阅具体化学品的安全技术说明书。

(5)液体危险废物可注入开孔直径不超过70毫米并有排气孔的桶或罐中。

3.3.4.3 危险废物集中储存设施的选址

危险废物经营单位的储存场所，相对于危险废物产生单位的临时储存场所具有更加严格的要求：

(1)地质结构稳定，地震烈度不超过7度的区域内。

(2)设施底部必须高于地下水最高水位。

(3)危险废物集中储存地点应远离人员密集区(学校、宿舍、食堂、市场、公共娱乐场所、道路等)、易燃易爆等危险品仓库、高压输电线路防护区、水源保护区。

(4)应避免建在溶洞区或易遭受严重自然灾害如洪水、滑坡、泥石流、潮汐等影响的地区，以免因自然灾害次生环境污染事件。储存场所不得连接市政雨水管或污水管，尽量避开雨水或城市污水井口。

(5)位于居民区常年最小风频的上风侧。

3.3.4.4 危险废物储存设施(仓库式)的设计原则

(1)地面与裙脚要用坚固、防渗的材料建造，建筑材料必须与危险废物相容。

(2)必须有泄漏液体收集装置、气体导出口及气体净化装置。

(3)设施内要有安全照明设施和观察窗口。

(4)用以存放装载液体、半固体危险废物容器的地方，必须有耐腐蚀的硬化地面，且表面无裂隙。

(5)应设计防止渗漏的裙脚，地面与裙脚所围建的容积不低于最大容器的最大储量或总储量的1/5。

(6)不相容的危险废物必须分开存放，采取措施隔断。

3.3.4.5 危险废物的堆放

危险废物经营单位常常需要在固定场所堆放危险废物，其基本要求是：

(1)基础必须防渗，防渗层为至少1米厚黏土层(渗透系数$\leqslant 10^{-7}$cm/s)，或2毫米厚高密度聚乙烯，或至少2毫米厚的其他人工材料，渗透系数$\leqslant 10^{-10}$cm/s。

（2）堆放危险废物的高度应根据地面承载能力确定。

（3）衬里放在一个基础或底座上，衬里要能够覆盖危险废物或其溶出物可能涉及的范围，衬里材料应与堆放危险废物相容。

（4）在衬里上设计、建造浸出液收集装置。

（5）应设计建造雨水径流疏导系统，确保25年一遇的暴雨不会流到危险废物堆里。

（6）危险废物堆内设计雨水收集池，并能收集25年一遇的暴雨24小时降水量。

（7）危险废物堆要采取防雨、防风、防晒、防扬散、防泄漏措施。

（8）产生量大的固态危险废物可以散装方式堆放储存在按上述要求设计的废物堆里。

（9）不相容的危险废物不能堆放在一起，可分别存放在不渗透间隔分开的区域内，每个部分都应有防漏裙脚或储漏盘，防漏裙脚或储漏盘的材料要与危险废物相容。

（10）对于储存总量较大的液体废物，经环保部门审批同意后可建造较大的地上、半地下或地下式储罐进行存放：

①各种储罐储存设备上的安全附件（如液面计、压力表、呼吸阀、安全阀等）必须齐全、完好、有效；

②地上、半地下储罐应设置由与存放废物相容（不起反应）材料制成的防护堤，防护堤内的有效容积不应小于最大罐容积；

③防护堤内侧基脚线至立式储罐外壁的距离不应小于储罐高度的一半，卧式储罐至防护堤内侧基脚线的水平距离不应小于2米或储罐高度一半（以其中较大值为准）；

④性质不相容液体不应布置在同一防护堤内储存；

⑤防护堤内的雨水排放管应设置闸阀，安排专人管理，正常时应为常闭状态，排放雨水时应由值班人员打开闸阀并加强对储罐的巡视，防止危险废物泄漏事故，放干雨水后应立即关闭闸阀并重新上锁。

⑥地下式液体危险废物储罐应设置双层防渗层以确保废物不致渗漏，防渗层材料应与所储存的废物相容（推荐采用混凝土内层经环氧树脂处理后再抹厚度大

于 5 厘米的素混凝土，然后在表面铺设高密度聚乙烯或聚氯乙烯衬垫层）。

3.3.4.6 危险废物储存设施的安全防护

（1）危险废物储存设施必须按《环境保护图形标志——固体废物储存（处置）场》（GB 15562.2—1995）的规定设置警示标志。

（2）危险废物储存设施周围应设置围墙或其他防护栅栏，防止无关人员进入。

（3）危险废物储存设施应配备通讯设备、照明设施、安全防护装备和环境应急物资。

（4）危险废物储存设施内清理出来的泄漏物，一律按危险废物处理。

3.3.4.7 危险废物储存设施的关闭

（1）危险废物经营单位在关闭储存设施前应向所在地生态环境主管部门提交申请，经批准后方可关闭。

（2）必要时，危险废物经营单位可委托专业机构编制污染设施拆除环境风险评估报告。

（3）危险废物经营单位必须采取措施消除关闭过程中可能发生的污染。

（4）无法消除污染的设备、土壤、墙体等按危险废物处理，并运至正在营运的危险废物处理处置场所或其他储存设施中。

（5）监测数据表明已不存在污染时，方可摘下警示标志，撤离留守人员。

3.3.5 危险废物利用处置设施

危险废物的利用和处置设施应按照环境影响报告书（表）和环保批复文件设置，未经生态环境部门许可不得随意增加或拆除利用、处置设施。

危险废物经营单位应按照规定自行或委托对利用或处置设施污染物排放情况进行环境监测，确保符合《危险废物焚烧污染控制标准》（GB 18484—2020）、《危险废物储存污染控制标准》（GB 18597—2023）和《危险废物填埋污染控制标准》（GB 18598—2019）等相关标准要求。

危险废物填埋场服役期届满后，危险废物经营单位应当对填埋过危险废物的土地采取封闭措施，并在划定的封闭区域设置永久性标记。

3.3.6 运行安全要求

危险废物经营单位应建立健全安全生产责任制，组织制定安全生产规章制度和操作规程，组织开展安全风险评估，定期或不定期排查生产安全隐患和环境安全隐患，投入必要的资源治理隐患，并对隐患治理效果进行验收。

工业危险废物入厂时需进行危险特性分析，以确认其没有潜在的危险并为利用或处置提供必要的技术参数。

定期对处置设施、监测设备、安全和应急设备以及运行设备等进行检查，如果发现破损，应及时采取措施维修更换，应对环境监测和分析仪器进行校正和维护，防止设备设施带病运行或超期超负荷运行。

按照培训计划定期对从事危险废物利用处置的管理人员、操作人员和技术人员进行业务培训和安全生产培训。组织编制生产安全事故应急预案，适时开展应急演练，提高安全应急处置能力。

如果危险废物经营单位发生了生产安全事故或突发环境污染事件，应按照规定及时上报所在地应急管理主管部门和生态环境主管部门，不得虚报或瞒报。

3.3.7 运行环境管理要求

(1) 危险废物入厂时，对所接受的性质不明确的危险废物进行危险特性分析，提供相应的分析报告。

(2) 在利用处置前对危险废物的相关参数进行分析并记录结果，如在焚烧危险废物前，对危险废物的热值、含氯量、含硫量、重金属含量等相关参数进行分析并记录结果。

3.3.8 记录和报告经营情况

3.3.8.1 危险废物经营情况记录的基本要求

(1) 跟踪记录危险废物在危险废物经营单位内部运转的整个流程，确保危险废物经营单位掌握任何时候各危险废物的储存数量和储存地点，利用和处置数量、时间和方式等情况。

(2)跟踪记录危险废物在危险废物经营单位内部整个运转流程中,相关保障经营安全的规章制度、污染防治措施和事故应急救援措施的实施情况。

(3)危险废物经营情况的记录要求应当分解落实到经营单位内部的运输、储存(或物流)、利用(处置)、实验分析和安全环保等相关部门,各项记录应由相关经办人签字。

(4)有关记录应当分类装订成册,由专人管理,防止遗失,以备环保部门检查。有条件的单位应当采用信息软件进行辅助管理。

3.3.8.2 危险废物经营情况记录的基本内容

(1)危险废物分析及试验相关记录;

(2)危险废物接受、产生和利用(处置)记录;

(3)内部检查相关记录;

(4)设施运行及环境监测有关记录;

(5)其他记录,如人员培训记录、事故记录和报告、应急预案演练记录、填埋场施工质量记录等。

3.3.8.3 危险废物经营情况报告的基本要求和内容

(1)即时报告。

危险废物经营单位发生生产安全事故(如火灾、爆炸、人员伤亡)或突发环境事件(如泄漏导致地表水污染)时,应立即向生态环境主管部门和应急主管部门报告;此外,对于其他不符合危险废物经营许可证条件的情形也应及时报告,如超量超范围经营情况的报告、废水废气超标排放的报告等。

(2)定期报告。

定期报告是指危险废物经营单位按照生态环境部门的要求,定期按季度或年度报告危险废物经营活动情况。报告内容包括危险废物经营单位基本情况,经营情况总结,所接收危险废物利用处置情况,新产生危险废物利用处置情况,存在问题及改进措施等。

3.3.9 危险废物经营单位规范化管理考核评估标准

依据《危险废物规范化环境管理评估指标(危险废物经营单位)》对危险废物经营单位规范化环境管理情况进行评估。

(1)评估标准。

满分为 70 分，56～70 分为达标，42～56 分为基本达标；42 分以下为不达标。

(2)加分项。

A. 在危险废物相关重点环节和关键节点应用视频监控的，加 0.5 分；在危险废物相关重点环节和关键节点应用电子标签的，加 0.5 分。

B. 投保环境污染责任保险的，加 1 分。

(3)否决项。

A. 无许可证或者不按照许可证规定超数量、超范围从事危险废物收集、储存、利用、处置经营活动的。

B. 将危险废物(收集/利用/处置环节豁免的除外)提供或者委托给无许可证的单位或者其他生产经营者从事收集、储存、利用、处置活动的。

C. 由于危险废物管理不当导致突发环境事件发生的。

D. 擅自转移、倾倒、堆放危险废物的。

E. 执行台账和申报制度存在不报或虚报、瞒报危险废物的。

3.4 危险废物鉴别技术

无论是企业还是生态环境主管部门，在实际工作上常常会遇到危险废物认定的问题，即某种废物通过查询国家危险废物名录不能对号入座，且环境影响评价报告中也没有提及(这种情形多见于老企业)，不排除具有腐蚀性、毒性、易燃性、反应性，这种情况下就有必要按照国家规定的危险废物鉴别标准和鉴别方法予以认定。经鉴别具有危险特性的，属于危险废物；经鉴别不具有危险特性的，不属于危险废物。

3.4.1 危险废物基本判定规则

3.4.1.1 鉴别基本程序

危险废物的鉴别应按照以下程序进行：

(1)依据法律法规规定和《固体废物鉴别标准通则》(GB 34330—2017)，判断待鉴别的物品、物质是否属于固体废物，不属于固体废物的，则不属于危险废物。

(2)经判断属于固体废物的，则首先依据国家危险废物名录鉴别。凡列入国家危险废物名录的固体废物属于危险废物，不需要进行危险特性鉴别。

(3)未列入国家危险废物名录，但不排除具有腐蚀性、毒性、易燃性、反应性的固体废物，依据《危险废物鉴别标准》(GB 5058.1~6—2007)、《危险废物鉴别标准通则》(GB 5085.7—2019)以及《危险废物鉴别技术规范》(HJ 298—2019)进行鉴别。凡具有腐蚀性、毒性、易燃性、反应性中一种或一种以上危险特性的固体废物，属于危险废物。

(4)对未列入国家危险废物名录且根据危险废物鉴别标准无法鉴别，但可能对人体健康或生态环境造成有害影响的固体废物，由生态环境部组织专家认定。

3.4.1.2 危险废物混合后判定规则

(1)具有毒性、感染性中一种或两种危险特性的危险废物与其他物质混合，导致危险特性扩散到其他物质中，混合后的固体废物属于危险废物。

(2)仅具有腐蚀性、易燃性、反应性中一种或一种以上危险特性的危险废物与其他物质混合，混合后的固体废物经鉴别不再具有危险特性的，不属于危险废物。

(3)危险废物与放射性废物混合，混合后的废物按照放射性废物管理。

3.4.1.3 危险废物利用处置后判定规则

(1)仅具有腐蚀性、易燃性、反应性中一种或一种以上危险特性的危险废物利用过程和处置后产生的固体废物，经鉴别不再具有危险特性的，不属于危险废物。

(2)具有毒性危险特性的危险废物利用过程产生的固体废物，经鉴别不再具有危险特性的，不属于危险废物。除国家有关法规、标准另有规定的外，具有毒性危险特性的危险废物处置后产生的固体废物，仍属于危险废物。

(3)除国家有关法规、标准另有规定的外，具有感染性危险特性的危险废物利用处置后，仍属于危险废物。

3.4.2 采样的份样数与份样量的确定

3.4.2.1 份样数的确定

危险废物鉴别需根据待鉴别固体废物的质量确定采样份样数，表 3-11 为需要采集的固体废物的最小份样数。

表 3-11　　　　　　　　固体废物采样最小份样数

固体废物质量(以 q 表示)(吨)	最小份样数(个)
q≤5	5
5＜q≤25	8
25＜q≤50	13
50＜q≤90	20
90＜q≤150	32
150＜q≤500	50
500＜q≤1000	80
q＞1000	100

使用表 3-11 确定份样数时，应注意以下规定：

(1)堆存状态的固体废物，应以堆存的固体废物总量为依据，按照表 3-11 确定需要采集的最小份样数。

(2)连续产生固体废物时，以确定的工艺环节一个月内的固体废物产生量为依据，按照表 3-11 确定需要采集的最小份样数。如果连续产生时段小于一个月，则以一个产生时段内的固体废物产生量为依据。

(3)间歇产生固体废物时,如固体废物产生的时间间隔小于或等于一个月,应以确定的工艺环节一个月内的固体废物最大产生量为依据,按照表3-11确定需要采集的最小份样数。如固体废物产生的时间间隔大于一个月,以每次产生的固体废物总量为依据,按照表3-11确定需要采集的最小份样数。

当满足常见的下述情形时,份样数可以适当减少:

(1)固体废物为废水处理污泥,如有证据表明废水处理设施的废水的来源、类别、排放量、污染物含量稳定,可适当减少采样份样数,份样数不少于5个。

(2)固体废物来源于连续生产工艺,且设施长期运行稳定、原辅材料类别和来源固定,可适当减少采样份样数,份样数不少于5个。

(3)固体废物非法转移、倾倒、储存、利用、处置等环境事件涉及固体废物的危险特性鉴别,因环境事件处理或应急处置要求,可适当减少采样份样数,每类固体废物的采样份样数不少于5个。

(4)水体环境、污染地块治理与修复过程产生的,需要按照固体废物进行处理处置的水体沉积物及污染土壤等环境介质,以及突发环境事件及其处理过程中产生的固体废物,如鉴别过程已经根据污染特征进行分类,可适当减少采样份样数,每类固体废物的采样份样数不少于5个。

3.4.2.2 份样量的确定

固体废物样品采集的份样质量应满足表3-12的要求。

表3-12　　　　　　　　一个份样需采集的最小份样量

原始颗粒最大粒径(以 d 表示)(厘米)	最小份样量(克)
d≤0.50	500
0.50≤d≤1.0	1000
d>1.0	2000

3.4.2.3 采样的时间和频次

(1)固体废物是连续产生的。样品应分次在一个月(或一个产生时段)内等时间间隔采集;每次采样在设备稳定运行的8小时(或一个生产班次)内完成;每采集一次,作为1个份样。

(2)固体废物是间歇产生的。根据确定的工艺环节一个月内的固体废物的产生次数进行采样:如固体废物产生的时间间隔大于一个月,仅需要选择一个产生时段采集所需的份样数;如一个月内固体废物的产生次数大于或者等于所需的份样数,遵循等时间间隔原则在固体废物产生时段采样,每次采集1个份样;如一个月内固体废物的产生次数小于所需的份样数,将所需的份样数均匀分配到各产生时段采样。

3.4.3 样品检测与结果判断

3.4.3.1 样品检测程序与标准

(1)固体废物危险特性鉴别的检测项目应根据固体废物的产生源特性确定,必要时可向与该固体废物危险特性鉴别工作无直接利害关系的行业专家咨询。经综合分析固体废物产生过程生产工艺、原辅材料、产生环节和主要危害成分,确定不存在的危险特性,不进行检测。固体废物危险特性鉴别使用《危险废物鉴别标准》(GB 5085.1~6—2007)规定的相应方法和指标限值。

(2)检测过程中,可首先选择可能存在的主要危险特性进行检测。任何一项检测结果按3.4.3.2节可判定该固体废物具有危险特性时,可不再检测其他危险特性(需要通过进一步检测判断危险废物类别的除外)。

(3)固体废物利用过程或处置后产生的固体废物的危险特性鉴别,应首先根据被利用或处置的固体废物的危险特性进行判定。

3.4.3.2 检测结果判断

在对固体废物样品进行检测后,检测结果超过《危险废物鉴别标准》(GB 5085.1~6—2007)中相应标准限值的份样数大于或者等于表3-13中的超标份样数限值,即可判定该固体废物具有该种危险特性。

表 3-13　　　　　　　　　　　　　检测结果判断方法

份样数	超标份样数限值	份样数	超标份样数限值
5	2	32	8
8	3	50	11
13	4	80	15
20	6	≥100	22

运用表 3-13 判断检测结果时，还应注意：

(1) 如果采集的固体废物份样数与表 3-13 中的份样数不符，按照表 3-13 中与实际份样数最接近的较小份样数进行结果的判断。

(2) 采样份样数小于表 3-11 规定最小份样数时，检测结果超过《危险废物鉴别标准》(GB 5085.1~6—2007)中相应标准限值的份样数大于或者等于 1，即可判定该固体废物具有该种危险特性。

(3) 在进行毒性物质含量危险特性判断时，当同一种毒性成分在一种以上毒性物质中存在时，以分子量最高的物质进行计算和结果判断。

(4) 经鉴别具有危险特性的，应当根据其主要有害成分和危险特性确定所属危险废物类别，并按代码"900-000-××"(××为危险废物类别代码)进行归类。

3.4.4　突发环境事件涉及的固体废物危险特性鉴别要求

突发环境事件或非法转移、倾倒、储存、利用、处置的固体废物危险特性鉴别需要符合以下要求：

(1) 应根据所能收集到的突发环境事件资料和现场状况，尽可能对固体废物的来源进行分析，识别固体废物的组成和种类，分类开展鉴别。

(2) 固体废物非法转移、倾倒、储存、利用、处置等涉及的固体废物，可根据环境事件现场固体废物的外观形态、有效标识，以及现场可采用的检测手段的检测结果，对固体废物进行分类。

(3) 突发环境事件及其处理过程中产生的固体废物，应尽可能在清理之前根据事故过程污染物的扩散特征，或在清理过程中根据固体废物的污染物沾染情况，对固体废物的污染程度进行判断，并根据判断结果对固体废物进行分类。

3.4.5 固体废物危险特性鉴别报告

固体废物危险特性检测结果出来后,通常还需要编制鉴别报告。

为规避或降低风险,报告编制人员需要提前介入危险特性检测,对份样数、份样量、采样过程和毒性成分选取等方面进行跟踪把关,对过程与结果的合规性作出判断。

鉴别报告的编制主要基于样品检测结果和对废物产生环节的调查分析,编制人员需要调查分析的内容包括:固体废物来源、生产工艺所用的原辅材料、所用危险化学品的主要危险性质等,并进行初筛,最后编制成完整的固体废物危险特性鉴别报告。一般情况下,危险废物鉴别报告的基本结构分为四个部分。

第一部分基本情况。

(1)鉴别内容和目的(准确定义废物名称和产生工艺)。

(2)申请方概况(与危险特性相关的情况,重点:工艺过程、生产稳定性判断、生产量)。

(3)被鉴别物情况(废物的产生情况和管理情况,可包括目前国内该类废物的管理情况)。

第二部分鉴别工作过程。

(1)鉴别方案内容简述。

① 简述鉴别方案编制过程,鉴别项目识别过程和鉴别项目;

② 鉴别方案评估论证情况;

③ 鉴别方案评估修改情况。

(2)采样过程。

① 采样过程描述;

② 采样过程生产情况与鉴别方案的一致性。

(3)监测过程(检测方法)。

(4)鉴别报告编制(简述计算和分析过程)。

第三部分检测结果与危险特性鉴别。

第四部分综合分析和结论。

(1)属性判断(根据危险特性鉴别结果)。

(2)监督性检测要求。根据检测结果和采样过程生产工况,分析接近标准限值的检测项目与生产工况的联系。

(3)处置管理要求(拒绝的处理方式、处置过程应关注主要二次污染问题)。

3.5 医疗废物规范化管理

3.5.1 医疗废物分类与豁免管理

3.5.1.1 医疗废物分类

医疗废物属于危险废物,在国家危险废物名录中的废物类别代码为HW01,是名录中一种特别的存在。根据《医疗废物分类目录(2021年版)》,医疗废物分为感染性废物、损伤性废物、病理性废物、药物性废物、化学性废物共五大类,见表3-14。

表3-14　　　　　　　　　　医疗废物分类目录

类别	特征	常见组分或废物名称	收集方式
感染性废物	携带病原微生物具有引发感染性疾病传播危险的医疗废物。	①被患者血液、体液、排泄物等污染的除锐器以外的废物;②使用后废弃的一次性使用医疗器械,如注射器、输液器、透析器等;③病原微生物实验室废弃的病原体培养基、标本、菌种和毒种保存液及其容器;其他实验室及科室废弃的血液、血清、分泌物等标本和容器;④隔离传染病患者或者疑似传染病患者产生的废弃物。	①收集于符合《医疗废物专用包装袋、容器和警示标志标准》(HJ 421)的医疗废物包装袋中;②病原微生物实验室废弃的病原体培养基、标本、菌种和毒种保存液及其容器,应在产生地点进行压力蒸汽灭菌或者使用其他方式消毒,然后按感染性废物收集处理;③隔离传染病患者或者疑似传染病患者产生的医疗废物应当使用双层医疗废物包装袋盛装。

续表

类别	特征	常见组分或废物名称	收集方式
损伤性废物	能够刺伤或者割伤人体的废弃的医用锐器。	①废弃的金属类锐器，如针头、缝合针、针灸针、探针、穿刺针、解剖刀、手术刀、手术锯、备皮刀、钢钉和导丝等；②废弃的玻璃类锐器，如盖玻片、载玻片、玻璃安瓿等；③废弃的其他材质类锐器。	①收集于符合《医疗废物专用包装袋、容器和警示标志标准》（HJ 421）的利器盒中；②利器盒达到3/4满时，应当封闭严密，按流程运送、储存。
病理性废物	诊疗过程中产生的人体废弃物和医学实验动物尸体等。	①手术及其他医学服务过程中产生的废弃的人体组织、器官；②病理切片后废弃的人体组织、病理蜡块；③废弃的医学实验动物的组织和尸体；④16周胎龄以下或重量不足500克的胚胎组织等；⑤确诊、疑似传染病或携带传染病原体的产妇的胎盘。	①收集于符合《医疗废物专用包装袋、容器和警示标志标准》（HJ421）的医疗废物包装袋中；②确诊、疑似传染病产妇或携带传染病病原体的产妇的胎盘应使用双层医疗废物包装袋盛装；③可进行防腐或者低温保存。
药物性废物	过期、淘汰、变质或者被污染的废弃的药物。	①废弃的一般性药物；②废弃的细胞毒性药物和遗传毒性药物；③废弃的疫苗及血液制品。	①少量的药物性废物可以并入感染性废物中，但应在标签中注明；②批量废弃的药物性废物，收集后应交由具备相应资质的医疗废物处置单位或者危险废物处置单位等进行处置。
化学性废物	具有毒性、腐蚀性、易燃性、反应性的废弃的化学物品。	列入国家危险废物名录中的废弃危险化学品，如甲醛、二甲苯等；非特定行业来源的危险废物，如含汞血压计、含汞体温计、废弃的牙科汞合金材料及其残余物等。	①收集于容器中，粘贴标签并注明主要成分；②收集后应交由具备相应资质的医疗废物处置单位或者危险废物处置单位等进行处置。

3.5.1.2 医疗废物豁免管理

《医疗废物分类目录(2021年版)》中的《医疗废物豁免管理清单》共列出了4类医疗废物。这4类危险废物在所列的豁免环节，且满足相应的豁免条件时，可以按照豁免内容的规定实行豁免管理，见表3-15。

表3-15　　　　　　　　　　医疗废物豁免管理清单

序号	名称	豁免环节	豁免条件	豁免内容
1	密封药瓶、安瓿瓶等玻璃药瓶	收集	盛装容器应满足防渗漏、防刺破要求，并有医疗废物标识或者外加一层医疗废物包装袋。标签为损伤性废物，并注明：密封药瓶或者安瓿瓶。	可不使用利器盒收集。
2	导丝	收集	盛装容器应满足防渗漏、防刺破要求，并有医疗废物标识或者外加一层医疗废物包装袋。标签为损伤性废物，并注明：导丝。	可不使用利器盒收集。
3	棉签、棉球、输液贴	全部环节	患者自行用于按压止血而未收集于医疗废物容器中的棉签、棉球、输液贴。	全过程不按照医疗废物管理。
4	感染性废物、损伤性废物以及相关技术可处理的病理性废物	运输、储存、处置	按照相关处理标准规范，采用高温蒸汽、微波、化学消毒、高温干热或者其他方式消毒处理后，在满足相关入厂(场)要求的前提下，运输至生活垃圾焚烧厂或生活垃圾填埋场等处置。	运输、储存、处置过程不按照医疗废物管理。

3.5.2 医疗废物的规范化管理

3.5.2.1 医疗废物管理制度建设要求

(1)医疗卫生机构应制定医疗废物管理制度,将医疗废物产生、收集、储存和委托处置等工作的职责落实到人。

(2)医疗卫生机构应在医疗废物暂存场所的显著位置公示医疗废物管理制度、医疗废物管理组织架构、医疗废物类别与产生环节等内容。

(3)医疗卫生机构应当填报医疗废物产生的年报表,并于每年1月向辖区生态环境主管部门报送上一年度的医疗废物产生情况年报表。

(4)医疗卫生机构应与医疗废物处置单位签订委托处置合同,将产生的医疗废物全部委托给医疗废物处置单位运输和处置。

(5)《危险废物转移联单》(医疗废物专用)一式两份,每月一张,由医疗废物处置单位收运人员和医疗机构医疗废物专(兼)职管理人员交接时共同填写,医疗卫生机构和医疗废物处置单位分别保存,保存时间不少于3年。

(6)医疗卫生机构应当建立医疗废物管理台账,台账登记的内容应当包括医疗废物的来源、种类、重量或者数量、交接时间、医疗废物包装袋是否破损,封条是否完整,最终去向以及经办人签名等项目。台账资料至少保存3年。

(7)医疗卫生机构相关管理人员和负责医疗废物收集、暂存和委托处置等工作的人员应当接受医疗废物管理培训,医疗废物管理培训应纳入医疗卫生机构年度培训计划,每年不少于一次。业务培训的内容包括:医疗废物管理的相关法律法规、规章、规范性文件;本单位制定的医疗废物管理制度;与医疗废物相关的安全防护知识;医疗废物分类收集、运送、暂时储存过程中意外伤害(如划伤、割伤)的应急处置措施;突发医疗废物流失、泄漏、扩散等环境应急处置措施。

(8)医疗卫生机构应建立医疗废物管理档案。医疗卫生机构医疗废物管理档案通常为一年一档,医疗废物转移频次较多时,纸质联单应及时装订成册,医疗废物登记表和医疗废物暂存点消毒记录较多时,其纸质表格也应及时装订成册。医疗废物档案应妥善保管,避免损坏或丢失。

3.5.2.2 医疗废物暂存场所要求

(1)医疗废物暂存场所应与食堂、住院区、门诊区及雨水排放口保持一定防护距离,地基高度应确保设施内医疗废物不受雨水冲击或浸泡。

(2)医疗废物暂存场所应设置在医疗卫生机构区域内,且方便医疗废物运送人员及运送工具、车辆出入。医疗废物暂存场所应根据废物日产生量合理安排使用面积,避免废物过度堆积。

(3)医疗废物暂存场所必须设置医疗废物识别标志、危险废物识别标志和"禁止吸食、饮食"的警示语。医疗废物警示标志按《医疗废物专用包装物、容器的标准和警示标识的规定》的要求执行。

(4)盛装医疗废物的包装袋(桶)上应有医疗废物的中文标识,标识内容应包括:医疗卫生机构、产生日期、废物类别、警示标识等。

(5)医疗废物应按感染性废物、损伤性废物、病理性废物、药理性废物和化学性废物分类储存,分类标识。

(6)禁止将医疗废物与其他废物混合收集和暂存,如果医疗废物与其他废物混合的,应当全部按医疗废物处理。

(7)医疗废物应临时储存于室内,并有可靠的防雨和避免阳光直射的措施。医疗废物暂存场所应设置可靠的隔离装置,设专人管理,防止非工作人员进入,同时设置防鼠、防蚊蝇、防蟑螂等安全措施。

(8)地面和1米高的墙裙须进行防渗处理,地面有良好的排水性能,易于清洁和消毒,医疗废物渗滤液应采用管道直接排入医疗卫生机构内废水处理系统或直接当作医疗废物收集处理,禁止直接排入外环境。

(9)医疗废物暂时储存场所每天应在废物清运之后对地面、墙面和医疗废物转移桶进行冲洗、消毒并记录,冲洗废水应排入医疗卫生机构内的废水处理系统,不能直接排入外环境。

(10)每天一次对医疗废物暂存区进行消毒(包括空气消毒和地面、墙面的消毒),运输通道和电梯在每次运输医疗废物完毕后即进行消毒。此外,每天还应对医疗废物暂存场所的空气进行消毒。

(11)医疗废物尽可能日产日清,暂存时间不得超过48小时。

(12)医疗废物包装袋、利器盒与周转箱的标准、技术性能、规格等应符合《医疗废物专用包装物、容器标准和警示标识规定》的要求。

(13)盛装的医疗废物达到包装桶或者容器的3/4时,应当采用有效措施使包装桶或者容器的封口紧实、严密。

(14)包装桶或者容器的外表面被感染性废物污染时,应当对被污染处进行消毒处理或者增加一层包装。

(15)黄色利器盒收集损伤性废物,黄色包装袋盛装感染性医疗废物、病理性废物和少量的药理性废物,化学性废物用密闭容器收集并设置医疗废物警示标识和化学性废物警示语。

3.5.2.3 医疗废物环境应急能力建设要求

(1)按照相关规定,二级、三级医疗卫生机构应当编制环境应急预案、开展环境风险评估,经专家评审通过后报辖区生态环境主管部门备案。其他医疗卫生机构参照执行。

(2)医疗废物流失、泄漏、扩散或意外事故致次生污染事件时,应对泄漏物就地采取消毒措施,并对泄漏物和消防废水采取收集、导流、拦截、转移及监测等应急处置。

(3)医疗卫生机构针对各自的环境风险,每年至少开展1次环境应急演练。

(4)医疗卫生机构应结合面临的环境风险,配备必要的环境应急物资,建立应急物资台账,明确环境应急物资的测试和维护保养要求。

第4章 危险化学品环境安全管理

4.1 概 述

4.1.1 危险化学品的概念

危险化学品是具有毒害、腐蚀、爆炸、燃烧、助燃等性质,对人体、设施、环境具有危害的剧毒化学品和其他化学品。危险化学品在工农业生产及日常生活中十分常见,人们在利用其性质为人类服务的同时,有必要认识其危害特性并实施必要的措施进行控制,以降低安全、环境风险。

危险化学品的危害主要包括物理危险、健康危害和环境危害。物理危险是指危险化学品具有燃烧、爆炸、氧化等危险性质;健康危害是指接触后能对人体产生毒害的性质;环境危害是指危险化学品对环境造成的有害影响。

化工、石油化工企业生产中使用的原料、中间产品和产品多为易燃易爆物品,一旦发生火灾、爆炸事故,可能造成严重后果。根据中国化学品安全协会的统计数据,危险化学品火灾、爆炸事故约占化学品事故总数的53%,伤亡人数约占50%。此外,因危险化学品的毒害性(如刺激性、致癌性、致畸性、致突变性、腐蚀性、麻醉性、窒息性等)导致的人员伤亡约占化学品事故伤亡总数的49%。由此可见,控制危险化学品的火灾、爆炸、毒害事故,是危险化学品安全管理工作的重点和难点。

人们在使用化学品的同时,也产生了大量的化学废物,其中不乏有毒有害的危险废物。危险废物的失控同样会造成人员伤害、环境污染,本书第三章做了具体阐述。

4.1.2 危险化学品的分类

危险化学品的种类繁多,其性质各不相同,一种危险化学品往往具有多种危险特性,但在多种危险特性中,必有一种主要的即对人类危害最大的危险特性。因此在对危险化学品分类时,应掌握"择重归类"的原则,即根据该化学品的主要危险特性来进行分类。

按照《危险货物分类和品名编号》(GB 6944—2012),危险化学品分为:

(1)爆炸品,爆炸品包括爆炸性物质、爆炸性物品,爆炸性物质是指固体或液体物质(或物质混合物),自身能够通过化学反应产生气体,其温度、压力和速度高到能对周围造成破坏,烟火物质即使不放出气体,也包括在内。爆炸性物品是指含有一种或几种爆炸性物质的物品。

(2)气体,本类气体指满足下列条件之一的物质:一是在50℃时,蒸气压力大于300 kPa的物质;二是在20 ℃时在1013 kPa标准压力下完全是气态的物质。

(3)易燃液体,指常温下为液态且可燃的物质,这类物质在常温下易挥发,其蒸气与空气混合能形成爆炸性混合物。

(4)易燃固体、易于自燃的物质、遇水放出易燃气体的物质,这类物品易于引起火灾。

(5)氧化性物质和有机过氧化物,这类物品具有强氧化性,易引起燃烧、爆炸。

(6)毒性物质和感染性物质,毒性物质是指经吞食、吸入或与皮肤接触后可能造成死亡或严重受伤或损害人类健康的物质。感染性物质是指已知或有理由认为含有病原体的物质。

(7)放射性物质,是指任何含有放射性核素并且其活度浓度和放射性总活度都超过《放射性物品安全运输规程》(GB 11806—2019)规定限值的物质。

(8)腐蚀性物质,是指通过化学作用使生物组织接触时造成严重损伤或在渗漏时会严重损害甚至毁坏其他货物或运载工具的物质。

(9)杂项危险物质和物品,是指存在危险但不能满足其他类别定义的物质和物品。

4.1 概 述

《化学品分类和危险性公示通则》(GB 13690—2009),对应于联合国《化学品分类及标记全球协调制度》(GHS)第二版(ST/SG/AC.10/30/Rev.2),将危险化学品按理化危险(16类)、健康危险(10类)、环境危险(1类)进行分类。

《危险化学品目录(2015版)》从化学品28类95个危险类别中,选取了其中危险性较大的81个类别作为危险化学品的确定原则,见表4-1。

表4-1 危险化学品确定原则

	危险和危害种类	类 别					
物理危险	爆炸物	不稳定爆炸物	1.1	1.2	1.3	1.4	1.5	1.6
	易燃气体	1	2	A(化学不稳定性气体)	B(化学不稳定性气体)			
	气溶胶	1	2	3				
	氧化性气体	1						
	加压气体	压缩气体	液化气体	冷冻液化气体	溶解气体			
	易燃液体	1	2	3	4			
	易燃固体	1	2					
	自反应物质和混合物	A	B	C	D	E	F	G
	自热物质和混合物	1	2					
	自燃液体	1						
	自燃固体	1						
	遇水放出易燃气体的物质和混合物	1	2	3				
	金属腐蚀物	1						
	氧化性液体	1	2	3				
	氧化性固体	1	2	3				
	有机过氧化物	A	B	C	D	E	F	G

续表

危险和危害种类		类别					
健康危害	急性毒性	1	2	3	4	5	
	皮肤腐蚀/刺激	1A	1B	1C	2	3	
	严重眼损伤/眼刺激	1	2A	2B			
	呼吸道或皮肤致敏	呼吸道致敏物 1A	呼吸道致敏物 1B	皮肤致敏物 1A	皮肤致敏物 1B		
	生殖细胞致突变性	1A	1B	2			
	致癌性	1A	1B	2			
	生殖毒性	1A	1B	2	附加类别（哺乳效应）		
	特异性靶器官毒性-一次接触	1	2	3			
	特异性靶器官毒性-反复接触	1	2				
	吸入危害	1	2				
环境危害	危害水生环境	急性1	急性2	急性3	长期1	长期2	长期3	长期4
	危害臭氧层	1					

注：深色背景的是作为危险化学品的确定原则类别。

4.1.3 危险化学品与环境安全

长期以来，生态环境保护工作者一般并不关注危险化学品的安全问题，但随着2005年松花江水污染事件及其他危险化学品污染环境事件的发生，危险化学品环境安全管理引起了各级生态环境主管部门的高度重视。

事实上，在危险化学品的生产、使用、储存、销售和运输，乃至废弃危险化学品处置的过程中，由于设备设施缺陷、违章操作、应急不当或管理失误等原因，可能使危险化学品进入大气、水体、土壤，造成环境污染，危害人类健康，威胁生态环境安全,其表现形式往往是由于危险化学品泄漏、火灾爆炸或交通运输事故次生引起环境污染,即所谓的次生性突发环境事件。2015年8月12日,位于天津市滨海新区天津港的瑞海国际物流有限公司危险品仓库发生火灾爆炸事故,至少129种化学物质发生爆炸燃烧或泄漏扩散,本次事故残留的化学品与产生的二次污染物逾百种,对局部大气环境、水环境和土壤环境造成了不同程度污染。2020年7月14日6时6分许,贵州省遵义市桐梓县境内中石化输油管道柴油发生泄漏,造成跨贵州、重庆两省(市)影响的重大突发环境事件。

危险化学品主要通过以下四种途径进入生态环境:

(1)危险化学品发生泄漏、火灾、爆炸等生产安全事故,消防废水和泄漏物可能大量进入生态环境,造成次生性水环境、大气环境或者土壤环境污染。

(2)危险化学品运输过程中发生交通事故致使化学品泄漏或者随消防水进入生态环境,造成次生性突发环境事件。近年来,曾有多起饮用水源污染事件是由于运输危险化学品的车辆发生交通事故次生引起。

(3)危险化学品以废水、废气和废渣的形式排放到环境中。如排放含强酸或重金属的生产废水、涂料生产过程有机溶剂的大量挥发、以不当方式处置危险废物等,均可造成不同程度的突发环境污染事件。

(4)石油、煤炭等燃料燃烧过程中、化学农药使用过程中直接排入或使用后作为废弃物进入环境中。

4.2 理化与危害特性

4.2.1 爆炸品

爆炸品可分为六类:

(1)有整体爆炸危险的物质和物品。

(2)有迸射危险,但无整体爆炸危险的物质和物品。

(3)有燃烧危险并有局部爆炸危险或局部迸射危险或这两种危险都有,但无整体爆炸危险的物质和物品。

(4)不呈现重大危险的物质和物品。

(5) 有整体爆炸危险的非常不敏感物质。

(6) 无整体爆炸危险的极端不敏感物品。

按照爆炸品的用途，可分为四类：起爆药、炸药、发射火药和烟火药。

常见的炸药有：黑火药、梯恩梯(TNT)、硝铵炸药。

常见的起爆器材有：火雷管、电雷管、非电雷管、导火索、导爆索、导爆管等。

影响爆炸品危险性的主要技术参数如下。

(1) 敏感度。

爆炸品的敏感度指的是爆炸品在外界作用下，发生爆炸反应的难易程度，是爆炸品使用安全性的重要参数。敏感度高低通常以引起炸药爆炸所需要的最小外界能量来表示，引起爆炸所需要的外界能量愈小，敏感度就愈高。

(2) 威力。

爆炸品的爆炸威力系指其所有的能量在爆炸时做功的能力，亦即对周围介质的破坏能力。爆炸时产生的热量越大，气态生成物越多，爆温越高，其威力也就越大。

(3) 猛度。

爆炸品的爆炸猛度系指凝聚相炸药在爆炸后爆轰波、爆炸产物对周围介质破坏的猛烈程度。爆炸品猛度越大，则表示其对周围介质的粉碎破坏程度就越大。猛度主要取决于凝聚相炸药的爆速，爆速愈高，猛度愈大。

(4) 安定性。

爆炸品的安定性是指爆炸物品在一定的储存期间，不改变自身的理化性质和爆炸能力的性质，有物理安定性和化学安定性。爆炸品是一种不稳定的化学体系，即使在正常的保管条件下，也会产生某种程度的物理或化学变化；所以，长期储存爆炸品时，如果外界条件不合适，不仅会改变炸药的爆炸性能，影响正常使用，而且还可能发生意外爆炸事故。

4.2.2 气体

4.2.2.1 气体的种类

常见的气体可分为以下三类：

(1)易燃气体。本项包括在 20 ℃ 和 101.3kPa 条件下制足下列条件之一的气体：

①爆炸下限小于或等于 13% 的气体。

②不论其爆燃性下限如何，其爆炸极限（燃烧范围）大于或等于 12% 的气体。

在常温常压下以气态存在的易燃气体，如氢气、甲烷、乙烷、乙炔、乙烯、丙烷、一氧化碳等，具有较小的点火能，火灾爆炸危险性很大。

(2)非易燃无毒气体。本项包括窒息性气体、氧化性气体以及不属于其他项别的气体。本项不包括在温度 20℃ 时的压力低于 200kPa，并且未经液化或冷冻液化的气体。

(3)毒性气体。本项包括满足下列条件之一的气体：①其毒性或腐蚀性对人类健康造成危害的气体；②急性半数致死浓度 LC_{50} 值小于或等于 $5000mL/m^3$ 的毒性或腐蚀性气体。

4.2.2.2 影响气体火灾爆炸危险的主要参数

(1)爆炸极限。

易燃气体、蒸气或粉尘与空气混合，遇到火源发生着火或产生爆炸的最高浓度与最低浓度定义为爆炸极限。最高浓度称为爆炸上限，最低浓度称为爆炸下限。当可燃气体的浓度高于爆炸上限或低于爆炸下限时，即使提供足够的点火能也不会发生爆炸。安全工程学中，易燃易爆气体的爆炸极限是一个非常重要的概念，应给予特别的重视。

易燃气体的爆炸极限越宽，爆炸下限越低，则气体的危险性就越大。例如，乙炔的爆炸极限是 2.5%~80%（即爆炸上限为 80%，爆炸下限为 2.5%），乙烷的爆炸极限为 3.22%~12.45%，两者相比，前者的爆炸极限范围比后者大得多，因此乙炔的爆炸危险性比乙烷大得多。

对于爆炸下限低的气体，当其处于正压状态时，应谨防气体向空气中泄漏，即使泄漏量不大，也容易达到爆炸极限范围；而对于爆炸上限较高的气体，当使用负压系统时，如果空气进入盛装该气体的容器或管道设备内，即使不需要很大的量也能达到爆炸极限范围。

《建筑设计防火规范》(GB 50016—2014(2018 年版))将可燃气体按其爆炸下

限分为两类：爆炸极限≤10%的为甲类物质，大多数可燃气体属于此类，如氢气、甲烷、乙炔等；爆炸下限>10%的为乙类物质，如氨气、一氧化碳、二氯甲烷等。甲类物质的火灾爆炸危险性比乙类物质要高，在实际工作中应重点关注。

影响气体爆炸极限的因素主要有：易燃气体的种类、易燃气体的浓度、易燃气体和空气混合的均匀性、点火源的形式与能量、容器的几何形状和尺寸、初始温度、初始压力、湿度、惰性介质等。初始温度高，爆炸极限范围大；初始压力高，爆炸极限范围大；混合物中加入惰性气体，爆炸极限范围缩小，特别对爆炸上限的影响更大；混合物含氧量增加，爆炸下限降低，爆炸上限升高。

(2) 自燃点。

易燃气体在没有接触明火就能引起着火时的最低温度称为自燃点。同一物质的自燃点随压力、浓度、散热等条件及测试方法的不同而异。大部分易燃气体的自燃点在300~700℃，仅有少数气体例外，如磷化氢和硫化氢的自燃点分别为246℃和149℃。

气体的自燃点虽然比液体和固体的高，但易燃气体却对热极其敏感，容易受热自燃。此外，若气体处于压缩状态，将具有很大的内能，受到外因作用后，可导致压力剧增，产生大量的热量，以致达到气体的自燃点，引起自行着火。易燃气体的浓度增大、容器增大或者存在活性催化剂，也可使气体的受热自燃性增大。气瓶发生爆炸时，放出的热量也会使可燃气体发生自燃。

(3) 最小点火能。

当可燃物处在最敏感条件时，点燃该物质所需要的最小能量称为最小点火能。物质的最小点火能越低，其火灾危险性就越大。点火源的能量低于这个临界值时，可燃混合物便不会被点燃。最小点火能的测定一般用电火花法进行。常见可燃气体的最小点火能见表4-2。

表4-2　　常见可燃气体或蒸气与空气混合物的最小点火能

气体、蒸气名称	最小点火能 /mJ	气体、蒸气名称	最小点火能 /mJ
2-丁酮	0.29	乙烯	0.096
甲烷	0.33	乙醛	0.376

续表

气体、蒸气名称	最小点火能 /mJ	气体、蒸气名称	最小点火能 /mJ
丙烷	0.31	环氧乙烷	0.066
乙烷	0.25	乙酸乙酯	1.42
丁烷	0.25	乙炔	0.019
己烷	0.24	氢	0.019
苯	0.55	汽油	0.20
甲苯	2.5	丙酮	1.15
甲醇	0.215	环氧丙烷	0.13
乙醚	0.49	丙烯	0.11
煤气	0.3	二硫化碳	0.009

影响可燃气体最小点火能的因素主要有：可燃物的结构和性质、可燃物浓度、环境温度、系统压力、惰性介质、环境湿度等。可燃物的燃烧热越高，最小点火能越低；随着可燃物浓度的增大，所需点火能逐渐降低；环境温度升高，点火能相对减小；系统压力升高，点火能相对减小；加入惰性气体，可使点火能逐渐升高；湿度增大，点火能相应增加。

(4) 压缩性和扩散性。

易燃气体可以被压缩后盛装在高压容器中，有些气体加压后变成液体。盛装压缩气体的钢瓶，其工作压力通常在 3.6 Mpa 以上。处于高压下的气体，其分子间的距离减小，密度增大，一旦受热或撞击等外力作用，分子运动加剧，可引起压力的进一步增大。当压力超过钢瓶的耐压强度时，就可发生爆炸事故。这种爆炸的破坏力相当大，据推算一个普通氧气钢瓶的爆炸相当于 5 吨 TNT 的爆炸威力。气瓶爆炸时可燃气体冲出，爆炸产生的能量能在瞬间引燃气体，导致火灾。

一种气体在另一种气体中的运动称为扩散。由于气体分子间的空隙很大，分子又在不停地运动，因此可燃气体能够以任何比例与空气混合。比空气轻的可燃气体逸散在空气中，容易与空气形成爆炸混合物，如氢气、甲烷、乙炔等。这种混合气体容易顺风漂动，在蔓延中遇火爆炸。比空气重的可燃气体若发生泄漏，便漂流在地面、渠沟、厂房死角处，一旦达到爆炸极限，遇火源即爆炸，如液化石油气、氯乙烯等。

(5)化学活泼性。

具有高度化学活泼性的气体,在常温下便能与许多物质反应而发生爆炸,如乙炔或乙烯和氯气的混合物遇阳光即可爆炸、油脂遇纯氧气能自燃等。乙炔是含有三键不饱和烃,极不稳定,常温下会缓慢分解,在520℃或三个大气压时可分解爆炸。

气体燃烧时不需要像固体、液体那样经过熔化、蒸发等过程,在常温下就具备了燃烧条件。气体燃烧时所需要的热量仅用于分解气体并将气体加热到燃点,因而其燃烧速度快、火焰温度高、放出热量多。

(6)毒害、腐蚀和窒息性。

有些可燃气体本身即具有毒害性(如一氧化碳),有些气体本身虽然没有毒害性,但当其燃烧时可以产生有毒害性物质,如磷化氢(PH_3)等。当这些气体发生火灾时,可能对人体造成严重的伤害。

具有腐蚀性的气体能削弱设备的耐压强度,以至破坏设备的整体性,使其产生泄漏。如果这些气体具有可燃性,泄漏后遇火源即可发生爆炸;如果这些气体具有毒害性,则随风扩散,造成局部空气污染,严重威胁人员的安全健康,如硫化氢(H_2S)。

在相对封闭狭小的有限空间内,如果大量的可燃气体或其燃烧生成物扩散到空气中,会降低有限空间的氧气含量,可能导致作业人员缺氧窒息。

(7)带电能力。

多数可燃气体是电介质,具有较大的带电能力。可燃气体沿管道流动时,摩擦或气体碰击金属表面都可使其带电。当静电积累形成一定的电位差时,就能发生火花放电,引起气体燃烧甚至爆炸。带电能力愈强,火灾爆炸危险性愈大。

4.2.3 易燃液体

易燃液体包括易燃液体和液态退敏爆炸品。易燃液体是指易燃的液体或液体混合物,或是在溶液或悬浮液中有固体的液体,其闭杯试验闪点不高于60℃,或开杯试验闪点不高于65.6℃。液态退敏爆炸品是指为抑制爆炸性物质的爆炸性能,将爆炸性物质溶解或悬浮在水中或其他液态物质后,而形成的均匀液态混合物。

易燃液体种类繁多，有化工原料、燃料、有机溶剂、黏合剂等，其中最常见的有汽油、煤油、甲醇、乙醇、苯、乙醚等。易燃液体一般具有密度小、沸点低、易燃、易挥发和易流动扩散的特点。

影响易燃液体火灾危险性的主要参数有闪点、燃点、饱和蒸气压、带电能力等。

4.2.3.1 闪点与燃点

任何液体表面都有一定量的蒸气，液体的温度越高，其蒸气浓度越大。在一定温度下，可燃液体表面上的蒸气与空气混合后，一遇到火源就会发生一闪即灭的火焰，这种现象叫闪燃。液体蒸气与空气混合物遇到火源能发生闪燃的最低温度叫闪点。

当液体的温度继续升高时，则产生的蒸气使燃烧可以持续下去。在规定的试验条件和外界引火源的作用下，液体发生持续燃烧的最低温度叫作液体的燃点。

闪点是评价可燃液体火灾危险性的主要参数。闪点越低，其火灾危险性就越大。国家标准按照可燃液体的闪点将其分为三类：

(1) 低闪点液体(闭口杯闪点 < -18℃)，如丙酮、乙醛、汽油等。

(2) 中闪点液体(-18℃ ≤ 闭口杯闪点 < 23℃)，如苯、甲醇等。

(3) 高闪点液体(23℃ ≤ 闭口杯闪点 ≤ 60℃)，如氯苯、苯甲醚等。

闪点也是区分仓储物资危险性的依据。《建筑设计防火规范》按闪点的不同将可燃液体分为三类：

(1) 闪点小于28℃的液体的火灾危险性为甲类。

(2) 闪点不小于28℃，但小于60℃的液体的火灾危险性为乙类。

(3) 闪点不小于60℃的液体的火灾危险性为丙类。

有的行业出于管理需要，把闪点在45℃以下能够燃烧的液体称为易燃液体，如液化石油气(LPG)、汽油、乙醚、煤油等；把闪点在45℃以上能够燃烧的液体称为可燃液体，如柴油、甘油、变压器油等。

4.2.3.2 自燃点

一般可燃易燃液体的自燃点为250℃~600℃，如汽油的自燃点是415℃~530℃，松节油的自燃点是244℃，苯的自燃点是574℃，甲醇的自燃点是455℃，乙醛的自燃点是175℃，乙醚的自燃点是160℃，二硫化碳的自燃点是90℃。可见，二硫化碳容易受热自燃，在火场上，自燃点低的液体也容易使火灾蔓延。

同气体一样，液体的自燃点受压力、浓度、催化剂、容器材料及直径大小的影响。有机化合物的受热自燃点具有下列规律：

(1) 同系物随分子量增加液体蓄热条件好，故受热自燃点降低，易受热自燃，如甲、乙、丙醇的自燃点各为455℃、414℃、404℃；

(2) 正构体的自燃点比异构体的要低，如正丁醇的自燃点是343℃，异丁醇的自燃点是413℃；

(3) 不饱和烃比相应饱和烃的自燃点低，如戊烯的自燃点是275℃，戊烷的自燃点是309℃。

4.2.3.3 饱和蒸气压

液体的饱和蒸气压是指在一定温度下，气、液两相平衡时蒸气的压力。当液体的饱和蒸气压与外界压力相等时，液体便沸腾，此时的温度即为液体的沸点。液体的沸点随外压的变化而变化，若外压为标准大气压(100 kPa)，则液体沸点就称为正常沸点。

液体饱和蒸气压的大小可表明液体蒸发能力的强弱、液体在管道运输系统中形成气阻的可能性以及储运时损失量的倾向。液体的饱和蒸气压大，蒸发性就大，形成气阻的可能性也大，蒸发损失也就大。

易燃可燃液体都是些蒸气压较大的液体，常温下都有不同程度的挥发性。挥发量和蒸发速度受温度、蒸发面积、环境空气的流速及紊流、液体的分子结构、液体的黏性、表面张力和液体相对密度的影响。

温度升高，内部的液体体积膨胀，产生的蒸气压力随温度的上升而急剧增大。当达到或超过其强度时，容器破裂，发生爆炸。盛装易燃和可燃液体的容器通常应留有不少于5%的空隙，应远离热源、火源。

液体的相对密度是指同体积的液体与水的质量之比，亦即液体的密度与4℃时水的密度相比所得的相对密度。易燃和可燃液体的相对密度大都小于1，二硫化碳例外，其相对密度为1.253。相对密度愈小的液体，其闪点、沸点都低，其饱和蒸气压大，且在较低的温度下很容易形成蒸气与空气的混合物，火灾爆炸的危险性随之增大。

4.2.3.4 液体蒸气的爆炸极限

在一定的温度和压力条件下，液体会蒸发出气体，蒸发量的多少与液体的蒸气压有关。蒸发的气体与空气混合后，其浓度在一定范围内（爆炸区间）时，遇到火源即发生爆炸。如甲醇蒸气的爆炸区间为 6.0%~36.5%、乙醇蒸气的爆炸区间为 3.50%~18.95%、乙醚蒸气的爆炸区间为 1.85%~40%。

易燃可燃液体蒸气的爆炸区间越大，爆炸下限越低就越危险，如乙醚的火灾爆炸危险性比乙醇和甲醇大。

4.2.3.5 带电能力

可燃与易燃液体在流动、过滤、混合、喷雾、喷射、冲刷、加注、晃动等情况下，由于与器壁摩擦而产生静电。静电可以通过器壁、液体本身传导至大地。但当液体的电阻率在 $10^{10}\Omega \cdot m$ 以上时，电导性较差，致使静电荷的产生速度高于静电荷的释放速度，从而静电荷能够在液体中积聚。醚、酮、酯、芳香烃、其他石油产品及二硫化碳等都具有带电能力。当积聚的静电荷的放电能量大于可燃混合物的最小点火能，且放电时易燃可燃蒸气和空气的混合物处于爆炸极限范围时，将引起火灾、爆炸事故。例如油罐车装、卸汽油时发生爆炸，用有机溶剂擦拭玻璃板时着火等，均可能由静电放电引起。

液体产生的静电荷与分子结构和环境条件有关。当输送管道的距离越长、内壁越粗糙、弯头越多、温度越高、流速越快、杂质越多、罐装时落差越大以及空气湿度越小时，产生的静电荷就越多。

可燃与易燃液体的带电性，对实际安全生产工作的指导意义在于：在易燃易爆场所，应保证设备、液体储罐可靠接地，使静电及时泄入大地，避免静电聚积；为了把罐体、管道、漏斗、接受器等保持同电位，可将全部器具用导体连接起来，进行可靠接地；注入油罐的汽油、液化石油气等应控制流速，并把注入管伸到罐底，以避免过快产生静电。

4.2.3.6 化学稳定性、毒性与流动性

作为有机化学物质，易燃和可燃性液体能够与多种物质发生化学反应，特别是遇到强酸及氧化剂等能发生剧烈反应而引起燃烧或爆炸。如乙醇遇到浓硫酸、松节油与硝酸接触均会引起燃烧。

多数易燃可燃液体及其蒸气均具有不同程度的毒性，其毒害性的大小与成分中烃的类型有关。如在芳香族烃类化合物中，苯环上的氢原子若被氯离子、甲基或乙基所取代，其毒性相对减弱，但刺激性增加。不饱和烃、芳香烃较烷烃的毒性大；易蒸发的液体比不易蒸发的液体危害性大。这些物质如苯、醚、二硫化碳等通过呼吸道、消化道和皮肤接触进入人体，危害安全健康。

液体都有流动性，流动性的好坏取决于液体的黏度。黏度愈低，其流动扩散性就愈强。可燃易燃液体大多是些黏度小的液体，一旦泄漏，则容易流到低处。由于这些液体的密度通常比水小，会漂浮于水面，随水流动，遇火源即会燃爆。此外，液体的黏度还会随着温度的升高而降低，因此黏度大的液体，在火灾中也会大量流淌，促使火灾蔓延、事故扩大。

4.2.4 易燃固体

易燃固体是易于燃烧的固体和摩擦可能起火的固体。这类物质通常还具有不同程度的毒性、腐蚀性、爆炸性等，主要是一些化工原料及其制品。常见的易燃固体包括：红磷及磷化物、硫黄、硝化纤维制品、金属粉末等。

影响易燃固体火灾危险性的主要参数有熔点、燃点、自燃点、单位体积的表面积、热解温度、燃烧速度等。

4.2.4.1 熔点

与气体的燃烧过程相比，固体物质在燃烧前必须要有足够的能量来松开分子间的紧密连接。熔点低的固体物质容易蒸发和汽化，这些物质的燃点也较低，燃烧速度快，发生火灾的危险性相应就大。许多低熔点的易燃固体还有闪燃现象，

其闪点大多在100℃以下。

熔点低的固体物质在燃烧过程中是受热后先熔化，再蒸发产生蒸气，并分解出可燃气体，如沥青、石蜡、松香、硫黄等。复杂固体物质在燃烧过程中是受热时直接分解放出气态产物，再氧化燃烧，如木材、纸张、煤、塑料、人造纤维等。

4.2.4.2　燃点、自燃点

固体燃点是指在规定的试验条件下，可燃物与明火接触能发生持续燃烧的最低温度。燃点低的固体物质在能量较小的热源或受撞击、摩擦等作用下，能很快受热达到燃点。在火场上，燃点低的物质经常是火灾蔓延的主要因素。当两种燃点不同的物质处于同一条件，在火源作用下，燃点低的物质先着火，进而引燃其他物质。

燃点是评价固体物质火灾危险性的主要参数。燃点低的物质在接触火、热或受外力作用时，往往引起强烈连续地燃烧，如硫黄、樟脑、萘等，其分子组成简单，熔点和燃点都低，受热后迅速蒸发，其蒸气遇明火或高温即迅速燃烧。在危险化学品的管理上，通常以燃点300℃作为划分易燃固体和可燃固体的分界线。

可燃固体的自燃点一般低于可燃液体和气体的自燃点，因为固体比液体和气体的分子密集，蓄热条件好。有些物质受热熔化后能生成蒸气，其自燃点可按气体的自燃点对待；还有一些物质不经过熔化而直接分解，析出可燃气体，如木材、煤、棉等。

自燃点低的固体物质，其火灾危险往往就大些，大部分易燃固体的自燃点一般在130℃~400℃。例如赛璐珞的自燃点为180℃，木材的自燃点为400℃~500℃，当它们同处火场时，应先将自燃点低的物质抢救出火场。

易燃固体的熔点、燃点、自燃点的影响因素，除与液体的闪点、燃点、自燃点相似外，还与下列因素有关：

(1) 物质的粉碎程度。固体物质粉碎得越碎，其自燃点越低。

(2) 受热时间。在相同温度下，固体热解的时间越长，析出的可燃气越多，其燃点、自燃点均会有所下降。

(3) 环境氧含量。周围空气中氧含量增大时，燃点、自燃点均会下降。

4.2.4.3 单位体积的表面积

同一固体物质,单位体积的表面积越大,其火灾、爆炸的危险性就相应地增大。这是因为燃烧是固体物质与氧的化学反应,反应从物体表面开始再深入内部,物质的表面积越大、和空气中的氧接触越多,氧化反应就越容易,燃烧也越快,如硫粉比硫块燃烧快、木刨花比木材燃烧快、松散状的柴禾比打捆结实的柴禾燃烧快等。可见,物质越薄、颗粒越细、越松散,则表面积就越大,因而火灾危险性也越大。

10^{-5}cm~10^{-3}cm 或者更大的粒径粉尘,在无风常态下通常难以自然地悬浮,即使存在于空气中也能很快地下沉,因而其危险性较小;当粉尘粒径小于10^{-7}cm时,可在空气中形成雾化粉尘。这种雾化粉尘表面积更大,吸附的氧量增多,氧化能力增强,且还可能产生静电,其火灾、爆炸的危险性大为增加。

4.2.4.4 热解温度

除了一些单质固体外,大部分固体物质的燃烧有一个热分解阶段,热解温度低的物质在较低的温度下即可热解生成可燃性气体,容易起火燃烧,火灾危险性就大。例如,硝化棉在40℃时就会发生分解,亚硝基苯酚在140℃才会分解。显然,硝化棉比亚硝基苯酚的危险性大。

4.2.4.5 燃烧速度

固体物质的燃烧速率一般小于可燃气体或可燃液体的燃烧速率,不同固体物质的燃烧速率差别很大。如苯的衍生物、石蜡、三硫化磷、松香等固体物质,其燃烧过程要经过受热熔化、蒸发、分解、起火、燃烧等阶段,其燃烧速度一般较慢;而硝基化合物、硝化纤维及其制品等,因其本身含有不稳定的含氧基团(如—NO_2—ONO_2等),它们是先分解后燃烧,不需要外界供应氧,在燃烧过程中还有自催化作用加速反应,所以燃烧速度很快。对于同一种固体物质,其燃烧速度还取决于它的表面积的大小,如果燃烧的固体物质的比表面积(固体表面积对其体积的比值)越大,则其燃烧速度越快。

4.2.5 易于自燃的物质

易于自燃的物质包括发火物质和自热物质。发火物质指即使只有少量与空气接触，不到5分钟时间便燃烧的物质，包括混合物和溶液(液体或固体)。自热物质指发火物质以外的与空气接触便能自己发热的物质。易于自燃的物质燃点低，对热、撞击、摩擦敏感，易被外部火源点燃，燃烧迅速，并可能散发出有毒烟雾或有毒气体，如硫黄、火柴等。其主要危险是易燃性和爆炸性。

由于这类物质在不接触明火时也会引起燃烧，故潜伏着很大的火灾危险性。

4.2.5.1 自燃物质的分类

根据自燃物质的反应速度和危险程度，一般可分为两级，见表4-3。

表4-3 **自燃性物质的分类**

级别	鉴定参考标准	举例
一级	自燃点在200℃以下，在空气中迅速氧化，燃烧猛烈，危害性大。	白磷、硝化棉、三丁基铝等。
二级	自燃点在200℃以上，在空气中缓慢氧化，而蓄热自燃。	油纸、油布等。

一级自燃性物质呈快速平板状燃烧，不仅燃烧速度快，而且火焰温度高，火势凶猛，不易扑救。

二级自燃性物质呈阴燃、由内往外延烧，不仅阴燃时间长(如棉花可阴燃1周甚至于1个月，煤阴燃的时间则可以更长)，而且阴燃过程中不见火苗和烟，难以觉察。更应引起重视的是表面火虽被扑灭，可内部仍有可能在延烧，有可能再次酿成火灾。

4.2.5.2 物质自燃的机理

自燃发生的基本条件是可燃物的产热速率必须大于散热速率。根据物质自行发热的初始原因，自燃可分为氧化放热自燃、分解放热自燃、聚合放热自燃、发酵放热自燃和吸附放热自燃等类型。

(1) 氧化放热自燃。

这类物质的化学性质极为活泼,有强还原性,在常温下置于空气中易自燃,如黄磷的自燃点仅为 34℃:

$$4P+5O_2 = 2P_2O_5+3098.2kJ$$

此外,磷化氢、烷基铝、硫化铁、煤和若干浸油脂物品都易发生氧化自燃。

爆炸品、压缩气体和液化气体中的可燃性气体、易燃液体、易燃固体、自燃物品、遇水放出易燃气体的物质、有机过氧化物等,在条件具备时均可能发生自燃。

(2) 分解放热自燃。

这类物质的化学稳定性弱,遇到震动、撞击、摩擦和外界加热就会发生分解而自燃。例如硝化纤维及其制品,由于本身含有硝酸根(NO_3^-),化学性质很不稳定,常温下就能在空气中缓慢分解,阳光照射及受潮会加快氧化速度,析出氧化氮(NO)。NO 不稳定,会在空气中氧化生成二氧化氮(NO_2),而 NO_2 会与潮湿空气中的水分化合生成硝酸。

还有些物质会在分解时放出氧气和热量,这又会加剧燃烧。如梯恩梯(TNT)、硝化甘油、赛璐珞塑料、硝化纤维素胶片等都属于此类。硝化甘油的分解爆炸反应式为:

$$4C_3H_5(ONO_2)_3 = 12CO_2+10H_2O+O_2+6N_2+Q(热量)$$

(3) 聚合放热自燃。

有些物质在生产、储存过程中,因阻聚剂失效或加量不足而使单体原料自行聚合放热,易引起暴聚,从而导致火灾爆炸,如乙酸乙烯酯、丙烯腈、异戊二烯、苯乙烯、乙烯基乙炔等单体。

(4) 发酵放热自燃。

这类物质主要是某些植物的秸干、枝叶、稻草、锯木屑、甘蔗渣、玉米芯等,当其长期大量堆积及受潮条件下易发酵放热,进而氧化自燃。

(5) 吸附放热自燃。

这类物质对氧气具有较强的吸附性,从而有利于该物质的氧化反应,如镁、铝、锆、锌、锰、锡等粉末。此外,煤、橡胶粉末等在空气中也有这种吸附放热作用。

4.2.5.3 物质自燃的主要影响因素

物质发生自燃，除了本身的组成因素外，外界条件也有着重要影响，主要有以下 5 种。

(1) 助燃物。

自燃物必须有助燃物的作用才能发生自燃现象，如白磷可以在氧气、氯气中自燃，但如果把白磷投入水中与空气隔绝，即使加热至水沸腾也不会燃烧。

(2) 环境温度。

环境温度升高能够使物质的氧化速度加快。

(3) 环境湿度。

周围环境潮湿常会加速自燃物质的氧化或分解，使温度上升至自燃点而发生自燃，如硝化纤维胶片、油布等。

(4) 蓄热条件。

这是赛璐珞、油棉纱、煤堆等物品发生自燃的重要因素，如果这类物品堆垛通风不良、蓄热不散、加上包装破损被氧化，均能促使其温度升至自燃点。

(5) 杂质。

自燃物品若存在某些杂质如氧化剂、酸及铁粉等，会影响其氧化过程而使自燃机会增加，如浸油的纤维内渗有金属铁屑时，自燃倾向就增大。

4.2.6 遇水放出易燃气体的物质

遇水放出易燃气体的物质指遇水放出易燃气体，且该气体与空气混合能够形成爆炸性混合物的物质。遇水放出易燃气体的物质自燃点低，在空气中易于发生氧化反应，放出热量而自行燃烧，如黄磷、镁、油纸等。其主要危险是易燃性和爆炸性。

4.2.6.1 遇水放出易燃气体的物质的危害机理

(1) 遇水燃烧、爆炸。

物质遇水燃烧、爆炸主要有以下两种情形：

① 物质遇水发生剧烈的化学反应，使水分解，产生可燃气体，并放出大量

的热。当升温达到可燃气体的自燃点时,不需点火即自行燃烧,或可燃气体在空气中达到爆炸极限,接触明火发生爆炸。越是活泼的金属及其化合物,越容易与水发生反应,产生可燃气体。

例如金属钠、碳化钙(电石)、磷化钙的反应式如下:

$$2Na + 2H_2O =\!=\!= 2NaOH + H_2 + 热量$$

$$CaC_2 + 2H_2O =\!=\!= Ca(OH)_2 + C_2H_2 + 热量$$

$$Ca_3P_2 + 6H_2O =\!=\!= 3Ca(OH)_2 + 2PH_3 + 热量$$

保险粉(低亚硫酸钠)是强还原剂,极不稳定,易氧化和分解,受潮甚至露置于空气中也会分解,加热至180℃时发生爆炸。当其与水直接相遇时,分解速度加快并放热,同时产生大量的氢气和硫化氢,达到着火点即燃烧或爆炸。

② 遇水放出易燃气体的物质在密封容器中,与水或水蒸气发生化学反应,放出的可燃气体及热量不能逸散出来。当放出的气体不断积聚,压力越来越大时,可能造成容器胀裂以致爆炸,如电石桶爆炸事故。

(2) 遇酸和氧化剂发生燃烧爆炸。

遇水放出易燃气体的物质大都有强还原性,而氧化剂和强酸往往有强氧化性,其中多数酸又易溶于水,当遇水放出易燃气体的物质一旦接触酸液,便立即发生反应,并且比单独与水的反应更为激烈。

(3) 毒害与腐蚀。

硼氢类的毒性比氰化氢和光气的毒性还大,磷化物与水反应生成有毒的磷化氢气体。碱金属与水反应生成强碱而具有腐蚀性。

4.2.6.2 防止遇水放出易燃气体的物质火灾的主要措施

(1) 遇水放出易燃气体的物质应严密包装,置于通风干燥处,严禁露天存放,严防漏水或雨雪侵入。库房必须远离火源、热源及强酸。

(2) 钾、钠等活泼金属须浸没在煤油中存放;电石桶入库时,要检查密封的完整性,对未充氮的铁桶应放气,发现发热或温度较高则更应放气。

(3) 与氧化剂、酸等化学性质不相容的物质应隔离存放。

(4) 该类物质失火时,只能用干粉、干砂扑救,严禁使用水、泡沫灭火剂灭火。

4.2.7 氧化性物质(氧化剂)和有机过氧化物

氧化性物质是指本身未必燃烧，但通常因放出氧可能引起或促使其他物质燃烧的物质，如过氧化氢(双氧水)、过氧化钠、次氯酸钙、氯酸钾、硝酸钾等。其主要危险是氧化性、助燃性、爆炸性、毒害性和腐蚀性。

有机过氧化物是指含有两价过氧基(-O-O-)结构的有机物质，其本身易燃易爆，极易分解，对热、振动或摩擦较敏感，如过氧化二苯甲酰、过氧化乙基甲基酮等。其主要危险是氧化性、助燃性、爆炸性、毒害性和腐蚀性。

氧化性物质和有机过氧化物按其化学组成、结构分为无机和有机两大类。常见的无机氧化剂有过氧化钠、过氧化钾、过硼酸钠、硝酸钾、硝酸钠、氯酸钾、高锰酸钾、过氧化氢及硝酸、浓硫酸等；常见的有机过氧化物有过氧化苯甲酰、过醋酸等。

氧化性物质与有机过氧化物的特性如下：

(1)氧化性物质中无机过氧化物均含有过氧基，很不稳定，易分解放出原子氧，其余的氧化性物质则分别含有高价态的氯、溴、氮、硫、锰、铬等元素，这些高价态的元素具有较强获得电子的能力；因此，氧化性物质最突出的危险性质是遇易燃易爆物品、可燃物品、有机物、还原剂等会发生剧烈的化学反应引起燃烧爆炸。

(2)氧化性物质遇高温易分解放出氧和热量，极易引起燃烧爆炸，特别是有机过氧化物分子组成中的过氧基很不稳定，易分解出原子氧，且有机过氧化物本身就是可燃物，容易着火；因此，有机过氧化物比无机氧化性物质的火灾、爆炸危险性更大。

(3)许多氧化性物质，如氯酸盐类、硝酸盐类及有机过氧化物等对摩擦、撞击、振动极为敏感；因此储运中应轻装轻卸，以免增加爆炸危险。

(4)大多数氧化性物质，遇酸反应剧烈，甚至发生爆炸，如过氧化钠(钾)、氯酸钾、高锰酸钾、过氧化二苯甲酰等，遇硫酸立即发生爆炸。

(5)有些氧化性物质，特别是活泼金属的过氧化物，如过氧化钠(钾)等，遇水分解出氧气和热量，有助燃作用，使可燃物燃烧甚至爆炸。这类物质应防止受潮，灭火时严禁用水、泡沫、酸碱、二氧化碳灭火扑救。

(6)有些氧化性物质与其他氧化剂接触后能发生复分解反应,放出大量的热而引起燃烧爆炸,如亚硝酸盐、次氯酸盐等,遇到比它更强的氧化性物质时便显现出还原性,能发生剧烈反应,所以各种氧化性物质也不可任意混储混运。

4.2.8 毒性物质

毒性物质是指经吞食,吸入或与皮肤接触后可能造成死亡或严重受伤或损害人类健康的物质,包括:①急性口服毒性:LD_{50}:≤300mg/kg;②急性皮肤接触毒性;LD_{50}≤1 000mg/kg;③急性吸入粉尘和烟雾毒性:LC_{50}≤4mg/L;④急性吸入蒸气毒性:LC_{50}≤5000ml/m^3,且在20℃和标准大气压力下的饱和蒸气浓度大于或等于$1/5LC_{50}$。

许多危险化学品可通过一种或多种途径进入人体和动物体内,当其在人体累积到一定量时,便会扰乱或破坏肌体的正常生理功能,引起暂时性或持久性的病理改变,甚至危及生命。

毒性物质的主要危险特性如下:

(1)溶解性。很多毒性物质的水溶性或脂溶性较强。毒性物质在水中溶解度越大,毒性越大,因为易于在水中溶解的物品更易被人吸收而引起中毒。如氯化钡易溶于水,对人体危害大;而硫酸钡不溶于水和脂肪,故无毒,但有的毒性物质是不溶于水但可溶于脂肪的,这类物质也会对人体产生一定危害。

(2)挥发性。大多数有机毒性物质挥发性较强,易形成蒸气吸入中毒。毒性物质的挥发性越强,导致中毒的机会越多。一般沸点越低的物质挥发性越强,空气中存在的浓度高,易发生中毒事故。

当然,有的毒性物质本身就是气态,如一氧化碳、氯气等。

(3)分散性。固体毒性物质颗粒越小,分散性越好,特别是一些悬浮于空气中的毒性物质颗粒,更易吸入肺泡而中毒。

4.2.9 感染性物质

感染性物质是指已知或有理由认为含有病原体的物质。感染性物质分为A类和B类。A类:以某种形式运输的感染性物质,在与之发生接触(发生接触,是在感染性物质泄漏到保护性包装之外,造成与人或动物的实际接触)时,可造成健康的人或动物永久性失残、生命危险或致命疾病。B类：A类以外的感染性物质。

感染性物质含有病原体，能引起病态，甚至死亡，常见的感染性物质有病菌、病毒等。其主要危险是传染疾病，危害健康。

4.2.10 放射性物质

放射性物质是指任何含有放射性核素并且其活度浓度和放射性总活度都超过《放射性物质安全运输规程》（GB 11806—2019）规定限值的物质。放射性物质能够自发地、不断地向周围放出穿透力很强而人的感觉器官不能察觉的射线的物质，如镭、锭、硼等。其主要危险是辐射污染，最终使人员受到辐射伤害，能使人患放射性疾病，甚至死亡。

放射性物质的危险特性如下：

(1)具有放射性，能自发、不断地放出人们感觉器官不能觉察到的射线。放射性物质放出的射线分为四种：α射线，也叫甲种射线；β射线，也叫乙种射线；γ射线，也叫丙种射线；中子流，但是各种放射性物品放出的射线种类和强度不尽一致。

如果上述所列射线从人体外部照射时，β射线、γ射线和中子流对人的危害很大，达到一定剂量易使人患放射病，甚至死亡。如果放射性物质进入人体内时，则α射线的危害最大，其他射线的危害较大，所以要严防放射性物品进入人体内。

(2)许多放射性物品毒性很大。Co(27)、Sr(90)、I(131)、Pb(210)等为高毒的放射性物品。

(3)不能用化学方法中和或者用其他方法使放射性物品不放出射线，而只能设法把放射性物质清除，或者用适当的材料加以吸收屏蔽。这种危险特性为放射性事故的防范增加了难度。

4.2.11 腐蚀性物质

腐蚀性物质是指通过化学作用使生物组织接触时造成严重损伤或在渗漏时会严重损害甚至毁坏其他货物或运载工具的物质。本类包括满足下列条件之一的物质：a)使完好皮肤组织在暴露超过60分钟，但不超过4小时之后开始的最多14天观察期内全厚度毁损的物质；b)被判定不引起完好皮肤组织全厚度毁损，但在55℃试验温度下，对钢或铝的表面腐蚀率超过6.25mm/a的物质。其主要危险是腐蚀性、毒性、易燃性或氧化性。

腐蚀品按化学性质分为三类：酸性腐蚀品、碱性腐蚀品和其他腐蚀品。腐蚀品具有以下特性：

(1)强烈的腐蚀性。它对人体、设备、建筑物、构筑物、车辆、船舶的金属结构都易发生化学反应，而使之腐蚀并遭受破坏。

(2)氧化性。浓硫酸、硝酸、氯磺酸、漂白粉等都是氧化性很强的腐蚀性物质，与还原剂接触会发生强烈的氧化还原反应，放出大量的热，容易引起火灾。

(3)稀释放热反应。多种腐蚀品遇水会放出大量的热，易溅出，造成人体灼伤。

4.2.12 杂项危险物质和物品

杂项危险物质和物品是指存在危险旧不能满足其他类别定义的物质和物品。杂项危险物质和物品往往具有磁性、麻醉、毒害或其他类似性质，能使人情绪烦躁或不适，以致影响行车和飞行安全的物品，如永久磁铁、干冰、榴梿、大麻、大蒜油等。

4.3 危险化学品生产安全

4.3.1 危险化学品生产特点与事故特征

危险化学品生产过程存在着许多危险、有害因素，如易燃、易爆、中毒、高温、高压、腐蚀性等，比其他工业生产有着更大的危险性，这主要是由于危险化学品生产具有如下特点：

(1)危险化学品生产的物料绝大多数具有潜在危险性。

危险化学品生产使用的原料、中间体和产品种类繁多，化学品中70%以上具有易燃易爆、有毒有害、腐蚀性等危险特性。这些决定了生产危险化学品的物料在使用、储存、运输过程中都有特殊的安全要求,稍有不慎就可能酿成事故。

(2)危险化学品生产工艺复杂、工艺条件苛刻。

危险化学品生产从原料到产品,一般都需要经过多道生产工序和复杂的过程(如氧化还原、硝化、氯化、催化、裂解、聚合等),通过多次反应才能完成。危险化学品生产的工艺参数前后变化较大,有些化学反应是在高温、高压或超低温、负压条件下进行,要求的工艺条件苛刻,安全风险大大增加。

工艺条件的复杂多变,且许多介质具有强烈腐蚀性,在温度应力、交变应力等作用下,受压容器常常因此而遭到破坏发生泄漏,继而引发火灾爆炸事故。

(3)生产规模大型化、生产过程连续性。

现代化工生产装置规模越来越大,从原料输入到产品输出具有高度的连续性,前后单元息息相关,相互制约,某一环节发生故障常常会影响整个生产的正常进行,甚至发生生产安全事故。由于装置规模大且工艺流程长,因此使用设备的种类和数量都相当多。

(4)自动化程度参差不齐。

随着科学技术的进步,危险化学品生产早已从过去坛坛罐罐的手工操作向自动化方向发展。自动控制技术在危险化学品生产上的应用,一方面大大提高了工作效率,减轻了劳动量,减少了人员暴露于危险环境的概率,降低了职业伤害风险;另一方面,若控制系统失效或仪器仪表发生故障,性能下降,也可能诱发事故。现阶段我国还有一定量的企业,如染料、表面活性剂、涂料、香料等精细化工生产的自动化程度不高,间歇性操作还很多。在间歇操作时,开车停车频繁、人机接触相对紧密、岗位工作环境差、劳动强度大等,都易导致事故的发生。

危险化学品生产安全事故的特征基本上由所用原料特性、加工工艺方法和生产规模决定。为了预防事故,必须认识这些事故规律:

(1)火灾、爆炸、中毒事故比例大。

这与危险化学品生产使用的原料、工艺(如高温高压)过程密切相关。据有关统计资料,危险化学品生产过程的火灾、爆炸事故的死亡人数占因工死亡总人数的13.8%,居第一位;中毒窒息事故致死人数为死亡总人数的12%,居第二位;高空坠落和触电,分别占第三位、第四位。

(2)正常生产过程事故的多发性。

危险化学品生产企业，在正常生产活动过程中发生事故造成的工亡占因工死亡总数的66.7%，这说明化工企业安全生产的重点是正常生产过程控制。

(3)材质以及腐蚀危害的影响。

危险化学品生产的工艺设备一般都在特殊的生产条件下运行。腐蚀介质的作用，振动、压力波动造成的疲劳，高低温对材质性质的影响等都可形成事故隐患。

(4)危险化学品生产事故的多发期。

危险化学品生产装置中的许多关键设备，运转若干年后，常会出现多发故障或集中发生故障的情况，这是因为设备进入寿命周期的衰老阶段，是事故的多发期。为了预防多发期的事故，需要加强设备检测和监护，及时维护或更换到期设备，杜绝设备超期服役。

4.3.2 危险化学品事故预防

尽管危险化学品生产过程存在着各种各样的危险因素，在一定条件下可能导致事故的发生，但科学的预防措施，能够使事故得到有效控制。

4.3.2.1 防止事故发生的安全技术原则

防止事故发生的安全技术是采取有效措施约束、限制能量聚集或危险物质的意外释放。按优先次序可进行如下操作。

(1)消除危险因素。

只要生产条件允许，应尽可能地消除系统中的危险因素，实现设备设施的本质安全化，从根本上防止事故的发生。

(2)限制或减少危险因素。

一般情况下，完全消除危险因素是不可能的。人们可以根据具体的技术、经济条件，限制或减少系统中的危险因素。如以无毒物料替代有毒物料，以低毒物料替代高毒物料，从而降低伤害风险；在压力管道设置安全阀、逆止阀等。

(3)隔离、屏蔽和联锁。

隔离是从时间和空间上将作业人员与危险源分离，或防止两种或两种以上危险物质相遇，减少能量积聚或发生反应事故。屏蔽是将高风险区域控制起来保护人或重要设备,减少事故损失。联锁是将可能引起事故后果的征兆(如超高温、超高压、超流量)与控制系统进行联锁设计,确保系统在故障和异常状况时中止运行,避免事故发生。

(4)故障安全措施。

系统一旦出现故障,自动启动各种安全保护措施,部分或全部中断生产或使其进入低能的安全状态,如压缩机出口压力达到一定值后空转等。

(5)减少故障及失误。

通过减少故障、隐患、偏差及各种事故触发条件,使事故在萌芽阶段得到抑制。

(6)安全规程。

结合企业生产实际,制定各种符合危险化学品生产安全法律、法规、标准的规章制度与操作规程,推行标准化作业,是减少人为失误的重要途径。

4.3.2.2 减少事故损失的安全技术原则

减少事故损失的安全技术是在事故由于种种原因失控发生后,减少事故严重程度的措施。选取的优先次序为:

(1)隔离。

避免或减少事故损失的隔离措施,其作用在于把被保护的人或物与意外释放的能量或危险物质隔开,其具体措施包括远离、封闭、缓冲。远离是位置上处于与意外释放的能量或危险物质不能到达的地方;封闭是空间上与意外释放的能量或危险物质割断联系;缓冲是采取措施使能量吸收或减轻能量的伤害作用。

(2)薄弱环节(接受小的损失)。

利用事先设计好的薄弱环节使能量或危险物质按照人们的意图释放,防止能量或危险物质作用于被保护的人或物;因此,这项技术又称为"接受小的损失"。如压力容器或压力管道的安全阀、爆破片等就是典型的"薄弱环节"。

(3)个体防护。

个体防护是保护人体免遭伤害的最后屏障,它把人体与危险能量或危险物质隔开。佩戴对人身起保护作用的装备从本质上说也是一种隔离措施。

(4)应急管理。

危险化学品生产企业突发火灾、爆炸、中毒等事故时，应开展快速、高效的应急救援行动，力争在第一时间遏制住事态的发展。为了实现高效应急响应，应配置必要的应急救援物资，包括报警装置、堵漏器材、消防器材、监测设备、救护设备等。在危险化学品企业，编制科学可操作的生产安全事故应急预案、环境应急预案十分必要。关于应急预案的编制方法请读者参见本书第三章的相关内容。

救援分为企业内部救援和来自外部的公共救援。尽管内部救援通常只是简单的、暂时的，但由于内部救援是在事故发生的第一时刻和第一现场，其有效处置能控制事态的发展，为外部救援赢得宝贵的时间；因此，提高自身的应急救援能力对于危险化学品生产企业显得尤其重要。

化学品氧化还原、硝化、氯化、电解、催化、裂解、聚合生产过程的事故致因十分复杂，安全技术措施种类繁多。限于篇幅，本书不做深入探讨，请读者参考相关专业文献。

4.4　危险化学品储存与运输安全

危险化学品储存是指产品在离开生产领域而尚未进入消费领域之前，在流通过程中形成的一种停留。危险化学品的储存与运输，其分布点多面广，安全问题应引起足够重视。

4.4.1　危险化学品储存安全要求

4.4.1.1　通用安全要求

（1）总要求。

①危险化学品必须储存在经省、自治区、直辖市人民政府安全生产监督管理部门，或者设区的市级人民政府负责危险化学品安全监督管理工作的部门审查批准的危险化学品仓库中。未经批准不得随意设置危险化学品储存仓库。

②危险化学品应当储存在专用仓库、专用场地或者专用储存室（以下统称专用仓库）内，并由专人负责管理；剧毒化学品以及储存数量构成重大危险源的其

他危险化学品，应当在专用仓库内单独存放，并实行双人收发、双人保管制度。危险化学品的储存方式、方法以及储存数量应当符合国家标准或者国家有关规定。

③专用仓库的场地选择、层数、耐火等级、防火间距、占地面积、电气设置、紧急疏散、环境保护等必须符合相关国家标准的要求。

④危险化学品专用仓库应当符合国家标准对安全、消防的要求，设置明显标志(标志应符合《化学品分类和危险性公示通则》(GB 13690—2009)的规定)。同一区域储存两种或两种以上不同级别的危险化学品时，应按最高等级危险物品的性能设置标志。危险化学品专用仓库的储存设备和安全设施应当定期检测。

⑤对剧毒化学品以及储存数量构成重大危险源的其他危险化学品，储存单位应当将其储存数量、储存地点以及管理人员的情况，报所在地县级人民政府安全生产监督管理部门(在港区内储存的，报港口行政管理部门)和公安机关备案。

⑥生产、储存危险化学品的单位，应当对其铺设的危险化学品管道设置明显标志，并对危险化学品管道定期检查、检测。

⑦危险化学品生产装置或者储存数量构成重大危险源的危险化学品储存设施(运输工具加油站、加气站除外)，与八大场所、设施、区域的距离应当符合国家有关规定。

⑧生产、储存危险化学品的单位，应当根据其生产、储存的危险化学品的种类和危险特性，在作业场所设置相应的监测、监控、通风、防晒、调温、防火、灭火、防爆、泄压、防毒、中和、防潮、防雷、防静电、防腐、防泄漏以及防护围堤或者隔离操作等安全设施、设备，并按照国家标准、行业标准或者国家有关规定对安全设施、设备进行经常性维护、保养，保证安全设施、设备的正常使用。

⑨生产、储存危险化学品的单位，应当在其作业场所和安全设施、设备上设置明显的安全警示标志。

⑩生产、储存危险化学品的单位，应当在其作业场所设置通信、报警装置，并保证处于适用状态。

⑪危险化学品库房应防潮、平整、坚实、易于清扫。可能释放可燃性气体或蒸气，在空气中能形成粉尘、纤维等爆炸性混合物的危险化学品库房应采用不发

生火花的地面。储存腐蚀性危险化学品的库房的地面、踢脚应采取防腐材料。

⑫应建立危险化学品追溯管理信息系统，应具备危险化学品出入库记录，库存危险化学品品种、数量及库内分布等功能，数据保存期限不得少于1年，且应适时备份。

⑬储存危险化学品的仓库必须配备有专业知识的技术人员，其仓库及场所应设专人管理，管理人员必须配备可靠的安全防护和应急装备。

⑭危险化学品露天堆放，应符合防火、防爆的安全要求，爆炸性物品、一级易燃物品、遇水放出易燃气体的物质、剧毒物品不得露天堆放。

⑮危险化学品不得与禁忌物料混合储存，灭火方法不同的危险化学品不能同库储存。

⑯爆炸物宜按不同品种单独存放。当受条件限制，不同品种爆炸物需同库存放时，应确保爆炸物之间不是禁忌物品且包装完整无损。

⑰有机过氧化物应储存在危险化学品库房特定区域内，避免阳光直射，并应满足不同品种的存储温度、湿度要求。

⑱遇水放出易燃气体的物质和混合物应密闭储存在设有防水、防雨、防潮措施的危险化学品库房中的干燥区域内。

⑲自热物质和混合物的储存温度应满足不同品种的存储温度、湿度要求，并避免阳光直射。

⑳自反应物质和混合物应储存在危险化学品库房特定区域内，避免阳光直射并保持良好通风，且应满足不同品种的存储温度、湿度要求。自反应物质及其混合物只能在原装容器中存放。

㉑储存危险化学品的建筑物、区域内严禁吸烟和使用明火。

㉒危险化学品单位应当制定事故应急救援预案（预案应包括安全生产应急和环境应急的内容），配备应急救援人员和必要的应急救援器材、设备，并定期组织演练。危险化学品事故应急救援预案应当报设区的市级人民政府负责危险化学品安全监督管理工作的部门备案。

㉓储存的危险化学品必须有化学品安全技术说明书和安全标签。储存企业应根据安全技术说明书的信息实施分类储存，确定养护措施，制定并实施安全防护措施和消防措施。储存单位应及时向生产企业索取最新版本的安全技术说明书。

(2)危险化学品的储存方式。

危险化学品的储存方式有三种：

隔离储存(Segregated Storage)：在同一房间或同一区域内，不同的物品之间分开一定的距离，非禁忌物料间用通道保持空间的储存方式。

隔开储存(Cut-off Storage)：在同一建筑或同一区域内，用隔板或墙，将其与禁忌物品分离开的储存方式。

分离储存(Detached Storage)：在不同的建筑物或在同一建筑物不同房间的储存方式。

常见危险化学品的储存方式，在《常用化学危险品储存通则》(GB 15603—2022)之附录中有具体的说明。

(3)储存安排及储存量限制。

①危险化学品堆码要求。

危险化学品堆码应整齐、牢固、无倒置；不应遮挡消防设备、安全设施、安全标志和通道。除200升及以上的钢桶、气体钢瓶外，其他包装的危险化学品不应直接与地面接触，垫底高度不小于10厘米。采用货架存放时，应置于托盘上并采取固定措施。

仓库堆垛间距应满足以下要求：

主通道大于或等于200厘米；

墙距大于或等于50厘米；

柱距大于或等于30厘米；

垛距大于或等于100厘米(每个堆垛的面积不应大于150平方米)；

灯距大于或等于50厘米。

②遇火、遇热、遇潮能引起燃烧、爆炸或发生化学反应，产生有毒气体的危险化学品不得在露天或潮湿、积水的建筑物中储存。

③受日光照射能发生化学反应引起燃烧、爆炸、分解、化合或能产生有毒气体的危险化学品应储存在一级建筑物中，其包装应采取避光措施。

④爆炸性物品不准和其他类物品同储，必须单独隔离限量储存，仓库不准建在城镇，还应与周围建筑、交通干线、输电线路保持一定的安全距离。

⑤压缩气体和液化气体必须与爆炸性物品、氧化剂、易燃物品、自燃物品、

腐蚀性物品隔离储存。易燃气体不得与助燃气体、剧毒气体同储；氧气不得和油脂混合储存；盛装液化气体的容器属压力容器的，必须有压力表、安全阀、紧急切断装置，并定期检查，不得超装。

⑥易燃液体、遇水放出易燃气体的物质、易燃固体不得与氧化剂混合储存，具有还原性的氧化剂应单独存放。

⑦有毒物品应储存在阴凉、通风、干燥的场所，不得露天存放，不得接近酸类物质。

⑧腐蚀性物品包装必须严密，不允许泄漏，严禁与液化气体和其他物品共存。

(4) 危险化学品养护。

危险化学品入库时应严格检验物品的质量、数量、包装情况及有无泄漏。危险化学品入库后应采取适当的养护措施，在储存期内定期检查，发现其品质变化、包装破损、渗漏、稳定剂短缺等，应及时处理。

库房温度、湿度应严格控制、经常检查，发现变化及时调整。

(5) 危险化学品出入库管理。

①储存危险化学品的仓库必须建立严格的出入库管理制度。剧毒化学品的储存单位应当对剧毒化学品的储存量如实记录，并设置在线监控等必要的安全措施，防止剧毒化学品被盗、丢失或者误售、误用；发现剧毒化学品被盗、丢失或者误售、误用时，必须立即向当地公安部门报告。

②危险化学品出入库前均应按合同进行检查验收、登记，验收内容包括数量、包装、危险标志等。

③进入危险化学品储存区域的人员、机动车辆和作业车辆必须采取防火措施。进入危险化学品库区的机动车辆应安装防火罩。机动车装卸货物后，不准在库区、库房、货场内停放和修理。汽车、拖拉机不准进入甲、乙、丙类物品库房；进入甲、乙类物品库房的电瓶车、铲车应是防爆型；进入丙类物品库房的电瓶车、铲车应装有防止火花溅出的安全装置。

④装卸、搬运危险化学品时应按照有关规定进行。操作时，应轻搬轻放，严禁背负肩扛，防止摩擦、震动和撞击。

⑤装卸有毒及腐蚀性物品时，操作人员应根据危险状况穿戴相应的防护用

品。装卸毒害品的人员应具有操作毒害品的一般知识，作业人员应佩戴手套和相应的防毒口罩或面具，穿防护服。作业中不得饮食，不得用手擦嘴、脸、眼睛。装卸腐蚀品的人员应穿工作服、戴护目镜、胶皮手套、胶皮围裙等必需的防护用具。

⑥装卸易燃易爆物料(含氧化剂)时，装卸人员应穿防静电工作服，戴手套、口罩等必需的防护用具，操作时轻搬轻放、避免摩擦和撞击。盛装危险化学品的桶、钢瓶不得滚动搬运。各项操作不得使用产生火花的机具，作业现场须远离热源和火源。

⑦各类危险化学品分装、改装、开箱(桶)检查等应在库房外进行。

⑧不得用同一车辆运输互为禁忌的物料(如双氧水与强碱、汽油与氯酸钾等)，包括库内搬、倒运。

⑨修补、换装、清扫、装卸易燃易爆物料时，应使用不产生火花的铜制、合金制或其他工具。

⑩在操作各类危险化学品时，企业应针对各类危险化学品的危害性质，准备相应的急救药品，制定应急预案。

(6)消防措施。

①根据危险化学品特性和仓库条件，必须配置相应的消防设备、设施和灭火药剂。

②储存危险化学品的建筑物内应根据仓库条件安装自动监测火灾报警系统。若条件允许，应安装灭火喷淋系统(遇水燃烧的危险化学品、不可用水扑救的火灾除外)，其喷淋强度和供水时间为：

喷淋强度 $15L/(min \cdot m^2)$；持续时间90分钟。

③从事消防自动监控系统工作的人员必须经培训合格，持证上岗。

(7)安全制度与人员培训。

危险化学品储存单位应结合企业实际，制定并实施科学、可操作的安全管理规章制度，加强安全检查，及时排查和消除事故隐患，降低事故风险。

危险化学品储存单位应制定突发火灾、泄漏事故的应急预案，预案应考虑环境安全的要求，并定期开展演练，以提高人员的应急响应能力。

应对危险化学品仓库的工作人员进行培训，经考核合格后持证上岗。危险化学品仓库的消防人员除了具有一般消防知识外,还应进行针对性的专门培训,使其熟悉各区域储存危险化学品的种类、特性、事故应急处理程序及方法。

(8)废弃危险化学品处理。

根据《国家危险废物名录(2015年版)》,对危险化学品是否为危险废物给出了定义,即"被所有者申报废弃的,或者未申报废弃但被非法排放、倾倒、利用、处置的,以及有关部门依法收缴或者接收且需要销毁的列入《危险化学品目录》的危险化学品(不含该目录中仅具有"加压气体"物理危险性的危险化学品)"的可称之为危险废物(废物代码是900-999-49),应该当作危险废物进行管理。

从上述定义看,《国家危险废物名录(2015年版)》对代码为900-999-49的危险废物设置了明确的限制条件,因此,不能将不用的或者过期的危险化学品称之为危险废物。

企业产生了代码为900-999-49类危险废物的,应按照危险废物规范化管理的相关要求做好环境管理。此外,由于这类废弃危险化学品的危险特性并没有发生改变,可能依然具备易燃易爆、剧毒、腐蚀、自燃等危险特性,所以企业应按照同类危险化学品的要求加强安全管理,防止发生事故。

4.4.1.2 储存易燃易爆品的安全要求

《易燃易爆性商品储存养护技术条件》(GB 17914—2013)对易燃易爆性商品的储存安全提出了具体要求,主要包括:

(1)建筑条件应符合《建筑设计防火规范》(GB 50016—2014(2018年版))的要求,库房耐火等级不低于二级。

(2)应干燥、易于通风、密闭和避光,并应安装避雷装置;库房内可能散发(或泄漏)可燃气体、可燃蒸汽的场所应安装可燃气体检测报警装置。

(3)各类商品依据性质和灭火方法的不同,应严格分区、分类和分库存放。易爆性商品应储存于一级轻顶耐火建筑的库房内。低、中闪点液体、一级易燃固体、自燃物品、压缩气体和液化气体类应储存于一级耐火建筑的库房内。遇湿易燃商品、氧化剂和有机过氧化物应储存于一、二级耐火建筑的库房内。易燃气体不应与助燃气体同库储存。

(4)商品应避免阳光直射、远离火源、热源、电源及产生火花的环境。以下品种应专库储存：①爆炸品：黑色火药类、爆炸性化合物应专库储存；②压缩气体和液化气体：易燃气体、助燃气体和有毒气体应专库储存；③易燃液体可同库储存，但灭火方法不同的商品应分库储存；④易燃固体可同库储存；但发乳剂 H 与酸或酸性商品应分库储存；⑤硝酸纤维素酯、安全火柴、红磷及硫化磷、铝粉等金属粉类应分库储存；⑥自燃商品：黄磷，羟基金属化合物，浸动、植物油的制品应分库储存；⑦遇湿易燃商品应专库储存；⑧氧化剂和有机过氧化物，一、二级无机氧化剂与一、二级有机氧化剂应分库储存；氯酸盐类、高锰酸盐、亚硝酸盐、过氧化钠、过氧化氢等应分别专库储存。

(5) 环境要求：库房周围无杂草和易燃物。库房内地面无漏洒商品，保持地面与货垛清洁卫生。

4.4.1.3 储存有毒品的安全要求

《毒害性商品储存养护技术条件》(GB 17916—2013) 对毒害性商品的储存安全提出了具体要求，主要包括：

(1) 库房保持干燥、通风。机械通风排毒应有安全防护和处理措施。库房耐火等级不低于二级。

(2) 仓库应远离居民区和水源。商品避免阳光直射、暴晒、远离热源、电源、火源，在库内(区)固定和方便的位置配备与毒害性商品性质相匹配的消防器材、报警装置和急救药箱。不同种类的毒害性商品，视其危险程度和灭火方法的不同应分开存放，性质相抵的毒害性商品不应同库混存。剧毒性商品应专库储存或存放在彼此间隔的单间内，并安装防盗报警器和监控系统，库门装双锁，实行双人收发、双人保管制度。

(3) 库区和库房内保持整洁。对散落的毒害性商品应按照其安全技术说明书提供的方法妥善收集处理。库区的杂草及时清除。用过的工作服、手套等用品应放在库外安全地点，妥善保管并及时处理。更换储存毒害性商品品种时，要将库房清扫干净。

(4) 温湿度条件适宜。库房温度不宜超过 35℃，易挥发的毒害性商品库房温度应控制在 32℃以下，相对湿度应在 85%以下。对于易潮解的毒害性商品，库房相对湿度应控制在 80%以下。

4.4.1.4 储存腐蚀品的安全要求

《腐蚀性商品储存养护技术条件》(GB 17915—2013)对腐蚀性商品的储存安全提出了具体要求，主要包括：

(1)库房应阴凉、干燥、通风、避光。经过防腐蚀、防渗处理，库房的建筑应符合《工业建筑防腐蚀设计标准》(GB/T 50046—2018)的规定。

(2)储存发烟硝酸、嗅素、高氯酸的库房应干燥通风，耐火要求应符合《建筑设计防火规范》(GB 50016—2014(2018年版))的规定，耐火等级不低于二级。

(3)溴氢酸、碘氢酸应避光储存，溴素应专库储存。

(4)货棚应干燥卫生。露天货场应防潮防水。

(5)安全条件必须满足避免阳光直射、暴晒、远离热源、电源、火源，库房建筑及各种设备应符合《建筑设计防火规范》(GB 50016—2014(2018年版))的规定。按不同类别、性质、危险程度、灭火方法等分区分类储存，性质和消防施救方法相抵的商品不应同库储存。应在库区设置洗眼器等应急处置设施。

(6)库房应保持清洁。库区的杂物、易燃物应及时清理，排水保持畅通。

4.4.2 危险化学品运输安全

运输是危险化学品流通过程中的一个重要环节，国务院《危险化学品安全管理条例》对危险化学品的运输企业、运输工具、运输人员等做了明确规定，旨在加强对危险化学品运输的安全管理，预防事故发生。

4.4.2.1 危险化学品运输的资质认定

国务院《危险化学品安全管理条例》规定，国家对危险化学品的运输实行资质认定制度，未经资质认定，不得运输危险化学品。危险化学品运输企业的许可证由交通部门颁发。

危险化学品道路运输企业、水路运输企业的驾驶人员、船员、装卸管理人员、押运人员、申报人员、集装箱装箱现场检查员应当经交通运输主管部门考核合格，取得从业资格。运输危险化学品的驾驶人员、船员、装卸管理人员、押运人员、申报人员、集装箱装箱现场检查员，应当了解所运输的危险化学品的危险特性及其包装物、容器的使用要求和出现危险情况时的应急处置方法。

4.4.2.2 危险化学品运输的一般安全要求

(1)托运危险化学品的，托运人应当向承运人说明所托运的危险化学品的种类、数量、危险特性以及发生危险情况的应急处置措施，并按照国家有关规定对所托运的危险化学品妥善包装，在外包装上设置相应的标志。运输危险化学品需要添加抑制剂或者稳定剂的，托运人应当添加，并将有关情况告知承运人。

(2)托运人不得在托运的普通货物中夹带危险化学品，不得将危险化学品匿报或者谎报为普通货物托运。任何单位和个人不得交寄危险化学品或者在邮件、快件内夹带危险化学品，不得将危险化学品匿报或者谎报为普通物品交寄。邮政企业、快递企业不得收寄危险化学品。

(3)通过道路运输危险化学品的，应当按照运输车辆的核定载质量装载危险化学品，不得超载。危险化学品运输车辆应当符合国家标准要求的安全技术条件，并按照国家有关规定定期进行安全技术检验。危险化学品运输车辆应当悬挂或者喷涂符合国家标准要求的警示标志。

(4)通过道路运输危险化学品的，应当配备押运人员，并保证所运输的危险化学品处于押运人员的监控之下。运输危险化学品途中因住宿或者发生影响正常运输的情况，需要较长时间停车的，驾驶人员、押运人员应当采取相应的安全防范措施；运输剧毒化学品或者易制爆危险化学品的，还应当向当地公安机关报告。

(5)未经公安机关批准，运输危险化学品的车辆不得进入危险化学品运输车辆限制通行的区域。危险化学品运输车辆限制通行的区域由县级人民政府公安机关划定，并设置明显的标志。

(6)通过道路运输剧毒化学品的，托运人应当向运输始发地或者目的地县级人民政府公安机关申请剧毒化学品道路运输通行证。

(7)易制爆危险化学品在道路运输途中丢失、被盗、被抢或者出现流散、泄漏等情况的，驾驶人员、押运人员应当立即采取相应的警示措施和安全措施，并向当地公安机关报告，同时报告应急管理主管部门和生态环境主管部门，有关部门应当采取必要的应急处置措施。

(8)在危险化学品装卸过程中,应当根据危险货物的性质,轻装轻卸,堆码整齐,防止混杂、撒漏、破损,不得与普通货物混合堆放。

(9)危险物品装卸前,应对车(船)搬运工具进行必要的通风和清扫,不得留有残渣。对装有剧毒物品的车(船),卸车后一定要洗刷干净。

(10)装运爆炸、剧毒、放射性、易燃液体与气体等物品,必须使用符合安全要求的运输工具:

禁止用电瓶车、翻斗车、铲车、自行车等运输爆炸物品。运输强氧化剂、爆炸品及用铁桶包装的一级易燃液体时,没有采取可靠的安全措施,不得用铁底板车及汽车挂车运输。

禁止用叉车、铲车、翻斗车搬运易燃、易爆液化气体等危险物品。

温度较高地区装运液化气体和易燃液体等危险物品,要有防晒设施。

放射性物品应用专用运输搬运车和抬架搬运,装卸机械应按规定负荷降低25%。

遇水燃烧物品及有毒物品禁止用小型机帆船、小木船和水泥船承运。

运输爆炸、剧毒和放射性物品,应指派专人押运。

运输危险物品的车辆必须保持安全车速,保持车距,严禁超车、超速和强行会车。运输危险物品的行车路线应事先经当地公安交通部门批准,按指定的路线和时间运输,不可在繁华街道行驶和停留。

运输易燃、易爆物品的机动车,其排气管应装阻火器,并悬挂相应的危险警示标志。

运输散装固体危险物品,应该根据性质采取防火、防爆、防水、防粉尘飞扬和遮阳等措施。

(11)运输危险化学品必须配备必要的应急处置器材和防护用品。

(12)化学性质不相容的危险物品,不得同车(船)运输。

4.4.2.3 剧毒化学品运输

国务院《危险化学品安全管理条例》规定,通过道路运输剧毒化学品的,托运人应当向运输始发地或者目的地县级人民政府公安机关申请剧毒化学品道路运输通行证。申请剧毒化学品道路运输通行证,托运人应当向县级人民政府公安机关提交：

（1）拟运输的剧毒化学品品种、数量的说明；

（2）运输始发地、目的地、运输时间和运输路线的说明；

（3）承运人取得危险货物道路运输许可、运输车辆取得营运证以及驾驶人员、押运人员取得上岗资格的证明文件；

（4）剧毒化学品购买许可证等相关许可证件。

国务院《危险化学品安全管理条例》规定，禁止通过内河封闭水域运输剧毒化学品以及国家规定禁止通过内河运输的其他危险化学品，因为一旦发生泄漏事故，将会造成大面积污染，且污染难以消除。

通过铁路运输剧毒化学品时，必须按照铁道部《铁路剧毒品运输跟踪管理暂行规定》执行：

① 必须在铁道部批准的剧毒品办理站或专用线、专用铁路办理。

② 剧毒品仅限采用毒品专用车、企业自备车和企业自备集装箱运输，铁路不办理剧毒品的零担发送业务。

③ 必须配备2名以上押运人员。

④ 填写运单一律使用黄色纸张印刷，并在纸张上印有骷髅图案。

⑤ 铁道部运输局负责全路剧毒品运输跟踪管理工作。

4.5　不相容危险化学品辨识

所谓不相容危险化学品，指的是因两种物质的化学性质相克，当它们混合时不需要外加条件即可发生化学反应，生成新的物质(如有毒气体)甚至发生火灾爆炸事故。这类不相容的危险化学品组合包括：强酸与强碱、氧化剂与还原剂、强酸与强氧化剂、强氧化剂与易燃易爆物品、强酸与易燃易爆物品等。

在化工、电镀、线路板等行业中，企业往往需要使用大量彼此不相容的危险化学品，当混存混放时，就可能发生火灾爆炸事故。

表4-4、表4-5、表4-6分别为危险化学品混合发生火灾爆炸的组合、混合发生激烈反应的组合、混合产生有毒物质的组合。

表 4-4　　　　　　　　　　混合发生火灾爆炸的组合

物质 A	物质 B	可能发生的某些现象	物质 A	物质 B	可能发生的某些现象
氧化剂	可燃物	生成爆炸性混合物	过氧化氢溶液	胺类	爆炸
氯酸盐	酸	混触发火	醚	空气	生成爆炸性的有机过氧化物
亚氯酸盐	酸	混触发火	烯烃	空气	生成爆炸性的有机过氧化物
次氯酸盐	酸	混触发火	氯酸盐	铵盐	生成爆炸性的铵盐
三氧化铬	可燃物	混触发火	亚硝酸盐	铵盐	生成不稳定的铵盐
高锰酸钾	可燃物	混触发火	氯酸钾	红磷	生成对冲击、摩擦敏感的爆炸物
高锰酸钾	浓硫酸	爆炸	乙炔	铜	生成对冲击、摩擦敏感的铜盐
四氯化铁	碱金属	爆炸	苦味酸	铅	生成对冲击、摩擦敏感的铅盐
硝基化合物	碱	生成高感度物质	浓硝酸	胺类	混触发火
亚硝基化合物	碱	生成高感度物质	过氧化钠	可燃物	混触发火
碱金属	水	混触发火	亚硝胺	酸	混触发火

表 4-5　　　　　　　　　　混合发生激烈反应的不相容组合

物质 A	物质 B	物质 A	物质 B
醋酸	铬酸、硝酸、含氢氧基的化合物、乙二醇、过氯酸、过氧化物、高锰酸盐	氢氟酸及氟化氢	氨或氨的水溶液
丙酮	浓硝酸和浓硫酸混合物	过氧化氢	铜、铬、铁、大多数金属或它们的盐、任何易燃液体、可燃物、苯胺、硝基甲烷

续表

物质 A	物质 B	物质 A	物质 B
乙炔	氯、溴、铜、银、氟及汞	碱金属和碱土金属，如钠、钾、锂、镁、钙、铝粉	二氧化碳、四氯化碳及其他烃类氯化物(火场中有物质 A 时禁用水、泡沫及干粉灭火,可用干砂灭火)
碘	乙炔、氨(无水的或水溶液)	硝基烷烃	无机碱、胺
无水的氨	汞氯、次氯酸钙、碘、溴和氟	草酸	银、汞
硝酸铵	酸、金属粉、易燃液体、氯酸盐		
苯胺	硝酸、过氧化氢	氧	油、脂、氢、易燃的液体、易燃气体和可硝化物质、纸、硬纸板、破布
氧化钙	水	过氯酸	酸酐、铋和其合金、醇、纸、木、脂、油
溴	氨、乙炔、丁二烯、丁烷和其他石油气、氢、钠的碳化物、松节油、苯及金属粉屑	有机过氧化物	酸(有机或无机)，避免摩擦,冷藏
活性炭	次氯酸钙	黄磷	空气、氧
氯酸盐	氨、乙炔	氯酸钾	酸、氨、乙炔
铬酸和三氧化铬	醋酸、萘、樟脑、甘油、松节油、醇及其他易燃液体	过氯酸钾	酸、酸酐、铋和其合金、醇、纸、木、脂、油
氯	氨、乙炔、丁二烯、丁烷和其他石油气、氢、钠的碳化物、松节油、苯及金属粉屑	高锰酸钾	甘油、乙二醇、苯甲醛、硫酸
二氧化氯	氨、甲烷、磷化氢	银	乙炔、草酸、酒石酸、雷酸、铵化合物

4.5　不相容危险化学品辨识

续表

物质 A	物质 B	物质 A	物质 B
铜	乙炔、过氧化氢	硝酸钠	硝酸铵及其铵盐
肼(联氨)	过氧化氢、硝酸、其他氧化剂	过氧化钠	任何可氧化的物质,如乙醇、甲醇、冰醋酸、酸酐、苯甲醛、二硫化碳、甘油、乙二醇、醋酸乙酯、醋酸甲酯及糠醛
烃(苯、丁烷、丙烷、汽油、松节油等)	氟、氯、溴、铬酸、过氧化物	硫酸	氯酸盐、过氯酸盐、高锰酸盐
硫化氢	发烟硝酸、氧化性气体	氢氰酸	硝酸、碱

表 4-6　　　　　　　　　混合产生有毒物的不相容组合

物质 A	物质 B	产生有毒物	物质 A	物质 B	产生有毒物
含砷化合物	还原剂	砷化三氢	亚硝酸盐	酸	二氧化氮
叠(迭)氮化合物	酸	叠氮化氢	磷	苛性碱或还原剂	磷化氢
氰化物	酸	氰化氢	硒化物	还原剂	硒化氢
硝酸盐	硫酸	二氧化氮	硫化物	酸	硫化氢
次氯酸盐	酸	氯或次氯酸	碲化物	还原剂	碲化氢
硝酸	铜、镍、重金属	二氧化氮			

4.6　危险化学品火灾扑救

4.6.1　扑灭火灾应遵循的一般原则

4.6.1.1　正确选择灭火剂并充分发挥其效能

常用的灭火剂有水、蒸汽、二氧化碳、干粉和泡沫等。由于灭火剂的种类较多，效能各不相同，所以在扑救火灾时，一定要根据燃烧物料的性质、设备设施的特点、火源点部位(高、低)及其火势等情况，选择冷却、灭火效能特别高的灭火剂扑救火灾，充分发挥灭火剂各自的冷却与灭火的最大效能。

4.6.1.2 注意保护重点部位

当火场的相邻区域内有大量易燃易爆或毒性化学物质时，应该把这个部位作为重点保护对象，在实施冷却保护的同时，要尽快地组织力量消灭其周围的火源点，条件许可时应尽快转移易燃易爆或毒性物品，以防灾情扩大。

4.6.1.3 防止复燃复爆

将火灾消灭以后，要留有必要数量的灭火力量继续冷却燃烧区内的设备、设施、建(构)筑物等，消除残火，同时将泄漏出的危险化学品安全转移。对可以用水灭火的场所要尽量使用蒸汽或喷雾水流稀释，清除空间残存的可燃气体或蒸气，以防止复燃复爆。

4.6.1.4 防止高温危害

火场上高温的存在不仅造成火势蔓延扩大，也会威胁灭火人员安全，可以使用喷水降温、利用掩体保护、穿隔热服装保护、定时组织换班等方法避免高温危害。

4.6.1.5 防止毒害危害

危险化学品火灾事故，可能出现一氧化碳、硫化氢、二氧化硫、二氧化氮、光气等有毒气体。实施扑救行动时，应当设置警戒区，进入警戒区的抢险人员应当佩戴个体防护装备，防止中毒伤害。

4.6.1.6 防止污染环境

危险化学品火灾事故的扑救过程中，消防水可能会携带残余的有毒有害物质流入受纳水体，这就造成次生性环境污染事件；因此在扑救火灾过程中，应做好围堰，收集污染废水，转移至污水处理站处理后达标排放。

4.6.2 危险化学品火灾的扑救方法

4.6.2.1 气体类火灾

对可燃气体类火灾切忌盲目扑灭火焰,在没有采取堵漏措施的情况下,必须保持稳定燃烧;否则,大量可燃气体泄漏出来与空气混合,遇明火就会发生爆炸,造成更为严重的后果;若是有毒气体泄漏出来,还可能使应急人员和周围群众中毒。

干粉和二氧化碳能扑灭大部分气体火灾,但对大面积气体火灾,往往无能为力,这时,切断易燃气体来源和用大量的水进行冷却降温是灭火的主要手段。

4.6.2.2 爆炸物品火灾

爆炸是很难扑救的,万一发生爆炸起火,应尽快转移并妥善处理未爆炸物品,以免发生再次爆炸。可用水或各种灭火剂扑救,但不能用砂土等物压盖爆炸物品,以免增大杀伤力;另外扑救爆炸物品堆垛火灾时,水流应采用吊射,避免强力水流直接冲击堆垛,造成堆垛倒塌引起再次爆炸。

4.6.2.3 遇水放出易燃气体的物质火灾

对于遇水放出易燃气体的物质火灾,绝对禁止用水、泡沫、酸碱等湿性灭火剂扑救,一般可使用干粉、二氧化碳、卤代烷扑救。固体遇水放出易燃气体的物质应使用水泥、干砂、干粉、硅藻土等覆盖;对镁粉、铝粉等粉尘,切忌喷射有压力的灭火剂,以防止将粉尘吹扬起来,引起粉尘爆炸。

遇水燃烧物中,如锂、钠、钾、铷、铯、锶等,由于化学性质十分活泼,能夺取二氧化碳中的氧而引起化学反应,使燃烧更猛烈,所以也不能用二氧化碳扑救。

4.6.2.4 易燃液体火灾

液体火灾特别是易燃液体火灾发展迅速而猛烈,有时甚至会发生爆炸。这类物品的火灾主要根据它们的比重大小及能否溶于水等性质来确定灭火方法。

一般来说,对比水轻(比重小于1)又不溶于水的易燃和可燃液体,如苯、甲苯、汽油、煤油、轻柴油等的火灾,可用泡沫或干粉扑救。初始起火时,燃烧面积不大或燃烧物不多时,也可用二氧化碳扑救;不能用水扑救,因为当用水扑救时,易燃可燃液体比水轻,会浮在水面上随水流淌而扩大火灾。

比水重(比重大于1)而不溶于水的液体,如二硫化碳、萘、蒽等着火时,可用水扑救,覆盖在液体表面的水层必须有一定厚度,方能压住火焰;如使用化学泡沫灭火时,泡沫强度必须比扑救不溶于水的易燃液体大3~5倍。

能溶于水的液体,如甲醇、乙醇等醇类,醋酸乙酯、醋酸丁酯等酯类,丙酮、丁酮等酮类发生火灾时,应用雾状水或抗溶性泡沫、干粉等扑救;在火灾初期或燃烧物不多时,也可用二氧化碳扑救。

敞口容器内易燃可燃液体着火,不能用砂土扑救;因为砂土非但不能覆盖液体表面,反而会沉积于容器底部,造成液位上升以致溢出,使火灾蔓延。

4.6.2.5 毒害和腐蚀品火灾

一般毒害物品着火时,可用水及其他灭火剂扑救;但毒害物品中的氰化物、硒化物、磷化物着火时,就不能用酸碱灭火剂扑救,只能用雾状水或二氧化碳等灭火。

腐蚀性物品着火时,可用雾状水、干砂、泡沫、干粉等扑救。硫酸、硝酸等酸类腐蚀品不能用加压密集水流扑救,因为密集水流会使酸液发热甚至沸腾,四处飞溅而伤害扑救人员。

扑救毒害物品和腐蚀性物品火灾时,还应注意节约水量和水的流向,同时注意尽可能收集灭火过程产生的废水,以免污染环境,甚至污染饮用水源。有害和腐蚀性物品的火灾扑救,应做好个体防护措施,使用防毒面具、防化服、防酸碱手套等。

4.6.2.6 易燃固体、易于自燃物的物质火灾

易燃固体发生火灾时,一般都能用水、砂土、石棉毯、泡沫、二氧化碳、干粉等灭火剂扑救,但铝粉、镁粉等着火不能用水和泡沫灭火剂扑救。另外,粉状固体着火时,不能用灭火剂直接强烈冲击以避免粉尘被冲散,在空气中形成爆炸

性混合物引发爆炸。

磷的化合物、硝基化合物和硫黄等易燃固体着火燃烧时会产生有毒和刺激气体,扑救时人要站在上风向,以防中毒。

易于自燃物的物质起火时,除三乙基铝和铝铁溶剂等不能用水扑救外,一般可用大量的水进行灭火,也可用砂土、二氧化碳和干粉灭火剂灭火。三乙基铝遇水产生乙烷,铝铁溶剂燃烧时温度极高,能使水分解产生氢气,所以不能用水灭火。

4.6.2.7 氧化剂和有机过氧化物火灾

氧化剂引起的火灾,一般可用砂土进行扑救;大部分氧化剂引起的火灾都能用水扑救,最好用雾状水。如果用加压水则先用砂土压盖在燃烧物上,再行扑灭。过氧化物和不溶于水的液体有机氧化剂,应用砂土或二氧化碳、干粉灭火剂扑救。这是因为过氧化物遇水反应能放出氧,加速燃烧;不溶于水的液体有机氧化剂一般比重小于1(比水轻),如用水扑救时,会浮在水上面流淌扩大火灾。

4.7 危险化学品安全法规

危险化学品种类繁多、性质复杂,在生产、运输、使用过程中稍有疏漏,就可能对人员安全健康和生态环境造成危害。从20世纪60年代开始,世界各工业国家、联合国和一些国际组织纷纷制定有关法规、标准和公约,旨在强化化学品的安全管理,有效预防和控制化学品的危害和环境污染事故。

我国是世界上化学品生产和进出口大国。中国政府十分关注和重视化学品的安全生产、安全流通和安全使用,相继颁布了一系列法律、法规、规章和标准,对化学品实行从"摇篮"到"坟墓"的全生命周期管理。

4.7.1 涉及危险化学品的安全法律

2021年9月1日起施行的新《安全生产法》,多条款明确了危险化学品的安全管理要求:第二十七条规定:"生产经营单位的主要负责人和安全生产管理人员必须具备与本单位所从事的生产经营活动相应的安全生产知识和管理能力。危险物品的生产、经营、储存、装卸单位以及矿山、金属冶炼、建筑施工、运输单位的主要负责人和安全生产管理人员，应当由主管的负有安全生产监督管理职责的部门对其安全生产知识和管理能力考核合格。危险物品的生产、储存、装卸单位以及矿山、金属冶炼单位应当有注册安全工程师从事安全生产管理工作。"第三十九条规定："生产、经营、运输、储存、使用危险物品或者处置废弃危险物品的，由有关主管部门依照有关法律、法规的规定和国家标准或者行业标准审批并实施监督管理。生产经营单位生产、经营、运输、储存、使用危险物品或者处置废弃危险物品，必须执行有关法律、法规和国家标准或者行业标准，建立专门的安全管理制度，采取可靠的安全措施，接受有关主管部门依法实施的监督管理。"第四十二条规定："生产、经营、储存、使用危险物品的车间、商店、仓库不得与员工宿舍在同一座建筑物内，并应当与员工宿舍保持安全距离。"

1994年10月27日，第八届全国人大常委会第十次会议批准了第170号国际公约《作业场所安全使用化学品公约》。该公约就化学品的危险性鉴别与分类、标签和标识、安全技术说明书(CSDS)、供应商的责任、雇主的责任和义务、员工的权利和义务、出口国的责任、废弃物处置等问题作出了基本的规定。

4.7.2 国务院关于危险化学品安全的行政法规

国务院的《危险化学品安全管理条例》对八个政府部门的职责做了明确分工，从危险化学品生产、使用、经营、储存、运输、废弃处置六个环节确立了一系列危险化学品安全管理制度。

《危险化学品安全管理条例》是化工领域最重要、最基本的法规，必须熟练掌握和应用。其要点有以下几个方面：

(1)《危险化学品安全管理条例》管理的是危险化学品从产生到废弃处置的全部六个环节，即生产、使用、储存、经营、运输、废弃处置的相关内容。

(2)《危险化学品安全管理条例》由安监、公安、质监、环保、交通、卫生、工商、邮政共八个政府部门分别执法。各部门的职责具体简述如下：

安全监管部门：负责危险化学品安全监督管理综合工作，组织确定、公布、调整危险化学品目录，对新建、改建、扩建生产、储存危险化学品(包括使用长输管道输送危险化学品，下同)的建设项目进行安全条件审查，核发危险化学品安全生产许可证、危险化学品安全使用许可证和危险化学品经营许可证，并负责危险化学品登记工作。

公安部门：负责危险化学品的公共安全管理，核发剧毒化学品购买许可证、剧毒化学品道路运输通行证，并负责危险化学品运输车辆的道路交通安全管理。

质监部门：负责核发危险化学品及其包装物、容器(不包括储存危险化学品的固定式大型储罐，下同)生产企业的工业产品生产许可证，并依法对其产品质量实施监督，负责对进出口危险化学品及其包装实施检验。

环保部门：负责废弃危险化学品处置的监督管理，组织危险化学品的环境危害性鉴定和环境风险程度评估，确定实施重点环境管理的危险化学品，负责危险化学品环境管理登记和新化学物质环境管理登记；依照职责分工调查相关危险化学品环境污染事故和生态破坏事件，负责危险化学品事故现场的应急环境监测。

交通部门：负责危险化学品道路运输、水路运输的许可以及运输工具的安全管理，对危险化学品水路运输安全实施监督，负责危险化学品道路运输企业、水路运输企业驾驶人员、船员、装卸管理人员、押运人员、申报人员、集装箱装箱现场检查员的资格认定。铁路主管部门负责危险化学品铁路运输的安全管理，负责危险化学品铁路运输承运人、托运人的资质审批及其运输工具的安全管理。民用航空主管部门负责危险化学品航空运输以及航空运输企业及其运输工具的安全管理。

卫生部门：负责危险化学品毒性鉴定的管理，负责组织、协调危险化学品事故受伤人员的医疗卫生救援工作。

工商部门：依据有关部门的许可证件，核发危险化学品生产、储存、经营、运输企业营业执照，查处危险化学品经营企业违法采购危险化学品的行为。

邮政部门：负责依法查处寄递危险化学品的行为。

《危险化学品安全管理条例》提出了危险化学品的11项监管制度：

危险化学品生产、储存企业设立审批制度；

危险化学品生产许可证制度；

危险化学品经营许可证制度；

危险化学品包装物生产企业定点审批制度；

剧毒品准购、准运制度；

危险化学品运输企业资质认定制度；

危险化学品登记制度；

从业人员培训考核持证上岗制度；

事故应急救援制度；

违规责任追究制度；

安全评价制度。

《安全生产许可证条例(2014年修订)》，对矿山企业、建筑施工企业和危险化学品、烟花爆竹、民用爆破器材生产企业实行安全生产许可制度，要求这些企业必须申请获得安全生产许可证后方可组织生产，便于从源头上防止和减少事故发生。

《危险废物经营许可证管理办法(2016年修订)》，对从事危险废物收集、储存、处置经营活动作出了相应规定，实行危险废物经营许可证制度，避免危险废物失控污染环境、威胁生态安全。

4.7.3 危险化学品安全管理规章

公安部于2005年颁布了《剧毒化学品购买和公路运输许可证管理办法》(公安部令第77号)，对剧毒化学品购买和公路运输许可作出了具体规定。

交通运输部于2013年发布了《道路危险货物运输管理规定》(交通运输部令2013年第2号)，详细地规定了危险货物的种类、危险性标志、包装和安全运输的条件，提出了危险物品在运输过程中的防护措施。

2012年，国家安全生产监督管理总局颁布了《危险化学品登记管理办法》(安全监管总局令第53号)、《危险化学品经营许可证管理办法》(安全监管总局令第55号)、《危险化学品包装物、容器生产企业定点管理办法》(国家经贸委令第37号)，分别对危险化学品登记注册、经营许可，以及危险化学品包装物、容器生产定点等事项作出了具体规定。

国家安全监管总局会同工业和信息化、公安、环境保护、卫生、质检、交通运输、铁路、民用航空、农业等主管部门于2015年颁布了《危险化学品目录(2015年版)》；2004年，国家安全生产监督管理局先后颁布了《危险化学品生产储存建设项目安全审查办法》(国家安全生产监督管理局令第17号)、《危险化学品生产企业安全生产许可证实施办法》(国家安全生产监督管理局令第41号)、《烟花爆竹生产企业安全生产许可证实施办法》(国家安全生产监督管理局令第54号)、《生产经营单位生产安全事故应急预案编制导则》(GB/T 29639—2020)等对危险化学品生产、储存建设项目的安全审查机构和程序、危险化学品和烟花爆竹的安全生产许可证管理、安全生产基本条件、危险化学品从业单位、危险化学品事故应急救援预案等事宜作出了明确规定。

4.7.4 化学品安全标准

多年来，我国制定了一系列涉及危险化学品安全管理的国家标准，初步形成了危险化学品安全标准体系。

《化学品分类和危险性公示　通则》(GB 13690—2009)对应于联合国《化学品分类及标记全球协调制度》(GHS)第二版(ST/SG/AC.10/30/Rev.2)，将危险化学品按理化危险、健康危险、环境危险进行分类，并对其危险性标志做出了规定。

《危险货物分类及品名编号》(GB 6944—2012)将危险货物分为9大类，规定了各类物质危险类别划分依据和品名编号方法。

《危险货物品名表》(GB 12268—2012)规定了危险货物名品表的一般规定和结构，以及危险货物的编号、名称和说明、英文名称、类别和项别、次要危险性及包装类别等。

《化学品安全技术说明书内容和项目顺序》(GB/T 16483—2008)对化学品安全技术说明书的内容和编排要求作出了具体规定。化学品安全技术说明书(SDS)的内容共由16部分构成，分别是化学品及企业标识、危险性概述、成分/组成信息、急救措施、消防措施、泄漏应急处理、操作处置与储存、接触控制与个体防护、理化特性、稳定性和反应性、毒理学信息、生态学信息、废弃处置、运输信息、法规信息、其他信息。

《化学品安全标签编写规定》(GB 15258—2009)规定了化学品安全标签的内容和编写要求。化学品安全标签，根据包装和容器的大小可选不同的形式，其内容一般包括标识、危险性概述、警示词、安全措施、灭火方法等。对于标签的编写、印刷和使用，该标准也做了具体规定。

《常用化学危险品储存通则》(GB 15603—2022)，根据各类化学危险品的特性，提出了储存方式、储存场地、储存限制、消防措施、出入库管理及废弃物处理等方面的安全要求。

《危险化学品重大危险源辨识》(GB 18218—2018)，规定了危险化学品重大危险源的定量判定方法。

此外，国家还颁布了《氯气安全规程》(GB 11984—2008)、《深度冷冻法生产氧气及相关气体安全技术规程》(GB 16912—2008)、《氢气使用安全技术规程》(GB 4962—2008)等单项安全技术标准。

这些标准作为化学品安全法规的配套规则，为法规的贯彻实施提供了技术保障，其中《化学品分类和危险性公示通则》《危险货物品名表》《化学品安全技术说明书内容和项目顺序》和《化学品安全标签编写规定》等为我国建立新型化学品安全标准体系奠定了基础。需要说明的是，《化学品分类和危险性公示通则》即将被2025年8月1日起实施的《化学品分类和标签规范 第1部分：通则》(GB 30000.1—2024)替代，请读者关注新标准的相关内容。

第 5 章　环境应急能力建设

突发环境事件应急能力建设的内容通常由三部分构成：一是制定突发环境事件应急预案，这是环境应急的制度保障；二是开展环境应急演练与培训，这是环境应急的技能保障；三是储备必要的环境应急物资与装备，这是环境应急的物资保障。

5.1　突发环境事件应急预案

5.1.1　应急预案概述

2024年2月7日国务院办公厅印发了修订后的《突发事件应急预案管理办法》。该办法规定，应急预案按照制定主体划分，分为政府及其部门应急预案、单位和基层组织应急预案两大类。各级政府和部门应急预案由相应的政府及其部门制定，包括总体应急预案、专项应急预案、部门应急预案等。总体应急预案是应急预案体系的总纲，是政府组织应对突发事件的总体制度安排，由县级以上各级政府制定。专项应急预案是政府为应对某一类型(如突发环境事件、辐射事故、生产安全事故)或某几种类型突发事件，或者针对重要目标保护、重大活动保障、应急保障等重要专项工作而预先制定的涉及多个部门职责的工作方案，由有关部门牵头制订，报本级政府批准后印发实施。部门应急预案是政府有关部门根据总体应急预案、专项应急预案和部门职责，为应对本部门(行业、领域)突发事件，或者针对重要目标保护、重大活动保障、应急保障等涉及部门工作而预先制定的工作方案，由各级政府有关部门制定。《突发事件应急预案管理办法》规定编制应急预案，应当在开展风险评估、资源调查和案例分析的基础上进行。

工业企业、危险废物经营单位的应急预案通常有生产安全事故应急预案、消防应急预案、突发环境事件应急预案、辐射事故应急预案（适用于核技术利用单位）、"三防"应急预案等，各应急预案之间均有内在的联系，需要良好衔接。

突发环境事件应急预案简称"环境应急预案"，是指针对发生或可能发生的突发环境事件，为确保迅速、有序、高效地开展应急处置，避免或者最大限度减少污染物或者其他有毒有害物质进入大气、水体、土壤等环境介质而预先制定的工作方案。制定环境应急预案是建立应急响应机制的重要基础，是应对突发环境事件的制度准备。

企业环境应急预案是企业及时、有序、高效地开展环境应急救援工作的制度保障，其主要作用体现在：

(1)环境应急预案是企业环境应急管理工作的行动指南。环境应急预案生效后，通过培训和演练可以促使企业承担环境应急职责的人员掌握相应的处置要领，熟练应对各类突发环境事件。

(2)有利于减轻突发环境事件造成的环境危害。环境应急响应要求及时、高效，如果不及时采取有效的应急措施，河道的污染团可能扩散到相邻城市，大气污染物可能扩散到居民区，入库支流的污染物可能流向集中式饮用水水源。环境应急预案预先分析了企业各种潜在的环境风险，明确了应急各方的应急职责和响应时间，规定了必备的应急资源和现场处置程序，可以具体指导各方迅速、高效、有序地开展应急救援，第一时间控制事态。

(3)有利于提高企业员工的环境应急技能与风险意识。环境应急预案的编制，强调企业相关人员特别是污染防治设施操作人员的积极参与，通过预案的编制、评审、发布、宣传和演练，可以促使企业员工了解本单位面临的主要环境风险，提高环境应急响应技能，提高全员环境风险防范意识。

国务院办公厅于2005年5月首次颁布《国家突发环境事件应急预案》，2014年12月再次颁布了新版《国家突发环境事件应急预案》，新版吸纳了近年来突发环境事件应对工作的有效经验，在多个方面进行了调整和完善，规定突发环境事件应对工作坚持统一领导、分级负责，属地为主、协调联动，快速反应、科学处置,资源共享、保障有力的原则,明确突发环境事件分级标准与生产安全事故分级标准接轨。预案进一步理顺了分级响应工作机制:即初判发生特别重大、重大突发环境事件,分别启动Ⅰ级、Ⅱ级应急响应,由事发地省政府负责应对工作;初判发生较大突发环境事件,启动Ⅲ级应急响应,由事发地设区的市政府负责应对工作;初判发生一般突发环境事件,启动Ⅳ级应急响应,由事发地县或区政府负责应对工作。

生态环境部(原环境保护部)从2010年起相继颁布了《突发环境事件应急预案管理暂行办法》《企业事业单位突发环境事件应急预案备案管理办法(试行)》《企业事业单位突发环境事件应急预案评审工作指南(试行)》《集中式地表水饮用水水源地突发环境事件应急预案编制指南(试行)》《企业突发环境事件风险评估指南(试行)》《企业突发环境事件风险分级方法》《环境应急资源调查指南(试行)》等一系列环境应急预案的管理文件,用于指导和规范突发环境事件应急预案管理。

广东省生态环境厅和深圳市生态环境局对企业突发环境事件应急预案在编制、评审、质量抽查等环节均颁布了指南性文件,如《广东省企业事业单位突发环境事件风险评估和应急预案抽查工作指南(试行)》《突发环境事件应急预案备案行业目录(指导性意见)》和《深圳市企业事业单位突发环境事件应急预案编制指南(试行)》。

以下将重点介绍企业突发环境事件应急预案在编制、评审、备案与管理方面的相关要求,同时分析企业突发环境事件应急预案编制与管理过程中的薄弱环节与改善建议。

5.1.2 环境应急预案的编制主体

根据生态环境部的相关规定,以下5类企业需要编制环境应急预案:

(1)可能发生突发环境事件的污染物排放企业,包括污水、生活垃圾集中处理设施的运营企业;

(2)生产、储存、运输、使用危险化学品的企业;

(3)产生、收集、储存、运输、利用、处置危险废物的企业;

(4)尾矿库企业,包括湿式堆存工业废渣库、电厂灰渣库企业;

(5)其他应当纳入适用范围的企业。

上述 5 大类企业中,有的企业年使用危险化学品量或者年产危险废物量均较少,突发环境事件的风险很低,如果统一要求编制环境应急预案并在生态环境部门备案,一方面没有现实的需要,另一方面会增加监督管理的难度。鉴于此,广东省生态环境厅为了提高企业环境应急预案备案管理的可操作性,于 2018 年颁布《突发环境事件应急预案备案行业目录(指导性意见)》,明确规定 23 类行业企业的环境应急预案需要备案:

(1)畜牧及农副产品加工:规模化畜禽养殖场(年出栏生猪 5000 头及以上;涉及环境敏感区的);县级以上(含县)屠宰场(带冻库和使用化学制冷剂的);制糖、糖制品加工(原糖生产)。

(2)酒、烟草制品业:酒精饮料及酒类制造;卷烟生产。

(3)纺织及服装业:纺织品制造(有洗毛、染整、脱胶工段,产生缫丝废水、精炼废水的);服装制造(有湿法印花、染色、水洗工艺的)。

(4)皮革、毛皮、羽毛及其制品和制鞋业:皮革、毛皮、羽毛(绒)制品(制革、毛皮鞣制);制鞋业(使用有机溶剂、发泡剂等化学品的)。

(5)造纸、纸制品业、印刷业:纸浆、溶解浆、纤维浆等制造;造纸(含废纸造纸)、纸制品制造(有化学处理工艺的);印刷厂(水性油墨的除外)。

(6)石油加工、炼焦业:原油加工、天然气加工;油母页岩等提炼原油、煤制油、生物制油及其他石油制品;煤化工(含煤炭液化、气化);炼焦、煤炭热解、电石。

(7)化学原料、化学制品制造业、化学纤维制造业:基本化学原料制造;农药制造;涂料、染料、颜料、油墨及其类似产品制造;合成材料制造;专用化学品制造;炸药、火工及焰火产品制造;水处理剂等制造;半导体材料、印刷电路板;日用化学品制造、化学肥料(除单纯混合和封装外的);化学纤维制造、生物质纤维素乙醇生产;使用液氨的企业。

(8)医药制造业:化学药品、生物、生化制品制造;中成药制造、中药饮片加工(有提炼工艺的)。

(9)橡胶和塑料制品业:轮胎制造(有炼化及硫化工艺的)、再生橡胶制造、橡胶加工、橡胶制品制造及翻新;塑料制品制造,包括人造革、发泡胶等涉及有毒原材料的，以再生塑料为原料的，有电镀或喷漆工艺且年用油性漆量(含稀释剂)10吨及以上的。

(10)非金属矿制品业：水泥制造；以煤、油、天然气为燃料加热的玻璃制品制造；含焙烧的石墨、碳素制品；石棉制品；陶瓷制品(有施釉工序的)。

(11)金属冶炼加工及制品业：炼铁、球团、烧结；炼钢；铁合金制造；锰、铬冶炼，有色金属冶炼(含再生有色金属冶炼)；有色金属合金制造；金属制品加工制造(有电镀或喷漆工艺的)；金属制品表面处理及热处理加工。

(12)有电镀或喷漆工艺且年用油性漆量(含稀释剂)10吨及以上的行业：锯材、木片加工，木制品制造，竹、藤、棕、草制品制造；家具制造业；工艺品制造业；通用设备制造及维修；专用设备制造及维修；铁路运输设备制造及修理；船舶和相关装置制造及维修；航空航天器制造；摩托车、自行车制造；交通器材及其他交通运输设备制造；仪器仪表制造；汽车制造；电气机械和器材制造。

(13)废弃资源综合利用业：废旧资源(含生物质)拆解、加工、再生利用(废电子电器产品、废电池、废汽车、废电机、废五金、废塑料、废油、废船、废轮胎等加工、再生利用)。

(14)电力、热力生产和供应业：火力发电(含热电)、综合利用发电、水力发电、生物质发电、热力生产和供应工程。

(15)水利：跨市地域、跨流域，涉及环境敏感区的水利工程。

(16)城市基础设施建设与管理：燃气生产和供应业(煤气生产和供应工程)；水的生产和供应业(自来水生产和供应工程、生活污水集中处理、工业废水处理)；城镇生活垃圾(含餐厨废弃物)集中处置。

(17)环境治理业：危险废物(含医疗废物)利用及处置；一般工业固体废物(含污泥)处置及综合利用。

(18)煤炭洗选业：煤炭洗选、配煤；型煤、水煤浆生产。

(19)石油和天然气开采业：石油、页岩油开采；天然气、页岩气、砂岩气开采(含净化、液化)；煤层气开采(含净化、液化)。

(20)矿采选业：黑色(有色)金属矿采选(含单独尾矿库)；化学矿采选；石棉及其他非金属矿采选。

(21)交通运输业、管道运输业及仓储业：等级公路(二级及以上)；铁路、机场；供油工程；油气、液体化工码头、集装箱专用码头；石油、天然气、页岩气、成品油管线(不含城市天然气管线)；化学品输送管线；油库、气库(含 LNG 库)；有毒、有害及危险品仓储及运输。

(22)社会事业与服务业：专用实验室(P3、P4 生物安全实验室，转基因实验室)；研发基地(含医药、化工类等专业中试内容的)；具有试验、分析、检测等功能的化学、医药、生物类省级重点以上实验室；二级以上医院(发生突发环境事件可能对环境敏感区造成较大影响的)；胶片洗印厂；加油站、加气站；县(区)生态环境部门审批过的渣土堆放场。

(23)环境影响评价文件要求编制突发环境事件应急预案并备案的建设项目或企业。

广东省生态环境厅要求各地生态环境主要部门对照上述备案行业目录，指导并督促相关企业编制环境应急预案并备案，同时要求满三年未修订修编环境应急预案的单位及时完成修编和备案工作。鼓励没有列入上述备案行业目录的企业编制环境应急预案。

5.1.3 环境应急预案的基本要求

企业环境应急预案应满足以下基本要求：

(1)预案应有针对性。

企业环境应急预案以突发环境事件风险评估、环境应急资源调查为基础和前提。预案规定的响应程序与处置措施须针对企业突发环境事件的各类情景，且要充分考虑应急处置时能够获得的资源，做到有的放矢。

(2)预案应体现专业性。

突发环境事件应急救援是一项专业性很强的工作，作为环境应急响应行动指南的应急预案，应在充分调查研究的基础上，制定应急程序和处置方案。对于污染处置、应急监测等专业性强的工作应体现专业技术在环境应急中的应用。

(3)预案强调可操作性。

环境应急预案应具有良好的操作性，各项措施要"接地气"。为确保应急预案的可操作性，预案编制人员应深入辨识、评估企业潜在的环境风险，结合自身的应急资源,对应急过程的一些关键环节(决策指挥、信息报送、污染处置、应急监测、应急保障等)进行详细而系统的描述。预案编制过程中,编制人员与企业的环保工作人员需要密切配合,使应急预案看得懂,会操作。

在污染处置环节,预案应结合企业的实际,着重说明有效防止消防废水、泄漏物、污染雨水等扩散到外环境的以下应急处置措施:

拦截:包括源头控制污染物外泄、阻止污染物通过雨水管道扩散到厂区外、在河道拦截污染物等措施。

收集:包括在厂区内收集消防废水和泄漏物,在河道或水库的水面收集油污,收集事件产生的各类危险废物等。

导流:如将消防废水引入应急池、将河道的污染团引入预定的"空间"、将河道上游没有被污染的清水改道排放。

降污:这里指的是在事件现场就地处置污染物,使污染物浓度达到或者接近本底值。这项处置措施对专业化要求比较高,也是未来开展环境应急处置的专业方向,如对含氰废水做破氰处理,对重金属污染物进行吸附和沉淀,用化油剂去除土壤表面的油污,用氧化剂对有机废水进行脱色、现场中和酸性或者碱性污染物等。

转移:主要是用槽车等运输工具将中、高浓度的废水转移到具有处置能力的单位处置后达标排放。

此外,对于涉大气污染事件,将可能受到环境影响的人群疏散到安全区域也是一项重要的环境应急响应内容。

(4)预案要素应体现完整性。

企业环境应急预案的要素依据编制指南而定,一般包括总则、应急组织机构与职责、预防预警机制、应急响应、善后处置、应急保障、预案管理、附则附件等内容,保持预案要素的完整性是通过评审的前提,也是基本要求。

(5)预案的规定应具备合规性。

环境应急预案的有关内容应符合国家环境应急相关法律、法规、标准和上级预案的要求,如《突发事件应对法》《环境保护法》《固体废物污染环境防治法》《突发事件应急预案管理办法》《国家突发环境事件应急预案》,以及属地生态环境主管部门的规范性文件和应急预案是企业编制环境应急预案的重要依据。

(6)预案的表达应具有准确性。

环境应急预案力求语言简洁、表达准确、通俗易懂,便于操作人员理解和执行预案的各项要求和操作要领。

(7)与其他专业预案的兼容性。

企业环境应急预案应与本企业生产安全事故应急预案、消防应急预案、自然灾害应急预案等其他相关专业应急预案良好衔接、相互兼容。

5.1.4 编制企业环境应急预案的基本程序

企业环境应急预案编制程序包括成立应急预案编制工作组、资料收集与现场踏勘、环境风险评估、环境应急资源调查、应急预案编制、应急预案评审、应急预案备案及应急演练共8个步骤。

(1)成立编制组。

企业是编制环境应急预案的责任主体,企业法定代表人或者实际控制人是预案编制工作的负责人。

自行编制预案的企业应成立环境应急预案编制组,明确编制组成员、工作任务、编制计划。委托第三方专业技术服务机构编制的企业,应由企业和编制单位联合成立编制组,明确预案编制的执行负责人和牵头部门。企业参与预案编制的人员通常由熟悉企业的生产工艺、污染处置工艺、环境管理和安全生产管理的工程师或管理者组成。

(2)资料收集及现场踏勘。

资料收集:企业基本信息(包括组织架构)、自然环境概况、环境功能区划情况、环境质量现状情况、环境风险物质情况、生产工艺、废水处理工艺、废气处理工艺、危险废物类别与数量、安全环保消防管理规章制度、现有环境风险防控与应急设施情况、企业现有应急队伍情况、五年内突发环境事件情况。

现场踏勘:周边环境风险受体情况、环境风险防控与应急资源、环境应急物资与装备储存区、监控预警措施、截流措施、事故废水收集系统、清净下水系统、雨水排水系统、生产废水排水系统、危险废物储存情况。

(3)环境风险评估。

突发环境事件风险评估报告依据《企业突发环境事件风险评估指南(试行)》

和《企业突发环境事件风险分级方法》(HJ 941)进行编制,该报告是企业开展突发环境事件应急预案编制的重要前置条件和工作基础。环境风险评估包括但不限于:分析各类事故衍化规律、自然灾害影响程度,识别环境危害因素,分析与周边可能受影响的居民、单位、区域环境的关系,构建突发环境事件及其后果情景,确定环境风险等级。

(4)环境应急资源调查。

突发环境事件应急资源调查报告依据《环境应急资源调查指南(试行)》进行编制,包括但不限于调查企业第一时间可调用的环境应急物资、装备和场所等应急资源状况和可请求援助或协议援助的应急资源状况。环境应急资源调查报告的重心在于真实反映企业第一时间可调用的环境应急物资与装备。

(5)应急预案编制。

企业环境应急预案可包括综合应急预案、专项应急预案、应急处置卡片等类别。其中,重大环境风险企业应包括综合应急预案、专项应急预案及应急处置卡;较大环境风险企业的综合应急预案和专项应急预案可合并编制;一般环境风险企业可简化环境应急预案体系。企业可根据环境风险等级评估结果及应急管理需求调整专项应急预案和应急处置卡片的数量。

通常,预案编制组成员需要充分讨论后进行合理分工,开展编制工作时力求做到:语言精练、表达清晰;言之有物、有的放矢;依据法规、结合实际;分工负责、协调配合。

(6)应急预案评审与发布。

应急预案评审分为内部评审和外部评审,内部评审由企业负责人组织有关部门和人员开展,内部评审可邀请专家参与。外部评审由企业依据《企业事业单位突发环境事件应急预案评审工作指南(试行)》组织生态环境主管部门认可的环境应急预案评审专家、可能受影响的居民代表、周边企业代表和生态环境部门代表等共同评审。为了提高预案评审质量,各地生态环境主管部门结合当地环境应急管理实际,对参与评审的专家数量提出了相应的要求。

环境应急预案应由企业主要负责人签署发布。

(7)应急预案备案。

广东省生态环境厅要求企业环境应急预案签署发布后20个工作日内登录《广

东省环境应急综合管理系统》申请备案。

企业按系统提示要求填报并上传所有盖章版备案材料，文字材料采用 PDF 格式。其主要包括环境应急预案备案表、环境应急预案、环境应急预案编制说明、环境风险评估报告、环境应急资源调查报告、环境应急预案评审意见与评分表、厂区平面布置图、厂区风险单元分布图、企业周边环境风险受体分布图、雨水污水和各类事故废水流向图等。

(8) 应急演练。

环境应急预案发布后，企业应定期(首次演练应在预案发布后 3 个月内)组织开展应急演练进行检验，演练中发现的问题可能包括信息报告不及时、指挥协调不科学、应急程序不合理、应急准备不充分、应急处置措施不专业、善后处置不完善等，演练组织者应督促相关部门或单位及时整改演练过程发现的问题，必要时修订环境应急预案。

5.1.5 突发环境事件风险评估报告与应急资源调查报告编制要求

5.1.5.1 突发环境事件风险评估报告

企业突发环境事件风险评估报告编制的程序、内容和相关要求详见本书第二章 2.3 节的相关介绍。

5.1.5.2 环境应急资源调查报告

企业开展环境应急资源调查，收集和掌握本单位第一时间可以调用的环境应急资源状况(包括自储、代储、协议储备的环境应急资源)，加强环境应急资源储备管理，促进环境应急预案质量和环境应急能力提升。

环境应急资源调查应遵循客观、专业、可靠的原则："客观"是指针对已经储备的资源和已经掌握的资源信息进行调查，"专业"是指重点针对环境应急时的专用资源进行调查，"可靠"是指调查过程科学、调查结论可信、资源调集可保障。企业环境应急资源调查报告由表 5-1 及其附件组成，环境应急资源信息汇总情况见表 5-2。

表 5-1　　　　　　　　　企业环境应急资源调查报告(表)

1. 调查概述				
调查开始时间	年　月　日	调查结束时间		年　月　日
调查负责人姓名		调查联系人/电话		
调查过程	(简要说明调查过程)			

2. 调查结果(调查结果如果为"有",应附相应调查表)

应急资源情况	资源品种：____种； 是否有外部环境应急支持单位：□有，____家；□无

3. 调查质量控制与管理

是否进行了调查信息审核：□有；□无

是否建立了调查信息档案：□有；□无

是否建立了调查更新机制：□有；□无

4. 资源储备与应急需求匹配的分析结论

□完全满足；　　□满足；　　□基本满足；　　□不能满足

5. 附件

一般包括以下附件：

(1) 环境应急资源/信息汇总表

(2) 环境应急资源单位内部分布图

(3) 环境应急资源管理维护更新等制度

表 5-2　　　　　　　　　环境应急资源信息(调查)汇总表

企业基本信息						
单位名称						
物资库位置					经纬度	
负责人	姓名		联系人	姓名		
	联系方式			联系方式		

续表

环境应急资源信息

序号	名称	品牌	型号/规格	储备量	报废日期	主要功能	备注

环境应急支持单位信息

序号	类别	单位名称	主要能力
	应急救援单位		
	应急监测单位		

5.1.6 企业环境应急预案的主要内容与要求

5.1.6.1 综合应急预案编制要点

突发环境事件综合应急预案，是指从企业层面总体阐述应对突发环境事件的方案，是企业应对各类突发环境事件的综合性文件，简称"综合预案"。按照《深圳市企业事业单位突发环境事件应急预案编制指南（试行）》的规定，综合预案的框架与编制要求如下：

一、总则

1. 编制目的

简述环境应急预案编制的目的。

2. 编制依据

简述应急预案编制所依据的法律、法规、规章、标准和规范性文件以及相关应急预案等。

3. 适用范围

说明环境应急预案适用的地理或工作范围。

4. 突发环境事件分级

根据企业的实际情况,按照突发环境事件的性质、严重程度、可控性、影响范围等进行事件分级。

通常可将企业的突发环境事件划分 C 级(车间级)、B 级(公司级)和 A 级(社会级):

C 级:指事件出现在厂内车间或单元且企业部门能独立处理。

B 级:指污染范围在厂界内且企业能独立处理。

A 级:指污染范围超出厂界或污染范围在厂界内但超出企业的独立处理能力,为了防止事件扩大,需要调动外部力量应对。

5. 环境应急工作原则

说明企业环境应急工作的原则,要求简明扼要、明确具体。

6. 应急预案体系

说明企业应急预案体系的构成情况,明确综合预案、专项预案、应急处置卡等预案的名称、数量,以及采用专章或专篇的形式。

说明企业应急预案与企业内部其他预案(生产安全事故预案)的关系。

说明企业应急预案和政府及有关部门应急预案的关系。

辅以预案关系图,表述预案之间横向关联及上下衔接关系。

二、环境风险概述

简述企业可能发生的突发环境事件风险种类、可能性、严重程度以及影响范围等,可列表描述。

三、环境应急组织机构及职责

企业环境应急组织机构应根据突发环境事件风险和应急工作需要设置,通常设置为企业环境应急领导小组,确定日常办事机构,下设综合协调组、污染处置组、应急监测组、应急保障组和专家咨询组等应急功能组。企业环境应急领导小组、日常办事机构及各应急功能应明确负责人和具体工作职责。

综合协调组的主要职责是信息报送、协调企业内部应急资源实施应急处置、对接社会应急力量及新闻媒体。

污染处置组的主要职责是采取收集、导流、拦截和降污等措施有效防止泄漏物和事故废水等扩散至外环境。

应急监测组的主要职责是实施环境应急监测，提供污染物种类和浓度的监测数据，进而确定污染范围。

应急保障组的主要职责是为应急处置提供后勤保障。

专家咨询组的主要职责是为现场应急处置决策提供技术支持。

环境应急预案应列出企业所有承担环境应急职责人员的姓名、所在部门、日常职务、应急职务和联系电话等。

四、预防与预警

1. 预防

依据《企业突发环境事件隐患排查和治理工作指南(试行)》等标准规范，明确环境安全隐患排查和治理机制，实现隐患闭环管理。

企业环境安全标准化建设情况、污染防治设施及危险废物储存场所安全风险评估开展情况等同步纳入分析。

2. 预警

预警机制是指企业根据事故或事件信息、外部机构发布的相关预警信息等，指示企业内部相关部门和人员做好突发环境事件防范和应对准备的响应工作机制。

预案应依据潜在突发环境事件危害程度、影响范围等因素，明确预警分级标准，如由高到低分为红色、黄色、蓝色预警等级。

预案应明确监控信息的获得途径，明确对预警信息分析研判的主体、程序、时限和内容，明确预警信息发布主体与发布内容，明确预警信息接收、调整和解除程序。

五、应急响应

1. 信息报告

(1) 信息接收与内部处理。

明确 24 小时应急值守电话、突发环境事件信息接收和企业内部信息报告程序的规定。

(2) 信息上报。

明确突发环境事件发生后向企业上级主管部门、属地街道办、属地生态环境部门等报告突发事件信息的流程、内容、时限和责任人。信息报告时限应与属地生态环境部门的预案规定相衔接。

突发环境事件信息报告内容至少包括事件发生的时间、地点、原因、基本过程、主要污染物与数量、人员受害情况、已污染的范围、事件发展趋势、应急处置情况及相关措施建议等。如果可能，要报告监测数据。

(3) 信息传递。

明确环境事件发生后，向可能受到影响的企业周边单位、环境敏感区责任单位通报突发环境事件信息的方法、程序和责任人。

2. 分级响应

针对 C 级（车间级）、B 级（公司级）和 A 级（社会级）事件，确定不同级别事件的现场应急机构和负责人，分别明确应急指挥协调、应急资源调配、应急处置等响应程序与内容。

预案应根据事件发展态势，明确事件升级的应急响应程序。

3. 污染处置

针对可能发生的突发环境事件类型、污染物特性、危害程度和影响范围，结合地理环境条件，明确有效防止泄漏物、消防废水、超标废水废气扩散至厂区外环境的各项应急处置程序与措施。

涉及人员安全救护时，应明确人员撤离路径、救援职责、救援措施与注意事项。

此环节通常应给出查询专项预案或应急处置卡的路径。

4. 应急监测

环境应急监测环节，预案应明确：

(1) 制定应急监测方案，包括可能受影响区域的应急监测布点、监测频次，以及特征污染物等。若企业自身没有监测能力，可与协议单位共同制定监测方案。

(2) 突发环境事件发生时立即开展应急监测。若企业自身没有监测能力，应迅速与政府部门所属环境监测机构或其他协议监测机构联系，确保能够第一时间获得环境监测支持。

5. 应急结束

预案要明确现场应急响应结束的基本条件和要求。通常，同时满足以下几方面时可终止应急响应：

(1)事件现场得到控制，事件致因已消除；

(2)污染源泄漏或释放已得到完全控制；

(3)事件造成的危害已彻底消除，无继发可能；

(4)经征询专家意见，事件现场各种专业应急处置行动无继续的必要；

(5)采取了必要的防护措施以保护公众免受再次危害。

确认满足上述条件后，现场指挥宣布结束应急响应。

六、善后处置

明确现场污染物的后续处置措施、洗消措施以及环境应急相关设施、设备、场所的维护。必要时，企业应明确突发环境事件责任追究的规定。

七、保障措施

环境应急预案应明确：

(1)应急通讯保障。明确与环境应急工作相关的单位和人员联络方式方法，安排A/B角，建立健全环境应急通信系统。

(2)应急人力资源保障。企业环境应急人力资源包括专兼职应急队伍和应急专家，应针对性制定提高人员应急处置能力的方案。

(3)应急物资装备保障。明确企业必备的环境应急物资与装备的类型、性能、数量、存放位置、管理责任人及联系方式等。

(4)其他保障。根据实际应急工作需要，确定经费、后勤、医疗、运输等其他相关保障措施。

八、预案管理

1. 预案培训与演练

明确对员工开展环境应急培训的计划、方式和要求。

明确环境应急演练的形式、频次、情景、内容及演练评估总结等要求。环境应急演练可与消防应急演练或生产安全事故应急演练联合开展。

2. 预案修订

明确预案评估、修订和变更的时限及基本要求等。

九、附则

1. 预案的签署和解释

明确预案签署人，预案解释部门。

2. 预案实施

明确预案实施的时间节点。

3. 附件

(1) 企业应急通讯录；

(2) 外部单位(政府生态环境部门、应急部门、消防部门、属地街道办、社会救援单位、专家、环境风险受体单位等)通讯录；

(3) 企业环境应急物资与装备清单及分布图或说明；

(4) 厂区平面布置图、企业四至图、周边环境风险受体分布图；

(5) 厂区环境风险单元分布图；

(6) 雨水、污水和各类事故废水流向图；

(7) 人员撤离路线图。

5.1.6.2 专项应急预案编制要点

专项应急预案指针对企业具体的突发环境事件类型或环境风险单元而制定的应急方案，明确具体的环境应急救援程序和应急措施，简称"专项预案"。

企业应根据自身的环境风险制定专项预案，可按照环境要素(水环境、大气环境、土壤环境)、污染物类别(废水、废气、危险废物)、次生污染事件(危险化学品泄漏、火灾爆炸次生污染等)和环境风险单元分类。企业的专项预案可能包括：

突发火灾爆炸事故次生污染事件专项预案；

突发危险废物污染事件专项预案；

突发危险化学品泄漏污染事件专项预案；

突发土壤污染事件专项预案；

突发自然灾害次生污染事件专项预案；

生产废水超标排放事件专项预案；

生产废气超标排放事件专项预案；

污染防治设施有限空间安全事故专项预案。

通常，危险废物经营单位还应编制运输事故次生污染事件专项预案。

专项预案的内容主要包括突发环境事件致因分析、预防监控措施、应急职责分配、应急处置措施、应急终止等内容。

专项预案框架与要求如下：

一、突发环境事件致因分析

分析潜在突发环境事件发生的原因及可能的影响范围与危害程度等。

二、预防和监控措施

根据可能发生的事件类型，明确各项预防和监控措施，包括环境安全隐患排查与治理、制定污染防治设施操作规程、视频监控措施及环境应急物资储备等。

三、应急职责分配

根据可能发生的事件类型和应急处置需求，将综合预案中各应急功能组的职责具体化，或者针对特定岗位规定相关人员的应急职责，明确管理范畴和负责应对的主要事项。

四、应急处置措施

针对事件类型，明确具体的应急处置程序及措施。可针对特定的事件类型采用流程图或表单等形式，简明表达各项应急处置要点。对于可能涉及的空间信息，可在平面布置图上标注并辅以说明。

此环节应同时明确以下内容：污染源切断措施、污染物控制措施（污染物收集、拦截、导流等）、污染消除措施（现场降污或转移处置等）、应急监测和监控措施、受影响人员的安全防护与疏散、应急终止、应急保障和后期处置等。需要做好与应急处置卡有机衔接。

五、应急终止

明确现场应急响应终止的具体条件和注意事项。

5.1.6.3　应急处置卡编制要点

针对特定事件情景、关键岗位、重要应急设施编制相应的环境应急处置卡(样式见表5-3)。企业的环境应急处置卡可能包括：

某种废水污染因子超标排放应急处置卡；

某种废气污染因子超标排放应急处置卡；

事故应急池应急操作卡；

雨水排放口闸门应急操作卡；

污水排放口闸门应急操作卡；

排污管道泄漏应急处置卡；

某种危险废物泄漏应急处置卡；

某种危险化学品泄漏应急处置卡；

污染防治设施有限空间安全事故应急处置卡。

应急处置卡须明确特定的现场应急处置措施和职责，包括：

(1)责任部门与责任人；

(2)主要风险描述；

(3)企业内部信息报告方式；

(4)应急处置措施(或操作要领)；

(5)注意事项(如人员安全防护)等；

(6)外部救援联系方式。

应急处置卡可参考表5-3编制，并在适宜的位置粘贴上墙。

表5-3　　　　　　　　环境应急处置卡(参考样式)

岗位(设施)名称			
责任部门		责任人及联系方式	
主要风险			
内部信息报告			

续表

应急处置措施			
注意事项			
企业应急负责人电话:			
属地生态环境部门应急电话:			
属地街道办应急联系电话:			
所在工业区应急救援电话:			
消防报警电话：119			
医疗急救电话：120			

5.1.7 预案备案、修订与抽查

5.1.7.1 预案的备案与修订

企业环境应急预案备案主要依据《企业事业单位突发环境事件应急预案备案管理办法(试行)》的相关规定执行，各地对预案备案需要提交的材料有一定差异。广东省境内的企业环境应急预案在签署发布后20个工作日内登录《广东省环境应急综合管理系统》申请备案。企业按系统提示要求填报并上传所有盖章版备案材料(文字材料采用PDF格式)，主要包括：

(1)环境应急预案备案表(表5-4为广东省企业事业单位突发环境事件应急预案备案表)；

(2)环境应急预案与编制说明；

(3)环境风险评估报告；

(4)环境应急资源调查报告；

(5)预案评审意见与评分表；

(6)厂区平面布置图、厂区风险单元分布图、企业周边环境风险受体分布图、雨水污水和各类事故废水流向图等；

(7)周边环境风险受体名单及联系方式。

表 5-4　　　　　　　　**企业事业单位突发环境事件应急预案备案表**

单位名称		社会统一信用代码	
法定代表人		联系电话	
联系人		联系电话	
传　真		电子邮箱	
地址	中心经度：　　　　　；中心纬度：		
预案名称			
行业类别			
风险级别			
是否跨区域			

本单位于年 月 日签署发布了突发环境事件应急预案，备案条件具备，备案文件齐全，现报送备案。

本单位承诺：本单位在办理备案中所提供的相关文件及其信息均经本单位确认真实，无虚假，且未隐瞒事实。

预案制定单位(盖章)

预案签署人		报送时间	年　月　日
突发环境事件应急预案备案文件上传	1. 突发环境事件应急预案备案表； 2. 环境应急预案； 3. 环境应急预案编制说明； 4. 环境风险评估报告； 5. 环境应急资源调查报告； 6. 专项预案和现场处置预案、操作手册等； 7. 环境应急预案评审意见与评分表； 8. 厂区平面布置于风险单元分布图； 9. 企业周边环境风险受体分布图； 10. 雨水污水和各类事故废水的流向图； 11. 周边环境风险受体名单及联系方式。		

续表

备案意见	扫描二维码可查看电子备案认证	
备案编号		
报送单位		
受理部门负责人	经办人	

根据生态环境部的相关规定,企业环境应急预案生效后,至少每三年应对环境应急预案进行一次回顾性评估。有下列情形之一的,及时修订:

(1)面临的环境风险发生重大变化,需要重新进行环境风险评估的;

(2)应急管理组织指挥体系与职责发生重大变化的;

(3)环境应急监测预警及报告机制、应对流程和措施、应急保障措施发生重大变化的;

(4)重要环境应急资源发生重大变化的;

(5)在突发事件实际应对和应急演练中发现问题,需要对环境应急预案作出重大调整的;

(6)其他需要修订的情况。

修订后的企业环境应急预案经评审通过后,在发布之日起20个工作日内向原受理部门变更备案。

5.1.7.2 预案抽查

《企业事业单位突发环境事件应急预案备案管理办法(试行)》要求县级以上生态环境主管部门对备案的企业环境应急预案进行抽查,指导企业持续改进环境应急预案。抽查企业环境应急预案,采取文本抽查和现场抽查两种方式。抽查可以委托专业技术服务机构开展相关工作。县级以上环境保护主管部门应当及时汇总分析抽查结果,提出环境应急预案问题清单,推荐环境应急预案范例,制定环境应急预案指导性要求,加强备案指导。为了推进这项工作,广东省生态环境厅于2022年6月印发了《广东省企业事业单位突发环境事件风险评估和应急预案抽查工作指南(试行)》。

预案文本抽查是指对已在生态环境主管部门备案的企业事业单位环境应急预案文本内容进行核对，包括预案文本齐备性、应急预案及其编制说明、环境风险评估报告、环境应急资源调查报告(表)等企业环境应急预案相关文件进行核对。本章附件1《企业事业单位突发环境事件应急预案备案文本齐备性抽查表》、附件2《企业事业单位突发环境事件应急预案备案内容抽查表》可作为预案编制人员的重要参考，也可以作为预案编制单位的质量审核依据。现场抽查是指通过现场走访方式，核实企业环境应急预案的实用性，核实企业现场情况与环境应急预案备案文本的一致性，核实企业现场环境风险防控措施的有效性。

(1) 文本抽查——环境风险评估报告抽查要点：

环境风险分析是否合理，包括环境风险受体、环境风险单元及环境风险物质识别是否完善；

环境风险等级划分是否准确，核实环境风险物质 Q 值、生产工艺过程与环境风险控制水平赋值判别是否合理；

事件情景分析是否全面，是否结合了企业实际情况，是否对事件造成的环境影响做出了正确判断；

企业现有环境风险防控与应急措施差距分析(隐患排查)是否合理，如管理制度、防控应急措施、环境应急资源等方面的情况；

环境风险防控与应急措施差距(隐患)整改方案是否可行；

附图是否齐全。

(2) 文本抽查——环境应急资源调查报告抽查要点：

是否明确环境应急资源的管理、维护、获得方式与保存时限；

企业第一时间可以调用的环境应急队伍、装备、物资、场所等应急资源状况是否全面；

环境应急资源是否满足应急需求的分析结论是否可靠。

(3) 文本抽查——环境应急预案文本抽查要点：

是否说明应急预案体系构成及衔接关系，组织指挥体系的构成及运行机制是否明确；

预防预警机制是否明确预防监控措施、预警分级标准及预警程序；

响应程序是否明确分级响应流程和不同事件级别条件下的权限交接；

信息报告是否明确企业内部、向上级部门、向周边可能受影响人群报告的责任人、时限、发布程序、报告内容和方式；

不同情景下的应急处置措施的方式方法是否明确"谁负责、做什么、怎么做"，体现"先期处置"和"救环境"特点；

应急监测是否结合企业实际情况，明确具体可行性方案及监测负责部门或单位；

应急终止程序、善后处置及应急保障措施是否完善；

预案演练是否结合企业突发环境事件制定方案，原则上每两年应至少演练一次；

预案培训是否覆盖到要求人群；

专项预案与应急处置卡是否能做到与综合预案的有机衔接，应急处置措施是否具备可操作性；

附图是否齐全。

(4)现场抽查要点：

应急预案组织架构成员是否与备案文本相符，是否对应急处置措施、信息报告程序等足够了解；

企业环境风险评估报告排查出的差距和隐患是否得到有效整改，预防监控措施、演练培训是否按计划落实，重要环境风险单元是否设置明显标识；

企业环境风险单元是否与环境风险评估报告描述相符，是否配备与应急资源调查报告相对应的应急资源，并定期进行维护管理；

环境风险防控措施是否与环境风险评估报告相对应，重要环境应急设施是否完善，管理是否符合规范。

(5)抽查结论。

预案抽查结论分为"优秀(得分≥90分)""良好(80≤得分<90)""一般(70≤得分<80)""较差(得分<70)"4个等级。环境风险评估报告与应急预案抽查表设有6个"一票否决项"，出现任意一个否决项即可直接判定为"较差"等级。

5.1.8 政府环境应急预案的主要特征

政府层面的环境应急预案分为专项预案和部门预案。县级以上人民政府突发环境事件应急预案为专项应急预案，如《广东省突发环境事件应急预案》《深圳市突发环境事件应急预案》《深圳市大气污染应急预案》《深圳市辐射事故应急预案》。生态环境主管部门根据政府专项预案制定本部门应急预案，如《广东省生态环境厅突发环境事件应急预案》《深圳市生态环境局突发环境事件应急预案》

《深圳市生态环境局辐射事故应急预案》。

政府环境应急预案的主要特征是：

(1)政府环境应急预案往往涉及多个部门，其职责分配是重点也是敏感点。

专项环境应急预案关于环境应急职责的分配，通常涉及生态环境、应急管理、新闻宣传、发展改革、财政、水务、交通、消防、交警、城管、通信、卫生、海洋等政府部门，预案对于各部门环境应急职责的界定力求严谨科学，政府部门的"三定"是划定应急职责的主要依据。突发环境事件现场指挥部需要成立若干应急功能组，如综合协调组、污染处置组、应急监测组、医疗救护组、社会稳定组、新闻宣传组、应急保障组，各应急功能组需要指定牵头单位和配合单位。

生态环境主管部门应急预案是政府专项预案的配套行动方案，环境应急职责分配是将生态环境主管部门承担的应急职责分解到相应的专业处(科)室。

(2)分级响应需要重点阐述。

按照相关规定，一般突发环境事件由县政府牵头应对，较大突发环境事件由设区的市政府牵头应对，重大或者特别重大突发环境事件由省政府或者国务院牵头应对，此外还应考虑事件升级或者扩大应急响应措施；然而不论发生何级突发环境事件，根据属地管理原则，事发地县政府都应积极参与应急处置；因此，编制分级响应内容时要充分注意事件牵头处置、事件级别衔接、职责转换等事项。

(3)应急保障的规定关系到应急资源是否能够有效投入。

政府专项应急预案对应急保障的规定主要涉及队伍保障、资金保障、物资保障、技术保障、通信保障等内容，这些保障往往涉及多部门，如资金保障牵涉财政、生态环境部门，物资与装备保障牵涉发展改革、财政、生态环境、应急管理等部门，技术保障牵涉科创、财政、生态环境、应急管理等部门等。建立相应的应急保障机制，对涉及的部门提出明确要求，需要时即启动高效运行，确保应急需要的人、财、物、信等得到可靠保障。

5.2　环境应急物资与装备

5.2.1　储备环境应急物资与装备的必要性

《中华人民共和国突发事件应对法》第四十六条规定：设区的市级以上人民

政府和突发事件易发、多发地区的县级人民政府应当建立应急救援物资、生活必需品和应急处置装备的储备保障制度。县级以上地方人民政府应当根据本地区的实际情况和突发事件应对工作的需要，依法与有条件的企业签订协议，保障应急救援物资、生活必需品和应急处置装备的生产、供给。有关企业应当根据协议，按照县级以上地方人民政府要求，进行应急救援物资、生活必需品和应急处置装备的生产、供给，并确保符合国家有关产品质量的标准和要求。国家鼓励公民、法人和其他组织储备基本的应急自救物资和生活必需品。有关部门可以向社会公布相关物资、物品的储备指南和建议清单。这是对我国应急物资储备管理的总体要求，该项规定说明应急救援物资、生活必需品和应急处置装备的储备有两种方式，其一是自行储备，其二是协议储备。

企业储备环境应急物资的必要性在于：

（1）提高应对突发环境事件的处置能力。环境应急物资与装备（如吸油毡、活性炭、次氯酸钠、小苏打、环境监测仪器）不同于消防器材、水务应急物资或者生产安全事故应急救援装备，其核心功能是消除意外释放到外环境的污染物。显然，如果没有环境应急监测仪器，就不能准确判断污染物的种类、浓度及扩散趋势，应急响应行动可能失去数据支持；如果没有可靠的堵漏装置，就不能及时阻止环境风险物资泄漏；如果没有有效的拦截装置，就可能导致消防废水或泄漏物流入受纳水体；如果没有吸附或降污物资，将难以高效地消除污染，使环境功能得到快速恢复，等等。

（2）有利于企业实施先期处置。如果污染物扩散到了厂区外环境，相关政府部门（主要是生态环境主管部门）会承担"应急兜底"的角色，但作为环境安全责任主体的企业不能"等"和"靠"，而是要抓住时机使用储备的环境应急物资与装备实施先期处置，尽可能地阻止污染物向外扩散，为政府应急力量的到达赢得宝贵时间。

（3）承担企业环境安全主体责任的需要。《突发环境事件应急管理办法》和《企业突发环境事件隐患排查和治理工作指南（试行）》均要求企业储备或者协议储备必要的环境应急物资与装备；因此，企业储备与自身环境风险相匹配的应急物资、装备，是履行企业环境安全主体责任的表现。

5.2.2 环境应急物资与装备类别

环境应急物资可分为污染源切断类、污染物控制类、污染物收集类、污染物降解类、安全防护类、应急通讯和指挥类、环境监测类，见表 5-5。

表 5-5　　　　　　　　常见的环境应急物资与装备

环境应急物资与装备类别	重点应急资源名称
污染源切断类	沙包沙袋、快速膨胀袋、溢漏围堤、下水道阻流袋、排水井保护垫、沟渠密封袋、充气式堵水气囊、液态环境风险物资堵漏器材、厂区雨水总排口阀门、生产废水排放口阀门。
污染物控制类	围油栏(常规围油栏、橡胶围油栏、PVC围油栏、防火围油栏)、浮桶(聚乙烯浮桶、拦污浮桶、管道浮桶、泡沫浮桶、警示浮球)、水工材料(土工布、土工膜、彩条布、钢丝格栅、导流管件)。
污染物收集类	事故应急池、潜水泵(包括防爆潜水泵)、收油机、吸油毡、吸油棉、吸污卷、吸污袋、吨桶、储罐、大白桶。
污染物降解类	溶药装置：搅拌机、搅拌桨。 加药装置：水泵、阀门、流量计，加药管。 吸附剂：活性炭、硅胶、矾土、白土、膨润土、沸石。 中和剂：硫酸、盐酸、硝酸、碳酸钠、碳酸氢钠、氢氧化钙、氢氧化钠、氧化钙。 絮凝剂：聚丙烯酰胺、三氯化铁、聚合氯化铝、聚合硫酸铁。 氧化还原剂：双氧水、高锰酸钾、次氯酸钠、焦亚硫酸钠、亚硫酸氢钠、硫酸亚铁。 沉淀剂：硫化钠。
安全防护类	预警装置；防毒面具、防化服、防化靴、防化手套、防化护目镜、防辐射服；空气呼吸器、呼吸面具；安全帽、手套、安全鞋、工作服、安全警示背心、安全绳、碘片等。
应急通讯和指挥类	应急指挥及信息系统、应急指挥车、应急指挥船、对讲机、定位仪、照明装置等。
环境监测类	采样设备、便携式应急监测设备、应急监测车(船)、无人机(船)。

5.2.3 环境应急物资与装备的储备

环境应急物资与装备储备的基本要求是：物资的种类与数量要跟企业面临的环境风险相适应，过多储备会造成浪费，但必备的应急物资也不能短缺。

5.2.3.1 储备的种类与数量基于风险评估

环境应急物资的储备需求应基于科学的评估。市以及区生态环境主管部门、工业园区、企业事业单位需要储备的环境应急物资种类与数量取决于对潜在环境风险的评估，市、区生态环境主管部门应急物资的储备基于区域环境风险评估，工业园区环境应急物资的储备基于园区环境风险评估，企业环境应急物资的储备基于本企业的环境风险评估。

此外，对应急物资配备地点也需要通过风险评估进行科学论证，就近响应是环境应急物资储备位置选择的主要考量。

5.2.3.2 政府储备与企业储备相结合

政府环境应急物资储备主要是市级或区级生态环境主管部门的储备，侧重于区域性环境应急的需求，每个环境应急物资储备库均有一定的覆盖范围。市级主要储备规模较大、价值较高的物资与装备；区级主要储备常用的环境应急物资与装备。在应急物资与装备的储备方式上，生态环境主管部门既可以自行储备，也可以委托储备。所谓委托储备是通过协议方式，委托专业的污染应急处置机构、应急物资供应商、生产商储备环境应急物资与装备，可以随时根据需要调用。

企业环境应急物资与应急设施的准备，主要考虑本单位突发环境事件的应对需求，更加重视适用性，如企业事故应急池及配套的潜水泵、水管、阀门、废水处理站设置备用电源(两路供电)就是非常适用的环境应急设施。适当储备与企业自身环境风险相适应的环境应急物资、装备与设施，是企业的主体责任，但过度的环境应急储备会增加企业的负担，当突发环境事件超出企业的应对能力，污染物已经或者即将扩散到外环境，或企业请求支援时，政府的环境应急力量会发挥"兜底"作用。表5-6为某电镀企业环境应急物资与装备参考清单,该配制考虑了环境应急处置和安全防护的需要,企业可根据面临的现实风险选择数量。

表 5-6 电镀企业环境应急物资与装备清单(参考)

序号	应急物资名称	序号	应急物资名称
1	便携式有毒气体检测仪	9	大白桶等收集容器
2	重金属检测包	10	自给式空气呼吸器
3	事故应急池	11	长管式呼吸器
4	雨水井口防护垫及沙包	12	耐酸碱手套和长筒靴
5	雨水总排口闸(阀)门	13	过滤式防毒面罩及护目镜
6	废水总排口闸(阀)门	14	便携式鼓风机及配套风管
7	潜水泵及配套水管	15	有限空间作业应急救援支架
8	废水处理站备用电源	16	安全绳

5.2.3.3 应急物资储备管理要点

环境应急物资采购完成后需要进行妥善管理。

建立应急物资管理制度。规定储存条件、物资进出登记、日常点检、过期或失效物资处理更新工作程序等内容。

建立环境应急物资清单,一库一清单。清单应分类列明应急物资的名称、数量、规格、功能和有效期等信息。

定期点检,即检查物资的种类、数量与清单是否相符,物资是否在有效期内,判断其功能是否正常。

补充或更新物资,实施动态管理。根据环境风险管控工作需要或者应急演练过程中发现的问题或者新法规的要求,环境应急物资可能需要补充新的种类或数量;对于过期或者失效的应急物资,按照已定程序进行更换,以保持其功能。

表 5-7 为某市生态环境主管部门环境应急物资与装备的配备情况,可供相关单位参考。

表 5-7　某市生态环境主管部门环境应急物资与装备清单

编号	物资名称	数量	单位	主要功能
1	一次性防化服	1000	套	个人肢体防护
2	B 级防化服	40	套	个人肢体防护
3	C 级防化服	190	套	个人肢体防护
4	防毒半面罩	130	套	个人呼吸防护
5	防毒全面罩	82	个	个人呼吸防护
6	半面罩滤罐	30	个	个人呼吸防护
7	全面罩滤罐	136	个	个人呼吸防护
8	半面罩滤盒	186	对	个人呼吸防护
9	全面罩滤盒	100	个	个人呼吸防护
10	防化手套	500	双	个人肢体防护
11	防护靴	100	双	个人肢体防护
12	防砸鞋	50	双	个人肢体防护
13	抢险救援头盔	30	顶	个人肢体防护
14	正压式空气呼吸器	30	套	个人呼吸防护
15	空气压缩充气泵	1	台	空呼气瓶充气
16	防爆充气柜	1	台	空呼气瓶充气
17	急救药箱	1	个	现场急救
18	吸附垫	4	箱	吸附、收集
19	吸油棉	300	箱	吸附、收集
20	吸油索	20	条	吸附、收集
21	围油栏	10	条	收集、拦截
22	枕包装化学品吸附棉	50	箱	吸附、收集
23	片状化学品吸附棉	50	箱	吸附、收集
24	卷装万用吸附棉	50	箱	吸附、收集
25	对讲机	32	台	现场通信
26	车载移动空气压缩机	1	辆	呼吸防护供气

续表

编号	物资名称	数量	单位	主要功能
27	气体测漏检测仪	3	台	现场气体检测
28	便携式气体检测仪	7	台	现场气体检测
29	红外热成像仪	2	台	现场侦查
30	现场快速工业侦毒箱	2	个	现场检测
31	1.5bar 内封式堵漏袋	9	套	堵漏、拦截
32	气体减压器	2	个	控制气体流速
33	1.5bar 操纵仪	2	个	控制气体流速
34	1.5bar 充气软管	3	根	充气用
35	1.5bar 外封式堵漏袋套装	2	套	堵漏、拦截
36	捆绑式堵漏袋	2	套	堵漏、拦截
37	安全阀脚踏气泵	1	个	充气用
38	下水道阻流袋套装	2	套	堵漏、拦截
39	万能沟渠密封袋套装	2	套	堵漏、拦截
40	嵌入式木质堵漏模块	5	箱	堵漏、拦截
41	大流量液压动力站	1	台	提供液压动力
42	双回路动力站	1	台	提供液压动力
43	渣浆泵	4	台	抽吸、输转液体
44	水下手持镐	1	把	破拆
45	液压高压清洗机	1	台	清洗
46	液压金刚石链锯	1	把	切割
47	车载高压细水雾	1	台	发射细水雾
48	有毒物质密封桶	20	个	收集盛装固、液体
49	多功能声光报警灯	5	盏	报警、警示
50	轻便式多功能防爆强光灯	5	盏	照明
51	手摇式充电巡检工作灯	5	盏	照明
52	轻便移动灯	2	盏	照明

续表

编号	物资名称	数量	单位	主要功能
53	LED轻便工作灯	5	盏	照明
54	手提式强光防爆探照灯	5	盏	照明
55	测温手电筒	5	把	照明、测温
56	智能测距手电筒	5	把	照明、测距
57	微型防爆电筒	10	把	照明
58	双面方位灯	10	盏	警示
59	轻便多功能工作棒	5	盏	照明
60	多功能防爆摄像照明灯	2	盏	照明、摄像
61	4G智能摄像巡检系统	3	把	照明、摄像
62	LED轻便移动应急灯	2	盏	照明
63	安全防护箱(大)	3	个	盛装器材
64	安全防护箱(中)	2	个	盛装器材
65	安全防护箱(小)	5	个	盛装器材
66	电动叉车	1	辆	搬运、转运
67	电瓶车	1	辆	搬运、转运
68	手动堆高车	2	辆	搬运、转运
69	手动叉车	4	辆	搬运、转运
70	六氟灵独立冲洗器	1	套	现场急救
71	敌腐特灵独立冲洗器	1	套	现场急救
72	环境应急指挥车	1	辆	现场应急指挥
73	危险化学品抢险车	1	辆	危险化学品事故应急处置
74	环境应急槽车	6	辆	运输废水或废液
75	厢式应急货车	2	辆	运输固态或者液态废物
76	水环境应急监测车	1	辆	快速监测水污染因子
77	大气环境应急监测车	1	辆	快速监测大气污染因子
78	空气质量监测车	1	辆	快速监测空气质量

关于环境应急监测装备，第九章做了具体介绍，请读者参阅。

5.3 环境应急演练与培训

5.3.1 环境应急演练

5.3.1.1 开展环境应急演练的作用

环境应急预案是应对突发环境事件的行动方案，或者说是应急响应的行动指南。应急预案科学与否需要经过应急演练来检验。

归纳起来，环境应急演练的作用主要有以下几点：

(1)检验环境应急准备情况。通过演练可以检验相关部门或企业环境应急准备工作的缺陷和不足，如应急物资与装备储备不足或已失效、应急设施可靠性较差、专业环境应急人员数量配备不足、环境应急意识不强、应急培训不到位。

(2)检验环境应急指挥协调能力。突发环境事件发生后，通过强有力的协调指挥，迅速调动各方资源应对事态显得尤为重要，如果指挥协调得力就会提高应急效率，可能在最短的时间内控制事态。

(3)检验各应急功能组之间的协作关系。企业环境应急预案通常设置有综合协调组、污染处置组、应急监测组、应急保障组、专家组，这些应急功能组平时少有磨合，其工作机制需要测试，通过开展应急演练可以增进各应急功能组的协作，提高应急工作效率。

(4)检验各种环境应急处置方法的科学性与合理性。环境应急处置方法总体上可分为污染处置和应急监测两大类，其显著特征是专业性强。通过应急演练，模拟各类应急操作，可以检验预案规定的各类应急处置方法是否科学，处置程序是否合理，应急人员是否熟练掌握了操作各类应急措施的要领。

(5)检验环境应急响应人员对应急预案、执行程序的理解程度。演练也是一种学习方式，通过应急演练可以促使应急处置人员熟悉预案，理解并执行预案的相关规定。

(6)通过演练可以面向社会公众开展环境应急宣传教育。通过应急演练并宣传,可以普及公众的环境应急知识,提高公众的环境风险防范意识,掌握环境应急的避险、疏散、处置等技能。

根据广东省生态环境厅的相关规定,列入《突发环境事件应急预案备案行业名录(指导性意见)》的企业每年组织一次环境应急演练,其他企业每三年组织一次环境应急演练。环境应急演练可结合消防应急演练或生产安全事故应急演练实施,也可以独立开展。

5.3.1.2 环境应急演练的类型

环境应急演练的类型多种多样,按照演练的不同方式,可以分为桌面演练、实战演练两大类。

(1)桌面演练。

桌面演练又称桌面推演,是指按照应急预案及其工作程序,讨论紧急情况时采取何种行动的演练活动。桌面演练一般在会议室内进行,主持人针对突发环境事件情景并借助多媒体(PPT、视频、图片),随着事件发生与处置进展,提出各种问题,由参演单位或人员依次回答,同时进行讨论(讨论环节常常有专家参与),进而达成共识。

开展桌面演练,演练推进人员只提出问题,并不给出答案,应答人员可以自由发挥,参会人员(包括专家)可以随时参与讨论,问题回答完毕或者在演练结束时可邀请专家进行点评。演练推进人员现场提出的问题可能包括:

突发环境事件发生后应该向哪些政府部门报告?报告的内容主要有哪些?

事件的环境风险受体有哪些?

面对突发环境事件,企业的先期处置措施有哪些?

本次突发环境事件可能需要用到哪些环境应急物资与装备?

假设消防废水或者泄漏物已流入企业附近河道,准备采取什么处置措施阻止污染物向下游扩散?

本次事件的特征污染物是什么?

如何编制环境应急监测方案并开展取样监测?现场采样需要注意哪些事项?

判断特征污染物是否达标的依据是什么?

现场应急处置人员需要做好哪些安全防护措施?

现场具备什么条件时，可以宣布应急响应结束？

突发环境事件的善后处置措施有哪些？

桌面演练需要编制总结评估报告。

(2) 实战演练。

实战演练通常是综合演练，也可以是盲演。实战演练需在室外以实际操作的方式展开，演练内容通常包括突发环境事件应急响应的全流程，可能包括指挥协调、事件信息接报与上报(含信息初报、续报、处理结果报告)、编制污染处置方案、编制应急监测方案、实施污染处置措施、开展环境应急监测，以及舆情应对和资料调度等。实战演练结束后需要请专家进行现场点评，同时编制书面总结评估报告。

参与实战演练的人员通常分四类，即策划人员、参演人员、观摩人员和考评人员。四类人员承担的任务各不相同，属于不同的角色，相互之间不能替代。

①策划人员。

策划人员的主要任务是设定演练情景、编制演练方案、编制演练脚本、设计演练流程，对演练目的、模拟动作进行解说。

②参演人员。

参演人员是指针对模拟事件情景采取应急响应行动的人员，是各项应急响应措施的执行者。参演人员在演练过程中承担的主要任务包括信息报送、事件调查、污染源头控制(如堵漏作业)与污染物收集和拦截、实施安全警戒、环境应急监测、转移危险物品、消除污染物、救助伤员或被困人员。每一件处置措施都要落实到人。

参演人员中有一部分是情景模拟人员，其主要任务是模拟事件发生情景，如适时释放烟雾、模拟气象条件、模拟泄漏、模拟受害或受影响的人员等。

③观摩人员。

观摩人员是指来自政府有关部门、外部机构、同类企业参观学习的公众，其任务是学习、借鉴。

④考评人员。

考评人员是指负责观察演练进程并对各项应急处置行动是否符合要求进行观察和评价的人员，通常由环境应急专家担任。考评人员的主要任务是：观察参演人员的各项应急处置行动，记录观察结果；根据预先制定的考评表对演练进行综合评价；记录发现的优点与不足。

5.3.1.3 实战演练策划与实施

环境应急实战演练大致由五个环节构成：成立临时组织机构、演练策划、演练准备、演练实施、演练总结与评估。

(1)临时组织机构。

环境应急演习是由多部门和单位共同参与的一系列活动，演练的组织与实施过程有大量的指挥、协调与协作事项，为了高效推进这些工作，有必要设置临时的组织机构。临时组织机构涉及的单位及人员须根据演练策划的内容、范围、情景等因素确定，通常以领导小组的形式出现，设置组长、副组长及若干工作小组。领导小组的主要工作任务包括但不限于：明确演练目的、主办单位、参演单位、观摩单位；选定演练地点与时间；设计演练情景，拟定演练程序，估算资源投入；编制环境应急监测方案和污染处置方案；分配各参演单位的工作任务，做好各单位间的协调配合；组织演练实施与保障；演练总结与评估。演练工作小组可设置为演练策划组、演练准备组、演练推进组、演练保障组。

(2)演练策划。

环境应急演练策划的成果是演练方案。演练方案的主要内容包括明确演练目标、设定演练情景、制定演练程序和演练规则、分配演练准备与实施的各项任务等。

演练目标：演练目标是检验组织、人员的应急准备状态和响应能力的指标。其包括检验环境应急指挥协调机制的有效性，检验环境应急预案的适宜性与可操作性，检验环境应急资源准备的充分性，检验相关人员的环境应急意识与应急处置能力等。

情景设定：指为演练构建具体的突发环境事件情景。突发环境事件情景设计的基本要求是按照极端情况考虑本区域或者本企业可能发生的突发环境事件及后果，情景设计人员需要熟悉本地区、本部门或本单位的环境应急预案和环境风险特征，还要尽可能了解国内外相关区域或企业曾经发生过的突发环境事件信息。环境应急演练的情景可能是：火灾次生污染事件、交通事故次生污染事件、危险化学品(如氯气)或危险废物污染环境事件、自然灾害次生污染事件、人为排污至突发环境事件等均可作为演练情景。此外，按照安全管理"三管三必须"的原则，生态环境主管部门需要承担工业环保设备设施的安全管理工作，因此某些地方生态环境主管部门应组织开展环保设备设施生产安全事故应急演练。

任务分配：开展环境应急演练的各项任务需要落实到责任部门(单位)和责任人，这些任务大体分为两类：其一是演练准备，包括编制演练方案与演练脚本、准备演练物资与器材、准备演练车辆、布置演练场地等；其二是演练实施，包括按设定程序组织实施指挥协调、信息报送、应急监测、污染处置、舆情对应、后期处置以及演练总结(含专家技术点评和领导总结讲话)与评估等各项工作。上述两类工作均要落实到具体的部门(单位)。

演练程序：演练程序是指突发环境事件从发生、发展到应急终止的基本流程。2023年10月，某市生态环境主管部门设计的环境应急演练程序包括五个环节：一是险情发现与信息报告，二是企业组织力量实施环境应急先期处置，三是区生态环境主管部门启动预案开展应急响应，四是市生态环境主管部门组织应急资源开展应急响应(包括提供人力、技术和物资支持)，五是演练总结与评估。演练程序设计的重点是各环节需要环环相扣、逻辑合理、首尾呼应。演练程序设计具有较强的专业性，是编制演练脚本的主要依据。

演练规则：实战演练规则是指为确保演练成功而制定的，对有关演练过程控制、参与人员职责、应急监测规范、污染处置措施、合规性、安全保障、演练结束程序等事项的规定或要求。主要包含以下几项：

① 预告规则。演练前要提前告知可能受到影响的周边人员："这只是一次模拟环境应急演练"，以免造成恐慌，甚至发生舆情。

② 人员安全规则。参与演练的所有人员不得采取降低保证本人或公众安全条件的行动，不得进入禁止通行的区域，演练人员应做好安全防护，尽可能避开安全风险。

③ 假设与真实规则。一方面，演练中不得将模拟事件情景"当真"，特别是在需要提高演练真实程度的环节(如危险废物火灾爆炸、河道重金属污染)时，

事先应充分考虑可能影响人员安全和环境污染问题，用替代或无害材料（如烟雾发生器、蛋白泡沫、可回收活性炭）避免对人员或环境造成危害；另一方面，为了达到演练目的，演练人员应将模拟的环境事件当作真实事件做出响应，将模拟的情景当作真实情况采取应急行动。

④ 保护生态环境规则。不能为了演练需要而真实地将污染物排至大气或地表水，或造成其他环境危害。

⑤ 状态规则。一般情况下，参演的应急处置设施、人员不得预先启动，所有演练人员在演练响应行动前应处于正常状态。

⑥ 合规性规则。所有演练人员应当遵守相关法律、法规，且服从指挥人员的指令。

⑦ 信息传递规则。演练控制人员仅向演练人员提供与其所承担功能有关的信息。

⑧ 行动转变规则。演练策划应同时制订发现真正紧急事件时可立即终止、取消演练的程序，明确所有参演人员从演练状态到真正应急状态转变的安排。

⑨ 关键提示规则。演练人员没有启动演练方案中的关键行动时，控制人员可发布控制消息，指导演练人员采取相应行动，帮助演练人员完成关键行动。

(3) 演练脚本。

编制演练脚本是为了帮助参演人员在现场"问"和"答"，同时对参演单位的各种操作要领进行提示。

演练脚本是为了演练更流畅，避免演练程序上"脱节"。演练脚本多用于部门或单位的最初几次演练，对于已多次使用脚本进行演练的部门或单位应逐步摆脱对脚本的依赖，开展所谓的"盲演"，以检验和提高应急环境应急处置能力。

(4) 演练准备。

演练前的准备工作有六项，具体包括：

① 发布演练信息。演练前可利用媒体发布举办环境应急演练的信息，让本部门（单位）人员及周边群众知晓，以免引起不必要的恐慌（如向周边群众发放有关演练告知书或者张贴演练海报）。

② 针对性培训。策划人员对参演人员进行培训，使其熟悉环境应急预案、演练方案和评价标准。培训参演人员熟悉并遵守演练规则，进入"战时"状态。

③ 准备演练用品。各参演单位准备好模拟演练的物品和器材，如烟雾发生器、环境应急监测仪、危险废物运输槽车、吸油毡、围油栏、活性炭。

④ 准备演练场地。根据演练目的和设定情景选择适宜的演练场地，演练策划人员应对场地进行详细的勘查、比较、选择并进行必要的布置。

⑤ 通讯录。通讯录主要用于演练指挥人员、策划人员、保障人员和主要参演人员之间的通讯联络。通常，通讯录作为演练方案或脚本的附件发放。

⑥ 演练记录。演练记录应安排专门的人员，配备摄像和拍摄器材，将演练实施过程完整地记录下来，用于日后的演练评估与复盘分析。

(5) 开展预演。

为了使得正式演练时更加流畅，各参演单位之间配合更加默契，主办方在正式演练前往往会组织各参演方开展预演。预演的主要目的是让各参演单位(人员)进一步熟悉演练流程及相互配合要点，为正式演练做准备。

(6) 演练实施。

实战演练实施阶段的主要程序与内容包括：模拟环境事件发生、信息报送、先期处置(如现场隔离、人员救护、源头控制)、应急监测、污染处置、扩大应急、舆情管理、应急保障、事态控制、应急结束、演练总结。

通常，上述各演练环节在政府部门组织的环境应急演练中会全要素呈现，但企业的环境应急演练可选择重点进行操练。

演练实施过程应使用摄像和拍摄器材等做好记录，用于事后复盘分析。

(7) 演练总结与评估。

这包括两个环节：其一是演练考评专家进行现场点评；其二是进行书面总结。

演练考评专家的现场点评往往从以下几方面展开：演练策划的合理性，演练目的的达成情况，演练的主要亮点，演练过程中存在的主要问题及改进措施。

演练书面总结评估报告的内容包括：

① 演练执行情况，包括演练时间、地点、参演单位、观摩单位、演练方式、事件情景、演练流程及主要应急处置行动。

② 应急预案的合理性和可操作性。

③ 指挥协调与应急联动情况。

④ 救援人员的应急处置情况，主要包括源头控制、应急监测和污染处置措施的合理性。

⑤演练所用物资与装备的适宜性、有效性。

⑥演练目标的实现情况。

⑦意见与建议，主要包括演练考评专家和参演单位自己发现的问题及其整改建议。

环境应急演练存在的问题可能包括：指挥协调不当，环境应急职责分配不清晰、环境应急物资与装备存在缺陷、信息报送不及时或不充分、污染源头控制不力、环境应急采样监测不合理、现场污染处置措施不科学、舆情管控缺失、安全和医疗救护存在缺陷、参演单位间协同应急方面存在不足、应急响应结束条件存在漏洞等。主办方对于发现的问题应按照轻重缓急进行治理。

5.3.2 环境应急培训

5.3.2.1 专职应急处置人员培训

对企业专职环境应急处置人员的培训是提高现场处置能力的重要措施之一。应急培训要着眼于处置突发环境事件的响应能力，包括应急预案、信息报送、污染处置、应急监测、舆情管控、处置现场安全管理等内容。

应急培训策划的内容包括：培训主题、培训内容、培训时间、培训方式、培训对象、培训教师、培训教材(PPT)、考核方式。

培训的内容包括：企业突发环境事件应急预案编制与应用、突发环境事件风险评估报告、环境风险物质及其发生突发环境事件的可能途径、突发环境事件信息报送、废水超标排放应急处置技术、废气超标排放应急处置技术、突发环境事件隐患排查与治理、突发环境事件应急演练、危险化学品和危险废物的理化与危害特性、人员紧急疏散路线、应急处置人员安全防护、现场消除污染的基本要领、控制污染源的基本措施等。

专职应急处置人员的培训内容应根据培训目标而定，所有授课内容应以培训目标为导向。培训专职环境应急人员要达到的目标是：

提高环境应急组织、协调、指挥能力，完善应急指挥协调工作机制；

提高环境应急意识与快速反应能力；

提高现场污染应急处置技能；

提高环境应急监测速度与技能；

提高各种环境应急保障能力；

培养环境应急处置人员的良好工作作风及心理素质；

参与编制环境应急预案，理解和应用环境应急预案。

5.3.2.2 全员应急培训

企业的环境应急工作仅仅依靠专职应急处置人员是远远不够的，还需要全体员工的积极参与，因而应急培训对象应包括全体员工。加强对全体员工的环境应急知识培训，使他们面对突发环境事件时发挥更大的作用，以充分保障环境安全。普通员工与专职人员不同，他们并不是处置突发环境事件的主体，因此对他们的培训应侧重于配合或者协助层面；从培训计划的拟订，培训目标与培训内容的确定，培训具体实施等都要与他们可能承担的应急处置任务相适应。

突发环境事件时，企业的普通员工可能成为受到侵害或伤害的对象，对他们的培训，应当着重于环境风险意识的培养、突发环境事件的预防、紧急情况逃生方法的掌握与自救能力的提高。

5.3.2.3 应急培训教师与教材

环境应急培训的专业性强，须走专业化的培训道路。首先，要大力提高环境应急培训师资队伍的专业水平，培训教师必须掌握现代的应急硬件设备和应急软件使用方法，具有丰富的环境应急处置经验，对现代应急响应的基本技术手段能熟练运用。其次，企业可引进有丰富实践经验的专家授课，借鉴相关单位的先进应急处置技术与经验。再次，实现推演与案例教学的有机结合，将更有助于提高应急管理培训的专业化水平。

突发环境事件应急教材的编制要突出适用性、考虑前瞻性，做到专业性与实用性相结合，知识性与普及性相结合，尽可能做到图文并茂、图例并举，生动活泼，一看就会，一读就懂，一讲就通，切忌"理论一大套，实际做不到"的做法。教材编写要有侧重，指挥层面的人员应以专业理论加实际案例分析为主，加深对各类突发环境事件的理性认识与感性认识，提高应变指挥能力；具体实施层面应以技能训练为主，加深对突发环境事件成因的认识，提高对污染物进行收集、拦截、导流、降污、转移和监测能力。另外，环境应急培训教材的编制应由有关专家和企业相关人员共同完成，这样能做到理论与实践相结合，个性与共性相结合，重在应用重在实操。

第 5 章 环境应急能力建设

◎ 附件 1：

企业事业单位突发环境事件应急预案备案文本齐备性抽查表

单位名称			地区	
行业				
法定代表人			联系电话	
联系人			联系电话	
传真			电子邮箱	
地址				
预案名称				
备案编号			备案时间	
风险级别	□一般；□较大；□重大		大气：□一般；□较大；□重大 水：□一般；□较大；□重大	
预案制定单位				

"一票否决"项（以下任意一项判定为"不符合"，则抽查结论为"较差"）（应选项打☑）

抽查指标	抽查意见		指 标 说 明
	判定	说明	
满三年回顾性评估	□符合 □不符合		未满三年则符合。否则， 《企事业单位至少每三年对环境应急预案进行一次回顾性评估。《广东省突发环境事件应急预案管理办法（试行）》（以下简称《办法》）第二十二条作出同样要求，《突发环境事件应急预案备案行业目录（指导性意见）》提出"依法查处满三年未修订修编突发环境事件应急预案的企事业单位，督促其及时完成修编和备案工作"。

242

5.3 环境应急演练与培训

续表

抽查指标	抽查意见		指标说明
	判定	说明	
预案修订	□符合 □不符合		无须修订则符合。否则， 《办法》第十二条规定，环境应急预案有下列情形之一的应及时修订：环境风险发生重大变化，需重新进行环境风险评估；应急管理组织体系与职责发生重大变化；环境应急监测预警及报告机制、流程和措施发生重大变化；重要应急资源发生重大变化；突发事件实际应对和演练中发现问题，需对预案做出重大调整的；其他需要修订的情况。 《办法》第十八条规定：企业环境应急预案有重大修订的，应在发布之日起20个工作日内向原受理部门变更备案。变更备案按照本办法第十五条要求办理。环境应急预案个别内容进行调整，需要告知环境保护主管部门的，应在发布之日起20个工作日内以文件形式告知原受理部门。 《广东省突发环境事件应急预案管理办法（试行）》第二十四条作出同样要求。 《企业突发环境事件风险评估指南》（以下简称《风险评估指南》）第4章，有下列情形之一的，企业应当及时划定或重新划定本企业的环境风险等级，编制或修订本企业的环境风险评估报告：(1) 未划定环境风险等级或划定环境风险等级已满三年的；(2) 涉及环境风险物质种类或数量、生产工艺过程与环境风险防范措施或周边可能受影响的环境风险受体发生变化，导致企业环境风险等级变化的；(3) 发生突发环境事件并造成环境污染的；(4) 有关企业环境风险评估标准或规范性文件发生变化的。

续表

抽查指标	抽查意见		指标说明
	判定	说明	
从可能的突发环境事件情景出发编制且典型突发环境事件情景无缺失	□符合 □不符合		《办法》第九、十条，均对企业从可能的突发环境事件情景出发编制环境应急预案提出了要求；典型突发环境事件情景基于真实事件与预期风险凝练、集合而成，体现各类事件的共性与规律。《企业事业单位突发环境事件应急预案评审工作指南（试行）》（以下简称《评审工作指南》）附表1提出了该要求。
能够让周边居民和单位获得事件信息	□符合 □不符合		《环境保护法》第四十七条规定，在发生或可能发生突发环境事件时，企业应当及时通报可能受到危害的单位和居民。《办法》第十条（三）也提出了相应要求。《评审工作指南》附表1有同样要求。
具备环境应急预案评审意见	□符合 □不符合		《办法》第十五条要求，企业环境应急预案首次备案提交的材料应当包括环境应急预案评审工作。《编制指南》4.5指出，企业应根据评审指南组织相关人员开展预案评审工作，根据评审意见应修改完善。若预案进行重大修订，则需重新评审。旧版评审意见将视为无评审意见对应修改完善。
具备环境应急预案编制说明	□符合 □不符合		《办法》第十条（三）要求编制过程中，应征求员工和可能受影响居民和单位代表的意见；第十五条也提出了相应要求，企业环境应急预案首次备案提交的材料应当包括编制说明。

注：" 一票否决 " 项不计入抽查得分。

◎ 附件2：

企业事业单位突发环境事件应急预案备案内容抽查表

备案编号				
风险级别	□一般；□较大；□重大	备案时间		
预案制定单位				
抽查项目	大气：□一般；□较大；□重大		水：□一般；□较大；□重大	
抽查指标	抽查意见			指标说明
	判定（打☑）	得分	说明	
	□符合 2 □部分符合 1 □不符合 0			

环境应急预案编制说明

	抽查指标	抽查意见			指标说明
1	说清预案编修过程、征求意见采纳情况、演练暴露问题及解决措施。	□符合 2 □部分符合 1 □不符合 0			《广东省企业事业单位突发环境事件应急预案编制指南（试行）》（以下简称《编制指南》）第 4 部分——应急预案编制工作程序中提出编制过程主要包括成立环境应急预案编制工作组，开展环境风险评估和环境应急资源调查，征求关键岗位员工和可能受影响的居民以及单位代表的意见，组织对预案内容进行推演等。 《企业事业单位突发环境事件应急预案备案管理办法（试行）》（以下简称《办法》）第十五条提出了相应要求——编制说明包括：编制过程概述、重点内容说明，征求意见及采纳情况说明，评审情况说明。 《评审指南》附表 1 要求：一般应有意见建议清单，并说明采纳情况及未采纳理由；演练（一般应为检验性的桌面推演）暴露问题清单及解决措施，并体现在预案中。

过程及问题说明

245

续表

抽查项目	抽查指标		抽查意见			指标说明
			判定（打☑）	得分	说明	
专家意见	2	是否按照意见修改	□符合 2 □部分符合 1 □不符合 0			企业应依据专家评审意见修改完善环境应急预案内容，说明修改内容。
环境风险评估报告						
风险分析	3	环境风险受体敏感程度：确定识别范围是否完善，是否附有联系方式。	□符合 2 □部分符合 1 □不符合 0			1. 根据《风险分级方法》的对环境风险受体敏感程度的类型划分，核实企业周边环境风险受体及类型划分的准确性。以企业周边 5000 米范围内大气环境风险受体和企业雨水排口（含泄洪渠）、清净下水排口、废水总排口下游 10 千米范围内水环境风险受体进行评估。 2.《风险评估指南》附录 A 中 A.3 要求，对环境风险受体的描述需列表说明：名称、规模（人口数）、级别或面积、中心经度、中心纬度、距企业距离（米）、相对企业方位、服务范围（取水口填写）、联系人和联系电话。
	4	环境风险单元及物质：应识别出所有重要的环境风险物质和环境风险单元；至少列出重要环境风险物质名称、数量（最大存在总量）、位置/所在装置。	□符合 4 □部分符合 2 □不符合 0			《风险评估指南》中提到要进行环境风险识别，环境风险单元识别。 《风险分级方法》：判断企业生产原料、辅助生产物料、产品、中间产品、副产品、催化剂、"三废"污染物等是否涉及大气环境风险物质。对于数量大于临界量的，应辨识环境风险物质在企业哪些环境风险单元集中分布。

5.3 环境应急演练与培训

续表

抽查项目		抽查指标	抽查意见			
			判定(打☑)	得分	说明	指标说明
等级划分	5	核实Q值是否准确。	□符合 2 □部分符合 1 □不符合 0			《风险分级方法》附录A的备注"第一二三四五六部分风险物质临界量均以纯物质质量计,第七部分风险物质按标注物质的质量计。"
	6	生产工艺过程与环境风险控制水平;重点核对生产工艺过程、环境风险防控措施及各项指标的赋值是否合理	□符合 2 □部分符合 1 □不符合 0			按照《风险分级方法》的赋分规则审查企业生产工艺过程、水和大气环境风险防控措施及突发水、大气环境事件发生情况
情景构造	7	列明国内外同类企业突发环境事件信息,提出本企业可能发生的突发环境事件情景。	□符合 2 □部分符合 1 □不符合 0			《风险评估指南》6.2.1收集国内外同类企业突发环境事件资料,列表说明事件日期、地点、事件情景、引发原因、事件影响等内容。6.2.2企业应结合6.2.1分析,列表说明企业实际风险分析,列表说明企业可能引发或发生突发环境事件的最坏情景
	8	源强分析,至少包括释放环境风险物质的种类、释放速率、持续时间、范围。	□符合 2 □部分符合 1 □不符合 0			《风险评估指南》6.2.3:针对每种典型环境事件情景进行源强分析,包括释放风险物质的种类、物理化学性质、最小和最大释放量、扩散范围、浓度分布、持续时间、危害程度,可以参考《建设项目环境风险评价技术导则》。

247

第5章 环境应急能力建设

续表

抽查项目	抽查指标	抽查意见			指标说明
		判定（打☑）	得分	说明	
情景构造	9	明确每种情景环境风险物质释放途径，涉及环境风险防控与应急措施，应急资源情况分析。	□符合 2 □部分符合 1 □不符合 0			《风险评估指南》6.2.4：对于可能造成水、土壤污染的，分析环境风险物质从释放源头（环境风险受体）、经厂界内到厂界外，最终影响到饮用到环境风险受体的可能路径，分析涉及环境风险与应急措施的关键环节和关键情况。对于可能造成大量泄漏和大量泄漏情况，应急装备和应急救援队伍情况。依据风向、风速等分析环境风险物质少量泄漏的范围，包括事故发生点周边的况下、白天和夜间可能影响的范围，事故发生点下风向人员防护距离。紧急隔离距离、事故发生地下风防护距离。 《评审技术指南》附表1要求：重点分析环境风险物质从释放源头到受体之间的过程。
	10	危害后果分析，重点分析环境风险物质的影响范围和程度。	□符合 2 □部分符合 1 □不符合 0			《风险评估指南》6.2.5：从地表水、地下水、土壤、大气、人口、财产乃至社会等方面考虑并给出突发环境事件对环境风险受体的影响程度和范围，包括如需要疏散的人口数量，是否影响到饮用水水源地取水，是否造成跨界影响，是否影响生态敏感区生态功能，预估可能发生的突发环境事件级别等。 《评审技术指南》附表1要求：针对每种情景的重点环境风险物质，计算浓度分布情况，说明影响范围和程度。

248

5.3 环境应急演练与培训

续表

抽查项目	抽查指标		抽查意见			指标说明
			判定(打☑)	得分	说明	
差距分析	11	环境风险管理制度	□符合 2 □部分符合 1 □不符合 0			《风险评估指南》7.1 指出，环境风险管理制度需包括：(1) 环境风险防控和应急措施管理制度是否建立，环境风险防控重点岗位的责任人或责任机构是否明确，定期巡检和维护责任制度是否落实；(2) 环评及批复文件的各项环境风险防控和应急措施要求是否落实；(3) 是否经常对职工开展环境风险和环境应急管理宣传和培训；(4) 是否建立突发环境事件信息报告制度，有效执行。
	12	截流措施	□符合 2 □部分符合 1 □不符合 0			《风险评估指南》附录 C 指出：(1) 各个环境风险单元设防渗漏、防腐蚀、防淋溶、防流失措施，设防初期雨水、泄漏物、受污染的消防水(溢)流入雨水和清净下水系统的导流围挡收集措施(如防火堤、围堰等)，且相关措施符合设计规范；且(2) 装置围堰与罐区防火堤(围堰)外设排水切换阀，正常情况下通向雨水系统的阀门关闭，通向事故存液池、应急事故水池、污水处理系统的阀门打开，前述措施日常管理及维护良好，有专人负责阀门切换，保证初期雨水泄漏物和受污染的消防水排入污水系统。 具体设计可参考《风险评估指南》附录 C 标准，或《事故状态下水体污染的预防与控制技术要求》(Q/SY1190)，核实是否符合规范。

续表

抽查项目		抽查指标	抽查意见			指标说明
			判定（打☑）	得分	说明	
差距分析	13	事故排水收集措施须按相关设计规范设置应急池等，说明设计过程。	□符合 2 □部分符合 1 □不符合 0			《风险评估指南》附录 C 指出：（1）设计应符合相关设计规范，并根据下游环境风险受体敏感程度和易发生极端天气情况，设置事故排水收集设施的容量；（2）设施位置合理，能自流式或确保事故状态下顺利收集泄漏物和消防水，日常保持足够的事故排水缓冲容量；（3）设排水设施，并与污水管线连接，能将所收集物送至厂区内污水处理设施处理。具体设计可参考《风险评估指南》附录 C 标准，或《事故状态下水体污染的预防与控制技术要求》(Q/SY1190)，核实是否符合规范。
	14	雨水系统防控措施	□符合 2 □部分符合 1 □不符合 0			《风险评估指南》附录 C 指出：厂区内雨水均进入废水处理系统，或雨污分流，且雨排水系统具有下述所有措施：（1）具有收集初期雨水的收集雨水池或雨水监控池；池出水管上设置切断阀，正常排放情况下阀门关闭，防止受污染的水外排；池内设有提升设施，能将所集物送至厂区内污水处理设施处理，且（2）具有雨水系统外排总排口（含泄洪渠）监视及关闭设施，有专人负责在紧急情况下关闭雨水排口（含泄洪渠）与清净下水共用一套排水系统情况），防止雨水、消防水和泄漏物通过生产区和罐区，如果有排洪沟，排洪沟不通过受污染人区域排洪沟区域，具有防止泄漏物和受污染的消防水流入区域排洪沟的措施。具体设计可参考《风险评估指南》附录 C 标准，或《事故状态下水体污染的预防与控制技术要求》(Q/SY1190)，核实是否符合规范。

5.3 环境应急演练与培训

续表

抽查项目	序号	抽查指标	抽查意见 判定（打√）	抽查意见 得分	抽查意见 说明	指标说明
	15	毒性气体泄漏装置及措施	□符合 2 □部分符合 1 □不符合 0			《风险评估指南》附录 C 指出：(1)不涉及有毒有害气体的或(2)：根据实际情况，具有针对有毒有害气体（如硫化氢、氰化氢、氯化氢、光气、氯气、氨气、苯等）的泄漏紧急处置措施或监控预警系统。
差距分析	16	环境应急资源	□符合 2 □部分符合 1 □不符合 0			《风险评估指南》7.3 指出：环境应急资源包括：(1)是否配备必要的应急物资和应急监测（包括应急救援队伍）；(2)是否已设置专职或兼职应急救援人员组成的应急救援队伍；(3)是否与其他组织或单位签订应急救援协议或互救协议（包括应急物资、装备和救援队伍等情况）。
完善计划	17	针对需要整改的项目，制订具有可行性的完善计划，是否较好进行整改完善	□符合 2 □部分符合 1 □不符合 0			企业是否较好完成整改完善计划，依据整改完成情况评估。《风险评估指南》第 8 章指出，针对需要整改的短期、中期和长期项目，分别制定完善环境风险防控应急措施的实施计划，实施计划应明确完善环境风险内容、环境风险防控措施、环境应急能力建设等内容，逐项制定加强环境风险管控措施和应急管理的目标、责任人及完成时限。
附图	18	要求的附图是否齐全	□符合 2 □部分符合 1 □不符合 0			《风险评估指南》附录 D，要求提供企业地理位置图、周边环境风险受体分布图、厂区平面布置图、雨排管网图、企业雨水、清净下水收集、排放管网图、污水收集、排放管网图以及所有排水最终去向图。 每缺 1 项，则扣除 0.5 分，2 分封顶。

续表

抽查项目	抽查指标		抽查意见			指标说明
			判定(打√)	得分	说明	
环境应急预案						
应急预案体系	19	说明企业应急预案体系的构成情况。	□符合 2 □部分符合 1 □不符合 0			《评审工作指南》附表 1 指出：主要考察企业在环境应急预案编制过程中能否清晰把握预案体系定位，衔接关系。 (1)《编制指南》5.1.6：明确综合预案、专项预案、应急处置卡片等预案的名称、数量，以及采用专章或专篇的形式。
	20	说明本预案与生产安全事故预案等其他企业内部预案的衔接关系，与政府及有关部门应急预案的衔接关系，辅以预案关系图。	□符合 2 □部分符合 1 □不符合 0			《评审工作指南》附表 1 指出：有的企业环境应急预案包括综合预案、专项预案、现场预案，应说明这些组成之间的衔接关系，综合预案各个组成清晰界定，有机衔接。 分类编制的，综合预案侧重明确应对原则、组织机构与职责、基本程序与要求，说明预案体系构成；专项预案侧重针对某一类事件，明确应急程序和处置措施。如不涉及以上情况，可以说明预案的主体框架。 (2)《办法》第十条指出，应重点说明与政府预案的衔接方式。
组织指挥机制	21	以应急组织体系结构图的形式，说明组织指挥机制。	□符合 2 □部分符合 1 □不符合 0			(1)《编制指南》5.3：明确应急组织机构的构成，包括企业内部应急组织机构和外部应急救援机构，以图表形式表示组织体系方式表，应急指挥运行机制，配有应急队伍成员名单和联系方式，应与文字阐述内容保持一致。

5.3 环境应急演练与培训

续表

抽查项目		抽查指标	抽查意见			指标说明
			判定（打☑）	得分	说明	
组织指挥机制	22	明确组织体系的构成及其职责，明确应急状态下指挥运行机制，建立统一的应急指挥、协调和决策程序。	□符合 2 □部分符合 1 □不符合 0			(1)《编制指南》5.3：应急预案应列出所有参与应急处置人员的姓名、所处部门、职务、联系电话，应急工作职责、负责解决主要问题等。 (2)《评审工作指南》附表 1 指出：一般包括应急指挥部及其办事机构、现场处置组、环境应急监测组、应急保障组以及其他必要的行动组。企业根据突发环境事件应急工作特点，建立必要由负责人和成员组成的，工作职责明确的环境应急组织指挥机构。注意与企业突发事件应急预案以及生产安全等预案中组织指挥体系的衔接。 指挥运行机制，指的是总指挥与各行动小组相互作用的程序和方式，能够对突发环境事件状态进行评估，迅速有效进行应急响应决策，指挥和协调各行动小组活动合理高效地调配和使用应急资源。
预防预警	23	明确企业可能的突发环境事件预防措施	□符合 2 □部分符合 1 □不符合 0			《编制指南》5.4.1：结合《企业突发环境事件隐患排查和治理工作指南（试行）》，从突发水环境、突发大气环境事件风险防控措施、隐患排查治理制度、日常监测制度等方面明确企业突发环境事件预防措施。

253

第5章 环境应急能力建设

续表

抽查项目	抽查指标		抽查意见			指标说明
			判定（打☑）	得分	说明	
	24	明确监控信息的获得途径	☐符合 2 ☐部分符合 1 ☐不符合 0			《编制指南》5.4.2：预案应明确监控信息的获得途径，例如极端天气等自然灾害、生产安全事故等事故灾难、相关监控监测信息等。
预防预警	25	明确企业内部预警分级标准	☐符合 2 ☐部分符合 1 ☐不符合 0			《编制指南》5.4.2：企业应依据潜在突发环境事件危害程度、可能影响范围等因素，采用定性与定量相结合的指标，确定企业内部预警分级标准。红色预警一般为企业自身力量难以应对，需要调集内部绝大部分力量参与应对；橙色预警一般为企业根据企业实际需求确定。黄色、蓝色预警根
	26	明确内部预警程序，包括预警条件、预警等级、预警信息发布、接收、调整、解除程序、发布内容、责任人。	☐符合 2 ☐部分符合 1 ☐不符合 0			《编制指南》5.4.2：明确预警信息分析研判的主体、程序、时限和内容；明确企业预警信息发布主体与发布内容，例如明确预警信息接收、调整、解除程序，结合企业自身实际进行分析研判，开启预警程序。

续表

抽查项目		抽查指标	抽查意见			指标说明
			判定（打☑）	得分	说明	
应急响应	27	应急响应流程图	□符合 1 □部分符合 0.5 □不符合 0			《编制指南》5.5.1：明确应急响应流程与升（降）级的关键节点，并以流程图表示。
	28	根据突发环境事件的危害程度、影响范围、周边环境敏感点、企业应急响应能力等，建立分级应急响应机制，明确不同应急响应级别对应的指挥权限交接。	□符合 1 □部分符合 0.5 □不符合 0			《编制指南》5.5.1：按照分级响应的原则，确定不同级别的现场组织机构和负责人。《评审工作指南》附表1：有的企业将环境应急响应程序和步骤，明确相应的指挥权限分为车间级、企业级、社会级，明确相应的指挥；车间负责人、企业负责人、接受当地政府统一指挥；并说明不同级别下的权限交接关系，例如政府及其有关部门介入后环境应急指挥权的移交及企业内部的调整。
信息报告	29	内部报告：明确企业内部事件信息传递的责任人、程序、时限、方式、内容等。	□符合 2 □部分符合 1 □不符合 0			《编制指南》5.5.2：明确 24 小时应急值守电话，明确从事件第一发现人至事件指挥人之间信息传递的方式、方法及内容，内容一般包括事件的时间、地点、涉及物质、简要经过、已污染范围相关措施建议等。

255

续表

抽查项目	序号	抽查指标	抽查意见 判定（打☑）	得分	说明	指标说明
信息报告	30	外部报告：明确企业向当地人民政府及其环保部门报告的责任人、时限、程序、内容、方式等，辅以信息报告格式规范。	□符合 2 □部分符合 1 □不符合 0			《编制指南》5.5.2：明确从企业报告决策人、报告负责人到当地人民政府及其环保部门负责人之间信息传递的流程、方法及内容，内容一般包括企业及周边概况、事件的时间、地点涉及物质、简要经过、已造成或者可能造成的污染情况、请求支持的内容等。
信息报告	31	信息通报：明确向可能受影响的居民、单位以及向协议应急救援单位传递信息的责任人、程序、时限及有效性、方式等。	□符合 2 □部分符合 1 □不符合 0			《编制指南》5.5.2：明确事件发生后向可能遭受事件影响的单位和援助单位发出信息的方法、方式和负责人，内容一般包括事件已造成或者可能造成的污染情况、通知援助单位明确应明确传递风险源及风险物质、人员需求及其他必要等信息、应急物资需求、人员需求及其他必要需求等信息。
应急处置措施	32	根据环境风险评估分别说明可能发生的事件情景及应急处置方案，明确相关岗位人员采取措施的时间、内容、方式、地点、目标等。	□符合 4 □部分符合 2 □不符合 0			（1）《编制指南》5.5.3：根据可能发生突发环境事件污染物的性质、事件类型、严重程度和可能影响范围，制定相应的应急处置措施，明确处置原则和具体要求。应急处置措施应包含但不限于污染源切断和控制、污染物处置、人员紧急撤离和疏散、现场应急处置、次生污染防范等情况。 （2）《评审工作指南》附表1，针对具体事件情景，按岗位细化各项应对措施，并纳入岗位职责范围。

续表

抽查项目		抽查指标	抽查意见			指标说明
			判定（打☑）	得分	说明	
应急处置措施	33	人员撤离疏散与人员受伤。	□符合 2 □部分符合 1 □不符合 0			《编制指南》5.5.3：应明确事件现场人员清点撤离的流程方法与安置地点，并给予撤离路线。涉及人员受伤时，应明确一旦发现人与救援人员的联系方式、救援职责与注意事项。
	34	火灾、泄漏。	□符合 2 □部分符合 1 □不符合 0			《编制指南》5.5.3：涉及火灾事故时，明确火灾情景下消防设备启动、隔离工艺设备、围堵/拦截可能涉载的污染物、妥善处置污染物、可能涉及的水处理系统与公用工程启动的方法与程序。涉及化学品泄漏时，明确不同化学品泄漏情况下用于泄漏物的方法、方式及应急物资，明确防止泄漏物进入雨水系统的方法、方式及应急物资，明确外溢不可能阻止情景下的控制措施程序。
应急监测	35	监测方案应明确监测项目、采样（监测）人员、监测设备、监测频次等。	□符合 4 □部分符合 2 □不符合 0			《编制指南》5.5.4：企业应根据具体事件情景结合《突发环境事件应急监测技术规范》制定监测方案，包括污染现场、实验室应急监测方法、仪器、药剂，可能受影响区域的监测点布和频次等。

第 5 章　环境应急能力建设

续表

抽查项目		抽查指标	抽查意见			指标说明
			判定（打☑）	得分	说明	
应急监测	36	明确监测执行单位；自身没有监测能力的，说明协议监测方案，并附协议。	□符合 1 □部分符合 0.5 □不符合 0			《编制指南》5.5.4：企业自身没有监测能力的，应与当地环境监测机构或其他机构衔接，确保能够迅速获得环境检测支持。
应急终止	37	结合本单位实际，说明应急终止的条件和发布程序。	□符合 1 □部分符合 0.5 □不符合 0			《编制指南》5.6：结合企业实际，明应急终止责任人，终止条件和应急终止程序；同时在明确应急状态终止后，应继续进行环境跟踪监测和评估。
善后处置	38	说明善后处置的工作内容和责任人，一般包括：现场污染物的后续处理；环境应急相关设施、设备、场所的维护；配合开展环境损害评估、赔偿、事件调查处理等。	□符合 2 □部分符合 1 □不符合 0			《编制指南》5.7-明确现场污染物的后续处置措施以及环境应急相关设施、设备、场所的维护，必要时配合有关部门对环境污染事件的中长期环境影响进行评估。《突发事件应对法》强调应急预案重在"应对"，适当向后延伸至"恢复"，即企业从突发环境事件应对预案"恢复"到"常规状态"的相关工作安排。

续表

抽查项目	抽查指标		抽查意见			指标说明
			判定（打☑）	得分	说明	
保障措施	39	说明环境应急预案涉及的应急通讯、应急队伍、装备及其他的保障。	□符合 1 □部分符合 0.5 □不符合 0			《编制指南》5.8：应急通讯应明确与应急工作相关的单位和人员联系方式及方法，并提供备用方案。建立健全应急通信系统与配套设施，确保应急状态下信息通信畅通。应急队伍保障应明确环境应急响应的人力资源，包括环境应急专家、专业环境应急队伍，兼职环境应急队伍等人员的组织与保障方案。应急装备保障应明确企业应急处置过程中需要使用的应急物资和装备的类型、数量、性能、存放位置、管理责任人员及其联系方式等内容。其他类保障应根据环境应急工作需求，确定其他相关保障措施（如经费、交通运输、治安、技术、医疗、后勤、体制机制等保障）。对各类保障措施进行总体安排。
预案管理	40	安排有关环境应急预案的培训。	□符合 2 □部分符合 1 □不符合 0			《办法》第十条规定：企业组织评审和演练环境应急预案。企业组织专家和可能受影响的居民、单位代表对环境应急预案进行评审，开展演练进行检验。《广东省突发事件应急管理办法》第三十一条，要求企业按应急预案原则上每两年至少演练一次。
	41	安排有关环境应急预案的演练。	□符合 2 □部分符合 1 □不符合 0			《编制指南》5.9.1：明确对员工开展的应急培训计划、方式和要求。5.9.2：明确对可能受影响的居民和单位的宣传、教育和告知等工作。明确不同类型环境应急预案演练的形式、范围、频次、内容及演练评估、总结等要求。

续表

抽查项目		抽查指标	抽查意见			指标说明
			判定（打☑）	得分	说明	
专项预案	42	事件分析	□符合 2 □部分符合 1 □不符合 0			重大环境风险企业要求有专项预案，较大和一般环境风险企业综合和专项应急预案可合并编制。针对某一类型突发环境事件制定的应急预案。《编制指南》4.3：重大环境风险企业应包括综合、专项预案及应急处置卡片。较大和一般环境风险企业可与综合应急预案（或现场处置预案）可与综合应急预案合并编制。
	43	应急职责分工	□符合 1 □部分符合 0.5 □不符合 0			《编制指南》6.1：突发环境事件分析。阐述可能发生的突发环境事件引发原因，包括事件特征，涉及的环境风险物质以及事件的影响范围等。6.3：组织机构。应急组织机构及应急处置卡片中人员的衔接，明确职责。
	44	监控预警	□符合 2 □部分符合 1 □不符合 0			《编制指南》6.2：监控预警措施。根据可能发生的事件类型，明确各项监控预警措施，包括监控措施、环境风险管理制度、环境应急队伍及物资储备等。
	45	应急处置	□符合 2 □部分符合 1 □不符合 0			《编制指南》6.4：应急处置措施应明确以下内容，包括污染源切断、控制、消除措施，应急监测和监控措施，现场人员的防护与疏散、人员救护，应急终止和事后恢复等，注意与应急处置卡片的有机衔接。

续表

抽查项目		抽查指标	抽查意见		指标说明
			判定（打☑）	得分 说明	
应急处置卡	46	类型无缺失	□符合 2 □部分符合 1 □不符合 0		重大和较大环境风险企业要有应急处置卡片，一般环境风险企业综合、专项应急预案和应急处置卡可合并编制。《编制指南》7：针对主要情景、关键岗位、重要设施（如围堰、应急池、雨水排放口闸门等）设置相应应急处置卡片，明确特定环境事件的现场处置措施的整一套流程及相应部门，包括风险描述、报告程序、上报内容、预案启动、排查、控源截污、监测、后勤保障、后期处置、恢复处置等内容并在重要位置粘贴上墙。
	47	关键内容无缺失	□符合 2 □部分符合 1 □不符合 0		关键岗位的应急处置卡无遗漏，事件情景特征、处理步骤、应急物资、注意事项等叙述清晰。
附图	48	要求的附图是否齐全	□符合 2 □部分符合 1 □不符合 0		《编制指南》附件要求，企业需提供以下附件： (1)企业应急通讯录； (2)外部单位（政府有关部门、救援单位、专家、环境风险受体等）通讯录； (3)企业四至图、区域位置图、环境风险受体分布图、周边水系图； (4)企业内部人员撤离路线； (5)环境风险单元分布图； (6)应急物资装备分布图； (7)企业雨水、清净下水和污水收集、排放管网图，应标注应急池位置、容量，控制阀节点详细情况。 每缺 1 项，则扣除 0.5 分，2 分封顶。

续表

环境应急资源调查报告(表)

抽查项目	抽查指标		抽查意见			指标说明
			判定(打☑)	得分	说明	
调查过程	49	调查过程明确，调查内容符合格式。	□符合 2 □部分符合 1 □不符合 0			《办法》第十条(二)规定，应急资源调查包括但不限于：调查企业第一时间可调用的环境应急预案的企业开展了该项工作，应急资源队伍，装备，物资，场所等应急资源状况和可请求援助或协议援助的应急资源状况。《环境应急资源调查指南(试行)》6:
物资	50	环境应急资源充足，可应对突发环境事件。	□符合 2 □部分符合 1 □不符合 0			《环境应急资源调查指南(试行)》指出：依据突发环境事件风险评估，分析环境应急资源匹配情况。
合计				/	/	

抽查人员(签字)：　　　　　　　　　　　　　　　　　　　　抽查日期：　　年　月　日

注：1. 符合，指的是抽查人员判定某一项指标所涉及的内容能够反映制定环境应急预案的企业开展了该项工作，且工作全面，质量高；部分符合，指的是抽查人员判定企业开展了该项工作，但工作不全面，不深入或质量不高；不符合，指的是抽查人员判定企业未开展该项工作，或工作有重大疏漏，流于形式或质量差。
2. 指标调整：项目中的部分指标，抽查组可以对不适用的进行调整。
3. "一票否决"项不计入抽查得分。
4. 指标说明仅供参考。
5. 该表为典型行业企业通用评分表，另有附表 2-1 尾矿库企业，附表 2-2 输油管道企业，附表 2-3 石油化工企业补充的评分细项，如涉及特殊行业，需一并评分计入分数，如不涉及特殊行业，则使用该表即可。

第6章 信息报告与污染处置技术

6.1 信息报告

本节关于突发环境事件信息初报、续报和处理结果报告(终报)的内容主要适用于政府生态环境主管部门,企业环境应急人员可参考使用。

初报是指在发现或者得知突发环境事件后首次上报;续报是指在查清有关基本情况、事件发展情况后随时上报;处理结果报告是指在突发环境事件处理完毕后上报。

信息报告是开展环境应急响应行动的第一步,及时、准确、规范地报告突发环境事件信息有利于应急决策和应急资源调配。信息迟报、瞒报或误报可能造成应急决策者误判,错过最佳的应急处置时机,甚至还可能被事后追责。此外,在信息高度发达的当今社会,如果某区域发生突发环境事件,事发单位和属地生态环境部门因为种种原因没有及时掌握突发环境事件信息,可能造成形成信息"倒灌""倒流",使得事发地生态环境主管部门陷入被动;因此,政府生态环境部门和企业事业单位加强对突发环境事件的信息管理非常必要。

6.1.1 信息接报及处理

6.1.1.1 接报单位

各级生态环境主管部门为突发环境事件信息的主要接报单位,有责任受理来自各方面有关突发环境事件的信息,并按有关程序处理。

6.1.1.2 接报程序与内容

生态环境主管部门获得的突发环境事件信息主要来自市委市政府或区委区政府总值班室、消防部门、水务部门、交警部门、街道办、事发单位、监测单位或社会公众等。突发环境事件信息接报人员要询问以下情况并作具体记录：事件类别；事发时间、地点、联络人、联系电话及单位或区域名称；事件主要原因；主要特征污染物；污染影响范围；人员伤亡情况；已采取的处置措施。

表 6-1 为深圳市突发环境事件信息接报记录表。

接突发环境事件信息后，值班人员应将记录表或以电话方式及时报送分管领导或主要领导，同时通知就近的生态环境执法人员或其他相关人员核实情况。

表 6-1　　　　　　**深圳市突发环境事件接报信息记录表**

事发单位（区域）			
详细地址			
事发时间			
联系人		电话	
事件类别	□ 生产安全事故次生污染 □ 人为非法排污	□ 交通事故次生污染 □ 自然灾害次生污染	
事件原因：			
主要特征污染物：			
污染影响范围：			
已采取的措施：			

续表

事发单位 (区域)	
人员伤害情况:	

记录人:　　　　　　　　　　　　时间:

6.1.2 初报

初报应当报告突发环境事件的发生时间、地点、信息来源、事件起因和性质、基本过程、主要污染物和数量、监测数据、人员伤害情况、饮用水水源地等环境敏感点受影响情况、事件发展趋势、处置情况、拟采取的措施以及下一步工作建议等初步情况，并提供可能受到突发环境事件影响的环境敏感点的分布示意图。

突发环境事件已经发生或者将要发生时，事发单位、政府相关主管部门、相邻企事业单位、社会团体、公民都有报告信息的责任和义务。全国突发环境事件的上报电话为12345，此外公众还可以通过微信、短信等现代通信工具向政府及相关主管部门报告。

根据《国家突发环境事件应急预案》对报告时限和程序的规定，突发环境事件发生后，涉事企业事业单位或其他生产经营者必须采取应对措施，并立即向当地生态环境主管部门和相关部门报告，同时通报可能受到污染危害的单位和居民。因生产安全事故导致突发环境事件的，安全监管部门等有关部门应当及时通报同级生态环境主管部门。生态环境主管部门应通过互联网信息监测、环境污染举报热线等多种渠道，加强对突发环境事件的信息收集，及时掌握突发环境事件发生情况。事发地生态环境主管部门接到突发环境事件信息报告或监测到相关信息后，应当立即进行核实，对突发环境事件的性质和类别作出初步认定，按照规定的时限、程序和要求向上级生态环境主管部门和同级人民政府报告，并通报同级其他相关部门。突发环境事件已经或者可能涉及相邻行政区域的，事发地人民政府或生态环境主管部门应当及时通报相邻行政区域同级人民政府或生态环境主管部门。地方各级人民政府及其生态环境主管部门应当按照有关规定逐级上报，必要时可越级上报。

《突发环境事件信息信息报告办法》规定，对初步认定为一般（Ⅳ级）或者较大（Ⅲ级）突发环境事件的，事件发生地设区的市级或者县级人民政府生态环境主管部门应当在4小时内向本级人民政府和上一级人民政府生态环境主管部门报告。对初步认定为重大（Ⅱ级）或者特别重大（Ⅰ级）突发环境事件的，事件发生地设区的市级或者县级人民政府生态环境主管部门应当在2小时内向本级人民政府和省级人民政府生态环境主管部门报告，同时上报生态环境部。突发环境事件处置过程中事件级别发生变化的，应当按照变化后的级别报告信息。

发生下列一时无法判明等级的突发环境事件，事件发生地设区的市级或者县级人民政府生态环境主管部门应当按照重大（Ⅱ级）或者特别重大（Ⅰ级）突发环境事件的报告程序和时限上报：

(1) 对饮用水水源保护区造成或者可能造成影响的；

(2) 涉及居民聚居区、学校、医院等敏感区域和敏感人群的；

(3) 涉及重金属或者类金属污染的；

(4) 有可能产生跨省或者跨国影响的；

(5) 因环境污染引发群体性事件，或者社会影响较大的；

(6) 地方生态环境主管部门认为有必要报告的其他突发环境事件。

实际操作上，各地政府及其生态环境主管部门对事件信息初报提出了更加严格的要求，如《深圳市突发环境事件应急预案》（2024版）要求按下列时限报告突发环境事件信息：初步认定为特别重大、重大突发环境事件30分钟内向市委值班室、市政府值班室、市应急委办值班室报告；初步认定为较大、一般突发环境事件60分钟内向市委值班室、市政府值班室、市应急委办值班室报告；同时通报可能受影响的地区、部门和企业事业单位，按要求向省生态环境厅报告相关突发环境事件信息。

为快速、准确报告突发环境事件信息，各级生态环境主管部门可编制信息报告"模板"。以下是突发环境事件信息初报的示例，模拟的事件情景是某电镀企业危险废物仓库火灾次生污染事件，供读者参考。需要说明的是，使用本章提供的初报、续报、处理结果报告模板编制突发环境事件信息报告时，编制人员要注意属地生态环境主管部门的具体要求，必要时删减或补充相关内容。

关于××公司火灾次生突发环境事件信息初报

____年__月__日上午__时__分，我局接市政府总值班室通报，__月__日__时__分左右，位于我市 A 区__路__号同富裕工业园的_____公司危险废物仓库发生火灾事故。天气为东南风三级，小雨。__时__分，市生态环境局 A 区分局应急人员到达现场，明火尚未扑灭。仓库内储存有含铜、镍、铬和氰化物等污染物的废液、污泥和废酸。因该企业雨水总排口闸阀不能严密关闭，导致约 50 吨消防废水和泄漏物通过雨水管网经 200 米流入 B 河（Ⅲ类水），B 河经 5 千米汇入 C 江，下游 6.5 千米处为 I 级饮用水水源保护区（市级）。事发时东南风三级（风速____m/s），事故点周边有____个空气环境敏感点，分别是距事故点西方向____千米的渔民新村、____千米的第二中心小学、____千米的区中心医院，西北方向____千米的第一初级中学。经初步判断，本次突发环境事件为Ⅳ级（一般突发环境事件）。

接报后，我局立即启动应急响应机制，A 区生态环境分局应急监测、污染处置力量及应急专家已第一时间赶赴现场处置。事件发生后，A 区政府立即启动应急响应，应急管理、消防救援、生态环境、水利等相关部门应急力量赶赴现场开展救援和污染控制工作。主要采取了以下措施：一是察看厂区外围和 B 河下游河道，确认有部分消防废水和泄漏物进入 B 河道。二是立即封堵厂区雨水总排放口同时关闭生产废水总排口闸阀，防止消防废水和泄漏物继续外排，正在将厂区内消防废水和泄漏物引入应急池（100 立方米）。三是通知水务部门关闭 B 河下游汇入 C 江口处闸坝，防止污染团向下游扩散。四是开展现场调查，初步判断水环境特征污染物类别是铜、镍、铬和氰化物，快测结果显示厂区雨水总排口处这五类污染物均超过国家标准；初步分析大气环境特征污染物是氰化氢（HCN）和一氧化碳（CO），尚未掌握监测数据。五是事件可能影响跨界的 C 江，我们已将事件基本情况通报 D 市生态环境局，同时建议市政府通报 D 市政府。

目前，现场没有人员伤亡情况的报告。

下一步，我局将按照"以空间换时间，以时间保安全"的工作思路，会同各相关部门和单位做好事件应急处置工作，主要包括：

(1)调动环境监测中心站的力量，按照《突发环境事件应急监测技术规范》的要求做好环境应急监测，及时报告监测数据。

(2)按照河道污染应急处置"分段拦截、分类处置"的思路，将河道高浓度废水用槽车转移到具有处置能力的单位安全处置，低浓度的废水就地降污。

(3)通过"一河一策一图"成果寻找"空间"，将不能及时转移高浓度废水引入"空间"暂存处理。

(4)做好事件舆情监控，及时公开环境应急处置信息。

(5)发挥专家的力量，运用科学的方法应对本次火灾次生突发环境事件，同时做好应急处置过程的现场安全管理。

附件1：事件现场平面图。

附件2：事件附近主要环境敏感点分布示意图。

6.1.3 续报

续报是在查清有关基本情况后通过网络或书面随时上报（可一次或多次报告）。其主要内容包括在初报基础上报告突发环境事件的监测数据、确切的事件原因、污染处置进展、污染范围与趋势、采取的应急措施及效果等基本情况。

相关文件对突发环境事件信息续报没有规定时限，但通常在初报之后4小时内应进行第一次续报，并可根据后续的应急处置情况多次报告。需要说明的是，应急处置过程中环境监测部门根据监测结果可形成"应急监测信息快报"及时向上级报告各种监测数据。

以下是突发环境事件信息续报的示例，供读者参考。

关于××公司火灾次生突发环境事件应急处置情况信息续报示例

____年__月__日__时__分，我局接市政府总值班室通报，__月__日__时

__分左右,位于A区____路__号同富裕工业区的_____公司危险废物仓库发生火灾事故,约50吨消防废水和泄漏物通过雨水管网经200米流入B河。接报后,我局立即启动应急响应机制,分管领导第一时间组织市、区两级环境应急、环境监测力量及专家赶赴现场开展应急处置工作。

根据目前掌握的事件环境影响范围与强度判断,本次突发环境事件为Ⅳ级(一般突发环境事件),现将有关情况续报如下:

一、基本情况

____年__月__日__时__分左右,位于我市A区__路__号同富裕工业区的_____公司危险废物仓库发生火灾事故,该仓库主要存放含铜、镍、铬和氰化物等污染物的废液、污泥和废酸。应急抢险过程中,有两人因吸入废气不适,现已送医院观察治疗。至____时____分,消防部门将明火扑灭。事发时东南风三级(风速____m/s),小雨。事故点周边有4个环境敏感点,分别是距事故点西方向____千米的渔民新村、____千米的第二中心小学、__千米的区中心医院,西北方向____千米的第一初级中学。企业人员在应急救援过程中,重物倒塌撞断含氰废水管,致部分含氰废水进入厂区雨水管网,增加了应急处置难度。

前期因该企业雨水总排口闸阀不能严密关闭,导致约50吨消防废水和泄漏物通过雨水管网经200米流入B河(Ⅲ类水,__m/s),B河经5千米汇入C江,汇入口下游6.5千米处为Ⅰ级饮用水水源保护区(市级)。现已确认,事件产生的主要大气污染物为HCN和CO,应急监测表明主要的水污染物为铜、镍、铬和氰化物。

厂区雨水总排放口附近B河道最新的水质监测数据分别是:铜____mg/L,镍____mg/L,铬(六价)____mg/L、氰化物____mg/L,均超过地表水环境质量标准(GB 3838),需要紧急采取污染处置措施;事件周边的学校、医院和居民区,经连续三次快速监测证实未检出特征污染物HCN和CO,说明周边环境敏感点空气没有受到本次事件影响,人员不必疏散转移。

二、采取的措施

接报后,市政府按照《____市突发环境事件应急预案》立即启动应急响应,组织应急管理、消防救援、生态环境、水利、公安、卫健、宣传等部门，第一时间赶赴现场开展应急处置工作，同时组织上述各部门设立现场指挥部，市生态环境局局长____担任现场指挥官，市应急管理局、市水利局、市委宣传部相关负责人担任现场副指挥官。各单位相关负责人在现场召开会议，商讨处置工作。

现场主要采取了以下应急措施：

一是掌控污染态势，组织 5 个排查小组对事故发生地上下游开展现场污染物巡查，发现 B 江污染团在缓慢下移，目前污染团前端距离厂区雨水总排放口约 500 米。

二是围堵收集源头废水，关闭受损的含氰废水管上游阀门，尽可能将消防废水和泄漏物引入应急池，同时启动备用电源处理收集的消防废水和泄漏物。在厂区雨水总排放口处用沙包进行堵漏作业，拦截进入 B 河的消防废水和泄漏物。

三是拦截河道废水，已根据河道现场实际使用沙包设置了 5 道拦截坝，关闭了 B 河汇入 C 江处的闸坝。

四是引流河道废水，将河道废水引流至下游坑塘 T007、T008，作为临时应急池，以便后续转移处理。

五是实施工程削污，在沿线桥梁 Q008-Q0011 投药，进行破氰和重金属沉淀处理。

六是拦截上游清水，在 B 河道事故点上侧设置拦截坝，阻止没有污染的清水进入污染区，关闭事故点上游水库 K001 号闸门，并在支流1、支流2出口构筑临时拦截坝，减缓清水汇入量，将事故点上游河道清水通过大功率水泵和管道向旁边的 L1 沟渠引流排放。

七是持续开展环境应急监测，在事故点周边环境敏感点和沿 B 河道、C 江布设监测断面(点位) 16 个，及时掌握污染物动态变化。

八是加强舆情监控，已通过市生态环境局网站向社会发布了两次事件信息，目前暂未引起舆情。

九是加强应急处置现场的安全管理，现场指挥部设置了安全员1名，向消防废水地面抛洒石灰粉，抑制氰化氢产生。

三、应急监测情况

市、区环境监测部门在事故点周边布设地表水监测点位 12 个,环境空气监测点位 4 个,合计监测断面(点位)16 个。地表水对照点断面监测频次为 2 次/天,其余监测点位监测频次为 1 次/2 小时。

空气监测方面,至____时,事故点周边 4 个大气监测点位 HCN 和 CO 的监测结果持续达标,符合《环境空气质量标准》(GB 3095)的要求,未对大气环境造成明显影响,现场指挥部决定终止空气应急监测。

地表水监测方面,____月____日__时监测结果显示:

(1)公司雨水总排放口附近河道氰化物浓度为____mg/L(标准限值 0.02mg/L),超标____倍;铜浓度为____mg/L(标准限值 1.0mg/L),超标____倍;铬(六价)浓度为____mg/L(标准限值 0.05mg/L),超标____倍;镍浓度为____mg/L(参考限值 0.02mg/L),超标__倍;其余项目均达标。

(2)B 河事发地下游 600 米的氰化物浓度为____mg/L(标准限值 0.02mg/L),超标__倍;铜浓度为____mg/L(标准限值 1.0mg/L),超标__倍;铬(六价)浓度为____mg/L(标准限值 0.05mg/L),超标____倍;镍浓度为____mg/L(标准限值 0.02mg/L),超标____倍;其余项目均达标。B 河 Q0012 桥的镍浓度为____mg/L(标准限值 0.02mg/L),超标____倍;其余项目均达标。其余断面均达标。

以上标准限值均参考《地表水环境质量标准》(GB 3838—2002)表 1 中Ⅲ类及表 3。

根据监测数据和现场处置情况,经专家研判,污染团已到达距企业厂区雨水总排放口约 800 米处,但距离下游闸坝尚有 4.2 千米,暂未对 C 江造成影响。

四、下一步工作

我局将市政府和省生态环境厅的指挥下继续会同相关部门做好后续环境应急处置工作:

一是充分利用"国家环境应急信息库"查询 B 河道流域的环境应急空间,将污染团废水引入临时应急池中暂存,采取一切措施阻止污染物进入 C 江。

二是继续开展工程治污,乘橡皮艇向河道污染团抛撒适量药剂,促使污染物沉淀和降解。

三是继续引流上游清水改道排放,阻止清水进入被污染河道。

四是做好环境应急监测,密切关注污染物浓度的变化,为应急处置工作提供数据支撑,适时调整应急措施。

五是加强沿河工业企业巡查,谨防非法倾倒、非法排污等违法违规行为。

后续环境应急处置过程中,我们适时将监测数据编制成"应急监测信息快报"上报,遇其他重要情况,我们将随时报告。

附件:1. 事故现场及关键位置图
   2. 应急监测点位分布图
   3. 应急监测数据快报表
   4. 各监测点位污染物浓度趋势图

6.1.4 处理结果报告

突发环境事件处理结果报告也称为"终报",即在初报和续报的基础上,报告处理突发环境事件的措施、过程和结果,突发环境事件潜在或者间接危害以及损失、社会影响、处理后的遗留问题、责任追究等详细情况。通常情况下,处理结果报告在现场应急响应行动结束后48小时内完成。

以下是突发环境事件处理结果报告的示例,供读者参考。

关于××公司火灾次生突发环境事件应急处置结果报告(示例)

  __年__月__日__时__分,我局接到市政府总值班室通报,__月__日__时__分左右,位于____市A区____路__号同富裕工业区的_____公司危险废物仓库发生火灾事故,消防部门于当天____时____分将明火扑灭,应急抢险过程中有2人吸入废气感觉身体不适,送医院观察治疗,现已痊愈出院。据调查确认约有55吨消防废水和泄漏物通过雨水管网流经200米进入B河。事件发生后,市委市政府高度重视,市生态环境局分管领导赴现场指挥,我局会同水利、应急等相关部门积极采取应对措施,至__月__日__时__

分监测数据显示____河和____江水环境质量均持续稳定达标,事发地点附近的环境敏感点(学校、医院、居民点)没有检出特征污染物,因此事件已得到妥善处置,保证了区域环境安全。

依据《国家突发环境事件应急预案》并经专家判断,本次火灾次生突发环境事件为Ⅳ级。现将有关情况终报如下:

一、事件基本情况

____年__月__日__时__分左右,位于____市A区____路____号____同富裕工业区的_____公司危险废物仓库发生火灾事故,该仓库主要存放含铜、镍、铬和氰化物等污染物的废液、污泥和废酸等。消防应急抢险过程中,有两人吸入废气不适被送医院观察治疗。至当天____时____分,消防部门将明火扑灭。事发时东南风三级(风速____m/s),事故点周边有 4 个环境敏感点,分别是距事故点西方向____千米的渔民新村、____千米的第二中心小学、____千米的区中心医院,西北方向____千米的第一初级中学。应急救援过程中,重物倒塌撞断含氰废水管,部分废水溢流进入市政雨水管网。因厂区雨水总排口闸阀维护不到位,事件共造成约 55 吨消防废水和泄漏物通过雨水管网经 200 米流入 B 河(Ⅲ类水),B 河经 5 千米汇入 C 江,汇入口下游 6.5 千米处为一级饮用水水源保护区(市级)。事件产生的主要大气污染物为 HCN 和 CO,主要水污染物为铜、镍、铬和氰化物。

二、应急处置情况

(一)领导重视,快速响应。事件发生后,市委市政府高度重视,书记、市长对处置工作分别作出批示立即启动应急响应机制,成立现场指挥部,调集市县两级应急、消防、生态环境、水利、公安、卫健、宣传等部门力量,组成污染处置、应急监测、专家咨询等 8 个应急工作组。市生态环境局分管领导第一时间赶赴事故现场,指挥应急处置工作,会同有关应急人员、专家勘查现场,组织当地相关部门召开处置会商会,做好环境应急处置研判分析。

(二)截源控污,科学应对。现场指挥部制定了_____公司火灾事故次生突发环境事件应急处置方案,主要开展了以下应急处置工作:一是掌控污染态势,组织 5 个排查小组对事故发生地上下游开展现场污染物巡查,确认污染物影响范围和处置效果。二是围堵收集源头废水，关闭含氰废水管上端阀门，封堵厂区雨水总排口，将厂区消防废水和泄漏物引入应急池，同时启动备用电源处理消防废水，对地面废水抛洒石灰，抑制氰化氢产生；在厂区雨水总排口入B河处用沙袋构筑临时拦截坝，进一步拦截消防废水和泄漏物。三是分段拦截河道废水，立即关闭事故点下游闸坝Z0001，阻止污染团向下游扩散。四是拦截改道排放上游清水，关闭事故点上游水库K001号闸门，并在支流1、支流2入B河处构筑临时拦截坝，减少清水汇入量，同时将上游清水改由旁边的沟渠排放。五是寻找"空间"引流河道废水，将废水引流至T007、T008坑塘，作为临时应急池，后续安全处置。六是分段处置废水，将高、中浓度废水尽可能使用槽车转移至有处理能力的单位进行处理；对低浓度废水就地在沿线Q008-Q0011号桥梁和通过橡皮艇投药，进行破氰、重金属还原和沉淀处理，待污染物浓度接近本底值时调入上游水库清水稀释。七是妥善处置底泥，收集重污染区的底泥，转移至危废经营单位做无害化处理。八是保障饮用水安全，加强自来水厂取水口水质监测，做好供水应急准备。九是加强信息通报，事件可能影响跨界的C江，及时将事件情况通报给D市生态环境局。十是加强舆情监控，正面引导社会舆论，及时对外公开工作动态信息 3 期。

（三）高效组织，严密监测。市、县两级环境监测部门迅速响应，结合周边环境风险及学校、医院、居民区、集中式饮用水源地理分布情况，积极开展应急监测，共制定两版应急监测方案。依据《突发环境事件应急监测技术规范》共布设 4 个大气监测点位，12 个水环境监测断面，每2小时采样监测1次，及时掌握污染物动向。共采样监测 10 批次、出具 145 个有效环境监测数据，为现场污染处置和应急决策提供数据支撑。

三、应急处置结果

监测结果显示，空气方面，至__月____日____时起至应急结束，4 个大气监测点位监测项目均持续达标。

地表水方面，至__月__日__时，连续三次监测数据证实企业厂区雨水总排口、B河及C江各监测断面之氰化物、铜、镍、铬等污染物浓度全部达标。

饮用水方面，至__月__日__时，连续三次监测证实C江饮用水源保护区均未检出氰化物、铜、镍、铬(六价)等特征污染物，即饮用水源保护区没有被本次事件涉及。

鉴于环境空气质量未受到影响，B河和C江各断面及饮用水水源保护区稳定达标，事件造成的危害已经消除且无继发的可能，依据《____市突发环境事件应急预案》的相关规定并经征询专家同意，现场指挥部决定于__月__日__时__分终止应急响应，同时通知D市生态环境局解除预警。

四、应急资源投入与经济损失情况

(一)应急资源使用

本次突发环境事件共有____人参与了现场应急处置，出动各类应急指挥车、应急运输车、槽车、工程车等共____车次。应急用水泵____台、水管____米、工具____套。

现场共使用片碱____吨，絮凝剂____吨、次氯酸钠____吨、重金属捕捉剂____吨、焦亚硫酸钠____吨。

(二)污染物处置量

共转移处置高浓度废水____吨，就地降污处置废水____吨。

(三)工程量

建设临时应急池____个，土方量计____吨。

(四)应急处置费用

本次环境应急处置费用包括应急车辆使用与运输费、药剂费、人工费、工程费、污染物处置费，预计全部的应急处置费用约____元。

五、下一步工作

(一)我局将继续做好全线达标后的水质监测监控工作，密切关注水质变化情况，确保B河和C江水质安全，指导涉事企业妥善处置事件产生的危险废物。

(二)及时开展突发环境事件总结评估，对事件应对工作情况进行复盘分析，评估应急处置工作情况，提出改进环境应急管理工作的措施，督促做好后续整改落实。

(三)提升突发水环境事件应急准备和响应能力，落实辖区内重点河流"一河—策—图"实施工作,积极开展河道污染应急培训与演练,保障环境安全。

6.2 污染处置

6.2.1 溯源调查

溯源调查主要适用于以下两种情形:一是地表水中突然出现大量不明污染物,如大片油污、河水变色或者河道漂浮大量死鱼,需要应急处置;二是空气中突然出现不明异味,如刺激性气味、芳香味。这两种情形可能是企业非法偷排或者是泄漏物意外向厂外扩散造成环境污染的情形,对于火灾爆炸事故或者交通事故造成的次生环境污染事件往往不需要进行溯源调查,只需现场进行风险分析,同时判断污染团的走向。

开展溯源调查的主要目的是快速查明污染源头所在位置、污染物种类、泄漏或排放量等基本信息,第一时间采取措施控制污染源头,阻止环境风险物质继续泄漏或者制止人为非法排污。

突发环境事件溯源调查往往采用"顺藤摸瓜"的以下几种方式展开:

(1)对于"有色可寻"的河道或者饮用水源污染,如石油类(往往浮于水面)、有明显识别色的含重金属废水(呈蓝色、绿色、黄色等)、染料或涂料洗缸废水(呈红色、绿色等)、废切削液(呈乳白色等)或者泡沫类污染物,可通过肉眼识别追踪污染源头,应急溯源人员到达工业区或者居民区后往往需要撬开雨水或者污水井盖追踪观察。这种方式大量应用于突发环境事件应急处置现场,优点在于可以顺藤摸瓜快速找到污染源头,缺点是需要大量人力参与。

(2)如果河道或者饮用水源污染没有明显的识别色,如酸类碱类污染物、有机溶剂类污染物、高浓度COD类污染物,通常依靠现场快速检测的方法追根溯源,由低浓度向高浓度逐步搜寻,最终确定泄漏源或者排放源。由于监测这类污染物需要较长的时间,因此不利于应急处置现场快速溯源。

(3)对于大气污染,如氨气污染、四氢噻吩、磷化氢等气体,因其气味比较特殊,具有丰富经验的专家在确保自身安全的前提下可通过闻气味的方式进行辅助判断,同时可以通过快速监测追踪有毒有害气体散发的源头。

6.2.2 源头控制

危险化学品或者危险废物泄漏源的控制措施,应具体情况具体分析。以下是几种典型的危险化学品或者危险废物泄漏源控制方法。

6.2.2.1 因泄漏引起燃烧的控制

用射流水持续冷却燃烧罐壁,稳定燃烧,防止爆炸,采取有效措施,控制火势不再扩大蔓延;用射流水冷却邻近罐壁,降低相邻设施温度。若各流程管线完好,可通过出液管线,将物料导入紧急储备罐,减少着火罐储量。在未切断泄漏源的情况下,不得熄灭稳定燃烧的火焰,防止未经燃烧的有毒气体扩散伤人或可燃气体爆炸。在切断物料且温度下降后,向稳定燃烧的火焰喷干粉,覆盖火焰,终止燃烧,达到灭火目的。

6.2.2.2 易燃易爆化学品贮罐或管道泄漏的控制

立即在警戒区内停电、停火、灭绝一切可能引发火灾和爆炸的火种。在保证安全的情况下,最好的办法是关闭物料阀门。若各流程管线完好,可通过出液管线、排流管线将物料导入紧急储备罐。如管道破裂,可用木楔、堵漏器、卡箍堵漏,随后用高标号速凝水泥覆盖法暂时封堵。

能否成功地控制住泄漏,取决于下列因素:

科学的处置方法;

泄漏孔的大小及形状;

储罐的内在压力;

有害物的理化特性和危险特性。

对于小容器泄漏,应尽可能将泄漏部位转向上,移动至安全区域再进行处置。通常可采取转移物料、钉木楔(将大小和形状合适的木楔钉入泄漏孔塞住)、注射密封胶(将合适的密封剂注入泄漏孔内塞住)等方法处理。

对于大容器泄漏,由于大容器不像小容器那样可以移动,所以处理起来就更困难。一般是边将物料转移至某个空罐(如紧急储备罐),边采取适当的方法堵漏。原则上用于小容器的堵漏方法皆可用，但堵漏人员面临的危险更大，需更加谨慎操作。

对于管路系统泄漏，当泄漏量小时，可采取钉木楔、卡管卡、注射密封胶堵漏；泄漏严重时，应关闭上游阀门或系统，切断泄漏源，然后修理或更换失效、损坏的部件。

常用的几种堵漏方法如下：

木楔堵漏法：管道或贮罐产生孔洞式泄漏时，可用木槌钉入大小和形状合适的木楔堵住泄漏口，阻止泄漏物向外扩散。

管卡堵漏法：当管道或贮罐破裂（如焊缝开裂）泄漏时，可先用湿布缠绕，然后再用一特制的管道卡卡住泄漏口。

密封胶堵漏法：利用泄漏部位的外表面与夹具构成的密封空间，用注胶枪注入密封剂，止住泄漏。管路系统的法兰、阀门和管道泄漏皆可用带压注射密封胶法堵漏，见图6-1所示。

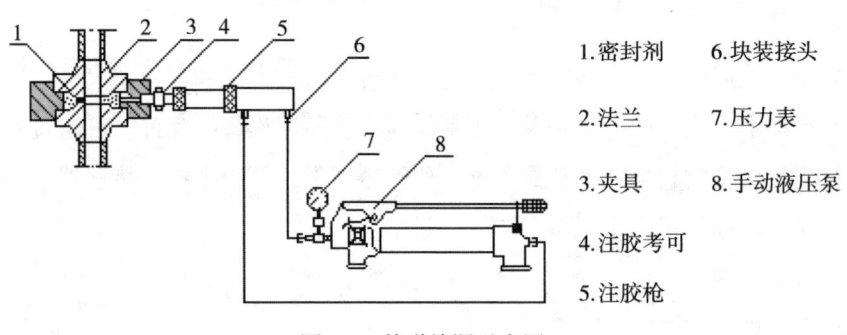

图6-1 管道堵漏示意图

6.2.2.3 毒气泄漏的控制

对于毒气泄漏事故，现场处置人员首先应做好自身的安全防护。应急处置人员可与事发单位的专业技术人员密切配合，采用关闭阀门、封堵泄漏点等办法，阻止毒气从管道、容器、设备的裂缝处继续外泄。通常采用的方法有以下三种：

（1）堵漏。通过关闭阀门、封堵泄漏点阻止或减轻毒气泄漏量。

(2)定界。使用有毒有害气体快速监测仪及时查明泄漏物的种类、数量和影响区域，明确风险边界，为警戒区域划定和人员疏散提供决策支持。

(3)消除。利用消防专业器材与应急物料相结合，消除或驱散毒气。常用的应急处置方法有：针对毒气的理化特性，将相关化学品粉末抛撒在泄漏点周围，使之发生化学反应，降低危害程度；通过大量喷水雾吸收或者稀释毒气云团（如氨气），降低空气中污染因子浓度或加速有毒气体扩散。

6.2.2.4 偷排污染物的控制

不法人员或企业非法偷排污染物，主要有以下情形：一是通过地下暗管，将未经处理的废水或废液排放至附近的水体，这是偷排污染物的主要情形；其二是避开监控，长期任由未达标的废水向外排放；三是将危险废物非法向外环境倾倒，造成局部环境质量恶化。

生态环境执法人员掌握了非法偷排污染物的证据后，应立即责成责任方停止违法行为，切断污染源头，采取应急措施尽可能减轻环境影响，同时按程序实施行政处罚，情节严重者报公安部门查处。如果非法排放污染物的人员拒绝停止排污行为，生态环境部门可通报公安部门对责任人采取强制措施。

6.2.3 环境应急现场通用处置措施

消防废水与泄漏物现场应急处置方法包括拦截、收集、导流、降污、转移等措施，同时应做好应急处置人员的安全防护。

6.2.3.1 拦截

企业发生火灾爆炸事故时，现场会产生大量的消防废水和泄漏物，环境应急人员首要的任务是拦截污染物，将污染物限制在可控的空间里。

拦截污染物的主要任务包括但不限于：

(1)关闭厂区雨水总排口闸门，或者用气囊、沙包封堵厂区雨水总排口，阻止消防废水和泄漏物向厂区外扩散。

(2)如果企业雨水总排口没有闸门或者失效（如因故障或者长期没有维护等原因致使雨水闸门难以完全关闭），且气囊和沙包不能有效拦截厂区消防废水或泄漏物时,可就近调用水泥或混凝土将雨水总排口上侧的雨水管道暂时封堵。

(3)用沙包等堵住事故车间的大门,阻滞消防废水和泄漏物向外溢散,减轻外围拦截的压力。

(4)如果是液态危险化学品或者危险废物泄漏,采取措施封堵泄漏点或关闭泄漏管道上游阀门或关闭围堰的排放口。

(5)如果污染物已进入附近河道,即采用"分段拦截,分类处置"的方法,将河道的污染区分为若干段,阻止污染团向河道下游扩散,然后根据各段污染物的浓度,分别采用不同的处置措施。

(6)如果河道污染团逼近集中式饮用水源保护区,则可能需要使用橡胶坝、河道闸坝等拦截污染团,或者临时关闭自来水厂的进水闸。

6.2.3.2 收集

收集是将流淌在地面的消防废水和泄漏物通过物理的方法集合起来,防止污染物向四周扩散,便于集中处置。

收集污染物的主要任务包括但不限于:

(1)利用地形特征修筑围堤或挖掘沟槽将企业厂区四处流淌的消防废水、泄漏物、危险化学品、危险废物集中在某个特定区域或容器中。

(2)将非法倾倒到沟渠、荒地、坑塘里的危险废物(含废弃危险化学品)及其被污染的土壤收集起来。

(3)将河道里的油污通过围油栏拦截,并通过吸油毡吸附饱和后收集起来。

(4)对于大型贮罐的液态危险化学品或者危险废物泄漏,地面泄漏物收容后可选择防爆泵将泄漏出的物料抽至空容器或空槽车内待进一步处置。

(5)使用泡沫或干粉覆盖阻止泄漏物的挥发,降低泄漏物对大气的危害和燃烧性能。泡沫或干粉覆盖必须和其他的收集措施如围堤、沟槽等配合使用,泡沫或干粉覆盖通常只适用于陆地易于挥发的液态泄漏物,如废有机溶剂。采用这种方式,建议每隔30~60分钟再覆盖一次,以便有效地抑制泄漏物的挥发。

6.2.3.3 导流

导流是环境应急处置人员以控制污染为目的,人为地改变污染物的走向,便于实施污染处置措施。

导流污染物的主要任务包括但不限于：

(1) 在火灾次生污染事件的企业现场，将产生的大量消防废水或泄漏物以自流方式，或者使用水泵和管道将消防废水，或泄漏物引入企业应急池临时储存。

(2) 对于河道污染事件，应急处置人员改变污染团的走向，将污染团导流至附近的坑塘、湿地、废弃的干涸河道、人工挖掘的临时应急池等，使污染物暂时受控。

(3) 作为一种特例，当河道发生污染事件时，环境应急处置人员在污染团的上游和下游设坝拦截形成一个临时性应急池，这时需要将上游的没有被污染过的清水改道排放，减轻污染区的压力，这是对清水实施导流。

6.2.3.4 降污

降污就是采用物理或化学方法，就地降低污染物的浓度的环境应急处置措施。现场降污是环境应急处置需要重点研究或优先考虑的方向：一方面如果现场降污成功，可以大大节省应急处置费用；另一方面，在处理大型河道污染事件时，由于被污染的水量非常大，通常只能采取现场降污措施。

导流污染物的方法很多，主要包括：

(1) 对于河道重金属污染，向重污染团投入聚丙烯酰胺（PAM）或者聚合氯化铝（PAC）促使重金属污染物沉淀。为了保证去除效果，在投入絮凝剂前可在重污染区投入一定量的氢氧化钠水溶液、石灰、碳酸钠等碱性物质，"碱化"污染团。处理河道重金属污染的另一个常用的方法是向污染区投放活性炭包，用于吸附水中的重金属。

(2) 对于含氰废水，首先必须明确不得在酸性环境下开展环境应急处置，在此前提下的处置方法是投入次氯酸钠（漂白水）在自然条件中做破氰处理。为了较好地达到快速破氰的目的，一般需要计算合理的投药量，理论计算出投药量后可乘以 1.2 的经验系数，以确保去污效果，同时也是基于防止现场人员中毒的安全考虑。

(3) 对于酸污染，可加入石灰、碳酸钠或氢氧化钠进行中和。一般情况下，不宜直接加入氢氧化钠，避免与酸性污染物发生剧烈反应。

(4)对于碱污染,可加入低浓度的盐酸、硫酸进行中和。

(5)对于河道油污染,可使用吸油毡、木屑、枯草进行吸附并收集处置,如果油污染了土壤或石头,可用化油剂消解,或者将污染的土壤、石头全部收集当危险废物处置。

(6)对于沟、渠甚至河道水污染事件,在评估污染物的理化特性、浓度和危害特征之后,可根据专家的意见将废水(如有机废水)引入市政管网,由城市污水处理厂做进一步处理。这种处理方式,事先应进行环境监测,同时需要征得城市污水处理厂同意与配合。

(7)如果企业火灾事故现场产生了大量消防废水,就应考虑启动废水处理站的备用电源,设法使用现有的废水处理设施就地处理消防废水。这种方法在环境应急实践中被多次使用,是一种行之有效的措施,既节省了时间也节约了处置成本。采用这种应急处置措施的前提是企业为废水处理站准备有备用电源,可以是生产区与废水处理站实行两路供电,也可以是为废水处理站准备了备用电源。

(8)有毒有害气体(如氯气、氨气)泄漏时,为减少大气污染,可在下风侧以及人员较多方向使用水枪向有毒有害蒸汽云喷射雾状水或设置水幕,也可在上风向设置直流水枪垂直喷射,形成大范围水雾覆盖区域,稀释、吸收有毒有害气体。现场产生的废水应收集处理。

6.2.3.5 转移

转移措施就是使用槽车或容器将污染物转移到具备处置能力的单位(如危险废物经营单位)进行处置,现场产生的危险废物也应转移到危险废物经营单位处置。

采用转移处置时,以下三方面需要引起重视:

(1)由于转移处置需要大量的槽车,且处置成本较高,所以转移处置是在现场降污不能达到应急处置目的时的选项。2016年3月15日,不法人员将数吨重油罐碱液清洗废水排入某小河道,该清洗废水为油水混浊物,不能用油水分离法处置,现场指挥部根据专家的建议决定将河沟的油水混合物全部转移处理,历时10天处理完毕,其处置成本也比较高。

(2)基于环境风险的考量。事发现场采用槽车转移处置污染物时,需要车辆来回奔跑，具有一定的环境风险和安全风险。

（3）为稳妥起见，环境应急处置现场收集的污染物通常当作危险废物进行运输，因此车辆行驶路线应符合交警部门的规定，不得在危险货物禁行路段行驶。

6.2.3.6 安全

环境应急处置现场有时会产生有毒有害气体，有时还需要从事有限空间作业、动火作业或水上作业，有时需要使用工程机械，有时还存在火灾爆炸风险等，因此，环境应急处置现场必须做好应急处置人员的安全防护。

环境应急处置现场的安全措施包括但不限于：

（1）现场指挥部设置专职安全员，负责对环境应急处置作业进行全过程安全监护。

（2）现场有毒有害气体浓度可能超过《工作场所有害因素职业接触限值 第1部分：化学有害因素》（GBZ 2.1—2019）规定的限值时，应急处置人员应佩戴防护面罩，有时还需要使用自给式空气呼吸器或长管式呼吸器。

（3）涉有限空间作业时，必须符合有限空间作业的安全管理规定，严格作业程序，做好作业许可、安全交底、通风换气、空气检测、安全监护等必要措施。

（4）涉动火作业时，应符合动火作业的相关安全管理规定。

（5）做好临时用电和工程机械作业安全防护措施。

（6）在处理废有机溶剂泄漏事件时，须对现场进行可靠隔离，远离明火，使用防爆电器及不产生火花的工具，应急人员不穿化纤服装。

（7）电镀企业火灾事故，特别是着火车间同时存在酸和氰化物时，可在消防车水箱中加入适量的氢氧化钠，向着火车间喷洒弱碱性消防水，其作用一是中和酸性物质，二是抑制火场产生氰化氢气体。

6.2.4 常见环境风险物质泄漏应急处置

6.2.4.1 氰化物

若固态氰化钠、氰化钾等泄入路面，要采取措施避免扬尘，尽可能地全部收集于干燥、洁净、有盖的容器中,再在泄入路面喷洒过量次氯酸钠溶液(漂白水)做破氰处理。若氰化物溶液泄入路面,可在泄入路面喷洒过量次氯酸钠溶液破氰。对喷洒的次氯酸钠溶液,在反应过后应尽可能地收集起来,连同氰化物一并转移到危险废物经营单位安全处置。此外,还应注意对周围地表水及地下水被污染情况的监测。

氰化物泄漏进入水体,应优先采用就地降污的方法,即向被污染的水体中注入过量次氯酸钠溶液破氰,同时做好应急监测观察破氰效果。如果就地降污不能快速达到应急目的,可将河道的含氰废水通过槽车转移到具有处置能力的单位安全处置,达标排放。

现场处置氰化物的人员应戴自给式空气呼吸器,穿防化服,不得直接接触泄漏物。若吸入氰化物,应迅速脱离现场至空气新鲜处,吸入亚硝酸异戊酯,送医。若误食氰化物,应饮用1∶5000的高锰酸钾或5%的硫代硫酸钠(俗称大苏打)溶液洗胃、催吐,就医。

6.2.4.2 强酸或废酸

若强酸(特别是浓盐酸)泄入路面,不得用高压水直接冲洗,以免促使酸雾急剧扩散至空气中造成二次污染或飞溅伤人。少量泄漏,可用干燥沙土、化学品吸附棉、木糠等吸附泄漏物,收集吸附过泄漏物的材料后再将石灰粉或苏打粉撒入被污染的路面,中和残留物。大量泄漏,可在路面周围构筑围堤或挖坑收容,用耐酸泵抽吸至槽车或专用收集容器中转移到危险废物经营单位安全处置,再将石灰粉或苏打粉撒入被污染的路面,中和残留物。处置过程中应采取措施,防止酸流入雨水管网或附近河道污染地表水或地下水。对于清洗路面的废水应收集并安全处置,达标排放。

若强酸泄入水体,可在受纳水体中用石灰进行中和。

现场处置人员应佩戴自给式空气呼吸器或过滤式防毒面具,穿防化服,不得直接接触泄漏物。

6.2.4.3 强碱或废碱

若固体撒入路面,可用铲子收集于干燥、洁净、有盖的容器中,尽可能地全部收集。少量液碱泄漏，先用干燥沙土、化学品吸附棉、木糠等吸附泄漏物，在收集转移吸附过泄漏物的材料后，再用稀醋酸溶液喷洒路面，中和残留路面的碱液。大量液碱泄漏，可在路面周围构筑围堤或挖坑收容，用泵抽取到槽车或专用收集器中，转移至危险废物经营单位安全处置，再用稀醋酸溶液喷洒路面，中和残留的碱液。处置过程中应采取措施，防止碱进入雨水管网或附近河道污染地表水或地下水。

若泄漏物进入水体，可在受纳水体中喷洒适量的稀盐酸中和。

现场处置人员佩戴过滤式防毒面具，穿防化服，不得直接接触泄漏物。

6.2.4.4　相对密度小于1且不溶于水的有机溶剂

苯、甲苯等若泄入路面，应先行隔离现场，切断火源。少量泄漏，可用活性炭、化学吸附棉等吸附材料或就地取材用木糠、干燥稻草等吸附泄漏物；大量泄漏，可用泡沫或干粉覆盖，构筑围堤或挖坑收容，用防爆泵抽取到槽车或专用收集容器中，转移至危险废物经营单位安全处置。处置过程中应采取措施，防止泄漏物进入雨水管网或附近河道污染地表水或地下水。

若泄漏物已进入水体，应立即采取措施将其限制在一定范围，可用化学吸附棉收集浮于水面的泄漏物；若是矿物油类，可用围油栏限制其扩散，用吸油棉（毡）吸附收集。

现场应急处置人员应佩戴自给式空气呼吸器或过滤式防毒面具，穿防化服，不得直接接触泄漏物。

6.2.4.5　相对密度大于1且不溶于水的液态有机物

硝基苯、三氯乙烯等若泄入路面，应先行隔离现场，切断火源。少量泄漏，可用活性炭、化学吸附棉等吸附材料或就地取材用木屑、干燥稻草等吸附泄漏物；大量泄漏，构筑围堤或挖坑收容，用防爆泵抽取到槽车或专用收集容器中，转移至危险废物经营单位安全处置。

若进入水体，由于泄漏物比水重，会沉入水底，应急人员可用防爆泵对水下的泄漏物进行收集，或者用活性炭包在水下吸附污染物。

现场应急处置人员应佩戴自给式空气呼吸器或过滤式防毒面具，穿防化服，不得直接接触泄漏物。

6.2.4.6 易挥发性有毒有害液体

液氯、液溴等有毒有害液体泄漏的应急处置，应根据事件现场的风向，迅速划定安全区域，转移下风向人员至安全处。

液氯泄漏，由于泄漏后即成气态，在保证安全情况下，第一时间切断泄漏源或转移液氯，同时向泄漏点、路面和上空喷洒含2%~3%硫代硫酸钠雾状水进行稀释反应。如果是液氯钢瓶泄漏，可以将钢瓶直接浸入石灰液或氢氧化钠溶液中。

液溴泄漏，少量泄漏可向泄漏点、路面和上空喷含2%~3%硫代硫酸钠雾状水稀释反应。大量泄漏，构筑围堤或挖坑收容，用耐腐蚀泵抽取到槽车或专用收集容器中，安全转移至危险废物经营单位处置，再向污染路面喷含2%~3%硫代硫酸钠雾状水稀释反应，清除污染。

现场处置人员应佩戴自给式空气呼吸器，穿防化服，不得直接接触泄漏物。

6.2.5 生产安全事故次生污染应急处置

6.2.5.1 事件类型

生产安全事故次生环境污染事件是因为企业生产车间、危险化学品仓库、污染处置场所发生火灾爆炸事故，产生大量消防废水和泄漏物进而造成次生性污染，需要立即采取应急处置行动。主要情形包括：

(1)危险化学品火灾爆炸事故，消防废水携带污染因子流入受纳水体引起水环境污染，同时火灾爆炸产生有毒有害气体污染周围大气环境。

(2)电镀、印制电路板、化学制药、石油化工、印染、危险废物经营等企业生产车间火灾事故，造成次生性重金属污染、危险化学品污染或危险废物污染事件。

(3)环保设备设施(包括危险废物储存设施)火灾事故造成污染事件。

(4)长途运输的石油管道泄漏事故可能造成沿线水体污染、土壤污染。

6.2.5.2 处置要点

以下为火灾事故次生环境污染事件的主要处置措施，实施应用时不必局限于所列先后顺序。

（1）生态环境主管部门应与应急主管部门、消防主管部门建立长效的信息沟通机制，及时获取可能次生环境污染的火灾、爆炸事故信息。

（2）发生火灾事故的企业应第一时间向应急主管部门、生态环境主管部门报告。

（3）环境应急人员到达现场后，应向事发单位或消防主管部门了解火灾、爆炸事故的基本概况，包括火灾现场的危险化学品名称、原料、燃料、中间产品、最终产品等信息，进而初步判断特征污染物。

（4）分析污染物的流动途径。

（5）关闭厂区雨水总排口，阻止消防废水和泄漏物向厂外扩散，同时观察周边的水体是否有异常情况。

（6）转移可能被火灾波及的危险废物或危险化学品，防止污染扩大。

（7）启动备用电源，设法开启废水处理站设施自行处理产生的消防废水，同时加强跟踪监测做到达标排放。

（8）立即制定环境应急监测方案，及时开展环境应急监测，分析消防废水与泄漏物是否扩散到了厂区外，判断可能的污染范围与程度，研判发展趋势。

（9）向危险废物经营单位紧急转运危险废物，消防废水可就近转移至有处置能力的单位处理，达标排放。

（10）环境应急处置过程中，做好人员安全防护。

6.2.6 交通事故次生污染应急处置

6.2.6.1 事件类型

公路交通事故引起次生性环境污染事件，主要有以下几种情形：

（1）矿物油运输车辆意外事故导致汽油、柴油泄漏，甚至发生火灾，消防废水和泄漏物污染附近土壤或水体，这是交通事故引起环境污染事件最常见的类型。

（2）运输液氯、苯系物、挥发性有机物（如苯酚、异丙醇、正己烷）等有毒有害或易燃易爆化学品的车辆发生泄漏或火灾事故引起空气污染或水体污染。

（3）危险废物运输过程中因交通事故引起泄漏，造成环境污染。

6.2.6.2 处置要点

以下为交通事故次生环境污染事件的主要处置措施，实际应用时不必局限于所列先后顺序。

（1）划定紧急隔离带。危险货物运输车辆发生交通事故时，司机或押运员立即向所在单位和122报警，交警部门通常需要实行道路交通管制，划定警戒区域。在未判明危险化学品种类、理化性质和泄漏情况时，严禁半幅通车。

（2）环境风险确认。立即进行现场勘查，通过向驾驶员、押运员询问、查看运载记录等方法迅速判明危险货物种类、危险特性、扩散方式，特别需要确认是否发生了泄漏以及泄漏量、泄漏点位。如果发生了泄漏，可根据事发地的地形地貌、水文信息、气象条件，判断污染物的去向。

（3）迅速查明环境敏感目标。在现场勘查的同时，迅速查明事发地周围环境敏感保护目标，包括5千米范围内的居民区、学校、医院、车站、商场、行政机关等人员密集场所，10千米范围内的集中式饮用水源、河流、水库、泄洪渠等场所。

（4）应急监测。根据事发现场和环境敏感目标状况，制定应急监测方案，及时开展布点监测，通过特征污染物的监测数据，确定污染范围，预测污染物扩散趋势。

（5）污染处置。采取针对性的拦截、收集、导流、降污、转移消防废水或泄漏物等措施，将污染物控制在特定区域内并进行处置，防止污染物进入水体造成次生污染，或恶化空气质量威胁公众安全与健康。污染处置措施包括：

① 堵漏。对于交通次生污染事件，应急处置人员到达现场后通常要对泄漏车辆的槽罐泄漏点进行堵漏作业，阻止危险物品持续地向外流淌。如果运输的是易燃易爆品（如汽油、有机溶剂），堵漏作业过程中，需要向作业区喷洒水雾进行安全保护，同时应使用不产生火花的铜制工具。一般情况下，这类堵漏作业由

消防人员完成。

② 倒罐。堵漏作业完成后仍然存在再次泄漏的风险，因此需要将残留在槽罐里的危险物品用泵和管道倒到应急救援的空罐或空桶中，对易燃易爆品开展倒罐作业需要使用防爆泵，同时做好安全监护。倒罐作业完成后，肇事车辆和应急救援车辆可以撤离现场。

③ 清理路面。运输车辆槽罐洒在地面的泄漏物需要及时清理，清理物料和工具要根据泄漏物的理化特性选择，对于易燃易爆或有毒有害的液体，通常可用木糠、干稻草、吸油毡进行吸附，或者使用弱酸弱碱进行中和，或者使用铲子和塑料桶进行收集。如果泄漏物为强挥发性液体，可用干粉或消防泡沫覆盖，再收集转移处置。一般情况下不得使用水冲洗污染路面，必须使用时应收集冲洗产生的废水。

④ 拦截和收集泄漏物。交通事故产生的泄漏物可能流向附近的沟渠，如果不采取有效的拦截措施，泄漏物流入附近河道，将导致污染范围扩大。因此，环境应急处置人员需第一时间在沟渠采取拦截和收集措施，通过沙包、塑料桶、厢式货车、槽车、水泵、导流管道等完成对泄漏物的拦截、收集和转移处置。如果泄漏物已进入河道即启动河道应急处置措施。

⑤ 安全措施。原则上，污染处置和应急监测人员在没有确认现场已具备安全条件时，不得进入作业。如果泄漏物为有毒有害物品特别是挥发性强的液体，应急处置人员须穿防化服，戴防毒面具，必要时佩戴正压式空气呼吸器；堵漏、倒罐、清理路面等作业过程中均应采取相应的安全措施，防止现场发生火灾爆炸或人员中毒事故。

6.2.7 生产废水超标排放应急处置

6.2.7.1 事件类型

生产废水超标排放主要有以下几种类型：

（1）生产车间排放的废水浓度突然升高或废水量突然增大，如电镀车间洗缸废水量突然大幅增加，且排放前没有向废水处理站通报。

（2）废水处理工艺落后，不能满足新标准要求，导致废水超标排放。

(3)废水处理设备设施老化,故障频繁(如曝气盘堵塞),部分废水处理功能退化,致使废水超标排放。

(4)废水中的污染物发生了变化,而处理工艺没有相应改变,可能至超标排放。

(5)废水处理操作人员不具备必要的专业能力,遇突发事件时应急处置不当,至废水超标排放。

6.2.7.2 应急设施和物资

为了应对突发废水超标排放事件,运行生产废水处理站的企业,可因地制宜设置但不限于以下应急设施,避免生产废水超标排放。

(1)事故应急池。事故应急池宜能容纳企业 8 小时的废水许可排放量,应急池应通过管道和提升泵与废水站的综合调节池互联互通,可双向转移废水。应急池的设置应尽可能实现消防废水和泄漏物自动流入,且平时保持空置状态。

(2)废水排放口切断阀。其功能是发现排放的废水不达标时能够快速关闭阀门,阻止不达标的废水外排。

(3)潜水泵与排水管。其作用:一是将不能自动流入应急池的消防废水或泄漏物转移至应急池或综合调节池临时存放;二是当消防废水或泄漏物超出应急池、综合调节池的容量时,可通过潜水泵和排水管向应急槽车或其他容器转移废水,减轻现场压力。

(4)离子交换装置。离子交换装置多用于重金属废水的常态化处置或应急处置,如在某些工艺条件下处理含镍废水很难满足新的标准要求,这时用离子交换方法能较好地促使镍离子达标排放。

6.2.7.3 处置要点

当企业废水处理站某种污染因子不能达标排放时,企业需要采取的措施可能包括工艺调整、设施维修、规范操作等,具体实施上需要根据不同污染因子和超标原因采取针对性措施。基本的应急处置措施如下:

(1)企业正常监测过程中如果发现废水总排口可能存在超标排放的情况时,应加大监测频次,进行跟踪,必要时组织专家一起商议。

(2)经确认超标排放情况属实,应立即关闭废水总排放口,并将待排放的废水导流至应急池暂存,同时通报生产部门采取减排、缓排或停排措施。如果综合调节池有容纳空间,可将部分没有达标的废水引入综合调节池暂存。

(3)专业技术人员迅速查明超标原因:可能是车间来水超量或浓度过高(如将属于危险废物的废液排入废水处理站),可能是废水处理人员误操作,可能是废水处理设备设施故障,可能是药品投放种类或投放量不当,可能是工艺单元反应时间不足等。

(4)针对上述可能导致废水超标排放的原因,废水处理人员通过采取相对应的措施逐渐改善处理效果,如加大曝气量、延长反应或沉淀时间、调整加药量,也可以过渡性采用离子交换装置处理重金属污染因子等。

(5)环境应急监测人员对导入应急池的废水每30分钟进行一次监测,观察分析数据的变化,并将监测数据提交给现场应急处置负责人。

(6)当应急池的暂存的蓄水量达到其容量的50%,而监测数据仍然不能达标时,通知生产部门部分停止生产,减少废水排放量;当应急池的蓄水量达到其容量的70%时,生产部门应停止排放废水,遇特殊情况不能停止时,可用槽车转移处置生产废水。在此期间,技术人员需要抓紧时间采取相应措施消除超标原因。

(7)采取一系列应急措施后,如果监测数据表明废水污染因子连续三次均达标,可结束应急响应,按正常程序处理废水。

(8)应急池暂存的生产废水经提升泵转移到处理系统再处理后达标排放,应急池及时恢复空置状态。

6.2.8 生产废气超标排放应急处置

6.2.8.1 事件类型

生产废气超标排放主要有以下几种类型:

(1)企业没有制定科学的废气处理操作规程,或者有规程但未严格执行,操作人员没有在规定的时间内补充药剂,导致未经有效处理的生产废气超标排放。

(2)废气处理塔风机或喷淋水泵故障,或者人为因素停电致使废气处理系统停止运行，未经处理的生产废气超标排放或者无组织排放。

(3)处理措施与污染物的理化特性不符合，投加的药剂没有发挥作用，致使生产废气呈隐性超标排放。如用处理酸碱废气的方法用于处理含氰废气，用处理有机废气的方法处理含铬(六价)废气。

(4)吸附有机废气的活性炭饱和但没有及时更换，未经有效处理的有机废气直接排放。

(5)蓄热式氧化装置(RTO)因为燃烧温度不足，氧化反应不完全，废气中的有机物未被充分分解，导致排放气体中有机物浓度超标。

(6)废气处理塔填料老化或破损，污染因子未充分反应即排放。

6.2.8.2 应急设施和物资

为应对废气超标排放，企业根据需要准备以下应急设施与物资：

(1)企业可准备备用风机，设置成旁通，当正常运行的风机发生故障时，即时启用备用的应急风机，保证生产不会因此而中断。

(2)储备适量的活性炭、焦亚硫酸钠、漂白水、氢氧化钠、盐酸、填料等物资，通常按10天的消耗量储备较为合理。

(3)使用RTO装置的单位要适当储备分子筛等吸附材料，如果使用瓶装液化气提供能源的，还要适量储备瓶装液化气，保证燃料供应。

6.2.8.3 处置要点

当企业废气污染因子出现超标排放时，企业需要采取的措施可能包括更换或修复设备、及时补充药剂、工艺调整、规范操作等，具体实施上需要根据不同污染因子和超标原因采取针对性措施。基本的应急处置措施如下：

(1)当证实废气超标排放时，首先需要检查抽风风机、循环喷淋水泵是否处于正常运行状态，如果不正常即应立即工作恢复正常。

(2)检查补充药剂的时间间隔是否超过规定。如可测试酸性废气或碱性废气药箱的pH值，发现不正常现象时立即对应补充相应的药剂，这种情形多见于酸性废气处理过程中，因工作人员未及时补充氢氧化钠，致使药箱的液体呈酸性，没有起到中和的作用。解决这类问题的方法是实现处理设施自动加药并加强监控，减少人为失误。

（3）如果不存在上述两种情形，就需要车间临时停止生产，对废气处理设施进行专业诊断，可能存在的问题是：设施老化或破损、工艺存在缺陷、使用的药剂质量不良或与消除废气污染因子的要求不相适应等。

（4）对于使用活性炭吸附废气污染因子的装置，如果出现超标排放，可检查活性炭的使用周期是否超过规定要求，通常可以通过更换活性炭提高吸附效率。

（5）对于RTO装置超标排放的情形，可检查燃烧温度是否在设定范围内，如果存在问题可适当增加燃气量，提高废气燃烧温度，使得有机废气充分氧化。随着自动控制技术的提高，RTO燃气量、燃烧温度、废气进气浓度等均可以实现联锁控制。

车间停止排放似乎是解决废气超标排放的可靠应急措施，然而现代化生产企业一旦停产会造成巨大的经济损失，因此企业还是要着眼于分析废气超标排放风险，结合实际制定应急处置方案，及时应对超标排放事件。

6.3 水环境污染常见应急处置方法

化学沉淀法、吸附法、微生物法、芬顿氧化法、臭氧氧化法、高锰酸钾氧化法、氯氧化法和中和法为技术成熟且在突发水环境污染事件中均有过成功应用的8种常用污染应急处置技术，读者可结合实际选择应用。

6.3.1 化学沉淀法

化学沉淀法是指通过化学反应使溶解状态的金属或类金属离子生成沉淀而从水溶液中去除的方法。化学沉淀法具有工艺简单、适用范围广、经济实用等特点，是目前应对金属或类金属污染最常用的应急处置方法。化学沉淀法包括碱性化学沉淀法、混凝沉淀法、硫化物沉淀法、预氧化-混凝沉淀法、亚铁还原-化学沉淀法等。

（1）适用对象。

化学沉淀法可有效应对的污染物共有19种，包括铜、镍、铬、镉、锌、铅、铁、铝等17种金属离子以及硒、砷阳离子，但氟、硼等污染物不宜使用碱性化学沉淀和硫化物化学沉淀法处理。

（2）技术原理。

水中难溶解盐类服从溶度积原则，即在一定温度下，各种离子浓度的乘积为一常数，也就是溶度积常数。为去除废水中的某种离子，可以向水中投加能生成难溶解盐类的另一种离子，并使两种离子的乘积大于该难溶解盐的溶度积，形成沉淀，从而降低废水中这种离子的含量。

（3）工艺流程。

碱性化学沉淀法处理废水具体流程如图6-2所示。

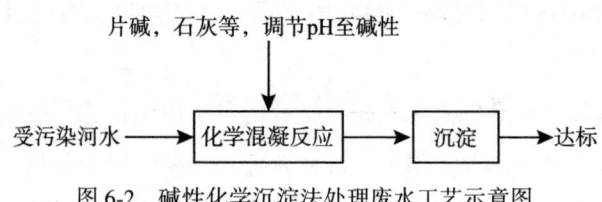

图6-2　碱性化学沉淀法处理废水工艺示意图

混凝沉淀法处理废水具体流程如图6-3所示。

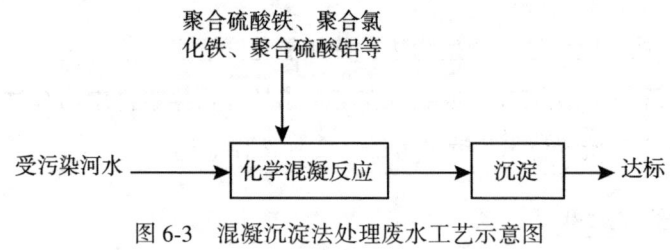

图6-3　混凝沉淀法处理废水工艺示意图

硫化物沉淀法处理废水具体流程如图6-4所示。

预氧化-混凝沉淀法处理废水具体流程如图6-5所示。

亚铁还原-化学沉淀法处理废水具体流程如图6-6所示。

（4）注意事项。

工艺选择：在碱性条件下易沉降的污染物可采用碱性化学沉淀法，如铁、铝等；存在多种价态且不同价态下化学反应性质不一致的污染物，需进行预氧化或

6.3 水环境污染常见应急处置方法

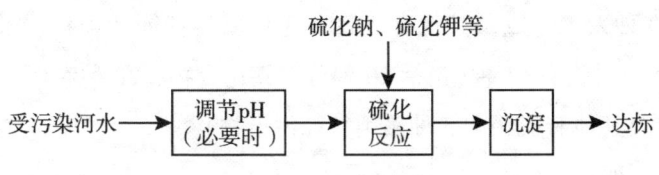

图 6-4 硫化物沉淀法处理废水工艺示意图

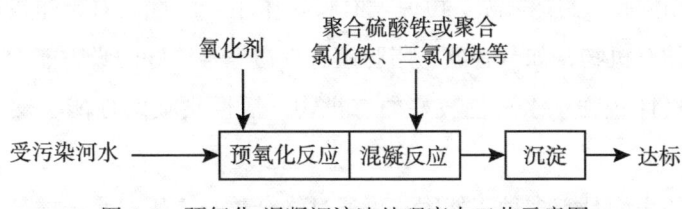

图 6-5 预氧化-混凝沉淀法处理废水工艺示意图

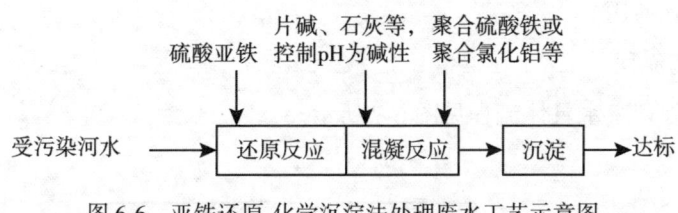

图 6-6 亚铁还原-化学沉淀法处理废水工艺示意图

还原处理后,再混凝沉降;易与硫离子反应生成硫化物沉淀的污染物可采用硫化物沉淀法。

工艺参数:工艺参数需根据污染物种类、浓度等条件确定,投加药剂种类参见各类污染物应急处置技术,具体投加量等参数需根据现场试验确定。

6.3.2 吸附法

吸附法是指利用具有多孔结构的材料来吸附废水中污染物的方法。被吸附的物质称为吸附质,吸附的物质称作吸附剂或吸附媒介。活性炭是水处理中常用吸附剂,这里讨论内容均基于活性炭开展。

(1)适用对象。

据相关试验研究,包括27种芳香族化合物、20种农药、3种氯代烃、5种消毒副产物、13种人工合成及其他有机物和3种藻类特征污染物,采用粉末活性炭法可以有效应对的有61种(包括26种芳香族化合物、20种农药、3种氯代烃、9种人工合成及其他有机物和3种藻类特征污染物)。

(2)技术原理。

活性炭是一种多孔隙、非极性的吸附剂,具有巨大的比表面积(500~1500 m^2/g),其吸附能力主要来源于物理表面吸附作用。活性炭对于非极性、弱极性和水溶性差的有机物,如芳香族、脂肪族有机物等有较好的吸附能力;但对于醇类、糖类等极性较强、水溶性较好的有机物,活性炭吸附性能一般较差,不宜使用。

活性炭的表面具有多种官能团,可通过络合螯合作用对水中的部分无机离子产生化学吸附作用,但是由于活性炭表面官能团的数量有限,其对于金属离子的吸附难以实际使用。

(3)工艺流程。

吸附法处理废水具体流程见图6-7所示。

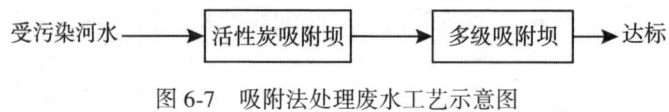

图6-7 吸附法处理废水工艺示意图

(4)注意事项。

河道水环境污染一般采用颗粒活性炭,通过建活性炭坝的方式进行吸附。活性炭坝高度和宽度取决于污染物浓度、河道流速、筑坝方式等因素。一般情况下,活性炭坝与受污染河水接触时间应超过20分钟,此时污染物去除率可大于50%;当接触时间低于5分钟时,去除效果甚微。

6.3.3 微生物法

微生物法是指利用微生物的代谢作用,对废水中呈溶解态或胶体状态的有机物进行降解,从而除去废水中有机污染物的一种方法。微生物法分为好氧生物处理法和厌氧生物处理法。

(1) 适用对象。

适用对象主要为含有机物、氮、磷等废水。

(2) 技术原理。

废水中的有机物、氮、磷等物质对微生物来说可以成为营养物质，微生物的新陈代谢活动能将有机污染物转化成为稳定的无害物质。

(3) 工艺流程。

微生物法处理废水具体流程见图 6-8 所示。

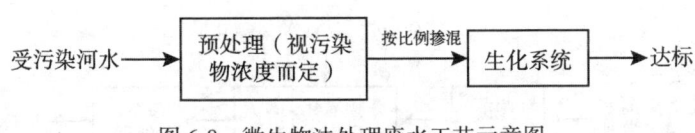

图 6-8　微生物法处理废水工艺示意图

(4) 注意事项。

应急处置过程中生物法的应用一般是将污水转移至生活污水处理厂（水质净化厂），根据污水性质确定是预处理后还是直接按比例进入生化系统进一步处理达标后排放。需重点考虑污染物对微生物是否有毒害作用，微生物对污染物的耐受能力如何，确保掺混处理不影响生化系统的正常运行。一般情况下，进入生活污水处理厂生化系统处理的污染物浓度需满足《污水排水城镇下水道水质标准》（GB/T 31962—2015）的要求。

6.3.4　芬顿氧化法

芬顿 (Fenton) 氧化法是以芬顿试剂进行化学氧化的废水处理方法。芬顿的实质是二价铁离子 (Fe^{2+}) 和双氧水之间的链反应催化生成的羟基自由基，具有较强的氧化能力。芬顿试剂可氧化处理水中的大多数有机物，特别适用于生物难降解或一般化学氧化难以奏效的有机废水的氧化处理。

(1) 适用对象。

芬顿氧化法适用于大多数有机物，特别是高浓度难生物降解的有机污染物，如芳香类化合物及一些杂环类化合物等。

(2) 技术原理。

在酸性条件下(一般 pH<3.5)，利用 Fe^{2+} 作为 H_2O_2 的催化剂，可生成具有强氧化性且反应活性高的羟基自由基(·OH)，其在水溶液中与难降解有机物生成有机自由基，使之结构破坏并最终氧化分解；同时 Fe^{2+} 被氧化成 Fe^{3+} 产生混凝沉淀，将大量有机物凝结去除。

(3) 工艺流程。

使用芬顿氧化法处理废水，不适合在河道中进行，通常需要将河道的废水转移至企业废水处理站中实施。具体处理流程见图6-9所示。

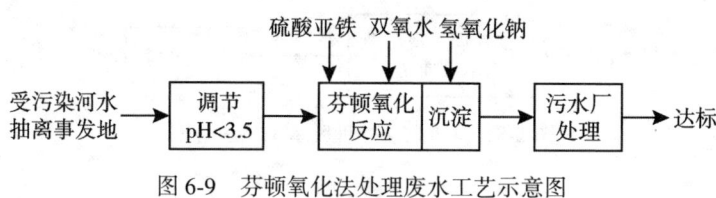

图6-9 芬顿氧化法处理废水工艺示意图

(4) 注意事项。

采用芬顿技术处理污水需要将河道中的污水转移到企业废水处理站或经改造的生活污水处理厂中实施，硫酸亚铁与双氧水加药量需根据实验进行确定，反应一般需要2小时或以上，反应过程中需要搅拌，搅拌方式可选择曝气搅拌、推流器搅拌等方式。反应结束后需要投加氢氧化钠调节pH至中性，絮凝沉淀后上清液输送至下一个环节处理，产生的污泥可采用板框压滤机脱水外运。

6.3.5 臭氧氧化法

臭氧氧化处理指的是利用臭氧作为强氧化剂，氧化水中的有机物或无机物。臭氧氧化法具有反应快、用量少、易就地制取、操作方便、无二次污染等优点。

(1) 适用对象。

可用于去除污水中酚、氰化物、铁、锰等污染物。

(2) 技术原理。

臭氧在化学性质上主要呈现强氧化性，氧化能力仅次于氟、羟基自由基

(·OH)和原子氧(O),对各种有机基团都有较强的氧化能力,其氧化能力是单质氯的1.52倍。臭氧的氧化反应迅速,常可瞬时完成。在水溶液中,臭氧氧化反应机理主要有臭氧直接氧化和自由基间接氧化反应两种。

(3)工艺流程。

通过臭氧发生器现场制备臭氧,与受污染河水发生臭氧氧化反应,从而去除污染物。具体流程如图6-10所示。

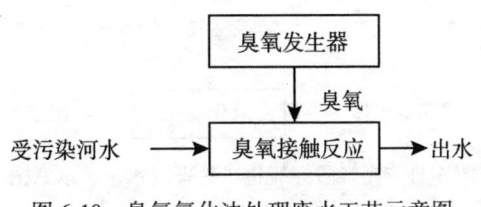

图6-10 臭氧氧化法处理废水工艺示意图

(4)注意事项。

臭氧不稳定,须现制现用,成本较高。使用臭氧氧化法进行应急处理时,除了考虑对污染物的去除效果,还需考虑到制备臭氧设备在现场的安装调试等问题。

6.3.6 高锰酸钾氧化法

高锰酸钾氧化法是指利用高锰酸钾的强氧化性氧化分解废水中污染物,以净化废水的方法。

(1)适用对象。

可用于对部分有机物、铁、锰,以及部分重金属(如铊等)的污染预处理。

(2)技术原理。

高锰酸钾能将废水中的有机物逐步降解成为简单的无机物,也能把溶解于水中的污染物氧化为不溶于水、易于从水中分离出来的物质。高锰酸钾是一种强氧化剂,它在氧化反应的过程中,本身被还原为二氧化锰(MnO_2)或水合氧化锰($MnO(OH)_2$)沉淀下来。如果废水中含有二价锰也会被氧化成二氧化锰或水合氧化锰沉淀下来,通过氧化、沉淀以及形成水合氧化锰的离子交换等多种作用,能有效地去除铁、锰和某些有机污染物。在处理含锰废水时，水合氧化锰又进一步通过离子交换作用使二价锰形成的三氧化二锰，可用高锰酸钾稀溶液再生，将它重新氧化成水合氧化锰。

(3)工艺流程。

通过投加高锰酸钾，与受污染水发生氧化反应，从而去除污染物质。具体流程如图6-11所示。

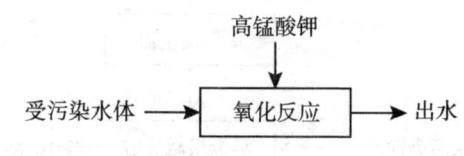

图6-11　高锰酸钾氧化法处理废水工艺示意图

(4)注意事项。

高锰酸钾氧化污染物一般是预处理技术，可用于自来水厂、封闭水体等场所。需要注意的是在河流水体中慎用，因为高锰酸钾溶于水呈紫红色，易改变水体的观感，使用时应注意避免造成河流水体颜色的显著变化。此外，考虑到经济因素，高锰酸钾也不适宜在河道中大量使用。投加高锰酸钾时应先溶解后再投加。

6.3.7　氯氧化法

氯氧化法是指利用次氯酸盐、液氯、氯气、二氧化氯等将污染物转化为稳定、低毒性或无毒性的物质的过程。

(1)适用对象。

可用于对含氰、含酚、氨氮废水等的处理。

(2)技术原理。

应用氯化处理法时，液氯或气态氯加入水中，迅速发生水解反应而生成次氯酸($HClO$)，次氯酸在水中电离为次氯酸根离子(ClO^-)。次氯酸、次氯酸根离子都是较强的氧化剂，能将复杂污染物，主要是有机污染物氧化为稳定、低毒性或无毒的物质。

(3)工艺流程。

通过投加次氯酸盐、液氯、氯气、二氧化氯等，与受污染水发生氧化反应，从而去除污染物质。具体处理流程如图 6-12 所示。

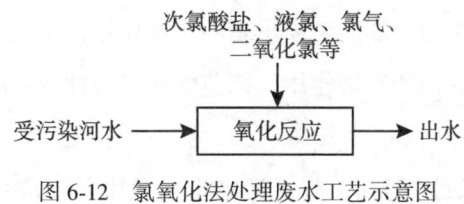

图 6-12　氯氧化法处理废水工艺示意图

(4) 注意事项。

氯氧化法处理废水要注意使用的条件。次氯酸的电离度随 pH 值的增加而增加，当 pH 值小于 2 时，水中的氯以分子态存在；pH 值为 3~6 时，以次氯酸为主；pH 值大于 7.5 时，以次氯酸根离子为主；pH 值大于 9.5 时，全部为次氯酸根离子。因此，理论上，氯氧化法在 pH 值为中性偏酸的水溶液中最有效。

使用氯氧化法实施应急处置时，除了考虑对污染物的去除效果，还需考虑到氧化剂的残留毒性、氧化产物和副产物的毒性、药剂的储存与投加设备等问题。由于含氯化合物投入河道中可能会导致死鱼现象，因此在河道中需谨慎使用。2020 年 9 月 9 日，广东甬莞高速普宁市赤岗段发生了一起天然气运输车辆和苯酚运输车辆追尾事故，造成 1.1 吨天然气和 28.94 吨苯酚泄漏，生态环境部华南环科所的专家选用芬顿高级氧化法消除废水中的苯酚，而不是平常用的次氯酸钠，这是因为次氯酸钠与苯酚会发生化学反应生成对苯醌，其毒性较苯酚更大。

6.3.8　中和法

中和法是利用碱性或酸性药剂将废水从酸性或碱性调整到中性附近的一类处理方法。

(1) 适用对象。

适用于酸性废水、碱性废水的应急处置。

(2) 技术原理。

通过添加碱性或酸性药剂，使酸性废水中氢离子与外加氢氧根离子，或使碱性废水中的氢氧根离子与外加的氢离子之间相互作用，生成可以溶解或难溶解的其他盐类，从而消除它们的有害作用，调节酸性或碱性废水的 pH 值。

(3) 工艺流程。

通过投加酸性(碱性)药剂，与受污染水发生中和反应，具体处理流程如图 6-13 所示。

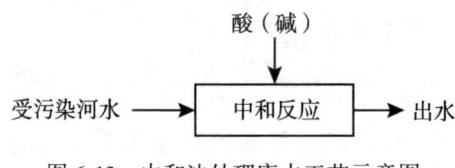

图 6-13　中和法处理废水工艺示意图

(4) 注意事项。

选择中和药剂时，不仅要考虑药剂本身的溶解性、反应速度、成本、二次污染、使用方便等因素，还要考虑中和产物的性状、数量及处理费用等因素。

第7章 环境应急"一河一策一图"

根据生态环境部华南环境科学研究所的统计数据显示,"十三五"以来水污染事件数量占突发环境事件总数的64%,且期间发生的8起重特大事件全部是水污染事件,水污染事件影响范围广、社会危害大、处置难度高,一直是环境应急的重点。与其他突发环境事件相比,水污染事件中污染物随水体流动,呈现以下特点:一是污染物来源形态多样,除了液态污染物,气态或固态污染物也可能造成水环境污染;二是污染物扩散迅速,数小时内污染物可能随河水扩散至下游几十千米,直接威胁环境敏感目标,甚至扩散到相邻城市,造成突发环境事件升级;三是影响范围广,可能对河流、湖泊、水库、海洋、地下水等造成污染;四是危害巨大,影响取用水,可能造成重大经济损失,影响社会安定,威胁生命健康,有的甚至造成长期危害;五是处置难度高,通常需要十几天甚至几个月才能达到应急处置目标。

做好污染物拦截,及时隔离污染团,掌握控制和减缓污染团流动的主动权是妥善应对流域突发水污染事件的关键措施。

7.1 "一河一策一图"基本工作思路

2018年1月,河南省南阳市发生跨省转移危险化学品车辆因事故导致危险化学品倾倒淇河的环境污染事件,生态环境部领导现场指挥应急处置,以"不让一滴受污染的水进入丹江口水库"为应急目标,提出"以空间换时间,以时间保安全"的工作思路,通过迅速筑坝拦水,果断截污处置,修建80万立方米"临时应急池",成功阻断污染源扩散,受污染水体全部得到安全处置,确保了饮用水水源地丹江口水库的水环境质量。为将这一成功经验提炼形成指导水环境污染应急处置方法，生态环境部会同河南省、湖北省、陕西省生态环境厅，联合南阳市、十堰市、商洛市等开展丹江口水库环境应急预案编制试点工作，总结提出水污染应急"南阳实践"，即"一河一策一图"的工作方法。

"一河一策一图"工作是指围绕不让受污染的水进入敏感水域的目标，从汇水河流入手，按照"以空间换时间"的思路，做好"找空间、定方案、抓演练"三项工作。

"找空间"，是掌握河流水文、闸坝、湿地、坑塘、桥梁等信息，结合影像识别与现场踏勘，确定实现暂时储存污水的"临时应急池"以及系列环境应急空间与设施。

"定方案"，是制定流域"一河一策一图"响应方案（包括污染处置方案和应急监测方案），建立流域图集，明确点位分布，建立流域环境应急空间与设施使用说明。

"抓演练"，是组织对响应方案的可操作性进行检验，确保方案落地。

"一河一策一图"的关键是实现流域的污染团与清水隔离、处置的环境应急空间与设施，实现"以空间换时间，以时间保安全"，掌握事件处置主动权，保护水环境，保障人民群众用水安全。

7.2 "找空间"——摸底流域环境应急空间与设施

7.2.1 环境应急空间与设施类型

环境应急空间与设施是指在水污染事件发生时可用于储存受污染水体，以及便于实施截源、导流、投药、稀释等处置措施的空间与设施。流域突发水环境污染事件应急空间与设施可分为11类，分别是水库、湿地、坑塘、闸坝、引水式电站、坝式水电站、干枯河道、江心洲型河道、桥梁、临时筑坝点和其他设施。

（1）水库（如图7-1所示），指拦洪蓄水和调节水流的水利工程建筑物，其作用是灌溉、发电、防洪和养鱼等。

水库用于环境应急的主要功能是调蓄、拦截：一是调度清水，稀释污染团；二是事故点上游水库落闸拦截清水，减轻下游截污压力。

7.2 "找空间"——摸底流域环境应急空间与设施

图 7-1 水库

（2）湿地（如图 7-2 所示），指地表过湿或经常积水，生长湿地生物的地区。

图 7-2 湿地

湿地用于环境应急的主要功能是截留和污染处置：一是利用湿地的空间储存污水；二是利用湿地的自净能力或建立投药点等，削减污染物。

（3）坑塘（如图 7-3 所示），指面积在 1000 平方米以上或容量在 1000 立方米以上的水塘、坑、景观池、人工湖等。

坑塘用于环境应急的主要功能是截留和污染处置：一是通过泵抽或者沟渠自

305

图 7-3 坑塘

流的方式将河道中污染团截留在坑塘内,减轻河道污染负荷;二是作为处置点,通过采取物理或者化学的方法削减污染物。

(4)闸坝(如图 7-4 所示),指为调节水位、引水灌溉而建立的水利设施,多见于周边有农田或耕地的小型河流上。

图 7-4 闸坝

闸坝用于环境应急的主要功能是拦截、导流和污染处置:一是通过落闸拦截污染团,降低污染团推移速度;二是利用闸坝连通的灌渠等导流污水;三是利用闸坝建立投药处置点,进行工程削污。

(5)引水式电站,指河流坡降较陡、落差比较集中的河段,以及河湾或相邻两河河床高程相差较大的地方,利用坡降平缓的引水道引水而与天然水面形成符合要求的落差(水头)发电的水电站。

引水式电站用于环境应急的主要功能是清水分流和污水导流:一是可通过电站引水渠导流蓄污并通过河道分流清水;二是可在电站坝下筑坝蓄污并通过电站引水渠分流清水。

(6)坝式水电站,指筑坝抬高水头,集中调节天然水流,用以生产电力的水电站。

坝式水电站用于环境应急的主要功能是落闸拦截污染团:降低污染团推移速度;利用闸坝建立投药处置点,进行工程削污。

(7)干枯河道,指河道由于自然或人工的影响改变走向后遗留的干枯河床。

干枯河道用于环境应急的主要功能是分流和污染处置:一是可利用干枯河道分流清水,实现清污分离;二是利用干枯河道导流污水,并适时在河道交汇处筑坝,临时储存、处置污水。

(8)江心洲型河道(如图7-5所示),指在河道中存在的一个相对孤立的洲或岛屿的河段。

图7-5 江心洲型河道

江心洲型河道用于环境应急处置的主要功能是分流和污染处置:一是可在江心洲上下两端建坝,构建堰塞湖,隔离污水,分流清水;二是在堰塞湖进行处置，削减污染物浓度。

（9）桥梁（如图 7-6 所示），指跨越河道的桥梁，高速公路、铁路跨河桥梁除外。

图 7-6　桥梁

桥梁用于环境应急的主要功能是污染处置，利用跨河桥梁设立投药处置点，削减污染物。

（10）临时筑坝点（如图 7-7 所示），指在河道较窄（一般河宽小于 200 米）、便于施工筑坝且交通便利的点位。

临时筑坝点用于环境应急的主要功能是拦截和污染处置：一是延缓污染团向下迁移的速度，为下游采取应急措施争取时间；二是作为投药点，快速形成削污能力，降低河道中污染物浓度。

（11）其他设施，主要包括环境应急物资库（如图 7-8 所示），用于保障物资、装备供应。环境应急物资库可同时将政府部门物资库和流域 1 千米范围内企业物资库纳入统计范畴，便于事故情形下直接调用。

7.2.2　资料收集

资料收集是开展流域环境应急"一河一策一图"工作的第一步，主要调查收

7.2 "找空间"——摸底流域环境应急空间与设施

图 7-7 临时筑坝点

图 7-8 环境应急物资库

集流域内(河道收水范围内)重点环境风险源、环境敏感目标、水文水系、水域环境功能、环境应急空间与设施等基础资料并进行分析。

资料收集环节涉及的资料类别、内容及来源如表 7-1 所示。

表 7-1　　　　　　　　　"一河一策一图"资料收集清单

资料类别	资料内容	资料来源
环境风险源资料	流域内"一废一库一品"等重点环境风险企业清单(含企业名称、地址、正门经纬度、行业、主要环境风险物质等信息)。	生态环境部门
	流域内危险化学品运输路线(道路、管道、航线)资料(矢量数据等)。	交通运输部门 公安机关 管道主管部门
环境敏感目标资料	流域内县级及以上集中式地表水饮用水水源地基本信息(含名称、经纬度、级别等信息)和跨国界、省界断面,以及自然文化资源保护区、国家重点生态功能区、水功能区划、重点风景名胜区及其他生态保护红线划定或具有生态服务功能的环境敏感区。	生态环境部门 自然资源部门
水文水系	流域干、支流近3年水文资料(含丰、平、枯不同水期的平均流量、流速数据)、流域河湖名录、一河一档资料。	水利部门 生态环境部门
环境应急空间与设施	流域内水库、湿地、坑塘、闸坝(含拦河闸、泵站、橡胶坝、滚水坝)、引水式电站、坝式水电站、干枯河道、江心洲型河道、桥梁、临时筑坝点、其他设施(含名称、中心经纬度等信息)。	水利部门 自然资源部门
	政府(部门)建设的环境应急物资库等基础数据(含名称、经纬度、主要环境应急物资等信息)。	生态环境部门
	河流断面自动监测站和水文站点信息。	生态环境部门 水利部门

完成资料收集后,汇总整理建立如下清单:

(1)环境应急空间与设施清单,主要信息包括:环境应急空间与设施空间经纬度、状态、容量、主要应急物资。

(2)重点环境风险源清单,主要信息包括:固定源坐标、主要环境风险物质;移动源的起止点坐标。

(3)环境敏感目标清单,主要信息包括:环境敏感目标类型、名称、经纬度。

(4)河流基础信息表,主要信息包括:水系名称、水系简称、河流/河段名称及别名、河流/河段简称、起始地点、起点经纬度、终点地点、终点经纬度、长度、水域环境功能、目标水质、丰水期平均流速与流量、平水期平均流速与流量、枯水期平均流速与流量等。

7.2.3 影像识别

影像识别工作是利用遥感卫星影像,通过地图软件等工具,识别出流域内需调查的环境应急空间与设施。图7-9为某河流影像识别图。

(1)识别范围:河道及两岸各1千米范围内。

(2)识别步骤:

采用天地图影像地图作为底图;

导入环境应急空间与设施清单各点位经纬度;

通过影像识别,核对、补充、完善环境应急空间与设施清单。

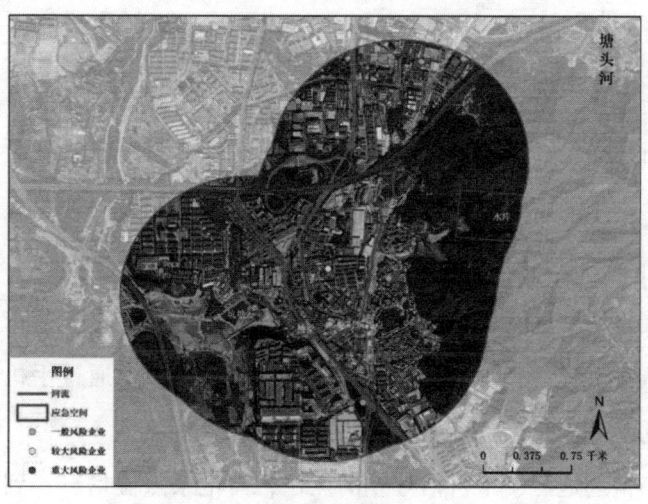

图7-9 某河流影像识别示例

7.2.4 现场踏勘

7.2.4.1 制定踏勘方案

对重点环境应急空间与设施的类型、地点、使用状态、容量等信息进行现场核实,并采集现场照片,将现场照片与信息录入生态环境部环境应急管理平台。开展现场踏勘前需制定方案,明确范围、点位、内容、计划、成果等。

7.2.4.2 踏勘内容

定位:采用天地图影像地图作为底图进行现场定位,核实经纬度、容量、使用状态等信息。

拍照:尽量包括全景和近景照片,每个点位不超过3张。

航拍:有条件的,对水库、大型闸坝、水电站、大型湿地等点位可使用无人机航拍全景,每个点位1张。

7.2.4.3 踏勘要点

(1)制定工作方案,明确工作范围,确定任务分工等。

(2)手机端安装信息采集软件,熟悉各项功能。

(3)对于推送的所有点位利用离线地图等提前规划行程与路线,避免信号弱的区域难以准确辨识空间设施。

(4)开展现场踏勘,记录位置、经纬度,填报相关信息并拍照。

(5)在调查过程中要识别前期影像识别遗漏的点位,通过手机应用新增空间与设施,记录经纬度、位置,填报相关信息并拍照。

(6)对于偏远地区、手机信号差的点位,需记录点位信息,到有信号的地方尽快补充完善(保持手机流量充足,保持手机、无人机等电子设备电量充足)。

(7)请属地生态环境主管部门开具工作函、介绍信等证明文件以便于调查的顺利进行。

7.2.4.4　信息上传

根据生态环境部要求,"南阳实践"环境应急空间与设施信息可通过生态环境部环境应急管理平台完成环境应急空间与设施清单中的各点位经纬度信息填报。

7.3　"定方案"——编制"一河一策一图"环境应急响应方案

7.3.1　方案构成

流域环境应急响应方案应至少包含流域水系及敏感点信息、流域重点环境风险源信息、流域环境应急空间与设施信息、流域环境应急空间与设施使用说明以及流域典型情景分析5部分内容。

7.3.1.1　流域水系及敏感点信息

流域水系信息应明确流域水系干流、支流起始点,梳理河流水文水质信息,分析河流跨区域情况、相关生活污水处理厂情况等基本信息。流域敏感点主要考虑集中式地表水饮用水水源地以及自然文化资源保护区、国家重点生态功能区、水功能区划、重点风景名胜区以及其他生态保护红线划定或具有生态服务功能的环境敏感区。应用地图处理软件,制作收集的流域水系及敏感点信息分布图,如图7-10所示。

7.3.1.2　流域重点环境风险源信息

流域重点环境风险源收集对象包括流域一千米范围内的固定源和移动源两类:固定源主要指环境风险企业,方案中展示的企业信息表包括但不限于企业名称、行业、监控级别、风险等级等信息;移动源主要指危险货物运输道路,方案中展示的道路信息表应包括起止点、道路名称、道路风险情况等信息。

收集固定源、移动源点位信息,绘制流域重点环境风险源信息分布图(如图7-11所示)。

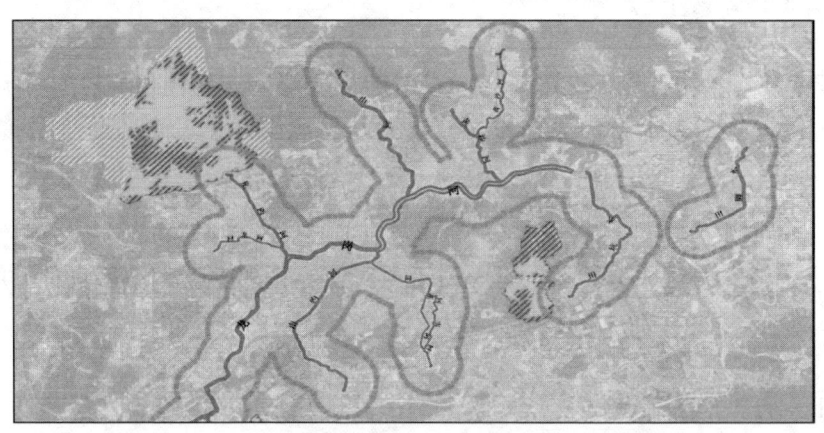

图 7-10　流域水系及敏感点信息分布示意图

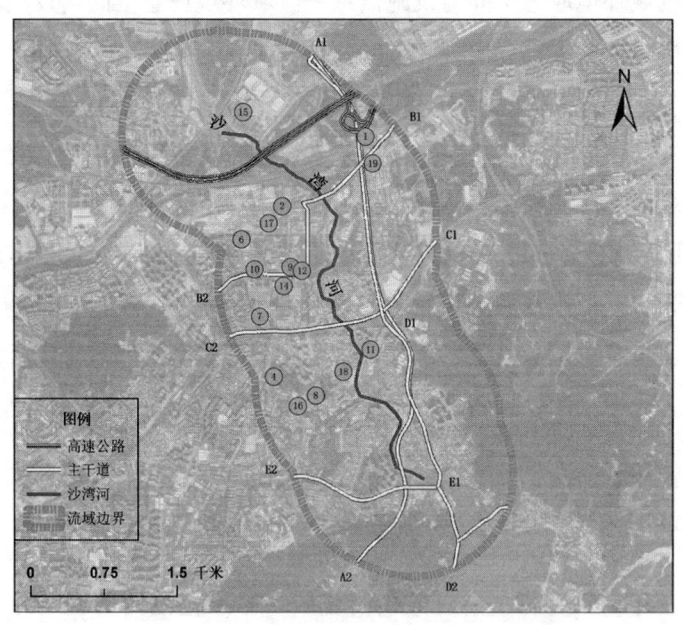

图 7-11　流域重点环境风险源分布示意图

7.3.1.3　流域环境应急空间与设施信息

流域环境应急空间与设施信息应明确所调查流域的环境应急空间与设施类型，列明各空间与设施在流域环境应急中的功能，建立信息表，分类列明空间设施名称、编号以及现场照片,此外不同的空间与设施还应明确对应的特性数据,如水库应标明库容或面积,临时筑坝点应标明点位与河流端点、环境敏感区的距离,桥梁应标明桥梁具体点位以及桥梁长、宽、距离河面的高度、与河流端点的距离,企业环境应急物资库(其他设施)应包括物资种类、数量等。绘制流域应急空间与设施信息分布图(如图7-12所示)。

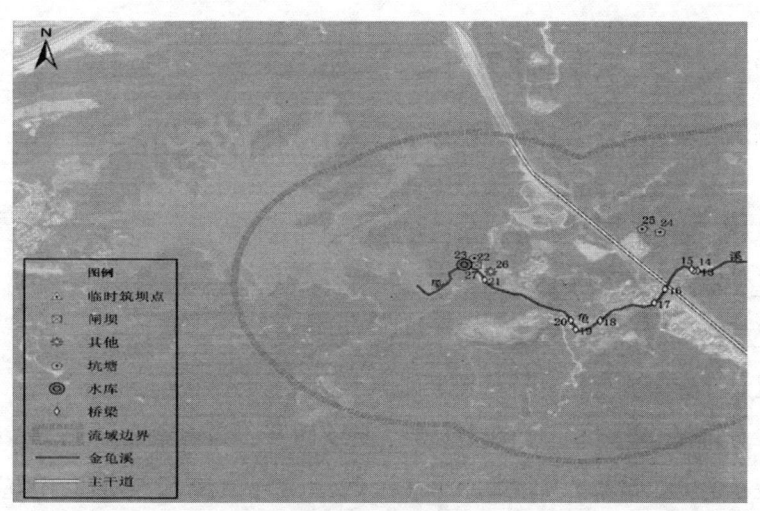

图7-12 流域环境应急空间与设施分布示意图

7.3.1.4 流域环境应急空间与设施使用说明

流域环境应急空间与设施使用主要围绕四个方面进行说明。

一是源头阻断。对于火灾次生污染事件、危险化学品或危险废物泄漏污染事件,采取措施堵住污染源头,阻止污染物继续流入外环境;对于交通事故次生污染事件,通过采取堵漏、倒罐、拖离事故车辆、清理路面等措施,防止继续泄漏。

二是截流导流。通过查询上下游环境应急空间与设施、环境敏感目标等信息,第一时间就近利用闸坝、电站或临时筑坝点截断污染团、拦截污水,减轻截污压力,降低污染团推移速度。充分利用闸坝沟渠等"分流、导流"作用,实现清污分离。

三是工程削污。使用工程机械建设临时应急池收集河道污水；将污水通过沟渠或管道引入坑塘暂存，或直接引入生活污水处理厂净化；将污水引入湿地暂存、净化；利用沿程拦河闸坝和桥梁等设施，采用物理和化学方法（如向河道投入絮凝剂或吸附材料）削减污染物。

四是水利调度。调度流域水资源，合理利用河流自净及稀释能力降低污染物浓度，快速恢复水环境质量。

7.3.1.5 流域典型情景分析

根据流域敏感区域、环境风险源信息，针对河流上、中、下游特点，设计典型情景，可考虑的情景主要包括以下四类。

一是生产安全事故次生水环境污染事件；

二是交通事故次生水环境污染事件；

三是违法排污造成水环境污染事件；

四是自然灾害次生水环境污染事件。

情景分析环节包括信息收集与研判、源头阻断、截流导流、工程削污、水利调度和应急监测。情景分析应重点关注污染水体扩散趋势以及沿河环境应急空间与设施的使用。

7.3.2 情景示意图绘制

根据典型情景分析结果，建立情景分析示意图，形成典型情景应对图集，做好前期技术储备。示意图内容包括但不限于事件情景简述、处置方案、监测方案、空间位置图、环境应急空间与设施分布情况。

通过绘制典型情景示意图，一方面将情景分析工作进行可视化展示；另一方面，在实际的应急过程中，可以参考情景分析中的处置方式，及时调用图中显示的环境应急空间与设施，实现"挂图作战"。

7.3.3 建议方案纳入的信息

（1）警情来源。方案应明确流域各类突发环境事件可能的警情来源，针对政府部门、企业、群众等不同来源，建立信息联通、通报、上报机制，确保警情收集渠道畅通。

（2）力量调度。方案应梳理流域突发水污染事件涉及的部门，明确各部门在事件应对中的主要作用以及与生态环境主管部门联动机制，明确各方力量调度范围与力度。

（3）现场处置。按照流域突发水污染事件现场处置流程，围绕现场研判、源头阻断、截流导流、工程削污、水利调度和应急监测等环节，明确识别的环境应急空间与设施在各个环节的作用，设计流域基本处置流程，形成灵活可变的处置模式。

（4）处置能力评估。设计流域突发水污染事件处置能力评估记录表：一是处置效果评估，包括事件发展情况，控制情况以及控制的有效性；二是处置技术评估，包括处置技术的适用性、可操作性、可推广性；三是队伍评估，包括响应时间、人员数量匹配度、人员专业性。

（5）事后处置。针对流域水环境敏感点特点以及上下游生态特征，提出流域总体现场恢复要求以及敏感区域现场恢复目标，明确处置后应达到的环境质量。

7.4 "抓演练"——开展"一河一策一图"应用演练

及时开展流域"一河一策一图"应用演练工作，是检验流域环境应急响应方案、锻炼流域相关单位环境应急队伍、磨合突发水污染事件中相关单位、部门协调联动机制的重要手段。应急演练过程中，检验方案中关于环境应急空间与设施实际存水量是否准确、污水是否能够引进去、运转方式是否有效，人员队伍、施工材料、设备机械等是否能够保障等问题，是演练工作的重中之重。

7.4.1 前期准备

（1）人员准备：建立拟参加演练单位及人员安排清单，明确责任分工，人员类型包括组织策划人员、文本编制人员、参与实施人员、技术指导人员、评估专家以及观摩人员等。

（2）物资准备：包括演练现场布置、演练需要的污染处置物资、应急监测物资以及演练全过程需要的人员安全防护用品等。

(3)资金准备：主要表现为做好工作经费申请，落实资金保障。

(4)目标设定：设定演练需要达到的目标，包括但不限于：检验环境应急空间与设施实际存水量是否准确、污水是否能够引进去、运转方式是否有效、"临时应急池"能不能快速建成，查找应急资源方面的可能缺口，提高参演人员应急知识储备及应急能力，完善应急管理协调和管理程序，提升公众认识水平等。

7.4.2 演练文本

流域"一河一策一图"应用演练从计划、实施到结束涉及的文本材料包括但不限于以下5项，见图7-13。

图7-13 演练文本构成

(1)流域"一河一策一图"演练计划和方案。明确演练组织架构、情景设计、参演及观摩单位、演练科目、演练时间安排、保障措施等内容。

(2)流域"一河一策一图"演练脚本。演练脚本需要明确发生突发环境事件时启动环境应急预案，组建现场指挥部及各功能组并迅速投入运作，确认污染处置程序、环境应急监测方案并实施，妥善管控舆情并正确引导，查明事件原因，明确应急中止条件等内容。形式上，演练脚本应该对模拟突发环境事件情景，明确处置行动与执行人员、指令与对白、程序与时间安排、视频背景与字幕、演练解说词等进行妥善安排。

(3)流域"一河一策一图"演练控制指南。将演练背景、时间、地点、人员、目的和指标、事件介绍、控制及保障分工、记录和演练现场图等，以清单方式明确说明。

(4)流域"一河一策一图"演练人员手册。为参演者提供具体信息和程序的文件。

(5)流域"一河一策一图"演练评估方案。明确评估活动和内容应包括演练评估行动管理;观摩评估演练活动的程序和方法;跟踪演练指标完成情况的程序和方法;记录与评判演练人员应对的行动程序和方法;列出必要的演练表格清单,包括填写和指导等。

7.4.3 演练环节

演练总体可分为五个环节,见表7-2。

表7-2　　　　　　　　　演 练 构 成

标题	内　容
(1)演练前培训	根据演练文本,面向所有参演单位及参演人员开展演练培训,确保相关人员熟悉职责并做好充足准备。
(2)组织预演	以桌面演练和实战预演的形式,组织演练前的预演,熟悉演练实施过程各个环节。
(3)系统检查	确认演练所需工具、设备、设施、技术资料以及参演人员到位。
(4)演练实施	应急演练总指挥下达演练开始指令后,参演单位和人员按照脚本,实施相应的应急响应行动,直至完成全部演练工作。
(5)演练评估	邀请行业领域专家,针对演练工作进行评估,提出问题和建议,编制总结评估报告。

7.4.4 深化应用

为提升流域"一河一策一图"应用演练的系统性、科学性和实用性,可从优化选址、演练闭环、持续改善三个方面深化演练应用工作。

其一,优化河流应急演练选址,实现重点河流全覆盖。首先,建立河流环境应急演练管理制度;其次,排查重点河流敏感河段与突发水污染事件易发多发河段,分析可能引起突发环境事件的主要类型;再次,建立重点关注河段及典型事件情景库,为河流环境应急演练选址及情景选择提供依据;最后,做好已演练河段统计工作,保障重点河段应急处置能优先接受演练检验。

其二,建立河流环境应急演练管理闭环模式。围绕河流专项环境应急处置方案设计并开展"桌面/实战"演练,检验方案的可操作性以及"临时应急池"修筑人员、物资、机械设备到位的及时性;根据演练结果,优化处置方案、强化处置资源,在下一河段演练中,继续"设计—演练—检验—改进提升"闭环工作模式,确保方案在各个环节及各类情景中均可有效落地。

其三,持续改善重点河流的环境应急能力。通过"一河一策一图"环境应急演练,找出流域环境应急管理的薄弱环节,采取相应的措施改善,提高流域环境应急处置能力,面临突发环境事件时有序应对,临危不乱。

第8章 环境应急监测

环境应急监测是指突发环境事件发生后至应急响应终止前，对污染物、污染物浓度、污染范围及其动态变化进行的监测，包括污染态势初步判别和跟踪监测两个阶段。应急监测的作用是在突发环境事件发生后，应急监测人员以最快的速度赶赴事件现场，按照环境应急监测方案采用小型、便携、简易、快速的环境监测仪器、装备及一定的分析手段，在尽可能短的时间内获取污染物种类、浓度、影响范围及可能的扩散趋势等重要信息，为环境应急响应行动提供技术支持。实施应急监测是做好突发性环境事件处置工作的前提和关键。只有对环境事件的类型及污染状况作出准确的判断，才能为环境事件及时、正确的处理、处置和制定恢复措施提供科学的决策依据；因此，可以认为环境应急监测是突发环境事件应急处置与善后处理中始终依赖的基础工作。

8.1 环境应急监测程序

8.1.1 工作原则

（1）及时性。

接到环境应急监测通知后，应急监测队伍应立即启动应急监测预案，携带环境应急监测装备第一时间到达现场并向现场指挥部报到。

（2）可行性。

应急监测队伍到达突发环境事件现场后，应根据突发环境事件情景特征、初步掌握的污染物类别、河流走向、地形地貌、风向风速等，依据相关规范编制可操作性强的环境应急监测方案并报现场指挥部，在确保自身安全的前提下，具体实施应急监测。

(3)代表性。

开展应急监测工作,应尽可能以足够的具有时空代表性的监测数据,尽快为突发环境事件应急决策提供可靠的依据。在污染态势初步判别阶段,应第一时间确定污染物种类、监测项目、大致污染范围及程度;在跟踪监测阶段,应以快速获取污染物浓度及其动态变化信息为工作目标。

8.1.2 作业流程

《突发环境事件应急监测技术规范》(HJ 589—2021)将应急监测划分为污染态势初步判别和跟踪监测两个阶段。污染态势初步判别是突发环境事件应急监测的第一阶段,指突发环境事件发生后,确定污染物种类、监测项目及大致污染范围和污染程度的过程。跟踪监测是突发环境事件应急监测的第二阶段,指污染态势初步判别阶段后至应急响应终止前,开展的确定污染物浓度、污染范围及其动态变化的环境监测活动。

环境应急监测队伍到达污染事件现场后,立即开展现场调查、快速确定污染物种类和监测项目,初步判别污染范围及程度,并在此基础上编制应急监测方案,明确点位布设、监测频次、监测项目、应急监测方法、评价标准等,在应急监测过程中及时更新调整。现场采集样品后可采取现场监测或实验室分析或两者相结合的方式进行分析,应急监测数据应及时报送现场指挥部,应急监测的质量保证和质量控制应覆盖应急监测全过程。具体流程见图8-1。

8.1.3 应急监测终止

环境应急监测与污染处置往往是同步实施,环境应急监测行动是否终止取决于现场指挥部的决定。

凡符合下列情形之一的,现场指挥部可决定环境应急监测终止。

(1)对于突发水环境污染事件,最近一次应急监测方案中,全部监测点位特征污染物的48小时连续监测结果均达到评价标准或要求;对于其他突发环境事件,最近一次应急监测方案中全部监测断面(点位)特征污染物的连续3次以上监测结果均达到评价标准或要求。

8.2 环境应急监测方案

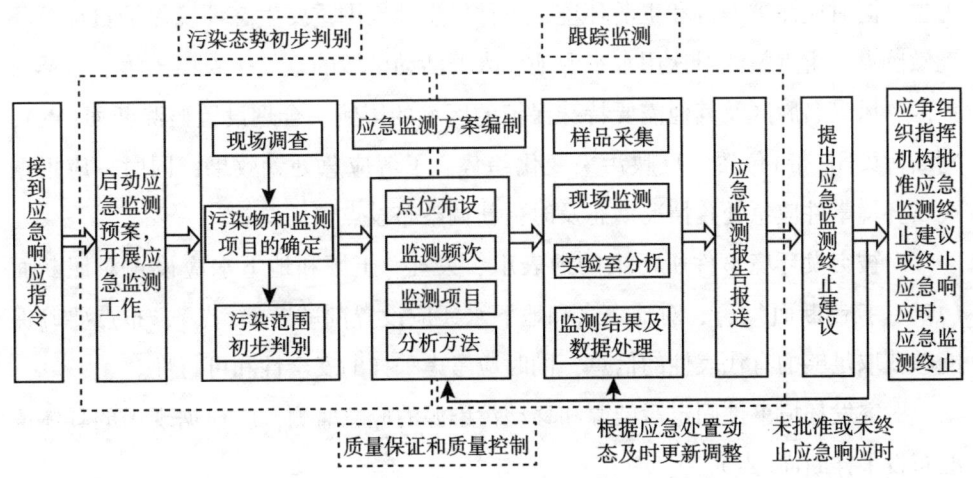

图 8-1 应急监测流程图

(2)对于突发水环境污染事件,最近一次应急监测方案中,全部监测点位特征污染物的 48 小时连续监测结果均恢复到本底值或背景点位水平;对于其他突发环境事件,最近一次应急监测方案中全部监测断面(点位)特征污染物的连续 3 次以上监测结果均恢复到本底值或背景点位水平。

(3)应急专家组认为可以终止的情形。

8.2 环境应急监测方案

通常,在现场开展环境应急监测工作前需要制定应急监测方案,经现场指挥部同意后作为突发环境事件现场实施应急监测的工作指南。应急监测方案包括但不限于突发环境事件概况、监测内容(含监测布点、监测项目、监测频次)、监测方法、评价标准或要求、质量控制与保证、数据报送、安全防护及附件(主要包括监测断面或点位示意图、任务分工表)等方面的内容。

8.2.1 点位布设

(1)监测布点原则。

采样断面(点)的设置一般以突发环境事件发生地及可能受影响的环境区域

为主，同时应注重人群和生活环境、事件发生地周围重要生态环境保护目标及环境敏感点，重点关注对饮用水水源地、人群活动区域的空气、农田土壤、自然保护区、风景名胜区及其他需要特殊保护的区域的影响，合理设置监测断面(点)，判断污染团(带)位置、反映污染变化趋势、了解应急处置效果；同时，应根据突发环境事件应急处置情况动态及时更新调整布设点位。

对被突发环境事件所污染的地表水、大气、土壤和地下水应设置对照断面(点)、控制断面(点)，对地表水和地下水还应设置削减断面(点)，布点要确保能够获取足够的有代表性的信息，同时应考虑采样的安全性和可行性。

对突发环境事件固定污染源和移动污染源的应急监测，应根据现场的具体情况布设采样断面(点)。

(2) 采样断面(点)的布设。

水和废水、空气和废气、土壤和固体废物等采样断面(点)的布设可参照《地表水和污水监测技术规范》(HJ/T 91—2002)、《地表水环境质量监测技术规范》(HJ 91.2—2022)、《污水监测技术规范》(HJ 91.1—2019)、《地下水环境监测技术规范》(HJ 164—2020)、《水质样品的保存和管理技术规定》(HJ 493—2009)、《水质采样技术指导》(HJ 494—2009)、《环境空气气态污染物(SO_2、NO_2、O_3、CO)连续自动监测系统安装验收技术规范》(HJ 193—2013)、《环境空气质量手工监测技术规范》(HJ 194—2017)、《大气污染物无组织排放监测技术导则》(HJ/T 55—2000)、《土壤环境监测技术规范》(HJ/T 166—2004)、《工业固体废物采样制样技术规范》(HJ/T 20—1998)等标准执行。

(3) 采样断面(点)的编号。

采样断面(点)应当设置编号。因应急监测方案调整变更采样断面(点)的，在原断面(点)之间的新设断面(点)应依序以下级编号形式插号。

8.2.2 监测频次

监测频次主要根据现场污染状况确定。事件刚发生时，监测频次可适当增加，待摸清污染变化规律后，可适当减少监测频次。依据不同的环境区域功能和现场具体污染状况，力求以最合理的监测频次，取得具有足够时空代表性的监测结果，做到既有代表性能满足应急工作要求，又切实可行。

8.2.3 监测项目

监测项目设置参照"8.3.2 污染物和监测项目的确定"。

8.2.4 监测方法

应急监测方法的选择以支撑环境应急处置需求为目标，根据监测能力、现场条件、方法优缺点等选择适宜的监测方法，保障监测效率和数据质量。

在满足环境应急处置需要的前提下，优先选择国家或行业标准规定的监测方法，同一应急阶段尽量统一监测方法。

样品不易保存或处于污染追踪阶段时，优先选用现场快速测定方法。采用现场快速测定方法测定的结果应在监测报告中注明。对于现场快速测定方法，除了自校准或标准样品测定外，也可采用与不同原理的其他方法进行对比确认等方式进行质量控制；同时，可利用相关环境质量自动监测系统和污染源在线监测系统等作为补充监测手段。

8.2.5 评价标准或要求

突发环境事件应急监测按照相关生态环境质量标准、生态环境风险管控标准、污染物排放标准或其他相关标准进行评价。若所监测项目尚无评价标准，可参考国内外及国际组织的相关评价标准或要求，并在方案和报告中注明。

8.2.6 质量保证与控制

应急监测的质量保证和质量控制，可参照《环境监测质量管理技术导则》（HJ 630—2011）的相关规定执行，应覆盖突发环境事件应急监测全过程，重点关注方案中点位、项目、频次的设定，采样及现场监测，样品管理，实验室分析，数据处理和报告编制等关键环节。

针对不同的突发环境事件类型和应急监测的不同阶段，应有不同的质量管理要求及质量控制措施。现场快速分析时应对样品进行多次测试比对，除采用自校准或标准样品测定外，也可采用与不同原理的分析方法比对确认等方式进行现场快速分析的质量控制。开展多家单位联合应急监测时应注意监测数据的可比性检验，检验检查内容包括仪器、方法、环境条件是否一致，浓度单位是否相同等。

8.3 应急监测对象

开展环境应急监测行动，首先应明确监测对象。监测人员应迅速通过各种渠道搜集突发环境事件相关信息，结合现场踏勘，初步了解污染物种类、污染状况及可能的污染范围及程度。

8.3.1 现场调查内容

现场调查的重点内容包含如下：事件发生的时间和地点，必要的水文气象及地质等参数，可能存在的污染物名称及排放量，污染物影响范围，周围是否有敏感点，可能受影响的环境要素及其功能区划等；污染物特性的简要说明；其他相关信息（如盛放有毒有害污染物的容器、标签等信息）。

8.3.2 污染物和监测项目的确定

应优先选择特征污染物和主要污染因子作为监测项目。可根据污染事件的性质和环境污染状况确认在环境中积累较多、对环境危害较大、影响范围广、毒性较强的污染物，或者为污染事件中对环境造成严重不良影响的特定项目，并根据污染物性质（自然性、扩散性或活性、毒性、可持续性、生物可降解性或积累性、潜在毒性）及污染趋势，按可行性原则（尽量有监测方法、评价标准或要求）进行确定。

（1）已知污染物监测项目的确定。

根据已知污染物及其可能存在的伴生物质，以及可能在环境中反应生成的衍生污染物或次生污染物等确定主要监测项目。

①对固定污染源引发的突发环境事件，了解引发突发环境事件的位置、设备、材料、产品等信息，采集有代表性的污染源样品，确定特征污染物和监测项目。

②对移动污染源引发的突发环境事件，了解运输危险化学品或危险废物的名称、数量、来源、生产或使用单位，同时采集有代表性的污染源样品，确定特征

污染物和监测项目。

(2)未知污染物监测项目的确定。

对于未知污染物监测项目,可根据以下 5 种方式进行确定。

①根据现场调查结果,结合突发环境事件现场的一些特征及感官判断,如气味、颜色、挥发性、遇水的反应特性、人员或动植物的中毒反应症状及对周围生态环境的影响,初步判定特征污染物和监测项目。

② 通过事件现场周围可能产生污染的排放源的生产、运输、安全及环保记录,初步判定特征污染物和监测项目。

③利用相关区域或流域的环境自动监测站和污染源在线监测系统等现有仪器设备的监测结果,初步判定特征污染物和监测项目。

④通过现场采样分析,包括采集有代表性的污染源样品,利用检测试纸、快速检测管、便携式监测仪器、流动式监测平台等现场快速监测手段,初步判定特征污染物和监测项目。若现场快速监测方法的定性结果为检出,需进一步采用不同原理的其他方法进行确认。

⑤将现场采集的样品(包括有代表性的污染源样品)送实验室分析,确定特征污染物和监测项目。

(3)初步判别方法的选用。

为迅速查明突发环境事件污染物的种类(或名称)、污染程度和范围以及污染发展趋势,在已有调查资料的基础上,充分利用现场快速监测方法和实验室现有的分析方法进行鉴别、确认。

可采用检测试纸、快速检测管、便携式监测设备、移动监测设备(车载式、无人机、无人船)及遥感等多手段监测技术方法;现有的空气自动监测站、水质自动监测站和污染源在线监测系统等在用的监测方法;现行实验室分析方法。

当上述分析方法不能满足要求时,可根据各地具体情况和仪器设备条件,选用其他适宜的方法。

8.3.3 污染范围及程度初步判别

根据现场调查收集的基础数据、文献资料以及分析结果,借助遥感、地理信息系统、动力学模型等技术方法,必要时可依靠专家支持系统,初步判别突发环境事件可能影响的时空范围、污染程度。

8.3.4 常见环境应急监测对象

根据污染类别的不同,可将污染监测对象分为以下几类。

(1)大气污染物。

突发大气污染事件主要由火灾、爆炸、气态或易挥发液态化学品泄漏及工业废气净化失控等引起,常见的污染物有 Cl_2、CO、HF、SO_2、NH_3、O_3、HCl、HCN、Hg、Pb、光气($COCl_2$)、硝酸雾、硫酸雾、液化石油气、氯乙烯等。

(2)水体污染物。

突发水体污染事件主要由火灾爆炸的消防水、液态化学品泄漏、偷排废水或危险废物及人为失误超标排放废水等引起,常见的污染物有 DO、COD、pH、SS、Hg、Pb、Cu、Cr、Ba、Ni、氰化物、氯化物、氟化物、硝酸根离子、硫酸根离子、苯、甲苯、二甲苯、硝基苯、苯酚、二硫化碳、氯乙烯、甲醇、甲醛、三氯甲烷、四氯化碳、环氧乙烷、双氧水、甲基苯酚、石油类、六六六、乐果、敌敌畏等。

(3)土壤污染物。

突发土壤污染事件主要由化学品泄漏、危险废物储存运输不当、农药使用等引起,常见的土壤污染物有重金属、有机污染物(烷烃类、石油类、苯系物、醇类、醛酮类等)、有机磷农药、有机氮农药、有机氟农药、有机氯农药等。

8.4 环境应急监测方法

应急监测方法的选择以支撑环境应急处置需求为目标,根据监测能力、现场条件、方法优缺点等选择适宜的监测方法,保障监测效率和数据质量。选用正确的应急监测方法对于快速定性污染物种类,较为准确的检测出污染物含量,迅速制定相应的处理对策至关重要。

表 8-1 为生态环境部推荐的常见污染物应急监测方法,表 8-2 为常用应急监测方法适用范围和优缺点,读者可参考使用。

表 8-1　　　　　　　　常见污染物应急监测方法推荐表

环境空气		应急监测方法
无机污染物	无机气体	电化学传感器法、便携式傅立叶红外仪法、检测管法。
	汞蒸汽	便携式测汞仪分析法。
有机污染物	甲醛	电化学传感器法、检测管法。
	挥发性有机物	便携式气相色谱-质谱联用分析法、便携式气相色谱法。
水环境		应急监测方法
常规项目	pH 值	电极法、试纸法。
	浊度	浊度计法。
	电导率、溶解氧、氟化物、余氯	电极法。
	COD、氨氮、总磷、总氮、氰化物	便携式分光光度法、连续流动分光光度法。
	硫化物、挥发酚、LAS	连续流动分光光度法、气相分子吸收光谱法(硫化物)。
金属	铁、钴、镍、铜、锌、铅、镉、铬、锰、铍、银、铊、锑、铋、钼、钒、铝、钡、砷、硒、汞	车载电感耦合等离子体原子质谱法(ICP-MS)、车载电感耦合等离子体发射光谱法(ICP)、阳极溶出伏安法(铜、锌、铅、镉)、便携式分光光度法(六价铬、铁、锰、镍、砷、钼)、便携式原子荧光法(砷、汞、硒、锑、铋)、便携式测汞仪分析法(汞)。
有机污染物	石油类	便携红外/紫外分光光度法。
	挥发性有机物	便携式气相色谱-质谱联用分析法(顶空)、便携式气相色谱法。
	半挥发性有机物	便携式气相色谱-质谱联用分析法(固相微萃取)、便携式气相色谱法。
生物指标	生物综合毒性	发光细菌法。
	粪大肠菌群	酶底物法。
土壤、沉积物及固体废物		应急监测方法
金属及其化合物		便携 X-荧光光谱法、车载电感耦合等离子体原子质谱法(ICP-MS)、车载电感耦合等离子体发射光谱法(ICP)、便携式测汞仪分析法(汞)。
挥发性有机污染物		便携式气相色谱-质谱联用分析法(顶空)。

表 8-2　　　　　　常用应急监测方法适用范围和优缺点

方法类型		适用范围	方法特点
电化学法	电化学传感器法	气：H_2S、Cl_2、HCl、HCN、光气等。	优点：快速、操作简单、携带方便。 缺点：检出限较高，部分物质存在干扰，定期需要更换。
	阳极溶出伏安法	水：铜、铅、锌、镉等重金属。	优点：检出限相对比色法较低、携带方便。 缺点：检测元素种类有限，操作复杂。
	电极法	水：pH 值、电导率、溶解氧、氯离子、氟化物等。	优点：快速、操作简单、携带方便。 缺点：部分不能准确定量，部分物质存在干扰，电极需定期更换。
光谱分析法	便携式分光光度法（紫外-可见）	水：COD、氨氮、总磷、部分金属离子等。	优点：便于携带，可测定多种元素。 缺点：部分物质检出限较高。
	连续流动分光光度法	水：COD、氨氮、总磷、硫化物、挥发酚、LAS 等。	优点：准确度较高，可测定多种元素。 缺点：操作相对复杂，专业性较强。
	便携式红外分光光度法	水：石油类等。 气：CO、CO_2 等。	优点：准确度较高，分析速度相对较快。 缺点：操作专业性较强。
	便携式傅立叶红外仪法	水：有机污染物。 气：HCN、HCl、CO、苯、甲苯、苯乙烯等。	优点：适用范围广，携带方便。 缺点：检出限高，操作专业性较强。
	便携式测汞仪分析法	水、气、土：Hg。	优点：检出限低，携带方便。 缺点：目标物单一。
	便携式原子荧光法	水：砷、汞、硒、锑、铋。	优点：检出限低，确度较高，分析速度相对较快。 缺点：检测元素种类有限。

续表

方法类型		适用范围	方法特点
光谱分析法	便携式X荧光光谱法	土壤和固体样品：金属元素。	优点：制样简单，测定快速，携带方便，可同时测定多种元素，非破坏分析。 缺点：部分元素检出限较高，易受相互元素干扰影响。
	车载式电感耦合等离子体发射光谱法（ICP）	水、气、土：绝大多数金属和部分非金属元素。	优点：可多元素同时分析，干扰少，稳定度好，灵敏度高，准确度高，易维护。 缺点：操作专业性较强，体积大，不易携带，使用条件要求较高。
色谱分析法	便携式气相色谱法	水、气：VOCs和SVOCs的监测。	优点：分离效果好，灵敏度高，应用范围广。 缺点：对于未知物质难以定性。
仪器联用技术	便携式气相色谱-质谱联用分析法	水、气、土：VOCs和SVOCs的监测。	优点：灵敏度高、选择性好、准确度高。 缺点：操作相对复杂。
	车载式电感耦合等离子体原子质谱法（ICP-MS）	水、气、土：绝大多数金属和部分非金属元素。	优点：可多元素同时分析，定性准确，干扰少，稳定度好，检出限低，准确度高。 缺点：操作相对复杂，体积大，不易携带，使用条件要求较高。
微生物法	发光细菌法	水：生物综合毒性的检测。	优点：能快速检测水质生物急性毒性。 缺点：不能对目标污染物定性，灵敏度较低，维护成本较高。
	酶底物法	水：粪大肠菌群的检测。	优点：方便、准确，手工操作步骤简单。 缺点：检测周期较长。
	试纸法	水：pH值。	优点：成本低廉、检测速度快、操作简单、携带方便，具有一定的灵敏性和专一性。 缺点：检出限较高，不能准确定量，部分物质存在干扰。
	检测管法	气：CO、Cl_2、H_2S、氨气、光气等。	优点：快速、操作简单、携带方便。 缺点：不能准确定量，部分物质存在干扰。

8.5 环境应急监测装备

8.5.1 选择装备的基本原则

环境应急监测装备建设是完善现代环境应急体系的重要组成部分。随着环境事件应急监测的发展需求,应急监测仪器与装备逐渐发展成为一个新的环保产业领域。从早期的检测管、检测箱到今天的便携式应急监测仪器、应急监测车、无人机、无人船、机器人等,每次硬件方面的进步均为现场监测技术与方法的进步提供了可靠的物质保障。

突发环境污染事件应急监测仪器和设备的选取,应遵循以下基本原则:

(1)可快速鉴定、鉴别污染物的种类;

(2)可快速给出定性、半定量或定量的监测结果;

(3)使用方便、易于携带;

(4)监测数据准确、易获取;

(5)对样品的前处理要求低;

(6)仪器本身无特别使用限制,具有普适性;

(7)较好的性能价格比;

(8)满足便携或车载的要求。

8.5.2 环境应急监测装备分类

根据环境污染事件的类型及常见污染物的种类,环境事件应急监测装备主要分为以下几类:

(1)水环境污染应急监测装备,包括水环境污染事件应急防护装备、水样采集装置、水环境污染应急监测仪器。

(2)大气环境污染应急监测装备,包括大气污染事件应急防护装备、大气采样装置、大气环境污染应急监测仪器。

(3)土壤、固体废物、生物类环境应急监测仪器设备。

(4)放射性环境污染应急监测仪器设备。

(5)后勤保障装备,包括便携式移动通信基站、应急监测服装、急救箱、橡皮舟、帐篷、雨棚、应急供电设备、强光手电、激光测距仪、头灯、户外饮食等辅助设备。

(6)软件系统,包括应急监测信息系统、应急监测环境分析系统、应急监测预警调度辅助决策系统。

(7)环境事件现场取证及办公设备。

8.5.3 典型环境应急监测装备

8.5.3.1 水环境应急监测装备

水环境应急监测装备包含采样装备、防护装备以及常规项目、重金属、有机项目、生物指标等监测仪器。典型水环境应急监测装备及功能见表8-3。

表8-3 水环境应急监测设备及功能

序号	仪器类别	仪器名称	用途或监测指标	设备示例
1	采样装备	水质采样器	用于地表水采样。	
		深井采样器	用于地下水或深井采样。	

续表

序号	仪器类别	仪器名称	用途或监测指标	设备示例
1	采样装备	便携式抽滤仪	用于现场快速过滤水样。	
		水样保存箱	用于水样的保存运输。	
		便携式流速测量仪	用于小型溪流、沟渠的流速流量监测。	
		手持 GPS	用于记录位置信息。	
2	常规项目监测仪器	便携式水质多参数测定仪	测定水温、pH 值、溶解氧、电导率等常规参数。	
		水质试剂盒	水质参数的现场定性和半定量检测。	

8.5 环境应急监测装备

续表

序号	仪器类别	仪器名称	用途或监测指标	设备示例
2	常规项目监测仪器	水质多参数分光光度仪/便携水质自动分析仪	COD、高锰酸盐指数、氨氮、氰化物、总磷、六价铬、余氯等。	
		便携式测油仪	油类含量。	
		便携式气相分子吸收光谱仪	硫化物、氨氮、硝酸盐氮等。	
3	水中重金属	便携式测汞仪	现场快速测定水体中汞含量。	
		便携式重金属测定仪	现场快速测定水体中重金属含量。	
		车载 ICP-MS	水中重金属的快速筛查和现场测定。	

续表

序号	仪器类别	仪器名称	用途或监测指标	设备示例
4	有机项目	便携式GC-MS（含便携式顶空进样器、固相微萃取装置、吹扫捕集装置）	现场定性、定量检测水中挥发性和半挥发性有机组分（VOCs、SVOCs）。	
5	生物指标	生物毒性检测仪	快速检测水质的生物急性毒性。	
		手持式叶绿素（蓝绿藻)测定仪	快速检测水中的叶绿素浓度等。	
		细菌快速检测仪	快速检测水中的大肠杆菌浓度。	

8.5.3.2 大气环境应急监测装备

大气环境应急监测装备包含采样装备、常规项目、有机项目等监测仪器。典型大气环境应急监测装备及功能见表8-4。

表 8-4　　　　　　　　　　大气环境应急监测设备及功能

序号	仪器类别	仪器名称	用途或监测指标	示例
1	采样装备	便携式大气采样器	用于现场采集颗粒物及气态样品	
		苏玛罐	用于气体样品的采集	
		气象参数测定仪	用于测量风速、风向、气温、气压等	
2	常规项目监测仪器	便携式多种气体检测仪（电化学传感器法）	满足《环境空气 氯气等有毒有害气体的应急监测 电化学传感器法》(HJ 872—2017)要求，可现场对 Cl_2、H_2S、HCl、CO、HCN、$COCl_2$、HF、NH_3、SO_2 等有毒有害气体进行定性和半定量监测	
		便携式傅立叶红外分析仪（无机气体监测）	满足《环境空气 无机有害气体的应急监测便携式傅立叶红外仪法》(HJ 920—2017)要求，可现场对 CO、CO_2、SO_2、NO、NO_2、HCl、HCN、HF、N_2O、NH_3 等无机气体进行定性和半定量监测	

续表

序号	仪器类别	仪器名称	用途或监测指标	示例
2	常规项目监测仪器	气体检测管	满足《环境空气 氯气等有毒有害气体的应急监测 比长式检测管法》(HJ 871—2017)要求,用于有毒有害气体的现场定性和半定量检测	
		便携式颗粒物检测仪	主要用于现场颗粒物的快速监测	
		红外遥测遥感系统	远距离对环境空气监测,爆炸、火灾现场燃烧产物危险性评估,船只烟囱或通风管道的排放监测	
3	有机项目	便携式 GC-MS	主要用于现场定性、定量检测 VOCs。	
		便携式 VOCs 检测仪(PID)	主要用于现场检测 TVOC、VOCs	
		便携式非甲烷总烃检测仪	用于应急监测及环境空气中非甲烷总烃浓度测定	

续表

序号	仪器类别	仪器名称	用途或监测指标	示 例
3	有机项目	走航式VOCs质谱监测仪	用于快速获取污染区域VOCs排放特征，建立区域污染时空分布图，掌控区域VOCs及各组分污染状况	

8.5.3.3 土壤及其他环境应急监测装备

土壤及其他环境应急监测装备包含土壤采样及监测设备、移动应急监测平台、防护装备、应急保障，见表8-5。

表8-5　　　　　　　土壤及其他环境应急监测设备及功能

序号	仪器类别	仪 器 名 称	用途或监测指标	设 备 示 例
1	土壤采样装备	土壤采样相关装备	用于土壤样品采集	
2	土壤监测装备	便携式X荧光重金属检测仪	用于土壤中重金属的现场监测	
3	移动应急监测平台	水质应急监测车	搭载多种功能和模块，用于水质现场快速检测	
		大气应急监测车	搭载多种功能和模块，用于空气现场快速检测	

续表

序号	仪器类别	仪 器 名 称	用途或监测指标	设 备 示 例
4	防护装备	防化服、防化靴、防化手套、防毒面罩、安全帽、安全绳等安全防护装备。	用于应对各种环境的现场作业	
5	应急保障	便携式移动通信基站、应急监测服装、急救箱、橡皮舟、帐篷、雨棚、应急供电设备、强光手电、激光测距仪、头灯、户外饮食等辅助设备。	用于应急监测工作的后勤保障	/

8.6 环境应急监测报告的编制

应急监测报告的结论信息应真实、准确、及时，快速报送。

突发环境事件应急监测报告按当地突发环境事件应急监测预案或应急监测方案要求的形式进行报送，应保证内容准确，重点突出；结论严谨，建议合理；要素全面，格式规范。

突发环境事件应急监测报告按应急监测开展时间，可分为应急监测报告和应急监测总结报告。其中，应急监测报告适用于应急监测期间，应急监测组向环境应急组织指挥机构报送监测工作情况；应急监测总结报告系应急监测结束后，相关应急监测队伍对所参与应急监测工作的总结。

(1) 应急监测报告。

应急监测报告结构和内容总体上分为事件基本情况、监测工作开展情况、监测结论和建议以及监测报告附件4个部分。

①事件基本情况：概述事发时间、地点、起因、事件性质、截至报告时的事态、已采取的处置措施以及可能受影响的敏感目标等。

②监测工作开展情况：主要包括应急监测的行动过程和监测工作内容。

③监测结论和建议：主要包括截至当期报告编制时特征污染物和主要污染因子在各点位的分布特征，并结合其他信息分析污染团可能的位置和范围预测污染扩散趋势和对敏感目标的影响等；根据监测数据和有关信息的综合研判，向环境应急组织指挥机构提出的参考建议，作为编制下一步应急监测方案的依据，符合应急监测终止条件的，可在报告中提出终止建议。

④监测报告附件：主要包括污染趋势图、监测方法表、监测数据表、监测点位图(表)、监测现场照片、特征污染物相关信息(通常只作为首期报告的附件)。

需要说明的是，由于有的突发环境事件现场应急处置持续时间较长，可能持续数十天之久，为了让上级和现场指挥部及时掌握污染动态，应急监测人员常常以监测快报的方式进行报告，应急监测快报不限于形式也不必过多分析，重要的是提供各断面(点位)的监测数据。

(2)应急监测总结报告。

应急监测工作结束后，应编写应急监测总结报告，主要包含事件基本情况、应急监测工作开展情况、经验和不足、报告附件4个部分的内容。

本章附件为江苏省响水县天嘉宜化工有限公司危险废物火灾爆炸事故次生环境污染事件的环境应急监测快报之一，可供相关读者参考。

◎ 附件：环境应急监测简报示例

天嘉宜化工有限公司爆炸次生污染事件应急监测简报

2019年4月8日10时起对3个环境空气点位、10个地表水断面(点位)开展4小时1次的加密监测。根据监测结果，10日6时下风向1000m、2000m、3500m处各项VOCs监测指标均低于标准限值。新丰河闸内、三排河、新民支渠地表水超标严重，新农河闸内部分项目超标，新民河闸内、新丰河闸外达标。园区外下游、入海口灌河水质持续达标，沿海自来水厂饮用水源地水质持续达标。与9日14时相比，园区内新丰河闸内断面苯胺类、苯、甲苯、二氯甲烷、二氯乙烷、氨氮均有不同程度的上升；三排河台舍北侧断面苯和二氯乙烷上升，其余各指标均有所下降；新民支渠德力化工断面苯胺类、二氯甲烷、三氯甲烷、氨氮、甲苯浓度有所上升；新民支渠大和氯碱断面苯胺类等有不同程度的上升。

一、空气质量

4月10日6时事故地下风向1000m、2000m、3500m处苯、甲苯、二甲苯浓度均低于《室内空气质量标准》，(GB/T 18883—2022)标准限值，二氧化硫、氮氧化物、一氧化碳、臭氧、$PM_{2.5}$、PM_{10}浓度均低于《环境空气质量标准》(GB 3095—2012)二级标准限值。

二、地表水水质

(一)新丰河(闸内)

4月10日6时监测发现，新丰河闸内水位仍有上涨，水体仍呈黑色。

监测结果显示：苯胺类浓度为63.6毫克/升，超出《地表水环境质量标准》(GB 3838—2002)表3(集中式生活饮用水地表水源地特定项目标准限值)的标准限值635倍，浓度有波动，超标倍数仍处高位，如图1所示。

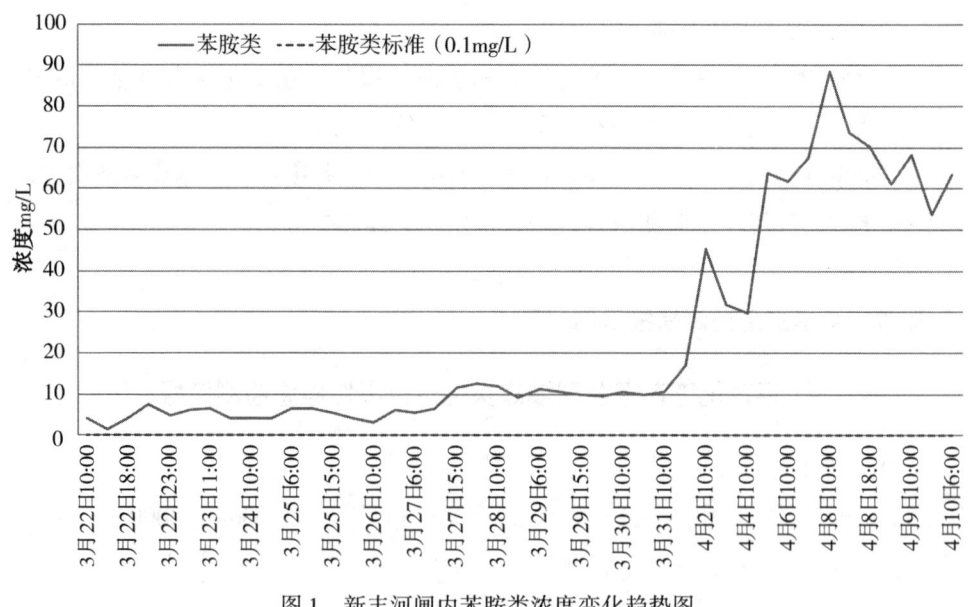

图1 新丰河闸内苯胺类浓度变化趋势图

新丰河闸内苯浓度为0.083毫克/升，超出《地表水环境质量标准》(GB 3838—2002)表3的标准限值7.3倍，仍处于超标状态，如图2所示。

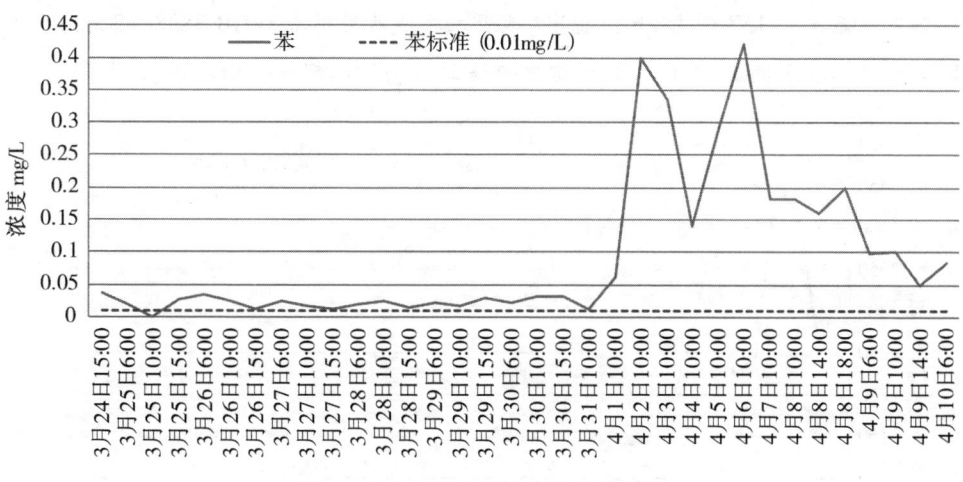

图2 新丰河闸内苯浓度变化趋势图

化学需氧量为880毫克/升,超出《地表水环境质量标准》(GB 3838—2002)表1 Ⅴ类水(地表水环境质量标准基本项目标准限值)的标准限值21.0倍,仍处于超标状态,如图3所示。

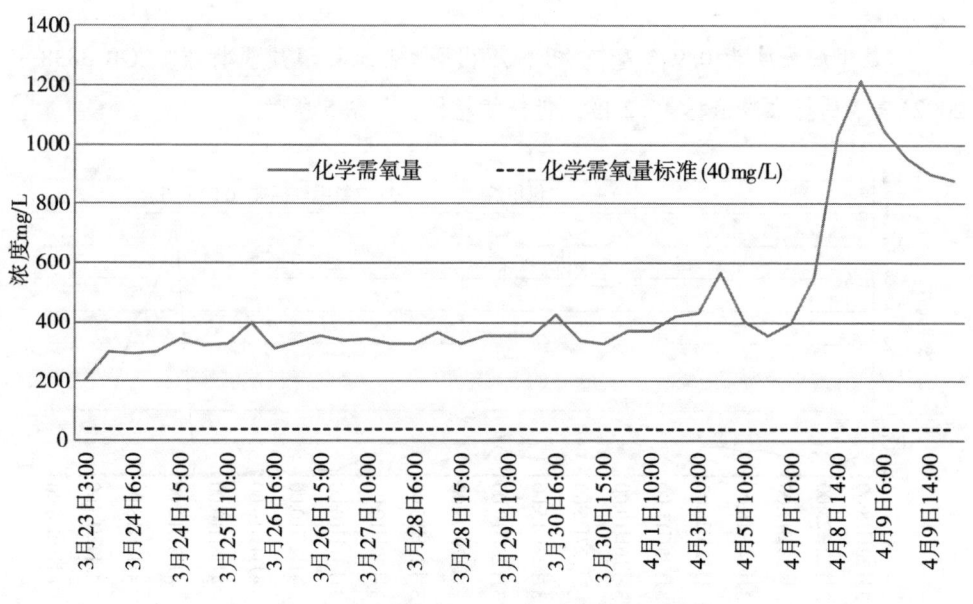

图3 新丰河闸内化学需氧量变化趋势图

氨氮浓度为157毫克/升,超出《地表水环境质量标准》(GB 3838—2002)表1 Ⅴ类水的标准限值77.5倍。氨氮浓度有波动,仍持续超标,如图4所示。

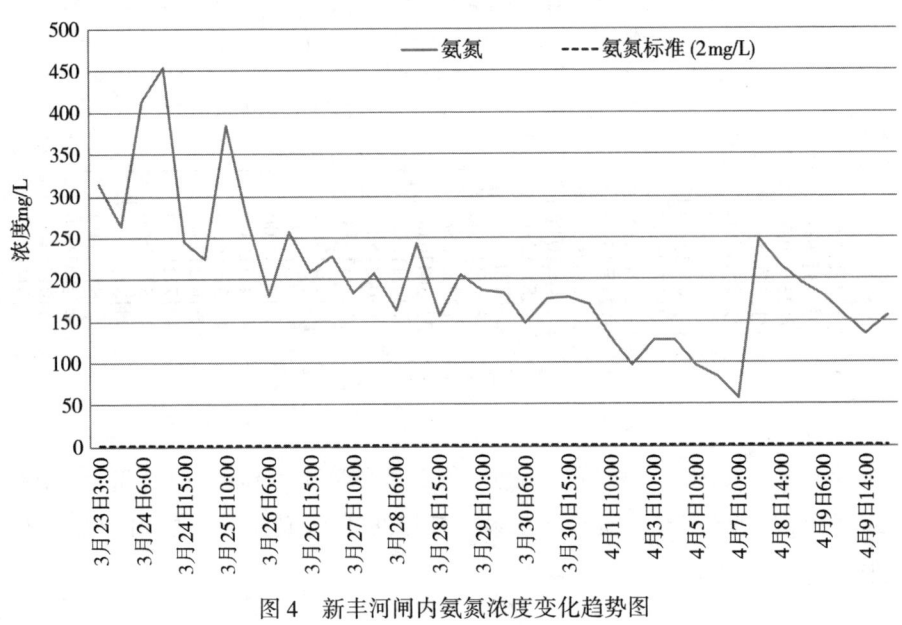

图4　新丰河闸内氨氮浓度变化趋势图

二氯甲烷浓度为0.945毫克/升,超出《地表水环境质量标准》(GB 3838—2002)表3的标准限值标46.2倍,仍持续超标,如图5所示。

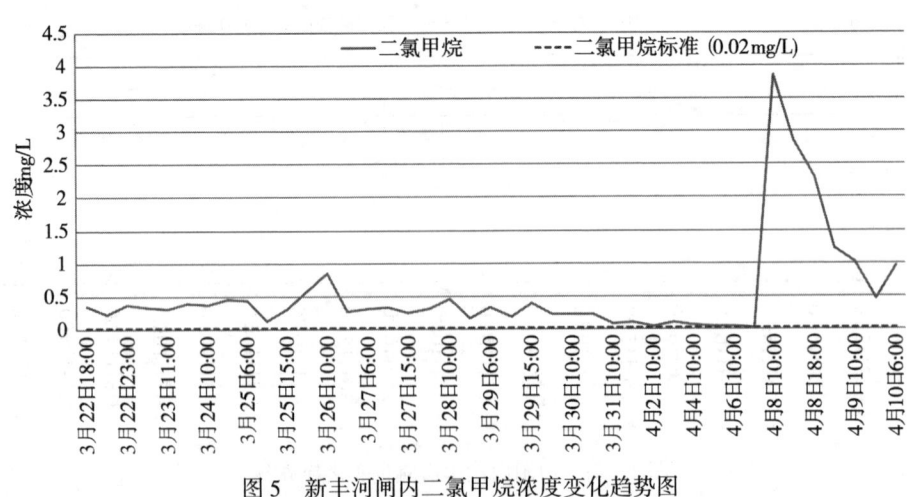

图5　新丰河闸内二氯甲烷浓度变化趋势图

新丰河闸内其他监测指标中，硝基苯、二氯乙烷、甲苯等略有超标，超标倍数0.09~3.5倍。

（二）新农河（闸内）

4月10日6时苯胺类和苯未检出，如图6所示。

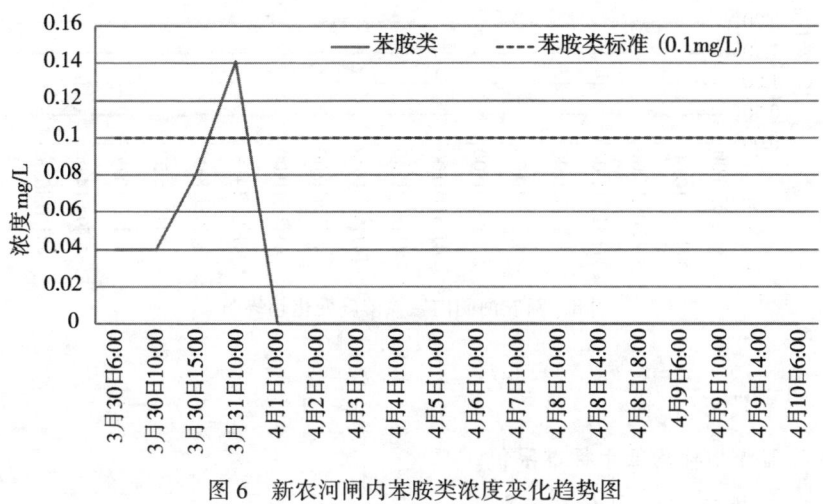

图6 新农河闸内苯胺类浓度变化趋势图

化学需氧量为70毫克/升，超标0.75倍，仍处持续超标状态，如图7所示。

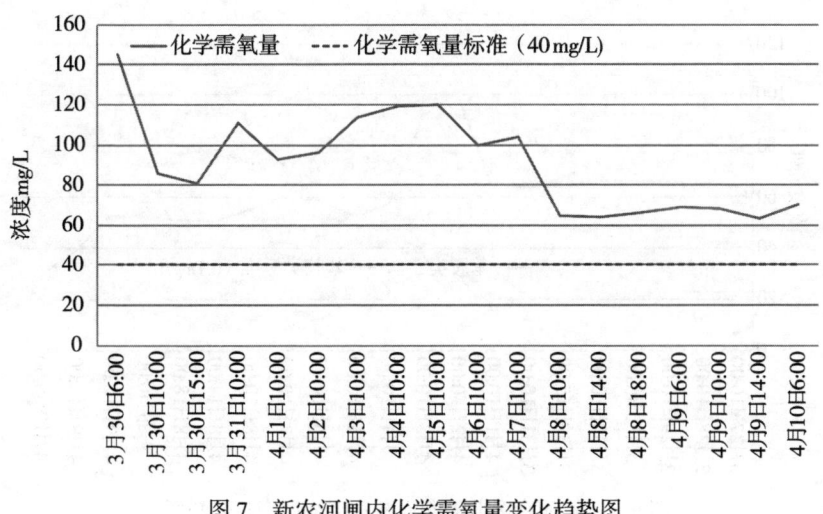

图7 新农河闸内化学需氧量变化趋势图

氨氮浓度为 1.00 毫克/升,达地表水Ⅲ类标准,如图 8 所示。

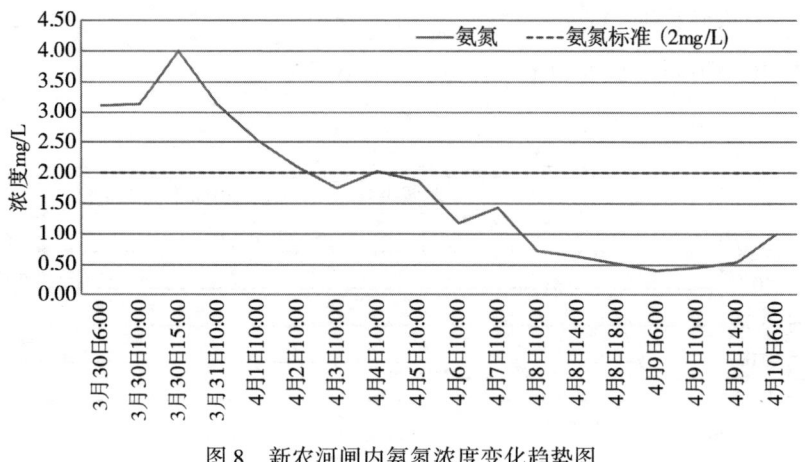

图 8　新农河闸内氨氮浓度变化趋势图

(三)新民河(闸内)

各项监测指标均低于标准限值。

(四)三排河(台舍北侧断面)

4 月 10 日 6 时苯胺类严重超标,浓度为 29.4 毫克/升,超标 293 倍,仍持续超标,如图 9 所示。

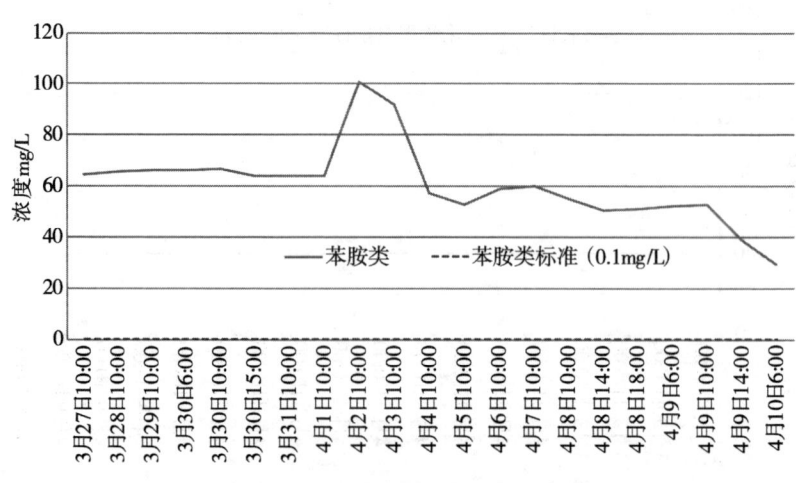

图 9　三排河台舍北侧断面苯胺类浓度变化趋势图

化学需氧量为380毫克/升，超标8.5倍。化学需氧量仍处于超标状态，如图10所示。

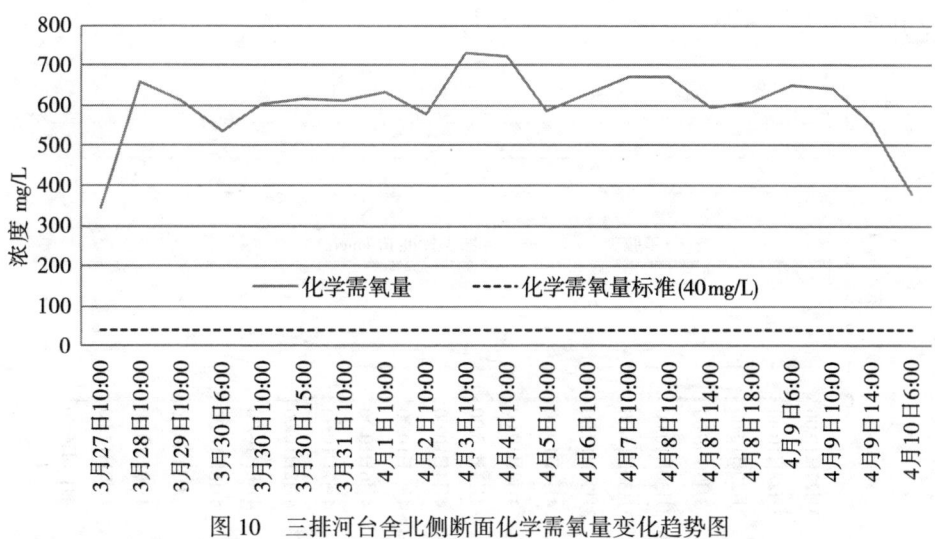

图10 三排河台舍北侧断面化学需氧量变化趋势图

氨氮浓度为72.3毫克/升，超标35.2倍，如图11所示。

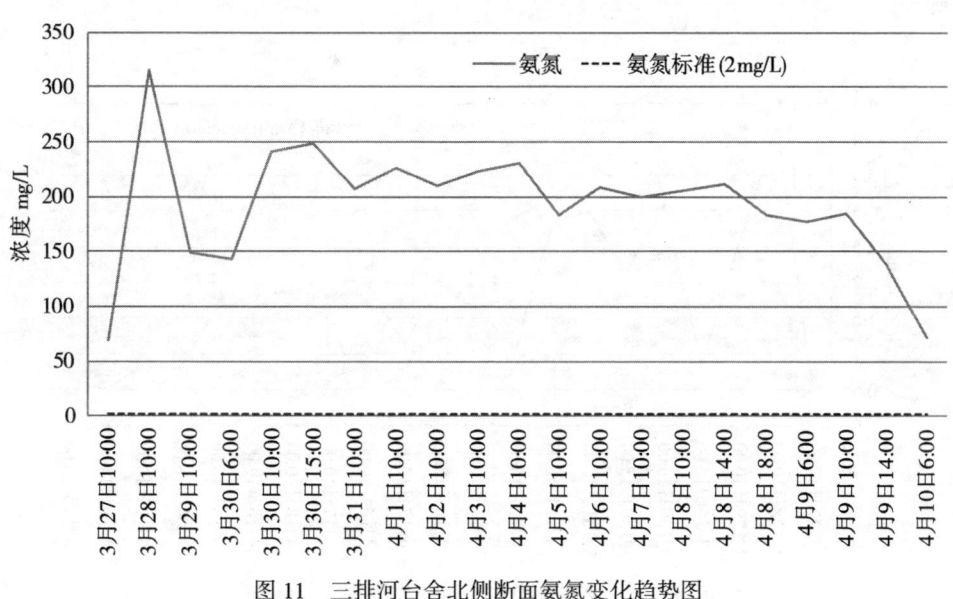

图11 三排河台舍北侧断面氨氮变化趋势图

其他监测指标中,苯、二氯甲烷、二氯乙烷等略有超标,超标倍数0.1~2.9倍。

(五)新民支渠(德力化工断面)

4月10日6时苯胺类浓度为7.13克/升,超标70.3倍。仍持续超标,如图12所示。

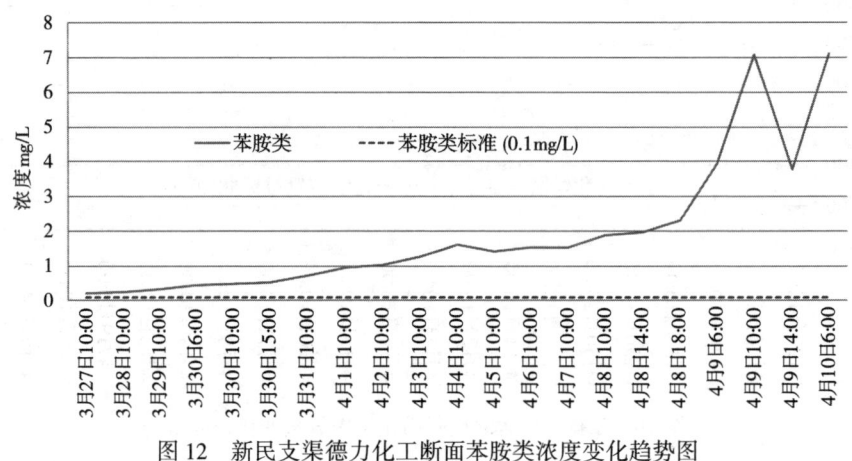

图12 新民支渠德力化工断面苯胺类浓度变化趋势图

苯浓度为0.667毫克/升,超标65.7倍。浓度有波动,仍持续超标,如图13所示。

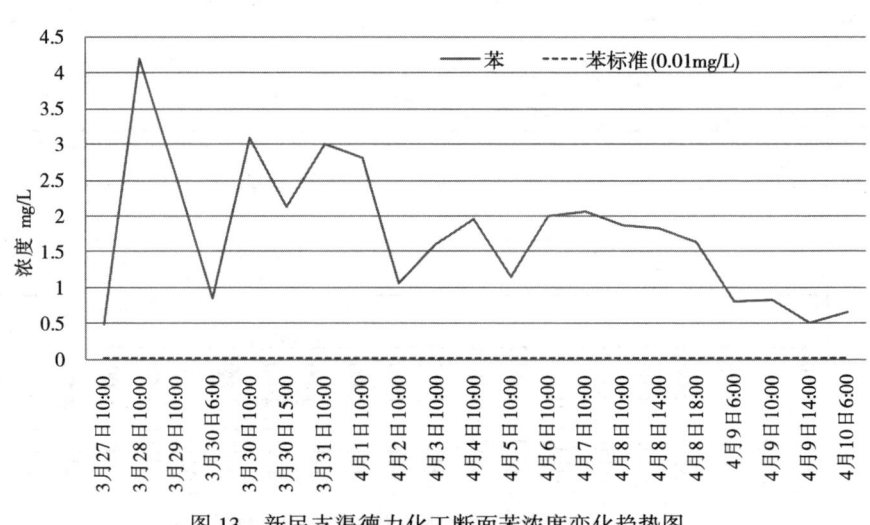

图13 新民支渠德力化工断面苯浓度变化趋势图

化学需氧量为571毫克/升,超标13.3倍,仍持续超标,如图14所示。

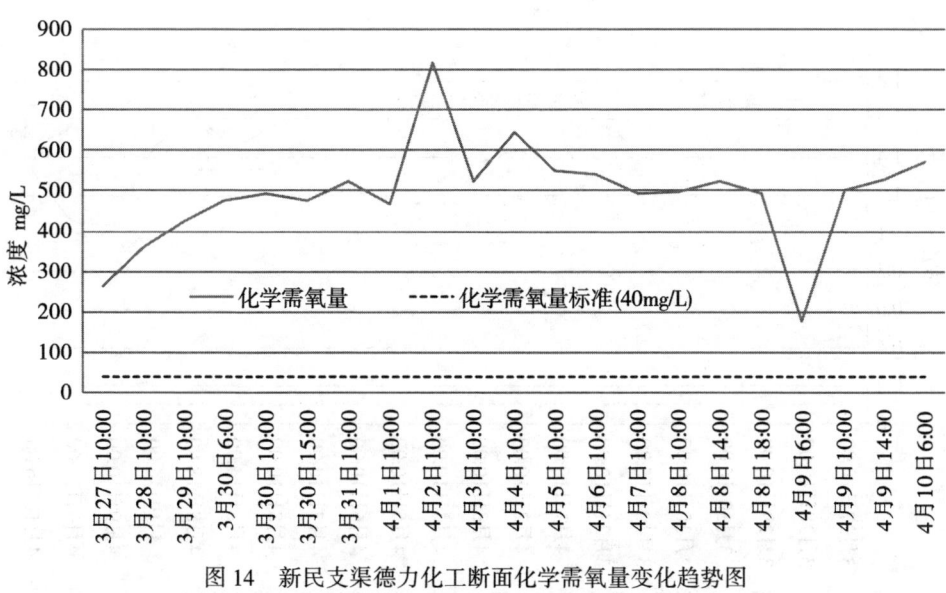

图14 新民支渠德力化工断面化学需氧量变化趋势图

氨氮浓度为15.2毫克/升,超标6.6倍,浓度持续超标,如图15所示。

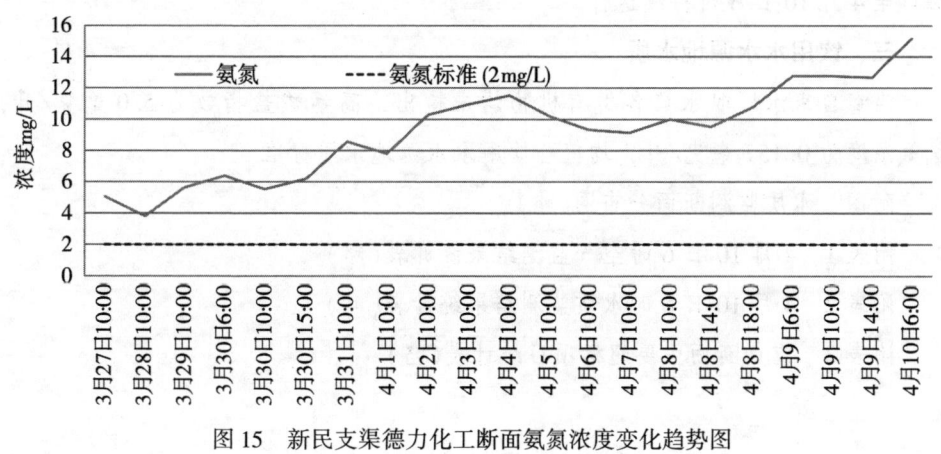

图15 新民支渠德力化工断面氨氮浓度变化趋势图

新民支渠德力化工断面硝基苯(超1.65倍)也有超标现象。

(六)新民支渠(大和氯碱门口断面)

4月10日6时苯胺类浓度为1.33毫克/升,超标12.3倍,仍持续超标。化学需氧量、氨氮、二氯甲烷也略有超标,超标倍数0.45~1.66倍,如图16所示。

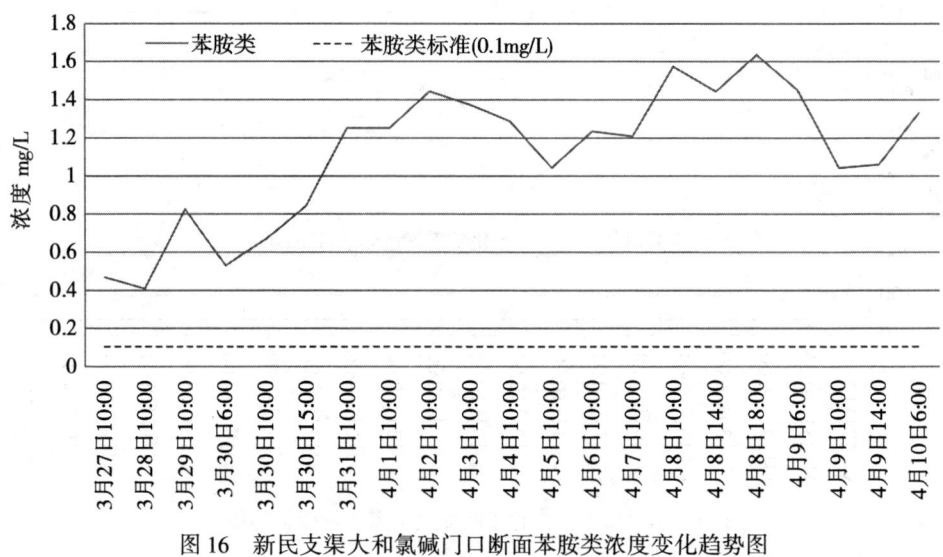

图16 新民支渠大和氯碱门口断面苯胺类浓度变化趋势图

此外,新丰河闸外各项监测指标均低于标准限值。灌河园区下游3千米、入海口至4月10日6时持续达标。

三、饮用水水源地水质

沿海自来水厂取水口各类有机物均未检出,高锰酸盐指数为5.0毫克/升,氨氮浓度为0.157毫克/升,均符合饮用水水源地水质标准。

附图 水质监测断面分布图(略)

附表1 4月10日6时空气监测结果统计表(略)

附表2 4月10日6时水质监测结果统计表(略)

附表3 重点断面主要超标项目统计表(略)

第 9 章　突发环境事件调查处理

突发环境事件现场应急响应行动结束后，应适时启动事件的调查处理与损害评估，其目的在于及时、准确查明事件原因，确认事件性质，认定事件责任，总结事件教训，提出防范和整改措施建议以及处理意见，同时统计事件导致的经济损失。

9.1　调查处理的程序与内容

根据《突发环境事件调查处理办法》的规定，生态环境部负责组织重大和特别重大突发环境事件的调查处理；省级生态环境主管部门负责组织较大突发环境事件的调查处理；事发地设区的市级生态环境主管部门视情况组织一般突发环境事件的调查处理。

上级生态环境主管部门可以视情况委托下级生态环境主管部门开展突发环境事件调查处理，也可以对由下级生态环境主管部门负责的突发环境事件直接组织调查处理，并及时通知下级生态环境主管部门。下级生态环境主管部门对其负责的突发环境事件，认为需要由上一级生态环境主管部门调查处理的，可以报请上一级生态环境主管部门决定。

突发环境事件的调查通常包括成立调查组、现场勘查、调查分析（包括对事件发生单位和属地生态环境主管部门的调查分析）、编制报告、结案归档 5 个环节。

9.1.1　成立调查组

突发环境事件调查组由生态环境主管部门主要负责人或者主管环境应急管理

工作的负责人担任组长，应急管理、环境监测、环境影响评价管理、环境监察等相关机构的有关人员参加。生态环境主管部门可以聘请环境应急专家库内专家和其他专业技术人员协助调查。

对于生产安全事故次生污染事件、危险化学品泄漏污染事件，生态环境主管部门可以邀请应急管理部门、水务部门参加；交通事故次生污染事件，生态环境主管部门可以邀请交通运输部门、公安交警部门和水务部门参加；自然灾害次生污染事件，生态环境主管部门可以邀请应急管理、国土资源、地质矿产等部门参加。海洋污染事件由海事部门负责调查处理。

9.1.2 现场勘查

开展突发环境事件调查，应当对突发环境事件现场进行勘查，可以采取的措施：一是通过取样监测、拍照、录像、制作现场勘查笔录等方法记录现场情况，提取相关证据材料；二是进入突发环境事件发生单位、突发环境事件涉及的相关单位或者工作场所，调取和复制相关文件、资料、数据、记录等；三是根据调查需要，对突发环境事件发生单位有关人员、参与应急处置工作的知情人员进行询问，并制作询问笔录。

现场调查要通过文字材料、摄像、数码照片等手段提取有关物证，详细记录污染源头、污染途径、污染范围、危害程度、人员伤亡、生态破坏、事发区域环境现状等。

进行现场勘查、检查或者询问，不得少于两人。

突发环境事件发生单位的负责人和有关人员在调查期间应当依法配合调查工作，接受调查组的询问，并如实提供相关文件、资料、数据、记录等。因客观原因确实无法提供的，可以提供相关复印件、复制品或者证明该原件、原物的照片、录像等其他证据，并由有关人员签字确认。现场勘查笔录、检查笔录、询问笔录等，应当由调查人员、勘查现场有关人员、被询问人员签名。

开展突发环境事件调查，应当制作调查案卷，并由组织突发环境事件调查的生态环境主管部门归档保存。

9.1.3 对突发环境事件发生单位的调查分析

突发环境事件调查组应当查明事发单位的下列情况：

突发环境事件发生单位基本情况；

突发环境事件发生的时间、地点、原因和事件经过；

突发环境事件造成人员伤亡、直接经济损失情况，环境污染和生态破坏情况；

建立环境应急管理制度、明确责任人和职责的情况；

环境风险防范设施建设及运行的情况；

定期排查环境安全隐患并及时落实环境风险防控措施的情况；

环境应急预案编制、备案、管理及实施情况；

突发环境事件发生后的信息报告或者通报情况；

突发环境事件发生后，第一时间启动环境应急预案，并采取控制或者切断污染源防止污染扩散的情况；

是否存在伪造、故意破坏事件现场，或者销毁证据阻碍调查的情况。

9.1.4 对属地生态环境主管部门的调查分析

突发环境事件调查组应当查明突发环境事件属地生态环境主管部门在环境应急管理方面的下列情况：

按规定编制环境应急预案和对预案进行评估、备案、演练等的情况，以及按规定对突发环境事件发生单位环境应急预案实施备案管理的情况；

按规定赶赴现场协调处置并及时报告的情况；

按规定组织开展环境应急监测的情况；

按职责向履行统一领导职责的人民政府提出突发环境事件处置或者信息发布建议的情况；

突发环境事件已经或者可能涉及相邻行政区域时，事发地生态环境主管部门向相邻行政区域生态环境主管部门的通报情况；

接到相邻行政区域突发环境事件信息后，相关生态环境主管部门按规定调查了解并报告的情况；

按规定开展突发环境事件污染损害评估的情况。

开展突发环境事件调查，应当收集有关部门在突发环境事件发生单位建设项目立项、审批、验收、执法等日常监管过程中和突发环境事件应对、组织开展突发环境事件污染损害评估等环节履职情况的证据材料。

9.1.5 突发环境事件调查报告

突发环境事件的调查报告主要包括以下内容：

突发环境事件发生单位的概况和突发环境事件发生经过；

突发环境事件造成的人身伤亡、直接经济损失，环境污染和生态破坏的情况；

突发环境事件发生的原因和性质；

突发环境事件发生单位对环境风险的防范、隐患整改和应急处置情况；

政府相关部门日常监管和应急处置情况；

责任认定和对突发环境事件发生单位、责任人的处理建议；

突发环境事件防范和整改措施建议；

其他有必要报告的内容。

根据《突发环境事件调查处理办法》的规定，特别重大突发环境事件、重大突发环境事件的调查期限为60天；较大突发环境事件和一般突发环境事件的调查期限为30天。突发环境事件污染损害评估所需时间不计入调查期限。

9.2 突发环境事件原因分析

突发环境事件发生的具体原因多种多样，归纳起来，主要有以下几种情形。

9.2.1 人为因素

导致突发环境事件的人为因素分为两类：其一是人为失误；其二是恶意肇事。

人为失误类系指由于作业人员的误操作引起的环境污染事件，如工艺操作失误引起的废水超标排放事件、危险化学品或危险废物泄漏、交通事故次生环境污染事件、安全生产事故次生环境污染事件。

恶意肇事类系指企业的不法人员故意偷排生产废水或随意倾倒危险废物所造成的突发环境污染和生态破坏事件,如含重金属的生产废水或危险废物(如电镀废水处理污泥)未经处理即直接排入环境,造成重金属污染事件。

9.2.2 设备设施不安全状态

据相关课题组调查,深圳市重点环保监管企业中,约有45%的企业环保设备设施(含危险废物暂时储存设施)持续运行20年以上未进行过大的更新改造,潜伏着较大的环境安全风险,容易诱发污染事件。

某些危险化学品或危险废物运输车辆由于维护保养不当,车(船)况差,带病上路,诱发侧翻等交通事故,致使大量危险化学品或危险废物泄漏,造成污染事件。

9.2.3 制度缺陷

某些企业对于危险化学品安全管理、危险废物管理、废水废气处理、环境应急管理等没有建立一套行之有效的规章制度;有的企业虽然建立了规章制度但由于不切合实际,缺乏可操作性,或由于没有良好的执行监督机制,常常束之高阁,这些都可能导致突发环境事件的发生。

9.2.4 应急能力不足

应急能力不足主要体现在三个方面:其一是没有针对企业面临的环境风险特征制定具有可操作性的环境应急预案,没有针对性开展环境应急演练,遇突发环境事件时不知所措;其二是缺乏必备的环境应急物资与装备,如电镀企业没有事故废水应急池、厂区雨水总排口没有拦截装置、没有人员安全防护装备等;其三是关键岗位的人员没有经历必要的培训,不具备紧急事件的应急处置能力,从而错过最佳处置时机,导致事件扩大。

9.2.5 判断失误

由于缺乏经验,对于火灾、爆炸、交通事故及自然灾害事故可能次生的环境事件,缺乏预测判断能力,对现场的周围环境状况及环境敏感目标分析不够,错失处置良机。吉林石化"松花江污染"事件就是由于在爆炸事故发生后相关人员对事故次生环境污染事件没有做出准确性研判,致使环境应急处置措施滞后,最终酿成跨国污染事件。

9.3 突发环境事件损害评估

事件损失调查与计算公式均引自生态环境部《突发生态环境事件应急处置阶段直接经济损失核定细则》《环境损害鉴定评估推荐方法(第Ⅱ版)》《农业环境污染事故损失评价技术准则》(NY/T 1263—2007)、《农业环境污染事故司法鉴定经济损失估算实施规范》(SF/Z JD0601001—2014)、《渔业污染事故经济损失计算方法》(GB/T 21678—2008)及《企业职工伤亡事故经济损失统计标准》(GB 6721—1986)》等技术规范。

9.3.1 经济损失分类

(1)直接经济损失。

直接经济损失指环境事件直接导致的、事件遏制前已形成的经济损失以及为遏制事件损失扩大而产生的经济损失。直接经济损失包括:

①污染处置费用。

②保障工程费。

③应急监测费。

④人员转移安置费。

⑤组织指挥及后勤保障费。

⑥人身损害费。

⑦财产损害费和生态环境损害费。

(2)间接经济损失。

间接经济损失指事件遏制后发生的、与事件相关的费用增加和收入减少,间接经济损失包括:

①恢复生产费用;

②恢复环境资源的费用；

③由于事件而支付的违约金、罚金和诉讼费；

④补充新职工的费用，包括招工、培训、安置等费用；

⑤环境事件发生后，由于抢救处理和恢复生产影响工时、生产能力降低、开采方案变化、服务年限的缩短造成的经济损失；

⑥由于环境事件而使销售降低、企业声誉下降、订单减少造成的经济损失。

9.3.2 经济损失的计算方法

突发环境事件的总经济损失按式(9-1)计算：

$$L = L_d + L_i \tag{9-1}$$

式中：L——经济损失，万元；

L_d——直接经济损失，万元；

L_i——间接经济损失，万元。

9.3.2.1 财产损失的计算

(1) 设备、设施、工具等固定资产损失。

① 当固定资产全部报废时，其损失为资产净值与残存价值之差值：

$$L_s = V \cdot (1-R)^{n'} - V_{n'} \tag{9-2}$$

$$R = 1 - \sqrt[n]{\frac{V_N}{V}} \tag{9-3}$$

式中：L_s——固定资产的损失；

n'——事件发生时固定资产已使用年限；

$V_{n'}$——事件发生后固定资产残存价值；

R——固定资产年折旧率；

n——预计使用年限；

V_n——估计残值；

V——固定资产原值。

② 当固定资产可修复时，其损失为资产净值与残值之差值：

$$L_s = L_r + [V \cdot (1-R) - V_{n'}] \cdot \left(1 - \frac{\eta'}{\eta}\right) \tag{9-4}$$

式中：L_r——固定资产的修复费用；

η'——固定资产修复后的生产效率；

η——事件发生前固定资产的生产效率。

③ 居民房屋损失。

破损但经维修可恢复的，按实际发生的合理修复费用计算；毁坏不能继续居住的，按重置价值计算。住房是旧房即居住 6 年及以上的，按重建普通住房计，参考当地的平均标准；若住房为新房，则 5 年内（含），按当地新房重置标准计算。

(2) 材料、产品等流动资产的物质损失的计算。

① 材料的损失计算为：

$$L_m = M_q \cdot (M_c - M_n) \tag{9-5}$$

式中：L_m——材料的价值损失；

M_q——材料的损失数量；

M_c——材料的账面单位成本；

M_n——材料的残值。

② 成品、半成品与在产品的损失为：

$$L_p = P_q \cdot (P_c - P_n) \tag{9-6}$$

式中：L_p——成品、半成品与产品的损失；

P_q——成品、半成品与产品的损失数量；

P_c——成品、半成品与产品的生产成本；

P_n——成品、半成品与产品的残值。

③ 居民日用品及其他财产损失。能修复的按修复费用计，不能修复的按重置价值减去残值计算。

9.3.2.2 环境资源损失的计算

(1) 土地资源损失的计算。

$$V_L = \sum_{i=1}^{n}(a_i N_i P_i Q_i) \tag{9-7}$$

式中：V_L——各种土地资源因事件受损或者丧失使用价值的总损失价值，万元；

N_i——土地资源恢复其原来的使用功能所需的年限，a；

Q_i——受损或丧失使用功能的土地面积，hm^2；

P_i——各种土地资源当期的地租价格，万元/hm^2；

a_i——各种土地资源的受损系数取值范围(0~1)。

(2) 水资源损失的计算。

水资源根据其用途不同，可分为生活用水、工业用水、农业用水、生态用水等。可根据其用途和地区的不同确定水资源的价格，其一般计算公式为：

$$V_w = Q_{生活用水} \cdot P_{生活用水} + Q_{工业用水} \cdot P_{工业用水} + Q_{农业用水} \cdot P_{农业用水} + Q_{生态用水} \cdot P_{生态用水} \tag{9-8}$$

式中：V_w——受污染水资源的损失总价格，元；

$Q_{生活用水}$——受污染的生活用水量，t；

$P_{生活用水}$——受污染地区生活用水价格，元/t；

$Q_{工业用水}$——受污染的工业用水量，t；

$P_{工业用水}$——受污染地区工业用水价格，元/t；

$Q_{农业用水}$——受污染的农业用水量，t；

$P_{农业用水}$——受污染地区农业用水价格，元/t；

$Q_{生态用水}$——受污染的生态用水量，t；

$P_{生态用水}$——受污染地区生态用水价格，元/t。

生态用水没有市场价格，可参照农业用水价格进行计算。

(3) 污染事件农业损失量的计算。

污染事件中的农业损失量，是指由于污染事件的发生导致影响范围内的各种农作物的损失，包括谷物、豆类、薯类、棉、油料、糖料、麻类、烟叶、药材、瓜类和其他农作物死亡或损失的数量，在损失计算中还应包括茶园、果园、桑园等。对于茶园、果园、桑园的损失，按照果实和果木分开进行损失计算。

农作物的损失可按以下公式计算：

$$V_a = \sum_{i=1}^{n}(a_i P_i Q_i) \tag{9-9}$$

式中：V_a——环境污染引起农作物减产或死亡损失的价值，元；

a_i——环境污染引起第 i 种农作物损失率，取值范围(0~1)；

P_i——第 i 种农作物的当月平均市场价格，元/kg；

Q_i——第 i 种农作物的损失产量，kg。

(4) 污染事件畜禽养殖损失量的计算。

在污染事件发生过程中造成的各种畜禽死亡或受伤的损失计算如下，但需由兽医等专业人士鉴定畜禽死亡或受伤的原因及其数量。

① 对于畜禽死亡的情况，按如下公式计算：

$$V_b = \sum_{i=1}^{n}(P_i Q_i) \tag{9-10}$$

式中：V_b——环境污染引起畜禽死亡损失的价值，元；

P_i——第 i 种畜禽当月平均市场价格，元/(头或只)；

Q_i——第 i 种畜禽的死亡数量，头或只。

② 对于畜禽受损的情况：根据畜禽治疗情况发生费用计算，以相关部门认可的兽医开出的票据为准，但最多不能超过畜禽当期的市场价格。

(5) 污染事件渔业损失量的计算。

参考农业主管部门发布的水域污染事件渔业损失计算方法规定。

(6) 污染事件森林损失的计算。

污染事件森林损失包括对木材积量的减少损失和森林生态效益的损失两部分，其危害计算的步骤如下：

①取受污染地区森林的分布和木材积量的基准值。

②从现场监测和后果评价预测中获取受污染地区大气污染物浓度的分布。

③将以上两个分布图叠加得到大气污染物污染所覆盖的森林面积。

④运用不同大气污染物污染程度的森林木材积量损失的基准值(剂量——反应关系)与③的危害面积乘得森林木材积量损失量。

⑤森林木材积量损失量乘以木材的单价得到森林木材损失的总经济价值。

$$C = \sum_{i=1}^{n}(S_i \cdot P_{ni} \cdot Q_i \cdot P_i) \tag{9-11}$$

式中：C——受污染森林木材经济损失；

　　　S_i——第 i 种受污染木材的受害面积；

　　　Q_i——第 i 种受污染木材生长的平均薪材基准值；

　　　P_i——第 i 种受污染木材单价；

　　　P_{ni}——第 i 种受污染木材的材积减少率，%，其计算公式如下：

$$P_n = C_{ij} \cdot C_a \cdot 100\% / D_{ij} \quad (9\text{-}12)$$

$$C_{ij} = D_{ij} - d_{ij} \quad (9\text{-}13)$$

式中：P_n——林木产量损失率；

　　　D_{ij}——参照地区同类森林的产量（不受大气污染物危害的）；

　　　d_{ij}——评价地区受大气污染物危害的森林产量；

　　　C_{ij}——受大气污染物危害森林产量的损失；

　　　C_a——大气污染物对林木生长和产量贡献的得分数或相对百分数；

　　　i——地区；

　　　j——树种。

9.3.2.3 人员伤亡损失的计算

(1) 死亡损失计算。

污染事件造成人员死亡的损失计算主要包括死亡赔偿金和抚恤金，按照《中华人民共和国社会保险法》《工伤保险条例》和《最高人民法院关于审理人身损害赔偿案件适用法律若干问题的解释》的相关规定计算。

(2) 造成人员残疾的损失计算。

造成人员残疾的经济损失主要包括如下 9 个方面：

①医疗费：指医院对因污染事件造成伤害的当事人进行治疗所收取的费用以及继续治疗和其他器官功能训练费用。

医疗费根据治疗医院诊断证明、处方和医药费、住院费的单据确定。继续治疗费根据治疗需要确定赔偿标准，费用的计算参照公费医疗的标准。

当事人选择的医院应当是依法成立的、具有相应治疗能力的医院、卫生院、急救站等医疗机构；同时当事人应当根据受损害的情况和治疗需要就近选择治疗医院。

②误工费：有固定收入的，按实际减少的收入计算。没有固定收入或无收入的，按事件发生地上一年度职工平均年工资标准计算。误工时间可按照医疗机构的证明或者法医鉴定确定；依此无法确定的，可以根据受害人的实际损害程度和恢复状况等确定。

③住院伙食补助费：住院伙食补助费应当根据受害人住院或者在外地接受治疗期间的时间，参照事件发生地国家机关一般工作人员的出差伙食补助标准计算。

④护理费：受害人住院期间，护理人员有收入的，按照误工费的规定计算；无收入的，按照事件发生地平均生活费计算；也可参照护工市场价格计算。受害人出院后需要护理的，凭治疗医院证明，按照伤残等级确定护理费。

⑤残疾用具费：受害人因日常生活或辅助生产劳动需要，必须配置假肢、代步车等辅助器具的，凭医院证明按照国产普通型器具的费用计算。

⑥残疾人生活补助费：根据丧失劳动能力的程度或伤残等级，按照事件发生地平均生活费计算。自定残之月起，赔偿20年；50周岁以上的，年龄每增加1岁减少1年，最低不少于10年；70周岁以上的，按5年计算。

⑦被抚养人生活费：以残者丧失劳动能力前实际抚养的、没有其他生活来源的人为限，按照当地居民基本生活费用标准计算。被抚养人不满18周岁的，生活费计算至18周岁。被抚养人无劳动能力的，生活费计算20年；50周岁以上的，年龄每增加1岁，抚养费用少计算1年，但计算生活费的年限最低不少于10年；被抚养人70周岁以上的，抚养费只计算5年。

⑧交通费：指救治污染事件受害人实际必需的合理交通费用，包括必须转院治疗所必需的交通费。

⑨住宿费：指受害人因客观原因不能住院也不能住在家里，确需就地住宿的费用，其数额参照事件发生地国家机关一般工作人员的出差住宿标准计算。

当事人的亲友参加处理受害人接受医疗所需交通费、误工费、住宿费、伙食补助费，参照前款的有关规定计算，但计算费用的人数不超过3人。

(3)造成人员损害程度较轻情况的损失计算。

所发生的医疗费用参照上述第①种情况所规定的标准进行赔偿。

9.3.2.4 应急处置阶段直接经济损失的计算

这项费用的计算结果，是对参与应急处置单位经济补偿和承担责任的重要依据，详见9.4节的相关内容。

9.3.2.5 污染事件引起的其他间接经济损失的计算

需结合当地的经济发展水平和具体情况进行核实计算。

污染事件危害损失调查计算的结果可作为事件责任追究和理赔的重要参考依据。

9.4 应急处置阶段直接经济损失评估

突发环境事件直接经济损失评估是指事件发生后至应急处置结束期间，对应急处置过程进行梳理，以及对事件造成的人身损害、财产损害和生态环境损害数额、应急处置费用以及其他可以确定的直接经济损失进行评估的活动。

评估结论可以作为确定突发环境事件等级、行政处罚、应急处置机构经济补偿、生态环境损害赔偿、提起诉讼等工作的依据。

实际工作中，肇事单位与环境应急处置机构在经济补偿环节往往难以达成一致，常常发生争议，此时应急处置阶段直接经济损失估算就显得尤其重要。

9.4.1 直接经济损失评估程序

生态环境部在《突发生态环境事件应急处置阶段直接经济损失评估工作程序规定》中对评估的程序、时限做了相应的规定。

(1)各级生态环境主管部门可以在突发环境事件应急处置期间组织开展与评估相关的资料数据收集等前期准备工作。应急处置工作结束后，应当立即组织开展评估，并于30个工作日内完成。情况特别复杂的，可以延长30个工作日。

(2)跨行政区域的突发环境事件应急处置阶段直接经济损失评估工作，由共同上级人民政府生态环境主管部门组织开展，或者协商由一个区域牵头组织开展。

(3)生态环境主管部门可以组织突发环境事件的责任方、受影响方等相关单位开展应急处置阶段直接经济损失评估工作,并做好相关协调和监督工作;也可以委托有技术能力的第三方机构开展评估,开展评估的机构对直接经济损失评估结论负责。

(4)突发环境事件应急处置阶段直接经济损失评估所依据的环境监测报告、视听资料、当事人陈述、鉴定意见、图件、调查表、调查笔录、研究报告、引用文献等材料应当符合相关法律和技术标准要求。

(5)评估机构应当对突发环境事件的发生发展过程、控制和清理污染的应急处置措施等进行梳理,说明污染物排放量、污染物迁移扩散和在生态环境中的留存、事件发生前后生态环境质量变化情况,分析应急处置措施的成本、效果和潜在生态环境风险等内容。

(6)组织开展评估的生态环境主管部门在报请本级人民政府批准后,应当依法向社会公开评估工作的评估机构、主要评估内容和方法、评估结论和直接经济损失核定结果等内容。评估结果涉及国家秘密、商业秘密、个人隐私的信息,依据相关法律规定予以处理。公开方式主要包括政府公报、政府网站、新闻发布会以及报刊、电视和官方两微等。

9.4.2 直接经济损失评估方法

9.4.2.1 基本概念

直接经济损失包括应急处置费用、人身损害费用、财产损害费用、生态环境损害数额,以及应急处置阶段可以确定的其他直接经济损失的总和。

应急处置费用指突发环境事件应急处置期间,为减轻或消除对公众健康、公私财产和生态环境造成的危害,各级政府与相关单位针对可能或已经发生的突发环境事件而采取的行动和措施所发生的费用,包括污染控制、污染清理、应急监测、人员转移安置等费用。

人身损害指因突发环境事件导致人的生命、健康、身体遭受侵害,造成人体疾病、伤残、死亡或精神状态的可观察的或可测量的不利改变。

财产损害指因突发环境事件直接造成的财产损毁或价值减少,以及为保护财产免受损失而支出的必要的、合理的费用。

生态环境损害指由于突发环境事件直接或间接地导致生态环境的物理、化学或生物特性的可观察的或可测量的不利改变，以及提供生态系统服务能力的破坏或损伤。

9.4.2.2 评估信息获取方式

(1)现场踏勘。

在影响区域勘查并记录现场状况，了解人群健康、财产、生态环境损害程度，判断应急处置措施的合理性。

(2)走访座谈。

走访座谈影响区域的相关部门、企业、有关群众，收集环境监测、水文水力、土壤、渔业资源等历史环境质量数据和应急监测信息，调查污染损害的污染发生时间、发生地点、发生原因、影响程度以及污染源等信息，了解应急处置方案、方案实施效果、应急处置费用、人身损害、财产损害与其他损害的相关信息。

(3)文献资料。

回顾并总结关于污染物理化性质及其健康与生态毒性影响、影响区域基线信息等相关文献。

(4)损害评估监测。

损害评估监测对象主要包括环境空气、水环境(包括地下水环境)、土壤、农作物、水产品、野生动植物以及受影响人群等。根据初步确定的影响区域与污染受体的特征，确定监测方案，开展优化布点、现场采样、样品运送、检测分析、数据收集、结合卫星拍摄和无人机航拍等手段开展综合分析等。

基于现场踏勘初步结果，合理设置影响区域污染受体及基线水平的监测点位。样品的布点、采样、运输、质量保证、实验分析应该依照相关标准和技术规范进行。财产损害监测可以参考《农、畜、水产品污染监测技术规范》(NY/T 398)、《新鲜水果和蔬菜 取样方法》(GB/T 8855)等技术规范；环境介质监测可以参考《地表水和污水监测技术规范》(HJ/T91)、《地下水环境监测技术规范》(HJ/T164)、《土壤环境监测技术规范》(HJ/T166)、《环境空气质量自动监测技术规范》(HJ/T 193)、《环境空气质量手动监测技术规范》(HJ/T 194)、《突发环境事件应急监测技术规范》(HJ 589)等技术规范；生物资源监测可以参考《农业野生植物调查技术规范》(NY/T 1669)、《自然保护区与国家公园生物多样性监测技术规程》(DB53/T 391)和《生物多样性观测技术导则》(HJ710.1~HJ710.11)等技术规范。

(5)问卷调查。

向政府相关部门、企事业单位、组织和个人发放调查问卷(表)，调查内容与指标根据具体事件的特点确定。

调查结束后，对数据进行分析与审核，确保数据真实可靠。

(6)专家咨询。

对于损害的程度和范围确定、损害的计算等问题可采用专家咨询法。

9.4.2.3 直接经济损失计算方法

直接经济损失包括以下内容，具体计算方法如下所列。

(1)污染处置费用。

污染处置费用是指从源头控制或者减少污染物的排放，以及为防止污染物继续扩散而采取的清除、转移、存储、处理和处置被污染的环境介质、污染物和回收应急物资等措施所产生的费用，主要包括投加药剂、筑坝拆坝、开挖导流、放水稀释、废弃物处置、污水或者污染土壤处置、设备洗消等产生的费用。污染处置费用的计算方法有两种。

方法一：污染处置费用=材料和药剂费+设备或房屋、场地租赁费+应急设备维修或重置费+人员费+后勤保障费+其他。

方法二：对于工作量能够用指标进行统一量化的污染处置措施，可以采用工作量核算法，根据事件发生地物价部门制定的收费标准和相关规定或调查获得的费用计算：

污染处置费用=总工作量×单位工作量单价，例如：

筑坝费用=坝体体积(立方米)×单位体积构筑单价(元/立方米)；

开挖导流费用=土方量(立方米)×单位土方量工程单价(元/立方米)；

污水处理费用=污水总量(吨)×每吨污水处理单价(元/吨)。

核算污染处置费用应注意：

①责任方内部污染源控制、污染拦截、污染清理等产生的费用，不计入直接经济损失。比如某企业烧碱储罐泄漏事件中，企业为防止污染物流出厂界在企业内部采取拦截、吸附等措施产生的费用。

②非必需的污染处置费用，不计入直接经济损失。比如饮用水水源地污染事件中启用备用水源，在备用水源水质符合地表水Ⅲ类水质标准的情况下，采取上游截污、治污等改善水质措施产生的费用不计入直接经济损失。

③非突发生态环境事件产生废弃物的处置费用，不计入直接经济损失。比如火灾爆炸事故次生的突发生态环境事件，火灾或爆炸产生的废弃物处置费用不计入突发生态环境事件直接经济损失，但是危险化学品泄漏次生的突发生态环境事件中，危险化学品污染清理费用和被危险化学品污染产生的危险废物处置费用计入突发生态环境事件的直接经济损失。

④超出应急处置实际所需的药剂或材料费用，不计入直接经济损失。当购置的药剂或材料数量远高于实际消耗时，可以按照实际消耗的 1.2 倍计入直接经济损失。例如，因投加药剂购入了 20 吨药剂，但应急处置实际仅消耗了 10 吨，在核定药剂费用时，可以计入 12 吨药剂的购置费用。

⑤非合理时间内发生的设备或场地租赁费用，不计入直接经济损失。当租赁时间远超过应急处置时间，按照实际应急处置时间的 1.5 倍产生的费用计入直接经济损失。例如，为应急处置工作租用了 3 个月的民房作为现场办公场所，而实际应急工作仅持续了 1 个月，在核定房屋租赁费时计入 1.5 个月的租赁费用。

⑥已列入生产安全事故直接经济损失或自然灾害直接经济损失的非污染处置费用，不计入突发生态环境事件直接经济损失。例如，火灾爆炸事故中的消防灭火费用。

(2) 保障工程费用。

保障工程费用是指应急处置期间为了保障受污染影响区域公众正常生产生活，以及为了保障污染处置措施能够顺利实施而采取的必要的应急工程措施所产生的费用，主要包括道路整修、场地平整、管线引水、车辆送水、自来水厂改造等措施产生的费用。

保障工程费用=材料和药剂费+设备或房屋租赁费+应急设备维修或购置费

用+人员费+后勤保障费+其他

核算保障工程费用应注意：

①应急处置期间发生的属于日常工作职责的维护费、工程费等相关费用，不计入直接经济损失。例如，应急处置期间进行日常道路维护或修整产生的费用不计入直接经济损失，但是为保障应急处置措施顺利实施，因没有可通行道路而重新铺设道路产生的费用计入直接经济损失。

②个人或单位采取的非必要的保障措施产生的费用，不计入直接经济损失。例如，饮用水水源虽然受污染影响，但通过实施应急引水措施已经能够保证饮用水正常达标供应的情况下，个人或单位另行购置其他饮用水或者净水设备产生的费用，不计入直接经济损失。

(3) 应急监测费用。

应急监测费用是指应急处置期间，为发现和查明环境污染情况和污染范围而进行的采样、监测与检测分析活动所产生的费用。应急监测费用的计算方法有两种。

方法一：应急监测费用=材料和药剂费+设备或房屋租赁费+应急设备维修或购置费用+人员费+后勤保障费+其他

方法二：样品数量(单样/项)×样品检测单价+样品数量(点/个/项)×样品采样单价+运输费+其他

核算应急监测费用应注意：

①应急监测费用应发生在应急处置阶段以及合理的预警期内。预警期以应急处置方案的规定或者应急指挥部的部署为准，应急处置方案和应急指挥部决策没有相关具体要求的，根据污染团实际到达预警监测点位的时间判断，突发水环境事件以该时间点前 24 小时视为合理，突发大气环境事件以该时间点前 2 小时视为合理。

②监测频次和采样布点密度应按照应急监测方案执行，并符合相关采样监测技术文件要求。

③应急处置结束后 48 小时以外的、观察被污染区域环境质量是否持续、平稳达标产生的监测费用，不计入直接经济损失。

④明显与事件无关的采样或监测项目产生的费用，比如在事件特征污染物已

确定后，仍监测其他不相关污染物产生的监测费用，不计入直接经济损失。

（4）人员转移安置费用。

人员转移安置费用是指应急处置期间，疏散、转移和安置受影响和受威胁人员所产生的费用。

人员转移安置费用＝材料费+设备或房屋租赁费+人员费+后勤保障费+其他。

核算人员转移安置费用应注意：

①因原生事件威胁人员生命健康组织人员转移安置产生的费用，不计入直接经济损失。例如，地震、山体滑坡等事件中的人员转移安置费用。

②应急处置结束后环境质量达标且不影响人员正常生活时，仍滞留在安置场所产生的费用，不计入直接经济损失。应急指挥部宣布的应急处置结束日期之后5天内可视为合理的缓冲时间，之后产生的费用不计入直接经济损失。

③在事件造成的环境污染不影响人员正常生活及人身健康的情况下，因个人原因居住别处产生的相关费用，不计入直接经济损失。

（5）组织指挥及后勤保障费用。

组织指挥及后勤保障费用是指应急处置期间应急指挥和组织管理部门以及其他相关单位针对应急处置工作，开展的办公和公务接待活动等产生的相关费用。

保障费用＝办公用品费+餐费+住宿费+会议费+专家技术咨询费 +印刷费+交通费+水电费+取暖费+其他。

核算组织指挥及后勤保障费用应注意：

①公务员和参照公务员管理人员的加班费或加班补贴，不计入直接经济损失。

②上级指导人员、专家及其他人员产生的未由当地政府承担的差旅费，不计入直接经济损失，但由当地政府承担的计入。

③高于公务接待标准的餐饮费和住宿费，不计入直接经济损失。

④车辆保养费用，不计入直接经济损失。因执行应急处置任务产生的维修费用可计入。

⑤明显与应急处置无关的事务性费用，不计入直接经济损失。例如，烟、酒、茶叶等物品的购置费用。

⑥政府及生态环境主管部门委托第三方组织开展突发生态环境事件生态环境

损害评估工作发生的技术咨询费用,不计入直接经济损失。

(6)人身损害费用。

人身损害费用指在应急处置阶段可以确定的、因突发生态环境事件污染造成的人员就医治疗、误工、致残或者致死产生的相关费用。人身损害需要有专业医疗或鉴定机构出具的鉴定意见,或者相关政府部门出具的正式文件。

就医治疗的:人身损害费用=医疗费+误工费+护理费+交通费+住宿费+住院伙食补助费+营养费+其他。

致残的:人身损害费用=医疗费+误工费+护理费+交通费+住宿费+住院伙食补助费+营养费+残疾赔偿金+残疾辅助器具费+被抚养人生活费+后续康复费+后续护理费+后续治疗费+其他。

致死的:人身损害费用=医疗费+误工费+护理费+交通费+住宿费+住院伙食补助费+营养费+丧葬费+被抚养人生活费+死亡赔偿金+亲属办理丧葬事宜支出的交通费/住宿费/误工费+其他。

以上医疗费、误工费、护理费、交通费、住宿费、住院伙食补助费、营养费、残疾赔偿金、残疾辅助器具费、被抚养人生活费、丧葬费、死亡赔偿金等费用的计算参考《最高人民法院关于审理人身损害赔偿案件适用法律若干问题的解释》,计费标准应符合国家或地方相关规范标准要求。

核算人身损害费用应注意:非突发生态环境事件所致的人员伤亡产生的救治、丧葬、抚恤费用不计入人身损害费用。比如生产安全事故中爆炸、灼烧等导致的人员伤亡,交通事故造成的人员伤亡等,其产生的救治、丧葬、抚恤等费用,不计入直接经济损失。

(7)财产损害费用。

财产损害费用指因环境污染或者采取污染处置措施导致的财产损毁、数量或价值减少的费用,包括固定资产、流动资产、农产品和林产品等损害的直接经济价值。

财产损害费用=固定资产损害费用+流动资产损害费用+农产品损害费用+林产品损害费用+其他。

固定资产损害费用=固定资产维修费+固定资产重置费。

流动资产损害费用=流动资产数量×购置时价格-残值,其中残值应由专业技术人员或专业资产评估机构进行定价评估。

农林产品损害费用=农林产品损害总量×(正常产品市场单价−工业原材料市场单价)。当农林产品质量受损但不影响其作为工业原材料等其他用途时，计算其用途变更后造成的直接经济损失。

核算财产损害费用时应注意：

①财产损害具体数量应通过现场调查、测量等方式方法进行核定。

②农产品、林产品、渔产品和畜牧产品等因突发生态环境事件影响产生的当期数量损失和质量损失以外的预期收益，不计入直接经济损失。

③生产企业或施工工程因突发生态环境事件停产或减产造成的损失，不计入直接经济损失。

④已列入生产安全事故或交通运输事故等造成的直接损失的，不再计入其次生的突发生态环境事件直接经济损失。例如，危险化学品交通运输泄漏事故中的车辆、车载货品和道路设施损毁等造成的损失，不计入直接经济损失。

⑤当地政府在突发生态环境事件发生后制定了财产损失赔偿标准的，应根据赔偿标准进行经济损失计算。

(8)生态环境损害数额。

突发生态环境事件对生态环境造成损害、不能在应急处置阶段恢复至基线水平需要对生态环境进行修复或恢复，且修复或恢复方案及其实施费用在环境损害评估规定期限内可以明确的，生态环境损害数额计入直接经济损失，费用根据修复或恢复方案的实际实施费用计算。

核算生态环境损害数额时应注意：

①环境介质中的污染物浓度恢复至基线水平、在没有产生期间损害情况下的生态环境损害量化费用以及后期预估的修复费用，不计入直接经济损失。

②需要对生态环境进行修复或恢复，但修复或恢复方案不能在应急处置阶段生态环境损害评估规定期限内完成的修复或恢复费用，不计入直接经济损失。

上述各项费用的具体数据，通过本章附件表 A-表 F 获取。

9.4.2.4　直接经济损失评估报告

环境应急处置阶段直接经济损失核算完成后，通常需要编制评估报告，评估报告的内容包括评估目标、评估依据、评估方法、损害确认和量化以及评估结论。

评估报告提纲如下：

A 基本情况

写明评估的背景，包括事件发生的时间、地点、起因和经过；简要说明环境损害发生地的社会经济背景、周边敏感受体、造成潜在环境损害的污染源、污染物等基本情况。

B 评估方案

B.1 评估目标

依据委托方委托评估事项，详细写明开展环境损害评估的目标。

B.2 评估依据

写明开展本次环境损害评估所依据的法律法规、标准和技术规范等。

B.3 评估原则

写明开展本次环境损害评估所遵循的基本原则。

B.4 评估范围

写明开展本次评估工作初步确定的环境损害的时间范围和空间范围及确定初步时空范围的依据。

B.5 评估内容

写明本次评估工作的主要内容，包括环境损害评估对象（人身损害、财产损害和环境损害）和环境损害评估内容（环境损害确认和损害数额量化）。

B.6 评估方法

详细阐明开展本次环境损害评估工作的技术路线及每一项评估内容所使用的技术方法。

C 评估过程与分析

C.1 环境损害确认

C.2 基线确认

C.3 污染暴露分析

C.4 损害程度与损害范围确认

D 环境损害量化

D.1 应急处置费用

D.2 人身损害费用

D.3 财产损害费用

D.4 生态环境损害数额

E 评估结论

提出突发环境事件造成的直接经济损失计算数额，以及突发环境事件对影响区域生态功能的损害程度，判断是否启动中长期损害评估。

F 特别事项说明

阐明报告的真实性、合法性、科学性，明确报告的所有权、使用目的和使用范围。阐明报告编制过程及结果中可能存在的不确定性。对报告结果的使用提出必要的建议。

G 签字盖章

H 附件

附件包括环境损害评估工作过程中依据的各种证据、评估实施方案等。

9.5 突发环境事件调查报告

环境事件调查报告的编制是一项时效性、政策性、法律性和技术性很强的工作，是分析事件原因、危害、影响以及责任追究的重要依据。环境事件调查报告不仅为事件处理及善后工作提供有价值的第一手材料，而且为领导层掌握情况、研究问题、进行科学决策提供依据。

9.5.1 环境事件调查报告的编写要求

环境事件调查报告的编制是一项严肃的工作，涉及事件的性质认定和责任追究。报告编制人员应以事实为依据，以现场调查分析为前提，力求客观、公正、准确、合法，经得起时间的检验。

(1) 合规性。突发环境事件调查报告必须严格按照法定程序，并符合相应的法定形式(如事件调查组成员签字等)，方能产生法律效力。事件调查组提交的调查报告是根据法律的规定而作出的，是法律赋予的职权，无需经过涉事方同意。

(2)真实性。突发环境事件调查报告是在经过详细周密的调查核实之后,以客观事实为依据,真实、全面、准确、公正地反映事件责任单位概况、事件发生经过、应急响应行动、人员伤亡、直接经济损失、原因分析及防范措施建议等。

(3)时效性。环境事件调查工作必须坚持"快"和"准",否则会错过调查取证的最佳时机和有利条件。一般而言,较大突发环境事件的发生可能造成一定的社会影响,公众会予以较高关注,因而对调查处理的时效性要求较高,从现场调查取证、分析研究到组织编写的各个环节都要抓紧时间,力求快速、高效。

9.5.2 突发环境事件调查报告的基本内容

一般而言,突发环境事件调查报告包括以下8个方面的内容。

(1)事发单位与事件概况。

企业概况:事发单位地址、经济性质、员工人数、隶属关系;周边环境敏感点和保护目标(如周围的学校、医院、政府机关、居民区、风景名胜区、基本农田保护区、鱼虾养殖区、饮用水源保护区、自来水厂取水口)等情况。如果是生产企业,还应包括其主(副)产品名称及产量,主要生产原材料及生产过程中间产品的名称、规模及数量等内容,企业污染治理设施的处理规模与种类亦应具体描述。

事件概况:报告应描述事件从发现(或萌芽)到污染形成再到污染消除的全过程,具体包括环境事件发生的时间、地点、人员伤亡、污染程度、污染范围、污染处置、应急监测、经济损失等内容。

(2)事件后果。

突发环境事件后果包括因环境污染直接导致的人员伤亡情况、直接经济损失、环境污染和生态破坏情况。报告应说明事件等级及判断依据。

(3)事件原因与性质。

报告应阐明突发环境事件的直接原因和间接原因。

对突发环境事件性质的判断上必须慎重考虑,以确定是人为责任事件还是不可抗力引起的意外事件。

(4)风险防范与应急处置。

报告应说明突发环境事件发生单位采取环境风险防范措施，以及开展环境安全隐患排查与治理的相关工作情况。

对于应急响应情况，主要是具体描述事件的全过程，包括：突发环境事件接报、应急预案启动、应急队伍到达现场的时间、程序、人员、记录等相关情况；现场应急决策指挥、人员救护、污染处置、应急监测、信息报告及上级指示等情况。

(5) 政府部门监管与应急响应情况。

事发地政府相关部门(如应急管理、水务、交通部门)日常监管工作主要包括：督促企业开展突发环境事件风险评估，完善突发环境事件风险防控措施，排查治理环境安全隐患，制定突发环境事件应急预案并演练，加强环境应急能力建设。

政府部门的应急处置情况包括：协调指挥各方应急资源参与污染处置，组织开展环境应急监测，向本级政府和上级生态环境主管部门报告应急处置信息。

(6) 责任追究建议。

责任追究建议包括事件责任者的基本情况(姓名、年龄、职务等)，违法、违规和错误事实(责任认定)，对事件发生所负的责任(直接责任、主要责任、领导责任)和处理建议。

对责任单位实施行政处罚的建议包括责任单位名称、处罚理由、处罚依据、处罚建议及罚款金额、执法主体等。

(7) 防范与整改措施建议。

环境事件的防范措施主要应从"硬件"和"软件"两方面对事发单位、监管部门提出改进建议，"硬件"方面是消除环境安全隐患，提高环保设备设施的本质安全化程度；"软件"方面重在制度建设、人员培养、培训与演练。

(8) 其他需要说明的内容。

附件：

①事件现场平面图及有关照片。

②有关部门出具的鉴定结论、环境监测数据或技术报告。

③直接经济损失计算及统计表。

④调查组名单及签字。

⑤其他需要载明的事项。

9.5.3 判断是否启动中长期损害评估

(1)人身损害中长期评估判定原则。

发生下列情形之一的，需开展人身损害的中长期评估：

①已发生的污染物暴露对人体健康可能存在长期的、潜伏性的影响。

②突发环境事件与人身损害间的因果关系在短期内难以判定。

③应急处置行动结束后，环境介质中的污染物浓度水平对公众健康的潜在威胁无法在短期内完全消除，需要对周围的敏感人群采取搬迁等防护措施的。

④人身损害的受影响人群较多，在突发环境事件应急处置阶段的环境损害评估规定期限内难以完成评估的。

(2)财产损害中长期评估判定原则。

发生下列情形之一的，需开展财产损害的中长期评估：

①已发生的污染物暴露对财产有可能存在长期的和潜伏性的影响。

②突发环境事件与财产损害间的因果关系在短期内难以判定。

③应急处置行动结束后，环境介质中的污染物浓度水平对财产的潜在威胁没有完全消除，需要采取进一步的防护措施的。

④财产损害的受影响范围较大，在突发环境事件应急处置阶段的环境损害评估规定的期限内难以完成评估的。

(3)生态环境损害中长期评估判定原则。

发生下列情形之一的，需开展生态环境损害的中长期评估：

①应急处置行动结束后，环境介质中的污染物的浓度水平超过了基线水平并在1年内难以恢复至基线水平。

②应急处置行动结束后，环境介质中的污染物的浓度水平或应急处置行动产生二次污染对公众健康或生态环境构成的潜在威胁没有完全消除。

◎ 附件：

直接经济损失基础数据调查表
表 A 应急处置工程费用调查表

填表单位：

药剂、材料购置费

统计起止时间	药剂/材料名称	计价单位	购置数量	使用数量	购置单价(元)	小计(元)	备注：用途

设备租赁费

统计起止时间	设备/材料名称	型号/规格	计价单位	所属单位	数量	租赁单价(元/天)	租赁时间(天)	小计(元)	备注：用途

设备重置费

统计起止时间	设备名称	设备型号或规格	计价单位	数量	设计使用年限(年)	购置时间	购置单价(元)	使用时间(天)	小计(元)	备注：用途

维修费

统计起止时间	维修内容	维修时间	维修原因	维修人员或单位	小计(元)	备注

运输费

统计起止时间	运输单位	运输车辆车牌号	运输时间	运输物品	运输起止地点(A地—B地)	运输距离(千米)	运输费用

续表

其他后勤保障费

统计起止时间	日期	支出项目	计价单位	数量	单价(元)	小计(元)	备注：用途

劳务费（同时填劳务人员名单附表）

统计起止时间	劳务人员类型	人员数量	劳务费标准（元/天）	工作内容及工作量	工作天数	小计(元)	备注

劳务人员名单附表

姓名	身份证号码	工作单位	联系方式	工作内容	工作天数

加班费

统计起止时间	姓名	身份证号码	联系方式	标准（元/小时）	工作内容	加班时间（小时）	小计(元)	工作内容

运输费

统计起止时间	运输单位	运输时间	运输车辆车牌号	运输物品	运输起止地点（A地—B地）	运输距离（千米）	运输费用

注：1. 此表可用于统计污染处置费用、保障工程费用、人员安置转移费用、后勤保障费中的维修费和运输费单独列表统计，餐费、通讯费等其他后勤保障费用可使用同一种表格统计。
2. 后勤保障费中的维修费和运输费单独列表统计，餐费、通讯费等其他后勤保障费用可使用同一种表格统计。根据需要按照具体的工程类别分别统计。

填表人： 审核人： 填表日期：

联系方式：

表 B 应急监测费用调查表

填表单位：

检测分析费

	日期	样品类型	样品数量	分析项目	收费标准（元/个样品）	小计（元）
统计起止时间	X年X月X日—X月X日					

采样劳务费（同时填劳务人员名单附表）

	劳务人员类型	人员数量	劳务费标准（元/天）	工作内容及工作量	工作时间	工作天数	小计（元）	备注
统计起止时间	X年X月X日—X月X日							

采样劳务人员名单附表

姓名	身份证号码	联系方式	工作内容	参与工作	工作天数

采样交通费

	车牌号	工作日期	行驶里程	燃油动力费	过路费	小计（元）
统计起止时间	X年X月X日—X月X日					

填表人： 审核人： 联系方式： 填表日期：

第9章 突发环境事件调查处理

表 C 组织指挥及后勤保障费用调查表

填表单位：

统计起止时间						
专家咨询费						
	专家姓名	工作单位	职务/职称	身份证号码	工作内容	工作时间	金额（元）
X年X月X日—X月X日							
住宿费						
	宾馆名称	住宿人姓名	住宿人单位	房间号	入住时间	退房时间	结算单位	结算金额（元）
X年X月X日—X月X日								
餐饮费						
	用餐地点	日期	（早/午/晚）餐	就餐人数	餐费标准（元/人）	结算单位	结算金额（元）
X年X月X日—X月X日							
交通费						
	车牌号	工作日期	工作内容	行驶里程	燃油动力费	过路费	小计（元）
X年X月X日—X月X日							

续表

办公用品费

统计起止时间	办公用品名称	规格/型号	计价单位	数量	单价	小计(元)
X年X月X日—X月X日						

其他指挥费用

统计起止时间	日期	支出项目	费用内容	数量	单价(元)	小计(元)	备注:用途
X年X月X日—X月X日							

填表人:　　　　　审核人:　　　　　填表日期:

联系方式:

表 D 人身损害费用调查表

填表单位：

人身损害情况

姓名	损害程度	职业	住址	受损害原因	损害情况描述

入院医疗费

就诊医院	医疗费	误工费	护理费	交通费	住宿费	住院伙食补助费	营养费	其他 项目	其他 费用

致残损害费用

残疾辅助器具费	被抚养人生活费	康复费	后续治疗费	其他 项目	其他 费用

致死损害费用

丧葬费	被抚养人生活费	死亡赔偿金	亲属办理丧葬事宜支出 交通费	亲属办理丧葬事宜支出 住宿费	亲属办理丧葬事宜支出 误工费	其他 项目	其他 费用

注：1. 损害程度类型包括未致病但需干预预防、致病、致残、致死。
  2. 致残损害费用和致死损害费用在住院医疗费用的基础上根据情况增填。
  3. 其他费用包括受害人亲属办理丧葬事宜支出的交通费、住宿费、务工损失等合理费用。

填表人：   审核人：   填表日期：

联系方式：

9.5 突发环境事件调查报告

表 E 财产损害费用调查表

填表单位：

财产名称	所有者	规格	所在位置	受影响程度描述	受影响原因	受影响数量	赔偿标准	赔偿总额

注：1. 所有者指财产的拥有单位或拥有人。
　　2. 规格指财产的大小属性或其他能够衡量财产价值的属性，比如林木的生长时间或树干大小。
　　3. 赔偿标准指单位财产的赔偿金额。

填表人：　　　　　　　审核人：　　　　　　　填表日期：

联系方式：

表 F 数据整理用表

项目	类别	涉及单位	费用明细项目	初审意见	反馈意见	复审意见	审核结果	证明材料编号
人身损害费用	入院医疗费							
	致残损害费							
	致死损害费							
财产损害费用	农作物损害							
	林木损害							
生态环境损害费用								
应急处置费用	处置工程1							
	处置工程2							

9.5 突发环境事件调查报告

续表

项目	类别	涉及单位	费用明细项目		初审意见	反馈意见	复审意见	审核结果	证明材料编号
应急监测费用	检测								
	采样								
组织指挥费用									

第 10 章 环保设备设施安全风险管控

近年来,全国发生了多起环保设备设施生产安全事故,造成了较严重的人员伤害和财产损失,引起社会广泛关注。根据《中华人民共和国安全生产法》关于"三管三必须"的要求,以及《国务院安全生产委员会成员单位安全生产工作职责分工》《关于进一步加强环保设备设施安全生产工作的通知》等文件的相关规定,各地生态环境主管部门对工业环保设备设施安全监督管理工作重度重视,部分生态环境主管部门已将环保设备设施安全纳入监督管理范畴。

深圳市已明确将生态环境领域(主要是工业环保设备设施)安全生产监督管理的部分职责划入生态环境主管部门,并通过《深圳市党政部门及中央和省驻深有关单位安全生产工作职责》《深圳市部分新业态新领域安全生产工作职责》予以强化。

10.1 环保设备设施安全风险评估

10.1.1 危险有害因素辨识

要实现工业环保设备设施特别是对危险废物处置、脱硫脱硝、挥发性有机物回收、污水处理、粉尘治理、蓄热式焚烧炉 6 类重点环保设备设施的安全管控,首先须辨识其危险有害因素。

环保设备设施安全风险辨识与分析可依据预先危险分析(PHA)、故障类型与影响分析(FMEA)、故障树分析(FTA)、作业条件危险性分析(LEC)等方法开展。企业应全面辨识与分析环保设备设施的各类安全风险,这些风险可能存在于工艺、物料、结构、操作、检维修、管理等环节,包括但不限于:

(1)中毒窒息。环保设备设施有限空间、废水处理站、废气净化装置、危险废物储存与处理设施、脱硫脱硝装置、不安全工艺、违章作业、化学品储存不当等均可能引起中毒和窒息事故。据分析,中毒窒息事故是环保设备设施的最大安全风险,这类事故主要发生在废水处理工艺池清污作业(即有限空间作业)、废气处理区加药作业和不相容危险废物混合收集的相关环节。2022年12月25日,深圳市某服务单位在一家印制电路板企业废水处理站生化系统(好氧池)从事清污作业时,因一系列误操作,造成4死3伤中毒事故;2019年2月15日,东莞市某造纸企业工作人员在进行污水调节池(事故应急池)清理作业时发生中毒事故,造成7死2伤;2020年5月31日,不法人员将山东省某药业公司的60吨化工废液倾倒到一个村庄,现场产生的有毒有害气体致3名肇事者中毒死亡。

(2)火灾爆炸。废水废气处理用危险化学品临时储存区、RTO炉系统、易燃易爆类危险废物储存场所、挥发性有机物回收、有机废气处理设施等可能发生火灾爆炸事故。当前一个突出的问题是废气处理设施火灾事故频发,有的是废气处理设施本身着火,有的是生产车间着火后通过废气管道传递到废气处理设施。此外,危险废物集中储存区的火灾爆炸事故时有发生,主要原因是不相容的危险废物混存混放发生化学反应放热引起自燃,或者单一的危险废物分解放热发生火灾爆炸。2019年3月21日,位于江苏省盐城市响水县的天嘉宜化工有限公司发生硝化废料(危险废物)爆炸事故,共造成78人死亡、76人重伤、640人住院治疗,直接经济损失19.86亿元。

(3)坍塌。悬空结构的废水处理工艺池、废气处理塔、危险废物储存仓库等可能发生坍塌事故。2019年12月3日下午,浙江省海宁市许村镇荡湾工业园区2号楼发生一起污水罐体坍塌事故,造成10人死亡、3人重伤、9人轻伤。

(4)触电。废水废气处理设施和危险废物储存场所等如果不采取可靠的漏电保护或者有效隔离措施,可能发生触电伤害事故。触电事故在废水处理站、废气处理塔检维修作业中时有发生,应引起高度重视。

(5)雷击。废气处理塔和挥发性有机物回收装置等如果采取的防雷措施不到位,可能引发雷击事故。

(6)淹溺。废水处理工艺池(包括事故应急池)可能发生人员淹溺事故。

(7)灼烫。废水废气处理用强酸强碱或者废酸废碱等,因防护、操作或管理不当，可能发生化学灼伤事故。

（8）高处坠落。废气处理设施采样操作平台、RTO炉系统、立体废水处理设施等可能发生作业人员高处坠落伤害事故。

（9）机械伤害。环保设备设施动力机构转动部位如果没有做好防护隔离，可能发生机械伤害事故。

（10）粉尘爆炸。可燃粉尘(如铝镁粉尘、铝材抛光粉尘、木材加工粉尘、树脂粉)的收集处理设施安全防控措施不当时，可能发生粉尘爆炸。

表10-1为某电镀企业环保设备设施危险有害因素及典型事故发生机理。

表10-1　　环保设备设施危险有害因素及典型事故机理

设施名称	危害因素	事故机理
废水处理站	中毒窒息	排入废水处理站的生产废水没有严格分流，如含氰废水与含酸废水共用一个排放管道，产生的氰化氢可能造成作业人员中毒。
		破氰不充分(如仅有一级破氰工艺)，含氰废水进入综合调节池遇酸性废水产生氰化氢可能造成作业人员中毒。
		废水处理站上方有雨棚，四周遮挡妨碍有毒有害气体扩散，有毒有害气体可能在废水处理站局部聚集，造成操作人员或者管理人员伤亡。
		对废水处理工艺池进行维护检修前，如果没有进行充分的通风换气或没有检测废水池内空气中HCN、H_2S及O_2浓度是否达标时，人员进入池内作业可能发生中毒窒息伤害。
		对废水处理工艺池进行维护检修前，如果没有进行危险辨识和安全风险告知(交底)，作业人员进入池内作业可能发生伤害事故。
		在废水处理工艺池内作业前，若不关闭进水阀或不排空池中的废水，缓慢渗出的有毒有害气体可能造成人员中毒。
		对废水处理工艺池进行维护检修前，如果不配备必要的应急救援物资与装备，一旦遇到突发事件不能及时处置，可能引起伤害事故。

续表

设施名称	危害因素	事故机理
废水处理站	中毒窒息	作业人员没有佩戴防毒面具或长管式呼吸器，即进入废水处理工艺池内作业，可能发生中毒窒息事故。
		对废水处理工艺池进行维护检修作业期间，作业人员在污泥里走动或者机械扰动，可能致污泥中饱和的有毒有害气体释放出来造成人员中毒窒息。
		对废水处理工艺池进行维护检修作业期间，如果没有安排全职安全监护人，当出现紧急情况时不能及时处理和救护，则可能发生伤害事故。
		长时间在废水处理工艺池内作业，若不对池内空气中有毒有害气体浓度进行持续监测或不能持续通风，缓慢积聚的有毒有害气体对人体造成中毒伤害。
		当发现废水处理工艺池内作业人员出现中毒窒息症状时，安全监护人或其他人员在没有做好自身防护的情况下即进入施救，可能使伤害事故扩大。
	淹溺	废水处理工艺池的防护栏杆不符合国家标准的相关要求，工作人员可能不慎掉入池中(尤其是曝气池)，发生淹溺事故。
	坍塌	某些废水处理站为架空铺设，长期负荷运行，维护保养不当可能发生坍塌事故。
	触电	废水处理工艺池较为潮湿，如果没有设置可靠的漏电保护装置，可能引起触电伤害。
		在潮湿的废水处理工艺池内作业，照明电压不符合安全要求时，可能发生触电伤害。
	爆炸	呈密闭状态的生化处理区，反应过程产生的甲烷、一氧化碳等富集于密闭空间，达到爆炸极限时，遇激发能源可能发生爆炸。
		废水处理站的不容相危险化学品混放(如硫酸和氯酸钠)，可能发生激烈反应，引起爆炸。
	高空坠落	废水处理池排空废水后，作业人员不慎掉入池中造成高处坠落伤害。
	灼烫	人员配药时，因操作不规范、防护不当(如不戴防毒面具或防护手套)，硫酸或碱液溅到人体，造成化学灼伤。

续表

设施名称	危害因素	事故机理
废气处理塔	中毒窒息	两股含不相容污染因子的废气共用一个管道混合排放,产生剧毒气体致人员中毒。
		采用危险性高的药剂(如硫化钠)处理废气污染因子,若作业人员投加药剂操作顺序错误可能产生剧毒气体(如硫化氢)致人员伤亡。
		废气处理塔内作业时,若不停产并关闭进气阀,缓慢渗出的有毒有害气体可能造成人员中毒伤害。
		作业人员没有佩戴长管式或者防毒面具,即进入废气净化装置内作业,可能发生中毒或窒息事故。
		废气净化装置内作业时,若没有通风换气或没有检测空气中 HCl、H_2S、C_6H_6 等有毒有害气体的浓度是否达标,即进入废气处理塔内作业可能发生中毒事故。
	火灾爆炸	废气管道和废气处理塔使用普通 PE 材料,长时间使用老化,遇电气短路等原因可能致废气管道或废气塔着火并蔓延。
		废气处理塔着火后,如果不能及时发现并停止风机运行,或者不能及时开启消防栓灭火,火灾可能扩大。
		如果废气管道没有设置阻火阀,生产车间发生火灾时火焰通过风机的拉动作用可能传播到废气处理塔。
	触电	废气处理塔内的环境较潮湿,电气设施安全防护不当或照明电压不符合要求可能致触电伤害。
		废气处理设施电源未装漏电保护开关,可能致运行或维保人员触电伤害。
	高空坠落	废气处理塔的钢直梯、钢斜梯、防护栏杆、操作维护平台若不符合《固定式钢梯及平台安全要求》(GB 4053.1、GB 4053.2、GB 4053.3)的相关要求,可能使操作人员发生坠落伤害。
		废气处理塔维护或监测采样作业人员将身体探出平台外,重心失衡可能致坠落伤害。
	机械伤害	废气处理塔内的电机转动部位防护罩脱落,相关人员可能受到机械伤害。

续表

设施名称	危害因素	事 故 机 理
废气处理塔	坍塌	废气处理塔操作采样平台如果存在结构设计或安装缺陷,或者长期没有得到维护,可能发生坍塌事故。
	雷击	如果废气处理塔没有在建筑物防雷网保护区内,且废气处理塔没有安装规范的防雷装置,可能遭雷击。
隔声罩	机械伤害	隔声罩内从事检修人员尚未出来,即启动风机,可能造成机械伤害。
	中毒和窒息	内燃机产生的废气若泄漏入隔声罩内,检修人员没有采取安全通风、监测作业,可能发生中毒或窒息伤害。

10.1.2 环保设备设施安全风险评估

依据国家和省市相关标准规范提出的安全风险评估方法,评估企业环保设备设施在现有技术与工程措施、系统管理与教育培训措施、个体防护与应急管理措施下所处的风险水平,确认各风险单元现实安全风险等级。

风险的数学表达式为:R(风险等级)= L(事故发生可能性) * S(事故后果严重度)。

(1) 可能性(L)。

分别针对各风险单元或子单元,从运行时间、技术与工程措施、系统管理与教育培训措施、个体防护与应急管理措施四个维度对事故发生的可能性(L)进行评价取值,取四项得分最高的分值作为单元的 L 值,见表 10-2。

表 10-2　　　　　　　　事故发生可能性(L)取值表

赋值	风险单元运行时间*	技术与工程措施	系统管理与教育培训措施	个体防护与应急管理措施
5	运行时间≥20 年	无任何监控措施或有措施但未运行	无安全管理制度和操作规程或从不执行;不胜任(岗位人员未经培训即上岗,不具备必要的岗位技能,安全与应急意识差)。	无人员安全防护装备与应急措施

续表

赋值	风险单元运行时间*	技术与工程措施	系统管理与教育培训措施	个体防护与应急管理措施
4	15年≤运行时间<20年	有监控措施但不能满足安全要求	安全管理制度和操作规程缺失较多或很少执行;不够胜任(岗位人员未经培训即上岗,只具备基本的岗位技能,安全与应急意识较差)。	人员安全防护装备与应急措施明显存在不足。
3	10年≤运行时间<15年	监控措施能满足安全要求,但经常发生故障或人为停用。	安全法规标准发生变更后未及时修订规章制度和操作规程,或部分人员不执行;基本胜任(岗位人员经培训后上岗,经验与技能存在缺陷,安全与应急意识不足。)	人员安全防护装备与应急措施充足,但未及时做好维护保养或更新。
2	5年≤运行时间<10年	监控措施能满足安全要求,但偶尔失电或发生故障。	安全管理制度和操作规程齐全但有时不能严格执行;胜任(岗位人员经培训后上岗,经验与技能较好,安全与应急意识较强)。	人员安全防护装备与应急措施充足,部分人员不能熟练使用。
1	运行时间<5年	监控措施能满足安全要求且能稳定行动。	安全管理制度和操作规程齐全,且能严格执行并有记录;高度胜任(岗位人员经培训后上岗,经验丰富,操作技能好,安全与应急意识强)。	人员安全防护装备与应急措施充足,所有相关人员均能熟练使用。

表注:"风险单元运行时间*"指建设项目竣工环境保护验收之日起且未实施过重大更新改造的年限,如果实施了重大更新改造应从重大更新改造完成之日起计算时长。重大更新改造的判定以生态环境专项资金申请指南关于环保设备设施更新改造的规定为准。

(2)严重度(S)。

分别针对各风险单元或子单元,从事故可能造成的人员伤害、财产损失、环境破坏和社会影响四个维度对事故后果严重度(S)进行评价取值,取四项得分最高的分值作为单元的S值,见表10-3。

表10-3　　　　　　　　　　事故后果严重度(S)取值表

赋值	人员伤害情况	财产损失	环境破坏	社会影响
5	3人及以上死亡或者10人及以上重伤	事故直接经济损失1000万元及以上	较大及以上突发环境事件	引起国家或国际主流媒体报道
4	1至2人死亡或者3至9人重伤	事故直接经济损失100万元及以上1000万元以下	一般突发环境事件	引起省级主流媒体报道
3	1至2人重伤或者3人及以上轻伤	事故直接经济损失10万元及以上100万元以下	厂区环境受影响	引起市级媒体报道,一定范围内造成公众影响。
2	1至2人轻伤	事故直接经济损失1万元及以上10万元以下	车间环境受影响	没有造成公众影响,但造成公司范围内影响。
1	一般无身体损伤	事故直接经济损失1万元以下	基本无影响	车间受影响

(3)风险等级判定。

在事故发生可能性和后果严重度分析取值的基础上,对比风险等级判定准则,依据表10-4确定各单元风险等级。安全风险等级从高到低划分为重大风险、较大风险、一般风险和低风险四个级别,分别用表中4种形式标示。

表 10-4　　　　　　　　　　风险等级判定准则（R）

风险等级 R		事故后果严重度 S				
		1	2	3	4	5
可能性 L	1					
	2					
	3					
	4					
	5					

图例：▨ 重大风险　　◌ 较大风险　　⊠ 一般风险　　▩ 低风险

10.2　环保设备设施安全风险管控

10.2.1　安全风险管控的主要内容

安全风险管控措施分为技术与工程措施、系统管理与教育培训措施、个体防护与应急管理措施三个层级，也是企业实施环保设备设施安全管控措施的优先顺序。

（1）技术与工程措施。

技术与工程措施主要反映环保设备设施安全合规性、质量可靠性和技术先进性，主要包括：

①消除：通过对设备设施和工艺等的设计尽可能从根本上消除危险有害因素，如废气处理区采用自动控制技术加药、用普通化学品代替有毒有害化学品、用人工智能技术实施有限空间清污作业。

②防范：当消除危险有害因素有困难时，可采取预防性技术措施，如在易燃易爆危险废物储存区采用防爆型电气设备，对电气设施定期开展安全检测，设置漏电保护装置、安全阀、安全警示标志。

③密闭：对产生或可能产生危险有害因素的设施或场所采取密闭措施，如对破氰池或厌氧池实施密闭运行。

④隔离：通过隔离带、防护栏杆、实体墙等将人与危险区域隔开，如废气取样平台设置防护栏杆，废水处理站中控室远程操作。

⑤报警：在安全风险较大的地方，设置声、光或声光组合报警装置，如RTO炉废气入口浓度过高声光报警装置，废水处理站有毒有害气体浓度监测声光报警装置、废气处理区视频监控火灾报警装置，活性炭吸附有机废气装置前后压差报警装置。

⑥联锁：系统监测数据触及设置的安全警戒值上限时，自动断开电源或停车，迫使作业停止以保证系统安全。如RTO炉内温度过高时自动切断气源，地下废水处理站H_2S浓度超过设定限值时自动开启事故排风，废气处理塔在火灾状态下自动停止运行。

(2) 系统管理与教育培训措施。

系统管理与教育培训措施主要反映企业安全管理制度与操作规程的科学性和有效性，人员安全意识与操作技能水准，主要包括：

系统安全管理措施：建立环保设备设施安全生产责任制，制定安全管理制度和操作规程，定期开展安全风险评估，适时开展隐患排查与治理、实施专业技术检测以及安全奖惩等。

安全教育培训措施：新员工三级安全教育、上岗前的岗位技能培训、持续安全再教育、特种作业人员从业资格培训，有限空间作业前安全技术交底，体验式安全教育以及其他方面的培训。

(3) 个体防护与应急管理措施。

个体防护与应急管理措施主要反映人员防护装备和应急措施的充分性、有效性，主要包括：

个体防护装备：安全帽、防化服、防毒面罩、防护眼镜、防护手套、正压式空气呼吸器、长管式呼吸器等。

应急管理措施：制定生产安全事故应急预案、开展应急演练和培训、储备应急物资(如消防器材、洗眼器、医疗用品)及应急宣传等。

10.2.2 安全风险管控的主要手段

(1) 事故隐患排查治理。

事故隐患通常可分为两类：其一是与安全生产法律法规和技术标准不相符的行为、状态和管理情况；其二是通过技术手段分析确认的不可接受风险。

企业应建立健全环保设备设施事故隐患自查、自报、自改、自验工作机制。

通过梳理分析企业现有环保设备设施安全风险管控措施对于风险等级的影响，排查潜在的隐患或薄弱环节，建立隐患管理档案，提出可新增或可完善的技术与工程措施、系统管理与教育培训措施、个体防护与应急管理措施，分析各项措施的合理性，确认是否能够把风险控制在可容许的范围，同时研判新增或完善的措施是否会产生新的风险，是否有利于降低风险等级。

为了便于管理，事故隐患等级依据《工贸企业重大事故隐患判定标准》判定。一般隐患须确定责任人立即组织治理并限时完成，予以验收销号；重大隐患要制定治理方案，内容包括治理目标、治理时限、达标要求、方法与措施、资金与物资、安全和应急措施等，方案抄送属地应急主管部门、行业主管部门以及生态环境主管部门，重大隐患治理完成后企业按规定组织验收，予以销号。

(2) 分级分类管控。

根据风险评估结果，针对重大风险、较大风险、一般风险和低风险各单元实施分级分类管理，编制风险管理台账，绘制风险分布图，开展安全风险告知，明确企业各级风险单元的安全风险管控措施。

(3) 加强环境污染第三方治理单位的安全管理。

据调查，大多数工业废水产生企业的处理设施为委外运营。产污企业应加强对环境污染第三方治理单位的安全管理，不能一包了之，具体管理措施包括：与环境污染第三方治理单位签订安全管理协议，明确双方的安全管理职责，规定运营人员的从业资格；将环保设备设施纳入本企业的安全管理体系，在组织开展安全风险评估、隐患排查、安全教育、应急演练等环节将环保设备设施及运营方一并安排；与环保相关的外包工程(如废水处理池清污作业)由企业自行委托，同时加强施工过程的安全监督检查。

10.2.3　建立风险台账与风险告知

汇总、统计和分析整理风险辨识、评估、管控数据，建立安全风险管理台账，为动态实施系统安全管理提供数据支持。

绘制环保设备设施安全风险分布图，设立安全风险管控告知牌，在厂区适宜的位置公示，使得员工和外来访问者明白本企业环保设备设施的安全风险。

10.3　环保设备设施有限空间作业安全

10.3.1　有限空间的定义和特点

有限空间是指封闭或部分封闭、进出口受限但人员可以进入，未被设计为固定工作场所，通风不良，易造成有毒有害、易燃易爆物质积聚或氧含量不足的空间。有限空间一般具备以下特点：

(1)空间有限，与外界相对隔离。有限空间是一个有形的，与外界相对隔离的空间。有限空间既可以是全部封闭的，如各种检查井、反应釜，也可以是部分封闭的，如敞口的污水处理工艺池等。

(2)进出口受限或进出不便，但人员能够进入开展有关工作。有限空间限于本身的体积、形状和构造，进出口一般与常规的人员进出通道不同，大多较为狭小，如直径80厘米的井口或直径60厘米的人孔；或进出口的设置不便于人员进出，如各种敞口池。虽然进出口受限或进出不便，但人员可以进入其中开展工作。如果开口尺寸或空间体积不足以让人进入，则不属于有限空间，如仅设有观察孔的储罐、安装在墙上的配电箱等。

(3)未按固定工作场所设计，人员只是在必要时进入有限空间进行临时性工作。有限空间在设计上未按照固定工作场所的相应标准和规范，考虑采光、照明、通风和新风量等要求，建成后内部的气体环境不能确保符合安全要求，人员只是在必要时进入进行临时性工作。

(4)通风不良，易造成有毒有害、易燃易爆物质积聚或氧含量不足。有限空间因封闭或部分封闭、进出口受限且未按固定工作场所设计，内部通风不良，容易造成有毒有害、易燃易爆物质积聚或氧含量不足，产生中毒、燃爆和缺氧风险。

通常，有限空间分为地下有限空间、地上有限空间和密闭设备3类。地下有限空间包括地下室、地下仓库、地下工程、地下管沟、暗沟、隧道、涵洞、地坑、深基坑、废井、地窖、检查井室、沼气池、化粪池、污水处理工艺池等。地上有限空间包括酒糟池、发酵池、腌渍池、纸浆池、粮仓、料仓、液态危险废物贮槽等。密闭设备包括船舱、储(槽)罐、车载槽罐、反应塔(釜)、窑炉、炉膛、烟道、管道、锅炉、废气管道与处理塔等。

为区别管理，某些地方将企业的废水处理工艺池、废气管道与废气处理塔、大型液体废物储槽、化粪池等又称为"环保设备设施有限空间"。

企业应组织识别本单位的有限空间，建立管理台账(参考附件4)。

10.3.2 有限空间作业分类

有限空间作业，是指人员进入有限空间实施的相关作业。常见的有限空间作业主要包括以下几个方面。

(1)清除、清污作业，如进入污水井进行疏通，进入发酵池进行清理，进入工业企业废水处理工艺池进行清污或者施工作业等。

(2)设备设施的安装、更换、维修等作业，如进入地下管沟敷设线缆、进入生活污水调节池更换设备或管道等。

(3)涂装、防腐、防水、焊接等作业，如在储罐内进行防腐作业、在船舱内进行焊接作业等。

(4)巡查、检修等作业，如进入检查井、热力管沟进行巡检等。

按作业频次划分，有限空间作业可分为经常性作业和偶发性作业：

(1)经常性作业是指有限空间作业量大、作业频次高，如从事水、电、气、热等市政运行领域施工、运维、巡检等作业。

(2)偶发性作业指有限空间作业仅是偶尔涉及的作业类型，作业量小、作业频次低；如工业生产领域的单位对炉、釜、塔、罐、管道等有限空间进行清洗、维修，餐饮、住宿等单位对污水井、化粪池进行疏通、清掏等有限空间作业就属于偶发性作业。

按作业主体划分,有限空间作业可分为自行作业和外包作业:

(1)自行作业指由本单位人员实施的有限空间作业。

(2)外包作业指将作业进行外包,由承包单位实施的有限空间作业。

基于安全管控角度,有一类存在有毒有害因素的有限空间,如果不采取有效的安全措施,将会危及进入作业者的安全健康,对这类有限空间我们称为"需要进入许可的有限空间"(如图10-1所示),其主要风险特征是:

图10-1　环保设备设施有限空间(废水处理工艺池)

(1)该有限空间含有有毒有害气体,或者有潜在的有毒有害气体产生。

(2)该有限空间存在缺氧窒息的风险。

(3)该有限空间含有可能吸卷、吞没进入者的设施。

(4)该有限空间具有一种内部构造,由于向内收缩的墙壁或向下倾斜的顶板,形成逐渐变窄的截面,这种内部构造可能会导致进入者陷落或窒息。

(5)该有限空间含有任何其他的已被确认的严重安全或健康风险。

本章以下所述"有限空间",其含义均是"需要进入许可的有限空间",不再另行说明。

10.3.3　有限空间作业安全风险

有限空间作业存在的主要安全风险包括中毒、缺氧窒息、燃爆以及淹溺、高处坠落、触电、物体打击、机械伤害、灼烫、坍塌、掩埋、高温高湿等。在某些环境下，上述风险可能共存，并具有隐蔽性和突发性。

(1) 中毒。

中毒伤害是有限空间作业过程中最频繁发生且伤害最严重的事故类别。

有限空间内存在或积聚有毒气体，作业人员吸入后会引起化学性中毒，甚至死亡。有限空间中有毒气体可能的来源包括：有限空间内存储的有毒物质的挥发，有机物分解产生的有毒气体，微生物发酵产生的有毒气体，焊接、涂装等作业时产生的有毒气体，相连或相近设备、管道中有毒物质的泄漏等。有毒气体主要通过呼吸道进入人体，再经血液循环，可能对人体的呼吸、神经、血液等系统及肝脏、肺、肾脏等脏器造成严重损伤。

引发有限空间作业中毒风险的典型物质有硫化氢、一氧化碳、苯和苯系物、氰化氢、磷化氢等。

硫化氢(H_2S)：硫化氢是一种无色、剧毒气体，比空气重，易积聚在低洼处。硫化氢易燃，与空气混合能形成爆炸性混合气体，遇明火、高热等点火源将引发燃烧爆炸。硫化氢易存在于污水管道、污水池、炼油池、纸浆池、发酵池、酱腌菜池、化粪池等富含有机物并易于发酵的场所。低浓度的硫化氢有明显的臭鸡蛋气味，可被人敏感地发觉；浓度增高时，人会产生嗅觉疲劳或嗅神经麻痹而不能觉察硫化氢的存在；当浓度超过 $1000mg/m^3$ 时，数秒内即可致人闪电型死亡。

一氧化碳(CO)：一氧化碳是一种无色无味的气体，比重与空气相当。一氧化碳与血红蛋白的亲和力比氧与血红蛋白的亲和力高 200~300 倍，因此一氧化碳极易与血红蛋白结合，形成碳氧血红蛋白，使血红蛋白丧失携氧的能力和作用，造成组织窒息，甚至导致人员死亡。一氧化碳易燃，与空气混合能形成爆炸性混合气体，遇明火、高热等点火源将引发燃烧爆炸。含碳燃料的不完全燃烧和焊接作业是一氧化碳的主要来源。

苯和苯系物【苯(C_6H_6)、甲苯(C_7H_8)、二甲苯(C_8H_{10})】：苯、甲苯、二甲苯都是无色透明、有芬芳气味、易挥发的有机溶剂；易燃，其蒸气与空气混合能形成爆炸性混合物。苯可引起各类型白血病，国际癌症研究中心已确认苯为人类致癌物。甲苯、二甲苯蒸气也均具有一定毒性，对黏膜有刺激性，对中枢神经系统有麻痹作用。短时间内吸入较高浓度的苯、甲苯和二甲苯，人体会出现头晕、头痛、恶心、呕吐、胸闷、四肢无力、步态蹒跚和意识模糊，严重者出现烦躁、抽搐、昏迷症状。苯、甲苯和二甲苯通常作为油漆、黏结剂的稀释剂，在有限空间内进行涂装、除锈和防腐等作业时，易挥发和积聚该类物质。

氰化氢（HCN）：氰化氢在常温下是一种无色、有苦杏仁味的液体，易在空气中挥发、弥散（沸点为25.6℃），剧毒且具有爆炸性。氰化氢轻度中毒主要表现为胸闷、心悸、心率加快、头痛、恶心、呕吐、视物模糊；重度中毒主要表现为深昏迷状态，呼吸浅快，阵发性抽搐，甚至强直性痉挛。酱腌菜池中可能产生氰化氢，含氰电镀废水池中常常可能产生氰化氢气体。

（2）缺氧窒息。

空气中氧含量的体积分数约为20.9%，氧含量低于19.5%时就是缺氧。缺氧会对人体多个系统及脏器造成影响，甚至使人致命。空气中氧气含量不同，对人体的影响也不同。

有限空间内缺氧主要有两种情形：一是由于生物的呼吸作用或物质的氧化作用，有限空间内的氧气被消耗导致缺氧；二是有限空间内存在二氧化碳、甲烷、氮气、氩气、水蒸气和六氟化硫等单纯性窒息气体，排挤氧空间，使空气中氧含量降低，造成缺氧。

引发有限空间作业缺氧风险的典型物质有二氧化碳、甲烷、氮气、氩气等。

二氧化碳（CO_2）：二氧化碳是引发有限空间环境缺氧最常见的物质。其来源主要为空气中本身存在的二氧化碳，以及在生产过程中作为原料使用同时有机物分解、发酵等产生的二氧化碳。当二氧化碳含量超过一定浓度时，人的呼吸会受影响。吸入高浓度二氧化碳时，几秒内人会迅速昏迷倒下，更严重者会出现呼吸、心跳停止及休克，甚至死亡。

甲烷（CH_4）：甲烷是天然气和沼气的主要成分，既是易燃易爆气体，也是一种单纯性窒息气体。甲烷的来源主要为有机物分解和天然气管道泄漏。甲烷的爆炸极限为5.0%～15.0%。当空气中甲烷浓度达25%～30%时，可引起头痛、头晕、乏力、注意力不集中、呼吸和心跳加速等，若不及时远离，可致人窒息死亡。甲烷燃烧产物为一氧化碳和二氧化碳，也可引起中毒或缺氧。

氮气（N_2）：氮气是空气的主要成分，其化学性质不活泼，常用作保护气防止物体暴露于空气中被氧化，或用作工业上的清洗剂置换设备中的危险有害气体等。常压下氮气无毒，当作业环境中氮气浓度增高，可引起单纯性缺氧窒息。吸入高浓度氮气，人会迅速昏迷、因呼吸和心跳停止而死亡。

氩气（Ar）：氩气是一种无色无味的惰性气体，作为保护气被广泛用于工业生产领域，通常用于焊接过程中防止焊接件被空气氧化或氮化。常压下氩气无毒，当作业环境中氩气浓度增高，会引发人单纯性缺氧窒息。氩气含量达到75%以上时可在数分钟内导致人员窒息死亡。液态氩可致皮肤冻伤，眼部接触可引起炎症。

(3) 燃爆。

有限空间中积聚的易燃易爆物质与空气混合形成爆炸性混合物，若混合物浓度达到其爆炸极限，遇明火、化学反应放热、撞击或摩擦火花、电气火花、静电火花等点火源时，就会发生燃爆事故。有限空间作业中常见的易燃易爆物质有甲烷、氢气等可燃性气体以及铝粉、玉米淀粉、煤粉等可燃性粉尘。

(4) 其他安全风险。

有限空间内还可能存在淹溺、高处坠落、触电、物体打击、机械伤害、灼烫、坍塌、掩埋和高温高湿等安全风险。

淹溺：作业过程中突然涌入大量液体，以及作业人员因发生中毒、窒息、受伤或不慎跌入液体中，都可能造成人员淹溺。发生淹溺后人体常见的表现有面部和全身青紫、烦躁不安、抽筋、呼吸困难、吐带血的泡沫痰、昏迷、意识丧失、呼吸心搏停止。

高处坠落：许多有限空间进出口距底部超过2米，一旦人员未佩戴有效的坠落防护用品，在进出有限空间或作业时有发生高处坠落伤害。高处坠落可能导致四肢、躯干、腰椎等部位受冲击而造成重伤致残，或是因脑部或内脏损伤而致命。

触电：有限空间作业过程中使用电钻、电焊等设备可能存在触电的危险。当通过人体的电流超过一定值（感知电流）时，人就会产生痉挛，不能自主脱离带电体；当通过人体的电流超过50毫安，就会使人呼吸和心脏停止而死亡。

物体打击：有限空间外部或上方物体掉入有限空间内，以及有限空间内部物体掉落，可能对作业人员造成人身伤害。

机械伤害：有限空间作业过程中可能涉及机械运行，如未实施有效关停，人员可能因机械的意外启动而遭受伤害，造成外伤性骨折、出血、休克、昏迷，严重的会直接导致死亡。

灼烫：有限空间内存在的燃烧体、高温物体、化学品(酸、碱及酸碱性物质等)、强光、放射性物质等因素可能造成人员烧伤、烫伤和灼伤。

坍塌：有限空间在外力或重力作用下，可能因超过自身强度极限或因结构稳定性破坏而引发坍塌事故。人员被坍塌的结构体掩埋后，会因压迫导致伤亡。

掩埋：当人员进入粮仓、料仓等有限空间后，可能因人员体重或所携带工具重量导致物料流动而掩埋人员，或者人员进入时未有效隔离，导致物料的意外注入而将人员掩埋。人员被物料掩埋后，会因呼吸系统阻塞而窒息死亡，或因压迫、碾压而导致死亡。

高温高湿：作业人员长时间在温度过高、湿度很大的环境中作业，可能会导致人体机能严重下降。高温高湿环境可使作业人员感到热、渴、烦、头晕、心慌、无力、疲倦等不适感，甚至导致人员发生热衰竭、失去知觉或死亡。

10.3.4 环保设备设施有限空间作业安全管理制度

具有环保设备设施有限空间的企业，应制定有限空间作业安全管理制度，该制度的内容主要应包括：

(1)确定相关部门或岗位的有限空间作业安全管理工作职责。

(2)明确有限空间作业许可证申请、签发、使用和取消的程序。

(3)确定必备的安全防护装备和应急用品，如：便携式有毒有害气体检测仪、通风与照明装置、通信工具、隔离护栏、防毒面具、长管式呼吸器、自给式空气呼吸器、安全绳与滑轮、便携式鼓风机与风管等。

(4)明确作业程序与内容，包括：

①进入作业前对有限空间危险有害因素进行辨识和评估的要求。

②对拟进入作业的人员进行安全培训交底及准入人数方面的要求。

③进入作业前对有限空间进行机械通风换气的要求，如换气量、通风时间、管道铺设的要领。

④进入作业前监测有限空间空气中有毒有害气体浓度及氧气含量的要求，包括监测点位、监测频次、各种有毒有害气体最高许可浓度，以及不符合要求时需要采取的措施。

⑤设置现场专职安全监护人,明确其工作职责。

⑥安全防护与应急救援物资的安排。

⑦作业区域的隔离防护要求。

⑧紧急呼救、撤离、应急处置的程序。

(5)当两个及以上单位的员工在同一有限空间作业时,应签署安全协议,明确协调指挥人。

企业环保设备设施有限空间作业安全管理制度的附件通常包括:环保设备设施有限空间清单、安全防护与应急救援物资清单、有限空间作业许可证样式、安全培训交底记录表等。

10.3.5 环保设备设施有限空间作业许可

有限空间作业应取得企业的安全许可。有限空间作业安全许可证作为一种确认文件,其目的是确保人员进入前已经做好了相关工作,且作业空间处于安全状态(见表10-5)。

表10-5　　　　环保设备设施有限空间作业安全许可证(样表)

工作内容:	作业地点:
作业单位:	作业人员:
作业负责人:	安全监护人:
安全风险辨识:	

作业时间:	月　日　时　分至　月　日　时　分	
序号	安全措施	主要内容	确认人签字
1	安全培训交底		
2	隔离作业现场		
3	机械通风换气		
4	氧气和有毒有害气体监测		
5	用电、照明与通讯联络		

续表

序号	安全措施	主要内容	确认人签字
6	现场安全监护人		
7	安全防护与应急救援装备		
8	其他安全要求		

作业安全条件确认：

　　　　　　　　　　　　　签名：　　　　　　　　　　年　　月　　日

审批意见：

　　　　　　　　　　　　　审批人：　　　　　　　　　年　　月　　日

表 10-5 中各栏目的内容说明：

"安全风险辨识"一栏应明确将要从事的有限空间作业可能存在的具体的安全风险，如可描述为：(1) 清污作业人员进入厌氧池时扰动污泥，致使污泥中饱和的硫化氢气体瞬间释放致人员中毒；(2) 如果作业人员不将随身的安全带与支架滑轮相连接，人员晕倒时不能立即救护脱离危险；(3) 如果作业人员不保持使用长管式呼吸器，可能发生中毒事故，等等。安全风险辨识要为下一步的安全培训交底提供素材。

"安全培训交底"主要是对作业人员和安全监护人做好三个方面的安全培训：一是有限空间作业面临的各类安全风险；二是突发紧急情况时的应急技能（如遇到何种情形下紧急撤离现场）；三是安全防护用品的正确使用。

"隔离作业现场"指的是对有限空间的外围进行隔离，避免无关人员进入核心管控区。

"机械通风换气"指的是机械通风换气时间、气体进出部位等。

"氧气和有毒有害气体监测"指的是对拟进入作业的有限空间空气中氧气含量和有毒有害气体浓度进行监测，要求：氧气 19.5%～23%，$H_2S<10mg/m^3$，$HCN<1mg/m^3$，$CO<30mg/m^3$，$HCL<7.5mg/m^3$，$NO_2<10mg/m^3$，$SO_2<10mg/m^3$。有限空间作业前的监测点位应具有代表性，作业许可证上要记录监测点位与数据。

"用电、照明与通讯联络"指的是需要确认用电安全，做好作业场所的照明安排，同时确认监护人员与作业人员的通讯联络方式。

"现场安全监护人"指的是明确作业期间的安全监护人,安全监护人必须是专职,且不得擅自离开现场。

"安全防护与应急救援装备"指本次作业已经准备妥当的安全防护用品与应急救援装备,如雨靴、防护手套、防毒面具、鼓风机(含风管)、长管式呼吸器、应急救援支架(带滑轮)、安全带、便携式有毒气体监测报警仪、通讯工具等。

"其他安全要求"包括机械作业、动火作业、交叉作业、高空作业和化学品使用安全要求,以及有限空间墙体安全性等。如果没有相关要求,此处可不填写。

10.3.6 环保设备设施有限空间安全作业程序

企业组织开展环保设备设施有限空间作业建议遵循以下程序(以深圳市工业废水处理工艺池清污作业为例):

(1)本企业员工或者外来施工方人员拟进入环保设备设施有限空间作业前,需要开展有限空间作业安全风险辨识,建立风险管理台账,按规定提出作业书面申请。

(2)编制有限空间作业方案,并向"深圳市有限空间作业在线审批及监测预警平台"申报,通过后方可启动作业程序。

(3)安排好专职现场安全监护人,作业期间现场安全监护人不得撤离岗位。

(4)企业安全管理人员对拟进入环保设备设施有限空间的作业人员和拟安排的监护人员进行安全交底培训。

(5)现场准备充分的安全防护与应急物资,如劳保服装、安全绳、便携式鼓风机与风管、长管式呼吸器、空气呼吸器、有毒有害气体检测仪、隔离护栏、救援支架与滑轮。

(6)进入废水处理池作业前应关闭进、出废水的管道阀门,尽可能排空废水,隔离作业现场。

(7)实施机械通风换气。合理布置进出风管,需要给予足够的风量对有限空间的空气进行彻底吹扫置换。不得向废水处理池排放氧气或富氧空气。

(8)空气置换完毕,检测有限空间空气中有毒物质含量,确认H_2S、HCN、CO的浓度分别在$10mg/m^3$、$1mg/m^3$、$30mg/m^3$以下,氧气含量在19.5%~23%。空气中其他有毒有害物质含量应符合《工作场所有害因素职业接触限值 第1部分:化学有害因素》(GBZ 2.1—2010)的要求,否则应继续通风换气。作业过程中每隔 2 小时，须重新检测一次空气中有毒有害物质浓度和氧气含量。

（9）作业人员应穿戴好必要的劳动防护用品（如雨鞋、手套、防护服等），配备长管式呼吸器。限制作业人数，一个环保设备设施有限空间作业的人员通常不得超过 2 人。人员进入有限空间作业时应同时穿戴好安全绳，安全绳与救援支架的滑轮可靠连接，遇到人员在有限空间晕倒时即可第一时间将人拖出危险区。

（10）发现作业人员出现中毒或窒息症状时，抢救者必须戴上自给式空气呼吸器或者长管式呼吸器方可进入施救，或者直接向"110"求助。

（11）有限空间内需要动火作业时，需另行办理动火作业许可。

（12）作业结束，安全监护人员应确认现场处于安全状态后撤离隔离栏杆，并收回有限空间作业许可证。

10.3.7　环保设备设施有限空间事故应急救援

有限空间发生事故后应采取科学的应急救援措施，切勿盲目施救从而导致事故伤亡人数扩大。根据相关统计数据，有限空间事故的伤亡人数中有 50% 以上由盲目施救引起，这应引起高度重视。

作业人员出现中毒窒息症状（如晕倒）时，现场的安全监护人应立即开启鼓风机向伤员所在位置送风并向周围大声呼救，同时报告企业相关负责人向"110"报警求助。

救援人员须佩戴空气呼吸器和安全绳进入施救，上下接应使伤员脱离危险区。救援人员在没有做好自身安全保障的情况下不得盲目施救。救出伤员后即实施现场应急救护，或者直接送医院抢救。

10.3.8　环保设备设施有限空间应急救援物资

工业企业环保设备设施有限空间作业安全防护与应急救援物资通常包括便携式气体检测报警仪、长管式呼吸器、正压式空气呼吸器、防毒面具、安全带、安全绳、应急救援支架、劳动防护用品（安全帽、防护服、防护手套、防护眼镜、防护鞋、雨鞋）、便携式风机与风管、照明设备、通信设备、隔离与警示设施（见表 10-6）。

表 10-6　　有限空间作业主要安全防护与应急救援物资

序号	应急救援物资名称	主要功能	参考图片
①	便携式气体检测报警仪	检测有限空间空气中有毒有害气体浓度和氧气含量，偏离要求时报警提醒。	
②	长管式呼吸器	通过风机、空压机或高压气瓶为佩戴者(作业人员)输送洁净空气，主要有连续送风式和高压送风式两种。	
③	正压式空气呼吸器	主要用于应急救援或在危险性较高的作业环境内短时间作业。	
④	防毒面具	用于在有毒有害气体浓度比较低的环境下保护作业人员。	
⑤	安全带、速差自控器、安全绳	主要用于人员需要救助时能够快速将伤员拖离危险区域。	

10.3 环保设备设施有限空间作业安全

续表

序号	应急救援物资名称	主要功能	参考图片
⑥	应急救援支架	主要用于对伤员实施安全救护。工业废水处理池作业时往往需要根据现场特定条件自制应急救援支架。	
⑦	劳动防护用品(安全帽、防护服、防护手套、防护眼镜、防护鞋、雨鞋)	用于作业人员常规性安全防护。	
⑧	便携式风机与风管	用于对有限空间实施机械通风换气,排除空气中的有毒有害气体,同时送入新鲜空气。	
⑨	照明设备	用于有限空间照明,主要是头灯和手电筒。	
⑩	通信设备	主要用于有限空间作业人员与现场安全监护人之间的通信联络。	
⑪	隔离与警示设施	隔离护栏并在现场设立安全警示标志用于防止无关人员靠近作业场所。	

10.4 环保设备设施安全隐患排查与治理

安全隐患通常可分为两类：其一是与安全生产法律法规和技术标准不相符的行为、状态和管理情况；其二是通过技术手段分析确认的不可接受风险。

10.4.1 建立健全隐患排查治理制度

企业可按照下列要求建立健全环保设备设施安全隐患排查治理制度：

(1)建立隐患排查治理责任制。企业应建立健全覆盖主要负责人、分管负责人、安全环保管理人员和环保设备设施操作人员的隐患排查治理责任体系。明确企业主要负责人对本单位环保设备设施安全隐患排查治理工作全面负责，具体明确企业分管负责人、安全环保管理人员、设施操作人员的隐患排查责任。

(2)环保设备设施安全隐患分为一般隐患和重大隐患，符合《工贸企业重大事故隐患判定标准》规定的为重大隐患，除此之外的隐患可认定为一般隐患。企业可根据《工贸企业重大事故隐患判定标准》分级原则自行制定具体的分级管理标准。

(3)结合企业自身安全风险特征，编制隐患排查表(参考附件1和附件2)。

(4)建立健全环保设备设施安全隐患自查、自报、自改、自验的工作机制。

(5)如实记录隐患排查治理情况并形成台账(参考附件3)，跟踪治理，实现隐患闭环管理。

10.4.2 明确隐患排查方式与频次

企业环保设备设施安全隐患排查分为综合排查、日常排查和专项排查等方式，以日常排查为主。

综合排查由企业主要负责人牵头，对整个厂区的环保设备设施(含产污环节源头收集)开展全面排查。一年不少于两次。

日常排查是指以班组为单位对废水废气处理设施和危险废物储存场所采取的日常性排查。一个月不少于一次。

专项排查是指在特定时间或针对特定区域进行的专门性排查，如重大节假日或重大活动前、已发布气象灾害预警的、同类企业发生过事故的、出现新颁布或修订的相关法规标准的、停产后恢复生产前的排查。排查频次根据实际需要确定。

10.4.3 隐患排查治理组织实施

（1）自查。根据企业自身实际制定环保设备设施安全隐患排查表，适时开展隐患排查。隐患排查表应包含所有环保设备设施及其具体位置、排查项目、排查内容、排查结果、隐患级别、治理期限，以及排查时间、排查人员等。排查人员应如实、认真填写排查表。

（2）自报。环保设备设施操作人员发现隐患应当立即向现场管理人员或者单位有关负责人报告；管理人员发现的隐患应当立即向本单位有关负责人报告。接到隐患报告的人员应做好记录并及时处理。

（3）自改。一般隐患须确定责任人，确定时限并立即组织治理，隐患完成治理情况应由企业相关负责人签字确认，予以销号。重大隐患要制定治理方案，治理方案应包括：隐患现状、治理措施、达标要求、资金预算、完成时间、责任部门和责任人、隐患治理过程中的风险防控和应急措施。重大隐患治理方案应报企业相关负责人签发，抄送企业相关部门落实。企业主要负责人要及时掌握重大隐患治理进度，对治理进度进行跟踪监控，对不能按期完成治理的重大隐患进行督办，加大治理力度。

（4）自验。重大隐患治理结束后，企业应组织相关专家对治理效果进行评估和验收，编制重大隐患治理验收报告，由企业相关负责人签字确认，予以销号。

10.4.4 隐患排查要点

工业环保设备设施安全隐患排查参照《工业环保设备设施安全隐患排查表》（见附件1）执行，企业可根据自身安全风险特征自行编制排查表。隐患排查要点包括但不限于：

（1）是否建立环保设备设施安全生产责任制，是否将环保设备设施安全纳入企业的安全管理体系，是否制定了环保设备设施有限空间、动火、吊装、登高、检维修等危险作业安全管理规章制度并实施。

（2）是否建立健全环保设备设施安全隐患排查治理工作机制，所有排查出的隐患是否做到闭环管理。

（3）废水处理站工艺池防护栏杆和废气采样操作平台、钢直梯、钢斜梯是否符合国家安全标准要求。

(4) 废水处理站是否存在通风不良导致有毒有害气体难以扩散的情况。

(5) 废水处理设施供配药间，是否存在产生硫化氢或氰化氢等有毒有害气体的潜伏风险。

(6) 含氰废水的破氰方式是否合理，一级和二级破氰工艺池废水的 pH 值、ORP 是否在线有效监控。

(7) 设置于地下的废水处理设施是否安装有机械通风和事故排风装置，是否设置氧气和有毒有害气体在线监测报警装置。

(8) 废水或废气处理设施是否设置在线视频监控，是否存在超期服役或老化失效引起的安全隐患。

(9) 废水或废气处理设施是否存在可能产生硫化氢、氰化氢致人伤亡的不安全工艺及操作规程。

(10) VOCs 处置装置（如 UV 光解、活性炭吸附）是否设置高温报警联锁装置，活性炭是否定期更换。

(11) 突出建筑屋面的生产废气处理设施是否根据《建筑物防雷设计规范》(GB 50057—2000) 的有关规定设置避雷装置并定期检测。

(12) 废气处理区域是否配置可靠的消防设施，事故状态下风机是否能够紧急停车。

(13) 采用蓄热式高温氧化 (RTO) 设备、蓄热式催化氧化 (RCO) 设备、吸附法处理有机废气的治理系统与主体生产装置之间的管道是否安装防火阀或阻火器，是否设置故障自动报警和联锁保护装置。

(14) 可燃粉尘的收集方式、防火防爆、清灰作业、等电位连接等是否符合安全要求。

(15) 环保设备设施有限空间作业是否按规定的程序取得作业许可，是否在通风、检测合格后进入作业，作业现场是否设置专职安全监护人，是否配备适宜的应急救援物资和装备。

(16) 挥发性有机物回收装置是否采取有效的防火防爆措施。

(17) 不相容危险废物是否混合储存，安全隔离措施是否存在缺陷。

(18) 易燃易爆类危险废物储存量与储存期限是否符合要求，储存场所是否采取了防止引发火灾爆炸事故的措施。

（19）危险废物处置设施的温度控制系统、压力控制系统及联锁报警功能是否有效。

（20）污染防治场所电气、消防和结构是否委托专业机构定期开展安全可靠性检测。

10.4.5 建立隐患管理档案

企业应及时建立环保设备设施安全隐患排查治理档案，内容包括企业环保设备设施隐患排查治理制度、隐患排查表、年度隐患排查治理工作计划、隐患排查治理台账、重大隐患治理方案和验收报告、相关会议纪要和书面报告等各种材料。

隐患管理档案至少留存五年。

◎ 附件1：

工业环保设备设施安全隐患排查表（参考）

（企业可参考本表制定符合本企业实际情况的排查表）

排查项目	具体排查内容	排查结果		
		隐患描述	治理建议	治理期限
（一）主体责任	1. 企业是否建立环保设备设施安全生产责任制，明确各层级的具体责任和责任人。			
	2. 企业是否根据面临的环保设备设施安全风险，建立健全隐患排查治理制度，是否按制度及时排查和治理隐患。			
	3. 企业是否建立环保设备设施隐患排查治理台账，是否建立隐患档案并定期更新档案信息。			
	4. 环保设备设施安全管理是否纳入企业安全管理体系。			
	5. 是否由环境污染第三方治理单位委托检维修作业。			
	6. 委托运营环保设备设施或者外委施工作业时，企业是否与受托方签订专门的安全管理协议，是否履行了作业审批、安全交底、安全监督等职责。			

续表

排查项目	具体排查内容	排查结果		
		隐患描述	治理建议	治理期限
(二)有限空间作业	见附件 2			
(三)废水处理设备设施	1. 车间产生的不同类别废水是否严格分区收集排放,废水管道是否设置醒目的介质和流向标识。			
	2. 废水处理站是否与厂区内其他建筑设施相对隔离,是否设置防止无关人员进入的措施,废水站入口处是否设置"注意安全""当心中毒""当心落水"等警示标志。			
	3. 废水处理站环境是否保持通风良好,作业区是否设置在线视频监控。			
	4. 废水站工艺池是否设置可靠的安全防护栏杆和安全防坠网,地下废水工艺池盖板是否安全可靠。			
	5. 含氰废水处理是否采用两级破氰工艺,一级破氰池的 pH 值和 ORP 是否符合要求(pH 值≥10.5,ORP 宜 300~350mV)			
	6. 酸性药剂与硫化钠配药桶是否可靠隔离,是否存在在酸性条件下使用硫化钠处理废水的风险。			
	7. 需投放硫化钠的废水处理工艺池是否设置 pH 值在线监控装置(pH 值≥8.5 为宜)。			
	8. 机械转动部件是否设置防护罩,特种设备是否定期检验。			
	9. 废水站的配电柜是否设置漏电保护装置,电线线路绝缘是否可靠。			
	10. 废水站内电气设施是否采取可靠的防雨措施,现场是否使用腐蚀严重的电机。			

续表

排查项目	具体排查内容	隐患描述	治理建议	治理期限
(三)废水处理设备设施	11. 可能散发有毒有害气体的废水处理工艺池,是否采取负压收集及净化处理措施。			
	12. 废水处理站危险化学品临时储存区是否符合安全要求,重金属捕捉剂与焦亚硫酸钠是否可靠隔离储存。			
	13. 是否违章作业,是否存在带压切割或拆除污泥管道作业。			
	14. 设置于地下的废水处理站是否与周围区域(如地下停车场)可靠隔离,进出通道是否顺畅。			
	15. 设置于地下的废水处理站作业区是否持续机械通风,保持良好作业环境,是否设置事故排风装置。			
	16. 设置于地下的废水处理站作业区是否安装氧气和有毒有害气体在线监测报警装置。			
(四)废气处理设备设施	1. 生产车间产生的废气是否做到分类收集、处理和排放,废气管道是否设置醒目的介质和流向标识。			
	2. 废气处理设施是否设置在线视频监控,周边是否设置消防设施,事故状态时风机是否能够紧急停车。			
	3. 废气处理设施配电柜是否设置漏电保护装置,电机是否做好防雨措施,处理设施是否设置防雷装置(必要时)。			
	4. 废气处理设施操作采样平台、钢直梯、钢斜梯的有关技术参数是否符合国家标准《固定式钢梯及平台安全要求》(GB 4053)的相关要求。			
	5. 废气处理区是否根据危险因素设置"当心坠落""禁止烟火"和"当心中毒"等安全警示标志。			
	6. 喷漆、锡炉、抛光粉尘废气收集排放管道是否定期清理内壁。			
	7. 是否存在酸性条件下使用硫化钠处理生产废气的风险,是否存在酸性气体与含氰废气混合排放的情况。			

续表

排查项目	具体排查内容	排查结果		
		隐患描述	治理建议	治理期限
(四)废气处理设备设施	8. VOCs 处置装置(如 UV 光解、活性炭吸附)场所是否设置高温报警联锁装置。			
	9. VOCs 处理装置吸附活性炭是否定期更换并做好更换记录。			
	10. RTO、RCO、吸附系统前端管道是否安装阻火器或防火阀。			
	11. RTO 是否设置废气入口浓度 LEL 在线监测报警装置，RTO 是否设置安全可靠的火焰监测系统、温度控制系统及压力控制系统，联锁报警功能是否有效。			
	12. 可燃粉尘的收集方式、防火防爆、清灰作业、等电位连接等是否符合安全要求，是否使用压风输送粉尘。			
	13. 处理易燃、易爆含尘气体时，是否使用具有抗静电性能的滤料(外壳接地)，是否设置防爆设施。			
(五)危险废物储存处置设备设施	1. 危险废物储存区与企业员工宿舍、食堂、办公区是否保持必要的安全防护距离(不少于 10 米)。			
	2. 危险废物储存场所是否采取防止无关人员进入的措施，是否设置"禁止烟火""当心中毒"和"禁止入内"等安全警示标志。			
	3. 危险废物识别标志、危险废物标签、危险特性警示图形是否符合《危险废物识别标志设置技术规范》(HJ 1276)的相关规定。			
	4. 易燃易爆类危险废物是否按同类危险化学品的要求储存。			
	5. 不相容的危险废物是否采用物理隔离方式分离存放。			
	6. 易燃易爆类危险废物储存区电气设施是否使用安全防爆型。			
	7. 危险废物的储存量是否得到合理控制(易燃易爆类物品的储存量不得超过 $0.5t/m^2$)。			
	8. 危险废物储存期限是否得到严格控制(临时储存不超过一年，超过一年的须报属地生态环境部门批准)。			

续表

排查项目	具体排查内容	排查结果 隐患描述	排查结果 治理建议	排查结果 治理期限
(五)危险废物储存处置设备设施	9. 挥发性有机物回收装置是否采取有效的防火防爆措施。			
	10. 危险废物储存与处置场所是否通过消防验收。			
	11. 危险废物处置设备旋转部位安全防护、紧急停车装置是否合规。			
	12. 危险废物处置设施的温度控制系统、压力控制系统及联锁报警功能是否有效。			
	13. 污染防治场所的电气、消防与结构是否根据需要委托专业机构进行安全可靠性检测。			
(六)应急管理	1. 企业突发环境事件应急预案是否含有环保设备设施生产安全事故专项应急预案。			
	2. 是否对涉环保设备设施操作和管理人员适时开展应急培训,是否定期开展生产安全事故应急演练。			
	3. 企业是否配备与环保设备设施安全风险相适应的生产安全事故应急物资与装备(如便携式鼓风机、安全绳、有毒有害气体监测仪、有限空间应急救援支架、正压式空气呼吸器、长管式呼吸器),是否做好日常维护保养。			

◎ 附件2：

有限空间作业主要事故隐患专用排查表

序号	项目	隐患内容	隐患分级
1	有限空间作业方案和作业审批	有限空间作业前,未制定作业方案或未经审批擅自作业。	重大隐患
2	有限空间作业场所危险辨识和设置安全警示标志	未对有限空间作业场所进行辨识并设置明显安全警示标志。	重大隐患

417

续表

序号	项目	隐患内容	隐患分级
3	有限空间管理台账	未建立有限空间管理台账并及时更新。	一般隐患
4	有限空间有毒有害气体检测	有限空间作业前及作业过程中未进行有效的气体检测或监测。	一般隐患
5	劳动防护用品配置和使用	未根据有限空间存在的危险有害因素种类和危害程度，为从业人员配备符合国家或行业标准的劳动防护用品，并督促其正确使用。	一般隐患
6	有限空间作业安全监护	有限空间作业现场未设置专人进行有效安全监护。	一般隐患
7	有限空间作业安全管理制度和安全操作规程	未根据本单位实际情况建立有限空间作业安全管理制度和安全操作规程，或制度、规程照搬照抄，与实际不符。	一般隐患
8	有限空间作业安全专项培训	未对从事有限空间作业的相关人员进行安全专项培训交底，或培训内容不符合要求。	一般隐患
9	有限空间作业事故应急预案和演练	未根据本单位有限空间作业的特点，制定事故应急预案，或未按要求组织应急演练。	一般隐患
10	有限空间作业承发包安全管理	有限空间作业承包单位不具备有限空间作业安全生产条件，发包单位未与承包单位签订安全生产管理协议明确各自的安全生产职责，发包单位未对承包单位作业进行审批，发包单位未对承包单位的安全生产工作定期进行安全检查。	一般隐患

◎ 附件 3：

工业环保设备设施安全隐患排查治理台账

（参考样式）

序号	场所	设施名称	安全隐患排查					安全隐患治理			备注
			隐患描述	隐患照片	隐患等级	排查人	排查时间	治理后照片	验收人	验收时间	

◎ 附件 4：

工业环保设备设施有限空间管理台账

（参考样式）

序号	场所	有限空间名称	主要安全风险	安全管控措施	责任人	备注

第 11 章 企业环境安全标准化建设

为推动企业实现环境安全(含环保设备设施安全生产)标准化,降低区域环境安全风险,深圳市生态环境局在充分调查研究的基础上,组织制定了《深圳市企业环境安全标准化建设指南(试行)》和《深圳市企业环境安全标准化考核评级标准(试行)》,且在全市约 1000 家企业(主要是危险废物经营单位、重金属污染物排放企业、年产危险废物 100 吨以上的企业和化工企业)推广应用,取得了良好的绩效。企业环境安全标准化建设主要包括三方面的内容,即环境安全风险管控标准化、环境安全隐患排查与治理标准化、环境应急管理标准化。

企业环境安全标准化建设是一项创新举措,可作为企业突发环境事件和环保设备设施生产安全事故预防及应急能力建设的重要抓手。

11.1 企业环境安全风险管控标准化

企业环境安全风险管控标准化的主要内容包括:环境安全风险评估与风险告知、突发环境事件风险管控、环保设备设施安全管控、警示标志设置、环境安全管理制度建设及业务培训共 6 部分。这些是预防环节的内容,也是环境安全标准化建设的重点。

11.1.1 风险评估与告知

企业要控制风险,首先就要认识风险。认识环境安全风险的前提是开展环境安全风险评估,并且将企业的风险特征告知岗位员工及相关方。为了规范企业开展环境安全风险评估与风险告知行为,有必要按以下要求实施标准化。

(1)企业根据本单位的实际情况划分环境安全风险单元,通常可划分为废水处理站、废气处理区、危险废物储存区、排污管道和厂区雨水总排口等。

（2）识别各风险单元突发环境事件或者环保设备设施安全风险，评估突发环境事件风险等级和环保设备设施安全风险等级，明确管控措施，形成环境安全风险清单。环境安全风险评估的具体内容详见第二章和第十一章的相关阐述。

环境安全风险清单至少每年更新一次。

（3）在各风险单元设置环境安全风险管控告知牌。风险管控告知牌重点包括"风险因素"和"管控措施"两方面的内容，企业根据辨识结果针对突发环境事件风险和环保设备设施安全风险提出具体的防控措施。表11-1为某电镀企业环境安全风险管控告知牌，供读者在实际应用中参考。

表11-1　　　　　　环保设备设施安全风险管控告知牌（示例）

	风险因素	事故类型
单元名称： 废水处理站 责任部门： 行政人事部 责任人： ×××	1. 对拟进入的环保设备设施有限空间空气置换不彻底，或没有监测有限空间空气中氧气含量和有毒有害气体浓度并确认合格，或作业时监护人和应急救援物资不到位，或作业前没有制定施工方案，或没有按程序取得有限空间作业许可，导致中毒窒息。 2. 有限空间作业发生紧急情况时盲目施救，致使事故伤亡扩大。 3. 仅采用一级破氰工艺，造成氰化氢中毒。 4. 配电系统未设置泄电保护，致触电事故。 5. 防护栏杆不合格或维修人员重心越过护栏，导致溺水或中毒事故。 6. 应急池设置不合理，致使消防废水和泄漏物不能进入。 7. 消防废水和泄漏物直接向外环境排放。 8. 操作失误或设施故障导致废水超标排放。	1. 中毒窒息； 2. 火灾爆炸； 3. 触电； 4. 废水超标排放。

续表

危险等级	较大风险	管控措施	应急措施
当心火灾 当心爆炸 当心中毒 必须穿防护鞋 必须戴防护手套 戴防毒面具	重要提示 必须通风换气 必须安全监护 严防超标排放	1. 环保设备设施有限空间作业必须坚持先通风、再监测、后作业的程序。 2. 有限空间作业前，按程序办理许可证。作业期间，安全监护人不得离开现场，配备的应急物资处于备用状态；出现人员在有限空间晕倒等突发情况时，科学施救。 3. 含氰废水实行两级破氰工艺，在线监控 ORP 和 pH 值。 4. 废水处理站配电系统设置漏电保护装置。 5. 各废水工艺池的防护栏杆须符合标准要求，牢固可靠。 6. 事故应急池应能使消防废水和泄漏物自动流入，否则应使用管道和水泵协助。 7. 厂区雨水排放口设置拦截装置。 8. 做好废水处理设施的运行维护管理，确保其处于正常状态。 9. 加强业务培训，作业人员持证上岗。制定并严格执行废水处理操作规程。 10. 加强废水自动监测装置的维护管理。	1. 发现人员窒息、中毒，要立即向事故场所鼓风并大声呼救，同时报告主管领导，同时拨打"120"请求紧急救护。 2. 发生触电事故时，立即切断电源并救出伤员。 3. 发生溺水事故时，第一时间救出伤员。 4. 事故应急池处于净空状态，将超标废水引入暂存。
		应急联系电话：　消防火警：119　急救电话：120	

大型企业或者环境安全状况比较复杂的企业，可分别设置突发环境事件风险管控告知牌和环保设备设施安全风险管控告知牌；小型企业或者风险程度较低的企业可将这两类合二为一，即设置为一个风险告知牌。

11.1.2 突发环境事件风险管控

11.1.2.1 废水收集与处理设施

生产废水收集与处理设施环境安全标准化是企业开展环境安全标准化建设的

重要内容之一，涉及若干具体要求，是生态环境主管部门关注的重点和难点。

(1) 废水收集。

分类收集车间产生的废水。含一类污染物的废水单独收集处理，确认达标后排入综合调节池；含氰废水单独收集处理，经破氰达标后排入综合调节池。废水管道明管明沟铺设，架空铺设废水管道时设置可靠的支撑管架。废水管沟内设置一定容量的泄漏收集池，收集池直接或通过潜水泵与事故应急池相连，便于转移泄漏废水。废水管沟不得与厂区外环境直接相通。废水管道应标明废水类别及流向，标识部位包括废水管道的起点、终点、交叉点、拐弯处、阀门和穿墙孔两侧等处。污泥脱水产生的废水和废水处理站地面冲洗废水应全部收集并通过管道排入废水综合调节池。

(2) 事故应急池。

危险废物经营单位、产生重金属污染物的企业和化工企业生产车间周围应设置事故废水或者泄漏物收集管沟。建设有生产废水处理设施的企业或化工企业应设置事故应急池。事故应急池容积≥8小时生产废水许可排放量(有条件时应急池容积宜≥12小时生产废水许可排放量)，且平时处于净空状态。事故应急池应做好标识，说明应急池的尺寸与容量。合理设置事故应急池，使得事故废水或者泄漏物能自流进入。如果不能自流进入应急池，则需要配备足够能力的排水管和泵，确保事故废水或者泄漏物能被全部收集。事故应急池与生产废水综合调节池通常用固定管道和水泵可靠连接，便于及时转移废水。

(3) 雨(污)水排放口。

一个区域内的生产经营场所，只能设置生产废水、生活污水和雨水排放口各一个。企业生产废水排放口应设置观察池，观察池底至少低于出水口下沿30厘米。危险废物经营单位、排放重金属污染物的企业、化工企业和年产危险废物100吨以上的企业厂区雨水总排口应设置拦截闸(阀)门，用于拦截事故废水或泄漏物。生产废水排放口的出口端应设置拦截闸(阀)门，及时拦截不达标的废水。

(4) 废水处理能力与作业环境。

废水处理设施的处理能力应与废水许可排放量相适应。如果因处理设施老化等原因，造成废水处理能力下降，企业应对处理设施进行优化升级或暂时减少废水产生量。废水处理人员必须具备相应的废水处理能力，做到持证上岗。废水处理站的地面和墙体应保持整洁，地面无积液，物品分类摆放有序，进出通道顺畅，照明与通风良好。废水处理站地面和各工艺池内壁均应做好防渗防腐处理；各工艺池均应设置标识，说明废水池的名称与容积。

11.1.2.2　废气处理设施

废气处理设施环境安全标准化的主要内容包括：

(1)各生产车间产生的废气须设置废气收集罩，集气口呈负压状态，不得无组织排放生产废气或未经处理直接排放。

(2)酸性废气、碱性废气、有机废气、铬酸雾废气、含氰废气等须独立收集，根据污染物的理化特性针对性处理后达标排放。

(3)废气管道应采用耐腐蚀、耐高温、耐压力的材质，新建项目的废气管道应使用阻燃材料。

(4)废气收集管道漆色应符合相关标准要求，同时标示收集的介质种类和流向，标示部位包括废气管道的起点、终点、交叉点、拐弯处、阀门和穿墙孔两侧等处。

(5)废气净化塔应编号并标示废气的类别，按环保和安全要求设置采样口、操作和监测采样平台。

(6)废气处理使用自动加药装置，避免人为管理或操作失误。

11.1.2.3　危险废物收集储存设施

企业危险废物环境安全标准化的内容，主要依据生态环境部《"十四五"全国危险废物规范化环境管理评估工作方案》的《危险废物规范化环境管理评估指标(工业危险废物产生单位)》和《危险废物规范化环境管理评估指标(危险废物经营单位)》的相关要求制定，标准化建设的要点如下：

(1)企业产生危险废物的车间应设置危险废物收集点，分类收集危险废物。车间危险废物收集点应设置危险废物警示标志。

(2)企业应设置专用的场所集中储存危险废物，储存场所要求符合《危险废物储存污染控制标准》(GB 18597—2023)的相关规定，设置防雨、防火、防渗、防扬散、防流失等风险防控措施。

(3)危险废物集中收集、储存场所应按《危险废物识别标志设置技术规范》(HJ 1276—2022)要求设置警示标志和标签。禁止将危险废物混入生活垃圾或一般工业废物中储存。

(4)不同种类危险废物中间应有明显间隔(如隔墙或过道),每一类危险废物储存区应设置醒目标识。含一类污染物的废水处理污泥与其他废水处理污泥分别脱水处理,隔离堆放和转移处置。

(5)危险废物应委托给持有相应危险废物经营许可证的单位处置,企业应建立清晰的危险废物转移和储存台账。

(6)危险废物储存区内应设置废水导排管道或渠道,将冲洗废水或渗滤液排入废水处理设施处理或纳入危险废物管理。

(7)储存液态、半固态危险废物的容器内须留容积10%的空间,储存区域应设置耐腐蚀的硬化地面并做防渗处理。储存区内应设置泄漏物收集装置,围堰与地面合围的有效容积应不小于最大储存容器的容积,或者不小于全部储存容积的50%;围堰与储存容器外壁的水平距离不宜小于容器高度的50%。

(8)废蚀刻液、废有机溶剂、废剥离液和废酸等大型液态危险废物储存容器应设置液位计,并设置在线视频监控。

(9)使用符合相关标准要求的容器盛装危险废物,装载危险废物的容器材质须满足相应的强度要求,盛装危险废物的容器材质和衬里应与危险废物性质相容。

(10)企业自行利用或处置危险废物的,在利用或处置前须依法取得环境影响批复并通过项目竣工环境保护验收。设施运行阶段须建立危险废物利用或处置台账,产生的废水、废气达标排放。

11.1.3 环保设备设施安全风险管控

企业环保设备设施安全生产方面的标准化建设,即从安全生产的视角提出环保设备设施标准化建设要求,目的是提高企业环保设备设施安全生产管控水平,降低安全生产风险,主要涉及废水处理、废气处理、危险废物储存,以及环保设备设施有限空间作业的安全标准化建设。

11.1.3.1　废水处理安全要求

通过分析近几年全国工业企业环保设备设施发生的各类生产安全事故,同时参考相关技术规范,废水处理设备设施安全标准化建设要点如下:

(1)废水处理站应与厂区内其他建筑设施相对隔离,设置防止无关人员进入的措施。

(2)废水处理站应保持良好的自然通风,空气中有毒有害物质浓度须满足《工作场所有害因素职业接触限值　第1部分:化学有害因素》(GBZ 2.1—2019)的要求,氧气含量在19.5%~23%。企业废水处理站宜设置在室外,可加设顶棚,但不宜对废水处理站四周进行围挡。

(3)废水处理站配电系统应设置漏电保护装置,所有正常不带电的电气设备金属外壳均应可靠接地。

(4)废水处理站各工艺处理池周围应设置可靠的安全防护栏杆,栏杆高度不得低于1050毫米,立柱间隙宜为1000毫米,横杆与上、下构件的净间距不大于380毫米。防护栏杆的下部应设置挡板。

(5)未经许可或没有采取相应安全措施的情况下,操作人员不得翻越护栏作业、不得带压切割或拆除废水和污泥管道、不得使用酸或废酸冲洗工艺池壁的污垢。

(6)废水收集池或工艺池(含车间废水收集池)的盖板必须牢固可靠,如果没有盖板则需要设置防护栏杆和防护网。

(7)废水处理站机械设备裸露的传动部分应设置防护罩,因场地所限不能设置防护罩的应设置防护栏杆。

(8)生产车间的含氰废水与酸性废水必须隔离收集排放。含氰废水管道应避免从酸性废水单元上方跨越,酸性废水管道也应避免从含氰废水单元上方跨越。

(9)含氰废水实行两级破氰处理工艺:一级破氰池的pH值不小于10.5,氧化还原电位(ORP)宜控制在300mV~350mV;二级破氰池的pH值不小于7.5,ORP宜控制在600mV~650mV。一级破氰池和二级破氰池均应设置pH值和ORP自动监控仪。

(10)硫化钠配药装置应与酸性药剂配药装置可靠隔离,不得相邻设置。

(11)需投放硫化钠的废水处理工艺池应设置 pH 值在线监控装置,投放硫化钠溶液前确认工艺池中废水的 pH 值大于 8.5。当车间产生的酸性废水量突然增加时,应采取应急措施增加碱液量。

(12)废水处理站的每位操作人员应配备防护手套、防毒面具和护目镜等个人防护用品各一套。

(13)废水处理站应合理设置危险化学品临时存放场所(非废水处理用危险化学品不得储存于废水处理站),不相容的危险化学品应有可靠的隔离措施,各种危险化学品均应张贴安全技术说明书和安全警示标志。危险化学品的临时存放量不得超过 24 小时的使用量。

(14)地下废水处理站需要与周围进行可靠隔离,按规定设置人员进出通道。

(15)地下废水处理站应设置的机械通风设施,各风机做到一用一备,确保空气中有毒有害气体浓度符合《工作场所有害因素职业接触限值 第 1 部分:化学有害因素》(GBZ 2.1—2019)的要求。此外,地下废水处理站还应设置事故排风装置。

(16)地下废水处理站应保持作业环境良好,设置有毒有害气体在线监测、烟感探测和处置场所视频监控装置。

11.1.3.2 废气处理安全要求

废气处理设备设施安全标准化建设的主要内容是围绕废气处理塔火灾事故展开,标准化建设的要点如下:

(1)废气管道与废气处理塔应使用难燃或阻燃材料,连接生产车间与废气处理塔的废气管道宜安装阻火器,阻止火焰传播。

(2)废气处理区应设置消防栓,同时设置在线视频监控装置。

(3)废气处理塔应使用难燃或阻燃材料制造,对于目前仍在用的普通 PE 材质(特别是使用 3 年以上的)需适时更换。

(4)废气处理设施配电系统应设置漏电保护装置,电机做好防雨措施;必要时,在废气处理塔设置防雷设施。

(5)废气处理设施的钢直梯、钢斜梯、操作和监测采样平台应符合《固定式钢梯及平台安全要求》(GB 4053—2009)的相关规定。

(6)铝材抛光作业区呈负压状态,宜采用水帘和抽风相结合的方式除尘,水帘用水呈中性。铝材抛光粉尘为危险废物且具有遇湿易燃特性,储存区须保持干燥通风,并严格控制储存量。

(7)使用布袋除尘器收集铝材抛光粉尘时须使用金属集尘管道,管道法兰须做好跨接和防静电接地,每班至少清理一次管道内壁和布袋中的粉尘。严禁使用压风输送粉尘。

(8)喷漆废气、锡炉(使用松香)废气和铝材抛光粉尘收集排放管道的内壁应定期清理,避免结垢。

(9)废气处理采用自动加药方式,通常不得使用硫化钠处理生产废气。必须使用时,须进行安全风险评估,采取可靠的安全措施。

(10)任何情况下,不得将含氰废气与酸性废气混合收集处理。

(11)废气处理塔内的维护检修为有限空间作业,需按照有限空间作业实施安全管理。

11.1.3.3 危险废物安全要求

危险废物安全标准化主要是针对易燃易爆类危险废物和废弃危险化学品的安全管控,其安全标准化建设要点如下:

(1)危险废物储存区与企业员工宿舍、食堂、办公区的安全防护距离不小于10米。

(2)危险废物储存场所应采取防止无关人员进入的措施。

(3)易燃易爆类危险废物和废弃危险化学品的储存安全条件不得低于同类危险化学品的相关要求,且应尽量缩短暂存时间。

(4)危险废物的临时储存时间不得超过1年,因特殊情况需要延长储存期限的须报属地生态环境主管部门批准。

(5)危险废物与危险化学品不得同库储存。

(6)禁止混合收集、储存性质不相容而未经安全性处置的危险废物。

11.1.3.4 有限空间作业安全管理

环保设备设施安全管理的重点是废水处理站、废气净化塔、大型危险废物储存设施的有限空间作业安全，有效管控了有限空间作业就抓住了环保领域安全生产的核心。环保设备设施安全标准化建设强调有限空间作业程序规范化、应急救援装备的配置规范化和现场安全管理规范化。

(1) 有限空间作业安全管理制度。

企业应根据自身的安全管理实际制定环保设备设施有限空间作业安全管理制度，实行有限空间作业许可制。

企业有限空间作业安全管理制度的内容应包括有限空间识别清单、许可证办理程序、作业过程注意事项、安全监护和应急处置规定等相关内容。企业有限空间作业安全管理制度既适用于本企业员工，同时适用于委托的施工方或环保设备设施运营单位。

(2) 有限空间作业程序。

环保设备设施有限空间作业要严格遵循以下程序：

第一步，对即将实施的有限空间作业进行安全风险辨识，主要是发掘各种潜在危害因素并提出相应的管控对策措施。

第二步，制定有限空间作业方案，向企业相关部门提出书面作业申请，同时报告属地街道办等政府部门。

第三步，确定作业人员和安全监护人，对其进行安全交底培训。

第四步，对拟进入的有限空间周边场所进行隔离和安全警戒。

第五步，关闭进出废水管道，排干废水处理池的废水，实施机械通风换气。

第六步，经充分通风换气后，根据相关规定对有限空间空气中有毒有害气体进行检测，确认有毒有害气体浓度符合《工作场所有害因素职业接触限值 第1部分：化学有害因素》(GBZ 2.1—2019)的规定，且氧气含量正常。

第七步，安排专职安全监护人，现场须配备必要的应急救援装备。

第八步，作业人员佩带长管式呼吸器，通过安全带与救援支架的滑轮相连接。严格控制有限空间作业人数，单一废水池的作业人员不超过2人。

第九步，作业过程中持续保持机械通风，同时检测空气中有毒有害气体浓度和氧气含量，且作业人员每隔2小时应到地面适当休息。

第十步，作业完毕，确认现场处于安全状态方可撤离。

(3) 有限空间事故应急救援。

第11章 企业环境安全标准化建设

当发现作业人员出现中毒或窒息症状时，立即向110报警求助，在确保自身安全的前提下科学施救。

11.1.4 警示标志

环保设备设施的安全警示标志通常是安全标准化的重要体现，安全警示标志规范设置是标准化建设的表征之一。标准化建设要点见表11-2。

表 11-2　　　　　　　污染处置场所标志标识设置要求

序号	污染处置场所	标志标识
1	废水处理站入口、车间废水收集池、人员可进入作业的大型废气处理塔和大型危险废物储存罐附近	有限空间作业安全告知牌
2	废水处理站入口处	注意安全；当心中毒；当心坠落；当心落水；严禁烟火；禁止入内

11.1 企业环境安全风险管控标准化

续表

序号	污染处置场所	标志标识	
3	废气塔操作平台和监测采样平台	注意安全 当心中毒	当心坠落 严禁烟火
4	危险废物集中收集储存区入口处	危险废物 严禁烟火	当心中毒 禁止入内
5	危险废物包装容器或各类危险废物储存点上方墙体处	危险废物 主要成分： 化学名称： 危险情况： 安全措施： 废物产生单位： 地址： 电话： 联系人： 批次： 数量： 产生日期：	危险类别 TOXIC

说明：危险废物警示标志可以与危险废物标签悬挂在一处。

在车间废水收集池、人员可进入作业的大型废气处理塔和大型危险废物贮罐附近均应设置"有限空间作业安全告知牌"。

在废水处理站入口处应设置醒目的"废水处理站"和"注意安全""严禁烟火""当心中毒""当心坠落""当心落水""禁止入内""有限空间作业安全告知牌"警示标识。

在废气塔操作平台和监测采样平台应设置"注意安全""当心坠落""严禁烟火"和"当心中毒"警示标识。

在危险废物集中储存场所入口处应设置醒目的危险废物警示标识和"严禁烟火""当心中毒"和"禁止入内"警示标识。

11.1.5 环境安全管理制度建设

通常,由于各单位都有各自的环境安全风险特征和组织架构,因此其规章制度不可能千篇一律。管理制度标准化主要是追求管理要素和内容的基本一致性,即重点管理内容在制度里均得到了可操作性的规定,重要作业要领均有切合实际的表述。

11.1.5.1 环境安全责任制

企业根据本单位的环境风险实际和安全管理"一岗双责"的规定建立健全环境安全责任制,主要负责人定期考核各相关部门环境安全责任落实情况。企业环境安全主体责任的内容主要包括:

(1)企业新、改、扩建项目依法开展环境影响评价,按程序组织项目竣工环境保护自主验收,办理排污许可证。

(2)开展突发环境事件风险评估,确定环境风险等级。

(3)完善突发环境事件风险防控措施。

(4)排查和治理环境安全隐患。

(5)制定突发环境事件应急预案,经专家评审通过后报生态环境主管部门备案。

(6)加强环境应急能力建设。储备必要的环境应急物资与装备,适时开展突发环境事件应急演练,提高环境应急处置能力。

(7)发生突发环境污染事件时,企业负责人在第一时间组织应急力量实施现场应急救援,同时向属地街道办和生态环境主管部门报告事件信息,并对造成的损害承担责任。

(8)企业应将环保设备设施的安全管理工作纳入其安全管理体系,在制定安全管理规章制度与操作规程、安全风险评估、安全隐患排查与治理、安全教育培训、生产安全事故应急演练、安全计划与总结时,将环保设备设施安全管理工作一并安排。

11.1.5.2 环境安全规章制度

企业环境安全管理方面需要制度化规范的内容比较多,一般包括:

(1)企业应根据本单位环境安全风险特征,制定环境应急管理、环保设备设施安全管理和环境安全隐患排查治理等规章制度。对涉环保设备设施有限空间作业、临时用电作业、动火作业等危险作业实行许可管理,从事上述作业前须按程序办理相应的作业许可证。

(2)企业应依据相关技术标准规范,结合本单位实际情况制定废水处理和废气处理操作规程,规程应充分体现岗位职责和适用性。

(3)企业应依据生态环境部关于开展危险废物规范化管理的相关要求,结合本单位实际制定危险废物规范化管理制度,主要内容包括:

①识别危险废物,建立危险废物清单;

②危险废物标志标识规定;

③危险废物排污许可规定;

④危险废物源头分类收集管理要求;

⑤危险废物管理计划;

⑥危险废物申报登记;

⑦危险废物委托处置合同与联单管理;

⑧危险废物储存场所要求;

⑨危险废物台账管理;

⑩危险废物应急管理;

⑪自行利用和处置危险废物的相关要求。

(4)危险废物污染防治信息公开,即在厂区内显著位置或企业官方网站公开危险废物相关信息,包括危险废物管理组织架构、危险废物规范化管理制度和危险废物清单(含危险废物名称、代码、产生环节和危害特性等)。

此外,企业需要制定制度对环境污染第三方治理单位的安全生产实施监督管理,包括与环境污染第三方治理单位签订专门的安全管理协议,对其运营场所实施定期或不定期的安全隐患排查,对运行人员实施业务培训等。

11.1.6 业务培训

对企业相关岗位人员进行持续的业务培训是环境安全管控的重要内容之一,企业需做好以下环境安全业务培训工作:

(1)组织开展突发环境事件应急培训,提高全员环境应急意识与应急处置能力,培训内容包括突发环境事件应急预案、突发环境事件信息报告、环境应急物资与装备的使用、污染处置技术、应急监测方法、人员安全防护及相关案例分析等。

(2)组织开展环保设备设施安全风险识别与管控措施培训,提高岗位员工的安全生产意识与技能,培训内容包括危害因素辨识、环保设备设施有限空间作业程序与安全防护要点、有限空间事故应急救援措施、用电安全措施、中毒窒息防范措施等。

(3)对相关岗位人员开展危险废物规范化管理培训,重点培训危险废物的识别与危害特性、分类管理、建立台账、标志标识、委托处置、储存现场要求及法律责任等内容。

企业应如实记录上述培训的时间、内容、参加人员以及考核结果等情况,并将培训情况备案存档。

11.2 环境安全隐患排查治理标准化

企业环境安全隐患排查与治理标准化的主要内容包括建立隐患排查治理工作机制、明确排查要点、制定隐患排查表以及加强隐患管理。

11.2.1 建立环境安全隐患排查治理机制

11.2.1.1 隐患排查治理制度

企业应当结合自身实际,按照下列要求建立健全环境安全隐患排查与治理制度:

(1)建立隐患排查和治理责任制。企业应当建立健全覆盖主要负责人、重要部门和关键岗位的隐患排查治理责任体系,逐级形成并落实隐患排查治理岗位责任制。

(2)建立环境安全隐患自查、自报、自改、自验的工作机制。

(3)建立环境安全隐患排查治理台账。

(4)定期对员工进行隐患排查治理相关知识培训。

11.2.1.2 隐患排查方式和频次

企业应当综合考虑自身的突发环境事件风险等级、风险特征等因素合理制定年度工作计划,明确排查频次、排查对象、排查科目等内容。环境安全隐患排查可以和企业组织的其他安全检查或环境检查结合进行。

根据排查频次、排查对象和排查科目的不同,排查可分为综合排查、日常排查、专项排查及抽查等方式。企业应建立以日常排查为主的隐患排查工作机制,及时发现并治理隐患。

(1)综合排查是指企业以厂区为单位开展全面排查,一年不少于两次。

(2)日常排查是指以班组、车间为单位,采取常规性的、点检性的排查,排查频次根据具体排查项目确定,每月不少于一次。

(3)专项排查是在特定时间或对特定区域(如废水处理站、废气处理设施、危险废物储存区)进行的专门性排查,其频次根据实际需要确定。

为了减少隐患排查的主观性或过程的随意性,企业通常需要制定环境安全隐患排查表。突发环境事件隐患排查表可依据《企业突发环境事件隐患排查与治理工作指南(试行)》(环境保护部公告2016年第74号)的相关内容,结合本单位的环境风险特征制定;环保设备设施安全隐患排查表可依据国家相关安全生产标准规范制定,也可以参考《深圳市工业环保设备设施安全管控工作指引(试行)》的相关要求制定。

在完成年度排查计划的基础上,当出现下列情况时,企业应当及时组织环境安全隐患排查:

(1)国家或地方新颁布有关生态环境保护或安全生产法律、法规、标准及产业政策等情况时。

(2)企业有新建、改建、扩建项目的。

(3)企业突发环境事件风险物质发生重大变化导致环境风险等级发生变化的。

(4)企业应急指挥体系机构、人员与职责发生重大变化的。

(5)企业生产废水系统、雨水系统、清净下水系统、消防水系统发生变化的。

(6)企业废水排放口、雨水总排口、清净下水排口与水环境风险受体连接通道发生变化的。

(7)企业周边大气和水环境风险受体发生较大变化的。

(8)发布气象灾害预警、地质地震灾害预报的。

(9)敏感时期、重大节假日或重大活动前。

(10)突发环境事件发生后或本地区其他同类企业发生突发环境事件的。

(11)企业停产后恢复生产前或在环保设备设施更新改造后。

(12)同类企业环保设备设施发生过人员伤亡事故的。

11.2.1.3 隐患排查治理工作机制

企业隐患排查治理应坚持落实企业环境安全主体责任,按照自查、自报、自改、自验的机制开展工作。

根据可能造成的环境危害程度、治理难度、企业突发环境事件风险等级或环保设备设施生产安全事故严重度,隐患分为重大隐患和一般隐患。具有以下特征之一的可认定为重大隐患,除此之外的可认定为一般隐患:情况复杂,短期内难以完成治理并可能造成较大环境危害的隐患;可能致1人以上死亡的环保设备设施安全隐患。

(1)自查。

企业根据自身风险实际制定环境安全隐患排查表,内容包括隐患状况描述、可能导致的危害、隐患级别、治理完成时间等。环境安全隐患排查表应包含突发环境事件隐患和环保设备设施安全隐患两方面的内容。

（2）自报。

企业的非管理人员发现隐患时应当立即向现场管理人员或者本单位有关负责人报告；管理人员在检查中发现的隐患应当向本单位有关负责人报告。在日常交接班过程中，做好隐患治理情况交接工作；隐患治理过程中，明确每一工作节点的责任人。

发现重大环境安全隐患且不能立即消除的，企业应及时报告属地生态环境主管部门。

（3）自改。

对于一般隐患，企业应按照责任分工立即或限期组织治理，治理完成情况由企业相关负责人签字确认，予以销号。重大隐患要制定治理方案，包括：目标和任务、方法和措施、经费和物资、机构和人员、时限和要求、应急预案。重大隐患治理方案由企业主要负责人签发，相关部门落实治理。

企业负责人要及时掌握重大隐患治理进度，可指定专门负责人对治理进度进行跟踪监控，对不能按期完成治理的重大隐患，及时发出督办通知，加大治理力度。隐患治理过程中，应采取安全监控防范措施，暂时停止相关设备设施运转，确保人员安全。

（4）自验。

重大隐患治理结束后企业应组织技术人员和专家对治理效果进行评估和验收，编制重大隐患治理验收报告，由企业相关负责人签字确认，予以销号，实现隐患闭环管理。

11.2.2 环境安全管理隐患排查要点

企业环境安全管理隐患排查要点如下：

（1）是否建立健全环境安全责任制，制定切合实际的环境安全管理制度和环保设备设施操作规程。

（2）是否按规定开展突发环境事件风险评估、应急资源调查和制定突发环境事件应急预案并备案。

(3)是否建立健全环境安全隐患排查治理制度,适时开展隐患排查和治理,建立隐患排查治理台账。

(4)是否根据计划开展环境安全业务培训,适时开展突发环境事件应急演练活动。

(5)是否储备有必要的环境应急物资与装备。

11.2.3　突发水污染事件隐患排查要点

企业突发水污染事件隐患排查要点如下:

(1)是否设置事故应急池,事故应急池容积是否满足要求。

(2)应急池的位置是否合理,是否能确保事故废水和泄漏物自流进入应急池。如不能自流进入,是否配备有足够能力的排水管和泵,确保事故废水和泄漏物能够全部收集。

(3)事故应急池与综合调节池之间是否设置有固定管道转移事故废水或泄漏物。

(4)危险废物和危险化学品储存区围堰是否设置排水切换阀,平时通向雨水系统的阀门是否关闭,通向应急池的阀门是否打开。

(5)所有生产装置、罐区、油品及化学原料装卸台、作业场所和危险废物储存设施(场所)的墙壁、地面冲洗水和受污染的初期雨水、消防废水是否都能收集排入生产废水处理系统。

(6)有排洪沟或河道穿过厂区时,生产废水、渗漏观察井、清净下水排放管道是否存在直排风险。

(7)厂区雨水总排口是否设置拦截闸(阀)门,是否设专人负责在紧急情况下关闭总排口,确保受污染的事故废水和泄漏物等全部收集。

(8)废水处理站总排口是否设置监视装置及拦截闸(阀)门,是否专人负责总排口管理,确保不合格的废水不会排出厂界。

11.2.4　突发大气污染事件隐患排查要点

企业突发大气污染事件隐患排查要点如下:

(1)企业与周边重要环境风险受体的防护距离是否符合环境影响评价文件及批复的要求。

（2）涉有毒有害大气污染物的企业是否在厂界建设了针对有毒有害特征污染物的环境风险预警监控设施。

（3）涉有毒有害大气污染物的企业是否定期监测或委托监测有毒有害大气特征污染物。

（4）突发环境事件的信息通报机制是否可靠，是否能在大气污染事件发生后及时通报可能受到污染危害的单位和居民。

11.2.5 突发危险废物污染事件隐患排查要点

企业突发危险废物污染事件隐患排查要点如下：

（1）企业是否充分识别了产生的所有危险废物，危险废物是否全部委托给持有相应危险废物经营许可证的单位处置。自行利用或处置危险废物的项目，是否依法取得了环境影响批复并通过项目竣工环境保护验收。

（2）危险废物信息是否在适宜的位置进行了信息公开。

（3）危险废物是否混入生活垃圾或一般工业废物中储存。

（4）危险废物储存场所的防雨、防火、防渗、防扬散、防流失及通风等风险防控措施是否到位。

（5）液态危险废物储存区的围堰与排水阀是否满足防止废液外泄的要求。

（6）污泥、油墨渣等产生渗滤液的危险废物储存场所是否设置专用管道引流渗滤液至废水处理站调节池或纳入危险废物管理。

（7）危险废物的包装方式是否合理，包装容器是否破损，危险废物标志和标签是否齐全、正确。

（8）进行豁免管理的危险废物是否满足豁免条件。

（9）危险废物管理制度、管理计划、申报登记、委托处置合同、转移联单、台账和业务培训等资料是否齐全。

11.2.6 环保设备设施安全隐患排查要点

11.2.6.1 废水处理设施安全隐患排查要点

工业废水处理设施安全隐患排查要点如下：

(1) 废水处理站是否已建立岗位安全责任制，明确各岗位安全职责，所有操作人员是否持证上岗。

(2) 废水处理站入口处是否按要求设置醒目的安全警示标志和有限空间作业安全告知牌，是否采取了防止无关人员进入的措施。

(3) 废水管道是否在适宜的位置清晰标明废水流向和废水类别。

(4) 车间产生的废水是否严格分流，含氰废水与酸性废水是否存在混合收集排放的情况。

(5) 废水处理站配电系统是否设置有漏电保护装置，现场是否使用腐蚀严重的电机。

(6) 机械转动部件是否设置安全防护罩。

(7) 废水处理站工艺池是否设置安全可靠的防护栏杆，栏杆的高度、立柱间隙、横杆与上下构件的净间距是否符合《固定式钢梯及平台安全要求 第三部分：工业防护栏杆及钢平台》(GB 4053.3—2009)的相关规定。

(8) 废水收集和处理工艺池盖板是否坚实可靠，未设置盖板时是否设置有可靠的防护栏杆和防护网。

(9) 可能产生氰化氢、硫化氢等剧毒气体的废水处理站，是否配备有相应的监测仪、空气呼吸器、防毒面具、便携式鼓风机、安全绳、应急喷淋装置等应急物资。其他废水处理站是否配备防毒面具、便携式鼓风机、安全绳和应急喷淋装置。

(10) 废水处理站是否通风良好。

(11) 废水处理站地面物品归类摆放是否整齐，人员通道是否顺畅；废水处理站内的危险化学品管理是否妥当，不相容的危险化学品是否有安全隔离措施，防火与防泄漏措施是否到位。

(12) 含氰废水的处理是否采用两级破氰；一级破氰池和二级破氰池的 pH 值设定是否合理；一级破氰池、二级破氰池是否设置 pH 值和 ORP 自动监控仪。

(13) 使用硫化钠处理重金属污染物时，投放硫化钠的工艺池是否设置 pH 值在线监控装置并满足安全要求。

(14) 企业是否制定了环保设备设施有限空间作业安全管理制度，作业许可、现场安全监护和作业程序的规定是否合理。

(15)废水处理站是否张贴有限空间作业安全告知牌。

(16)环保设备设施有限空间应急救援措施是否科学,人员安全防护与应急救援装备是否满足实际需要。

11.2.6.2 废气处理设施安全隐患排查要点

工业废气处理设备设施安全隐患排查要点如下:

(1)废气处理区是否设置视频监控,是否在废气处理区附近设置消防栓,废气管道是否装设阻火器。

(2)废气管道与废气处理塔是否使用普通的PE材质。

(3)废气处理塔的操作采样平台、平台防护栏杆、钢直梯或钢斜梯的相关参数是否符合《固定式钢梯及平台安全要求》(GB 4053.1、GB 4053.2、GB 4053.3)的相关规定。

(4)废气处理设施的配电系统是否设置漏电保护装置,电机是否做好防雨措施。

(5)含氰废气处理设施加药槽的pH值是否在10.5以上。

(6)是否做到自动加药,使用硫化钠处理大气污染物时,安全防护措施是否可靠。

(7)喷漆、焊锡(使用松香)、抛光等工艺产生的有机废气和粉尘废气收集管道的内壁是否定期清理。

(8)采用水帘和抽风方式净化铝材抛光粉尘的,水帘用水是否呈中性;铝材抛光粉尘是否储存于潮湿环境。

(9)采用布袋除尘器收集铝材抛光粉尘的,是否每班均清灰并有记录;粉尘收集管道是否设置静电接地和法兰跨接措施。

(10)废气高空排放口是否根据需要设置防雷设施。

11.2.6.3 危险废物安全隐患排查要点

工业危险废物安全隐患排查要点如下:

(1)危险废物集中储存场所与员工食堂、宿舍是否保持有适宜的安全防护距离。

(2)危险废物储存量的控制是否适当,单位面积储存易燃易爆危险废物的量是否符合相关要求。

(3)易燃易爆类危险废物(如废有机溶剂)储存场所的电气设施是否使用安全防爆型,是否设置有强制通风设施,消防设施的配置是否合理。

(4)不相容危险废物之间是否采取了有效的物理性安全隔离措施。

(5)危险废物集中储存场所是否采取防止无关人员进入的措施。

(6)危险废物与危险化学品是否储存于同一间仓库,储存废弃危险化学品的安全措施是否可靠。

11.3 应急管理标准化

11.3.1 风险评估与应急资源调查

(1)企业应依据《企业突发环境事件风险评估指南(试行)》和《企业突发环境事件风险分级方法》(HJ 941—2018),自行编制或委托相关专业技术服务机构编制突发环境事件风险评估报告,确定企业的环境风险等级。企业环境风险等级关键取决于环境风险物质的储存量及其临界量,HJ 941 附录 A 中具体列出了 392 种环境风险物资及其临界量。表 11-3 所列环境风险物质及其临界量是对 HJ 941 附录 A 的补充,可作为企业确定环境风险等级的补充依据。

当企业的环境风险物质种类或储存量发生变化,或企业的周边环境状况发生变化时,应重新评估。

表 11-3　　　　　　　常见环境风险物质及临界量参考数据

风险物质名称	临界量(吨)	说　　明
废有机溶剂	10	参照异丙醇、正己烷取值。
废矿物油	2500	参照石油、柴油、汽油取值。
无机氰化物废物	50	基于对健康危险急性毒性废物的考虑。
废盐酸	7.5	废盐酸按浓度≥37%核算,不可用于折算成氯化氢。

续表

风险物质名称	临界量(吨)	说　明
废硝酸	7.5	不考虑浓度差异。
废硫酸	10	废发烟硫酸临界量取5吨。
废碱	200	包括强碱。
铜、镍、铬、铅等重金属污染物及其化合物(以重金属离子计)	0.25	主要适用于印刷电路板企业废水处理污泥、废蚀刻液、电镀废槽液、电镀用硫酸铜、硫酸镍、铬酸酐等。
属于危险废物的废水处理污泥	200	主要适用于电镀废水处理污泥或其他属于危险废物的废水处理污泥。
危害水环境急性毒性类危险废物	100	危害水环境物质分类参见GB30000.28。
其他工业危险废物或医疗废物(含废双氧水)	200	主要考虑危险废物对水环境的慢性危害。

(2)企业应依据《环境应急资源调查指南(试行)》(环办应急[2019]17号),在充分调查和资料分析的基础上,组织编制环境应急资源调查报告。

11.3.2　环境应急预案

根据《深圳市企业事业单位突发环境事件应急预案编制指南(试行)》的相关要求,较大或重大风险等级的企业环境应急预案通常由综合应急预案、专项应急预案和应急处置卡构成预案体系。一般风险企业,通常由综合应急预案与应急处置卡组成。

11.3.3　环境应急演练

企业的环境应急预案经主要负责人签字颁布生效后,应适时开展环境应急演练,以检验应急能力和应急预案的适用性。

预备备案后,列入广东省生态环境厅《突发环境事件应急预案备案行业名录(指导性意见)》(粤环[2018]44号)的企业每年组织一次环境应急演练,其他企业每三年组织一次环境应急演练。

关于突发环境事件应急预案及应急演练的具体内容详见第六章。

11.3.4 环境应急响应与事件管理

突发环境事件时，企业应按照规定程序启动环境应急预案，实施应急救援行动，主要行动包括但不限于：

(1)第一时间向所在工业园区管理部门、街道办事处、属地生态环境主管部门和专业应急处置机构报告突发环境事件信息。

(2)组织企业自身应急力量全力实施应急处置；通知受环境影响的人群疏散、隔离现场和安全警戒、尽可能控制污染源、拦截和导流污染物、关闭雨水总排口闸(阀)门，同时做好应急处置人员安全防护。

(3)开展环境应急监测，初步判断污染物的种类和扩散范围。

(4)政府或相关专业应急力量到达事件现场后，全力配合现场的应急处置工作。

(5)环保设备设施发生生产安全事故时，企业应第一时间向所在工业园区管理部门、街道办事处、属地应急主管部门、属地生态环境主管部门报告；同时组织所属应急力量采取必要措施抢救伤员，防止伤害扩大。

应急处置结束，企业还需要配合政府部门开展事件调查，同时承担相应的责任：

(1)对于突发环境污染事件，企业应积极配合生态环境主管部门对突发环境事件展开调查，主动承担相应责任。

(2)对于环保设备设施生产安全事故，企业应积极配合应急管理部门和生态环境主管部门开展事故调查，主动承担相应责任。

(3)企业应按照"三不放过"(事件原因没有查清不放过、事件责任者没有严肃处理不放过、整改措施没有落实不放过)要求进行事件(事故)管理，采取有力措施防止事件(事故)重复发生。

(4)企业应建立突发环境事件和环保设备设施生产安全事故档案，保存事件(事故)原始记录和采取"三不放过"措施的记录，确保事件(事故)的可追溯性。

11.4 环境安全标准化考核评级

11.4.1 关于考核指标分值

《深圳市企业环境安全标准化考核评级标准(试行)》共设置有 3 个一级考核指标、14 个二级考核指标及 10 个二级指标否决项。为了方便实际操作,设计考核评分表时按 100 分制,一级环境安全指标的分值分布情况见表 11-4。

表 11-4　　　　　环境安全标准化考核一级指标及赋值

环境安全一级指标	分　　值
环境安全风险管控	50
环境安全隐患排查与治理	30
环境应急管理	20

11.4.2 关于环境安全标准化等级

企业环境安全标准化分为三个等级:达标、基本达标和不达标。
(1)环境安全标准化达标单位条件:
同时满足以下条件的为环境安全标准化建设达标企业:
①企业环境影响评价文件依法经生态环境主管部门批准或者备案。
②企业已开展环境安全标准化工作 3 个月(含)以上,并按规定进行了自评。
③考核评审之日前 1 年内未发生较大以上突发环境事件,环保设备设施未发生人员重伤或死亡事故。
④考核评审之日前 1 年内,未被生态环境主管部门处罚。
⑤专家考核评审分数在 80 分(含)以上。
(2)环境安全标准化基本达标单位条件:
同时满足以下条件的为环境安全标准化建设基本达标企业:
①企业环境影响评价文件依法经生态环境主管部门批准或者备案。

②企业已开展环境安全标准化工作3个月(含)以上,并按规定进行了自评。

③评审之日前1年内未发生较大以上突发环境事件,环保设备设施未发生人员死亡事故。

④评审之日前1年内,未因发生突发环境事件被生态环境主管部门处罚。

⑤专家考核评审分数在60分(含)以上。

(3)其他情形即为不达标,或不具备环境安全标准化评审条件。

第 12 章 典型案例分析

12.1 典型案例一:"3·21"危险废物特别重大爆炸事故及污染事件

12.1.1 事故概况

2019年3月21日14时48分许,位于江苏省盐城市响水县生态化工园区的天嘉宜化工有限公司(以下简称"天嘉宜公司")旧固体废物仓库内的硝化废料因蓄热自燃引发特别重大爆炸事故(见图12-1所示),相当于260吨TNT当量和发生2.2级地震,爆炸形成直径75米、深1.7米的深坑,爆炸中心300米范围内的绝大多数化工生产装置、建构筑物被摧毁,造成重大人员伤亡。事故引发周边8处起火,周边15家企业受损严重,此次事故造成78人死亡、76人重伤,640人住院治疗,直接经济损失198635.07万元。事故受污染水体主要集中在爆炸点周边4千米范围内,三排河受污染水体约13000吨,苯胺类超标641倍、氨氮超标103倍、化学需氧量超标14倍;新丰河受污染水体约50000吨,苯胺类超标103倍、氨氮超标84倍、化学需氧量超标8.3倍;新农河受到轻微污染;地下水未受污染。

天嘉宜公司成立于2007年4月5日,占地面积147000平方米,注册资本9000万元,员工195人,主要产品为间苯二胺、邻苯二胺、对苯二胺、间羟基苯甲酸、3,4-二氨基甲苯、对甲苯胺、均三甲基苯胺等。企业所在的响水县生态化工园区(以下简称生态化工园区)规划面积10平方千米,已开发使用面积7.5平方千米,入驻企业67家,其中化工企业56家。

图 12-1 硝化废料与事发现场照片

12.1.2 主要原因

12.1.2.1 直接原因

事故调查人员经对天嘉宜公司硝化废料取样进行燃烧实验,表明硝化废料在产生明火之前有白烟出现,燃烧过程中伴有固体颗粒燃烧物溅射,同时产生大量白色和黑色的烟雾,火焰呈黄红色。经与事故现场监控视频比对,事故初始阶段燃烧特征与硝化废料的燃烧特征相吻合,认定最初起火物质为旧固体废物仓库内堆放的硝化废料。

12.1 典型案例一："3·21"危险废物特别重大爆炸事故及污染事件

天嘉宜公司旧固体废物仓库内储存的硝化废料，经委托专业机构鉴定属于危险废物，最长储存时间超过 7 年。在堆垛紧密、通风不良的情况下，长期堆积的硝化废料内部因热量累积，温度不断升高，当上升至自燃温度时发生自燃，火势迅速蔓延至整个堆垛，堆垛表面快速燃烧，内部温度快速升高，硝化废料剧烈分解发生爆炸，同时殉爆库房内的所有硝化废料，共计约 600 吨袋。

12.1.2.2 间接原因（企业）

经分析，企业的下述行为间接导致了爆炸事故的发生。

(1) 刻意瞒报硝化废料。在明知硝化废料具有燃烧、爆炸、毒性等危险特性情况下，始终未向生态环境（环境保护）主管部门申报登记；在旧固体废物仓库内硝化废料堆前摆放"硝化半成品"牌子、在硝化废料吨袋上贴"硝化粗品"标签的方式刻意隐瞒危险废物。

(2) 擅自改变硝化车间废水处置工艺，通过加装冷却釜冷凝析出废水中的硝化废料，未按规定重新报批环境影响评价文件，也未在项目验收时据实提供情况。

(3) 长期违法储存硝化废料，最长储存时间超过 7 年。

(4) 违法处置固体废物，固体废物和废液焚烧项目长期违法运行。

(5) 安全生产严重违法违规。

(6) 违法未批先建问题突出。

12.1.2.3 间接原因（中介机构）

第三方中介服务机构弄虚作假，出具虚假失实文件，导致事故企业硝化废料重大风险和事故隐患未能及时暴露，干扰误导了有关部门的监督管理工作，也是事故发生的重要原因。

12.1.2.4 间接原因（政府部门）

相关部门未认真履行监督管理职责，日常监管执法不严不实，督促企业排查和治理重大环境安全隐患不力。

12.1.3 应急救援

12.1.3.1 多部门形成合力攻坚，应急救援处置工作快速有效

事故发生后，应急管理部会同江苏省启动特别重大事故应急响应，成立现场指挥部。930名消防指战员、200余辆救援车辆、20台大型工程机械火速赶赴现场，第一时间深入核心区，针对大量人员被困废墟的情况，抢抓72小时黄金救援期，开展"地毯式、全覆盖、全时段"排查搜救，全力营救被困人员，同时进行8处火灾扑救。经过80多个小时连续奋战、7轮不间断搜救，在爆炸核心区搜救出遇险人员164人，其中86人生还。

12.1.3.2 第一时间赶赴现场，开展实时环境应急监测

爆炸发生后，响水县环境监测站第一时间到达现场开展应急监测工作，上报第一份监测数据以及现场基本情况；随后，江苏省生态环境厅、中国环境监测总站的应急监测力量紧急赶赴现场，在下风向及环境敏感点位设置监测点开始实时监测。

在第一时间监测空气的同时，及时开展排查，根据周边水环境监测数据迅速锁定受污染水体主要为新丰河。

12.1.3.3 合理制定处置方案，严防事故废水外排外溢

第一时间科学制定现场应急处置方案：

（1）污染物拦截。其一是封堵园区雨水和污水管网，尽可能阻止爆炸事故消防废水流入附近河道；其二是对爆炸事故消防废水涉及的新民河、新丰河、新农河第一时间筑坝封堵，防止污染物沿河道扩散；其三是对爆炸核心区用围堰隔离。

（2）转移处置。爆坑中的强酸废水抽送至裕廊化工有限公司和之江化工有限公司暂存池内。根据专家建议，在此过程中应急人员采取在抽水现场和暂存池投碱的方法对污水进行中和，确认暂存池废水pH值稳定在安全范围。污染较重的新丰河水通过管线输送至裕廊化工有限公司进行预处理再送至陈家港水处理有限

公司进行处理。

(3) 就地降污。新民河通过活性炭筑坝方式降低污染物浓度。

12.1.3.4 及时组建专家团队，解决应急处置工作的技术难题

为顺利解决应急处置工作中的技术难题，由中国环境科学研究院、生态环境部华南环境科学研究所和南京环境科学研究所等单位联合组成技术小组进行攻关，针对废水中高氨氮、高苯胺类的特点，改造和优化了陈家港水处理有限公司的工艺流程，解决了污水处理厂生物处理前有毒物质脱除能力不足和生物处理单元工艺参数不满足高浓度氨氮处理要求的问题，为新丰河污水处理提供了可行的技术方案。

12.1.4 经验启示（来源于事故调查报告）

12.1.4.1 主要教训

(1) 天嘉宜公司安全意识、法律意识淡漠。天嘉宜公司无视国家环境保护和安全生产法律法规，长期刻意瞒报、违法储存、违法处置硝化废料，安全管理混乱。

(2) 中介机构弄虚作假。有关环评机构出具虚假失实文件，导致天嘉宜公司硝化废料重大风险和事故隐患未能及时暴露，干扰误导了有关部门的监管工作。

(3) 相关政府部门履职不到位。应急管理部门履行安全生产综合监管职责不到位，生态环境部门未认真履行危险废物监管职责。

(4) 响水县和生态化工园区安全发展理念不牢。重发展轻安全，招商引资安全环保把关不严，对天嘉宜公司长期存在的重大风险隐患视而不见，复产把关流于形式。

(5) 江苏省和盐城市相关部门未认真落实地方党政领导安全生产责任制，重大安全风险排查管控不全面、不深入、不扎实。

12.1.4.2 防范措施

(1) 把防控化解危险化学品安全风险作为大事来抓。相关部门和企业应切实把防控化解危险化学品系统性的重大安全风险摆在更加突出的位置，坚持底线思

维和红线意识，牢固树立新发展理念，紧紧围绕经济高质量发展要求，大力推进绿色发展、安全发展，聚焦危险化学品安全的基础性、源头性、瓶颈性问题，以更严格的措施强化综合治理、精确治理；建议按照《化工园区安全风险排查治理导则(试行)》和《危险化学品企业安全风险隐患排查治理导则》组织全面开展安全风险评估和隐患排查，切实把所有风险隐患逐一查清查实，实行红橙黄蓝分级分类管控和"一园一策""一企一策"治理整顿，降低环境安全风险，整体提升企业和园区安全水平。

(2)强化危险废物监管。生态环境部门要依法对废弃危险化学品等危险废物的收集、储存、处置等进行有效的监督管理；应急管理和生态环境部门要建立监管协作和联合执法工作机制，密切协调配合，实现信息及时、充分、有效共享，形成工作合力，共同做好危险化学品安全监管各项工作；建议由生态环境部门牵头，发展改革、工业和信息化、住房城乡建设、交通运输、商务、卫生健康、应急管理、海关等部门参加，全面开展危险废物排查，对属性不明的固体废物进行鉴别鉴定，重点整治化工园区、化工企业、危险化学品单位等可能存在的违规堆存、随意倾倒、私自填埋等问题，确保危险废物的储存、运输、处置安全。

(3)强化企业主体责任落实。严格主要负责人资质和能力考核，切实落实法定代表人、实际控制人的安全生产第一责任人的责任；加强风险辨识，严格落实隐患排查治理制度和安全环保"三同时"制度；大力推进安全生产标准化建设，依靠科技进步提升企业本质安全水平；对于故意隐瞒重大安全环保隐患等严重违法行为，依法追究责任；对重特大事故负有责任，或因未履行安全生产职责受刑事处罚或撤职处分的，终身不得担任本行业企业的主要负责人；完善落实职工及家属和社会公众对安全和环保隐患举报奖励制度；严格环评和安评等中介机构监管，强化中介机构诚信建设，严厉惩处违法违规行为。

(4)推动化工行业转型升级。适时修订发布国家产业结构调整指导目录和淘汰落后安全技术装备目录，细化制定化工行业技术规范，对不符合要求的坚决关闭退出，并实行全国"一盘棋"管理，严防落后产能异地落户、风险转移；涉及"两重点一重大"(重点监管的危险化工工艺、重点监管的危险化学品和危险化学品重大危险源)的危险化学品建设项目，由相关政府部门联合进行安全论证；加快推进城镇人口密集区危险化学品生产企业搬迁工作；实行化工、危险化学品装置设计安全终身负责制。

(5) 加快制修订相关法律法规和标准。建议相关部门抓紧梳理现行安全生产法律法规，推进依法治理；制定化工园区建设标准、认定条件和管理办法；整合化工、石化安全生产标准，建立健全危险化学品安全生产标准体系；加快制定废弃危险化学品等危险废物储存安全技术和环境保护标准、化工过程安全管理导则和精细化工安全风险评估等技术规范，强制实施。

(6) 提升危险化学品安全监管能力。按照"管行业必须管安全，管业务必须管安全，管生产经营必须管安全"和"谁主管谁负责"的原则，将各级安委会成员单位安全生产职责写入部门"三定"规定，清晰界定并严格落实有关部门危险化学品安全监管职责。

12.2 典型案例二："8·12"特别重大爆炸事故次生污染事件

12.2.1 事故概况

2015年8月12日22时51分，位于天津市滨海新区天津港的瑞海国际物流有限公司(以下简称"瑞海公司")危险品仓库发生火灾爆炸事故(现场照片与企业地理位置如图12-2、爆炸冲击波波及区如图12-3所示)，现场火光冲天，在强烈爆炸声后，高数十米的灰白色蘑菇云瞬间腾起，事故爆炸总能量约为450吨TNT当量，天津市、河北省多地有明显震感，造成165人遇难(其中参与救援处置的公安现役消防人员24人、天津港消防人员75人、公安民警11人，事故企业、周边企业员工和居民55人)，8人失踪，798人受伤，304幢建筑物、12428辆商品汽车、7533个集装箱受损，核定直接经济损失68.66亿元人民币。通过分析事发时瑞海公司储存的111种危险货物的化学组分，确定至少129种化学物质发生爆炸燃烧或泄漏扩散，本次事故残留的化学品与产生的二次污染物逾百种，对区域大气环境、水环境和土壤环境造成了不同程度污染。

瑞海公司成立于2011年，位于天津东疆保税港区，是天津口岸危险品货物集装箱业务的大型中转、集散中心，以经营危险化学品集装箱拆箱、装箱、中转运输、货物申报、运抵配送及仓储服务等业务为主。瑞海公司危险品仓库运抵区

第12章 典型案例分析

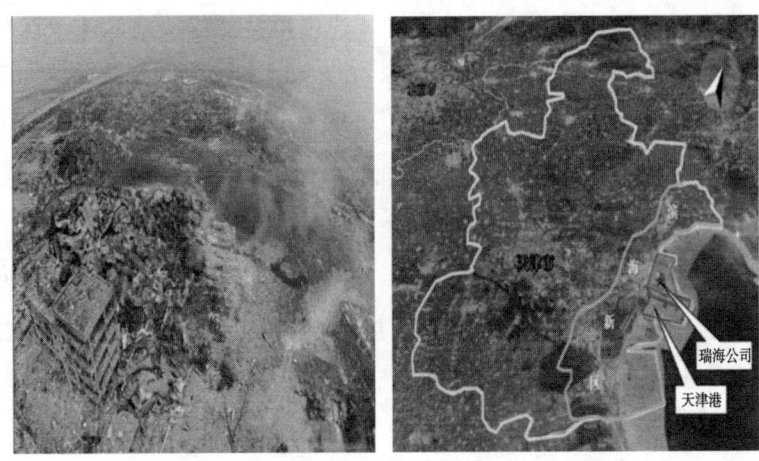

图 12-2　事发地现场照片与企业地理位置示意图

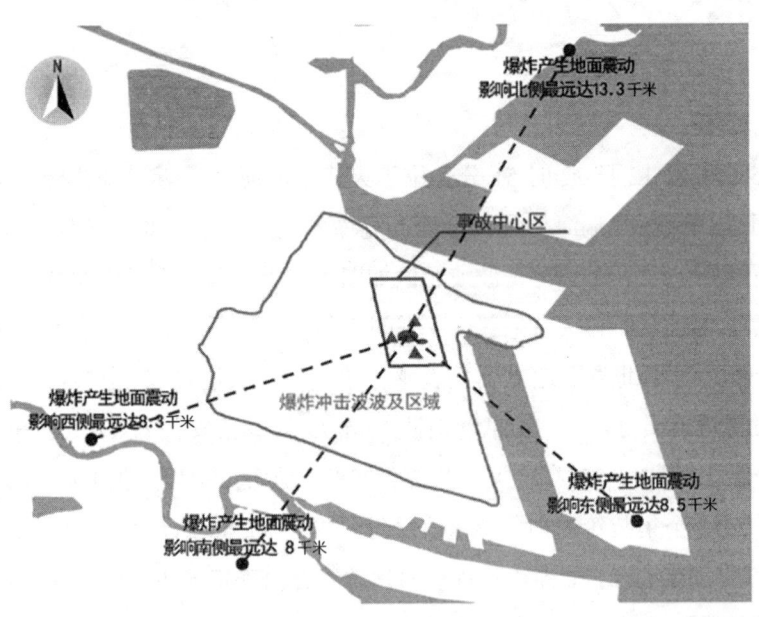

图 12-3　爆炸冲击波波及区示意图

最先着火，23 时 34 分 06 秒发生第一次爆炸，23 时 34 分 37 秒发生第二次更剧烈的爆炸。事故现场形成 6 处大火点及数十个小火点，事故中心区为此次事故中受损最严重区域，该区域东至跃进路、西至海滨高速、南至顺安仓储有限公司、北至吉运三道，面积约为54万平方米，两次爆炸分别形成一个直径15米、深1.1米的月牙形小爆坑和一个直径97米、深2.7米的圆形大爆坑。

12.2.2 主要原因

12.2.2.1 直接原因

经事故调查组查明，事故的直接原因是瑞海公司危险品仓库运抵区南侧集装箱内硝化棉由于湿润剂散失出现局部干燥，在高温天气等因素的作用下加速分解放热，积热自燃，引起相邻集装箱内的硝化棉和其他危险化学品大面积燃烧，导致堆放于运抵区的硝酸铵等危险化学品发生爆炸。

整个事故共发生两次爆炸，首先集装箱内硝化棉局部自燃后，引起周围硝化棉燃烧，放出大量气体，箱内温度、压力升高，致使集装箱破损，大量硝化棉散落到箱外，形成大面积燃烧，其他集装箱内的多种危险化学品相继被引燃并介入燃烧，火焰蔓延到邻近的硝酸铵集装箱。随着温度持续升高，硝酸铵分解速度不断加快，达到其爆炸温度，23时34分06秒发生了第一次爆炸。距第一次爆炸点西北方向约20米处，有多个装有硝酸铵、硝酸钾、硝酸钙、甲醇钠、金属镁、金属钙、硅钙、硫化钠等氧化剂、易燃固体和腐蚀品的集装箱。受到南侧集装箱火焰蔓延作用以及第一次爆炸冲击波影响，23时34分37秒发生了第二次更剧烈的爆炸。

12.2.2.2 间接原因(企业)

经事故调查组认定，瑞海公司严重违反有关法律法规，是造成事故发生的主体责任单位。该公司无视安全生产主体责任，严重违反天津市城市总体规划和滨海新区控制性详细规划，违法建设危险货物堆场，违法经营、违规储存危险货物，安全管理极其混乱，安全隐患长期存在：

(1)严重违反天津市城市总体规划和滨海新区控制性详细规划，未批先建、边建边经营危险货物堆场。

(2)无证违法经营。

(3) 以不正当手段获得经营危险货物批复。

(4) 违规存放硝酸铵。

(5) 严重超负荷经营、超量存储。

(6) 违规混存、超高堆码危险货物。

(7) 违规开展拆箱、搬运、装卸等作业。

(8) 未按要求进行重大危险源登记备案。

(9) 安全生产教育培训严重缺失。

(10) 未按规定制定应急预案并组织演练。

12.2.2.3　间接原因(政府部门)

经事故调查组认定，有关地方党委、政府和部门存在有法不依、执法不严、监管不力、履职不到位等问题。天津交通、港口、海关、安监、规划和国土、市场和质监、海事、公安以及滨海新区环保、行政审批等部门单位，未认真贯彻落实有关法律法规，未认真履行职责，违法违规进行行政许可和项目审查，日常监管严重缺失；有些负责人和工作人员贪赃枉法、滥用职权。天津市和滨海新区政府未全面贯彻落实有关法律法规，对有关部门、单位违反城市规划行为和在安全生产管理方面存在的问题失察失管。交通运输部作为港口危险货物监管主管部门，未依照法定职责对港口危险货物安全管理督促检查，对天津交通运输系统工作指导不到位。海关总署督促指导天津海关工作不到位。有关中介及技术服务机构弄虚作假，违法违规进行安全审查、评价和验收等。

12.2.3　应急救援处置

12.2.3.1　总体应急救援情况

事故发生后，天津市委、市政府迅速成立事故救援处置总指挥部，确定"确保安全、先易后难、分区推进、科学处置、注重实效"的原则，把全力搜救人员作为首要任务，以灭火、防爆、防化、防疫、防污染为重点，统筹组织协调解放军、武警、公安以及安监、卫生、环保、气象等相关部门力量，积极稳妥推进救援处置工作。共动员现场救援处置的人员达1.6万多人，动用装备、车辆2000

多台,其中解放军2207人,339台装备;武警部队2368人,181台装备;公安消防部队1728人,195部消防车;公安其他警种2307人;安全监管部门危险化学品处置专业人员243人;天津市和其他省区市防爆、防化、防疫、灭火、医疗、环保等方面专家938人,以及其他方面的救援力量和装备。

这次事故涉及危险化学品种类多、数量大,现场散落大量氰化钠和多种易燃易爆危险化学品,不确定危险因素众多,加之现场道路全部阻断,有毒有害气体造成巨大威胁,救援处置工作面临巨大挑战。事故现场指挥部组织各方面力量,有力有序、科学有效推进现场清理工作。按照排查、检测、洗消、清运、登记、回炉等程序,科学慎重清理危险化学品,逐箱甄别确定危险化学品种类和数量,做到一品一策、安全处置,并对进出中心现场的人员、车辆进行全面洗消;对事故中心区的污水,第一时间采取"前堵后封、中间处理"的措施,在事故中心区周围构筑1米高围堰,封堵4处排海口、3处地表水沟渠和12处雨污排水管道,把污水封闭在事故中心区内。同时,对事故中心区及周边大气、水、土壤、海洋环境实行24小时不间断监测,采取针对性防范处置措施,防止环境污染扩大。9月13日,现场处置清理任务全部完成,累计搜救出有生命迹象人员17人,搜寻出遇难者遗体157具,清运危险化学品1176吨、汽车7641辆、集装箱13834个、货物14000吨。

12.2.3.2 环境应急处置情况

现场指挥小组统筹开展核心区应急工作,把防止次生环境污染贯穿在救援和应对过程始终,加强现场环境监测,有效封堵核心区化学品和雨污排水管道,科学处置爆炸坑积水,防范化学品清理转运环境风险。环保部工作组重点指导协助开展外扩区的含氰废水处置工作,制定了"前堵、后封、中间处理、不达标不排放"的应急处置方案。

(1)及时封堵排海口。

滨海新区环保部门于8月13日凌晨2点左右要求天津港对全部排海口封堵,天津港立即对全部4处排海口前泵站进行了关闸断电,停止向海域排水,同时陆续封堵雨、污排水管道12处、地表水沟渠3处,防止含氰污水扩散,全面封闭天津港所有雨污收水口,防止降雨造成雨水井污水溢出。

(2)隔离核心区高浓度废水。

围绕事故核心区,设置了高1米、长4千米的围堰,确保核心区高浓度废水与外部水环境的完全隔离,既可以防止外部雨水进入事故核心区增加污染量,又可以防止核心区高浓度废水溢流至外环境。

(3)第一时间开展应急监测。

8月13日3时40分,在浓烟最严重的事故下风向初步筛查出甲苯、三氯甲烷、环氧乙烷等事故特征污染物。8月13日8时,确定了居民区、排海口等重点监控目标和苯系物等特征污染物,13时,增加大气中氰化氢、硫化氢、氨等监测指标。8月16日,增加海洋点位。先后9次调整监测方案,开展大气、地表水、地下水、海水、土壤等环境应急监测。

(4)制定专业化应急处置方案。

对于不同区域、不同浓度的含氰废水,环保部门制定了不同的专业化处置方案。针对部分浓度高的污水,通过罐车外运的方式,分别运送到合佳威立雅公司处理和大港鑫泰化工有限公司暂存;对于完全与外部水环境隔离的管道中的废水,环保部门采取了就地处理的方法。按照"前封后堵,中间处理"的处置方案,根据受污染区域排水管网实际状况和排水流向,环保部门分区域布设了8套含氰污水处理设施,处置大量高浓度含氰废水;同时严格管控,规范做好固废、危废转移处置工作。

12.2.4 经验启示(来源于事故调查报告)

12.2.4.1 主要教训

(1)事故企业严重违法违规经营。瑞海公司无视安全生产主体责任,置国家法律法规、标准于不顾,只顾经济利益、不顾生命安全,不择手段变更及扩展经营范围,长期违法违规经营危险货物,安全管理混乱,安全责任不落实,安全教育培训流于形式,企业负责人、管理人员及操作工、装卸工都不知道运抵区储存的危险货物种类、数量及理化性质,冒险蛮干问题十分突出,特别是违规大量储存硝酸铵等易爆危险品,直接造成此次特别重大火灾爆炸事故的发生。

(2)有关地方政府安全发展意识不强。事故的发生,暴露出天津市及滨海新区政府贯彻国家安全生产法律法规和有关决策部署不到位,对安全生产工作重视不足、摆位不够,对安全生产领导责任落实不力、抓得不实,存在着"重发展、轻安全"的问题,致使重大安全隐患以及政府部门职责失守的问题未能被及时发现、及时整改。

(3)有关地方和部门违反法定城市规划。天津市和滨海新区政府严格执行城市规划法规意识不强,对违反规划的行为失察。天津市规划、国土资源管理部门和天津港(集团)有限公司严重不负责任、玩忽职守,违法通过瑞海公司危险品仓库和易燃易爆堆场的行政审批,致使瑞海公司与周边居民住宅小区、天津港公安局消防支队办公楼等重要公共建筑物以及高速公路和轻轨车站等交通设施的距离均不满足标准规定的安全距离要求,导致事故伤亡和财产损失扩大。

(4)有关职能部门有法不依、执法不严,有的人员甚至贪赃枉法。天津市涉及瑞海公司行政许可审批的交通运输等部门,没有严格执行国家和地方的法律法规、工作规定,没有严格履行职责,以批复的形式代替许可,行政许可形同虚设。一些职能部门的负责人和工作人员在人情、关系和利益诱惑面前,存在失职渎职、玩忽职守以及权钱交易、暗箱操作的腐败行为,为瑞海公司规避法定的审批、监管出主意,呼应配合,致使该公司长期违法违规经营。天津市环保部门把关不严,违规审批瑞海公司危险品仓库;天津港公安局消防支队平时对辖区疏于检查,对瑞海公司储存的危险货物情况不熟悉、不掌握,没有针对不同性质的危险货物制定相应的消防灭火预案、准备相应的灭火救援装备和物资;海关等部门对港口危险货物尤其是瑞海公司的监管不到位;安全监管部门没有对瑞海公司进行监督检查;天津港物流园区安监站政企不分且未认真履行监管职责,对"眼皮底下"的瑞海公司严重违法行为未发现、未制止。

(5)港口管理体制不顺、安全管理不到位。天津港已移交天津市管理,但是天津港公安局及消防支队仍以交通运输部公安局管理为主。同时,天津市交通运输委员会、天津市建设管理委员会、滨海新区规划和国土资源管理局违法将多项行政职能委托天津港集团公司行使,客观上造成交通运输部、天津市政府以及天津港集团公司对港区管理职责交叉、责任不明,天津港集团公司政企不分,安全监管工作同企业经营形成内在关系,难以发挥应有的监管作用。另外,港口海关监管区(运抵区)安全监管职责不明,致使瑞海公司违法违规行为长期得不到有效纠正。

(6) 危险化学品安全监管体制不顺、机制不完善。目前，危险化学品生产、储存、使用、经营、运输和进出口等环节涉及部门多，地区之间、部门之间的相关行政审批、资质管理、行政处罚等未形成完整的监管"链条"。同时，全国缺乏统一的危险化学品信息管理平台，部门之间没有做到互联互通，信息不能共享，不能实时掌握危险化学品的去向和情况，难以实现对危险化学品全时段、全流程、全覆盖的安全监管。

(7) 危险化学品安全管理法律法规标准不健全。现行有关法规对危险化学品安全管理违法行为处罚偏轻，单位和个人违法成本很低，不足以起到惩戒和震慑作用。与欧美发达国家和部分发展中国家相比，我国危险化学品缺乏完备的准入、安全管理、风险评价制度。危险货物大多涉及危险化学品，危险化学品安全管理涉及监管环节多、部门多、法规标准多，各管理部门立法出发点不同，对危险化学品安全要求不一致，造成当前危险化学品安全监管乏力以及企业安全管理要求模糊不清、标准不一、无所适从的现状。

(8) 危险化学品事故应急处置能力不足。瑞海公司没有开展风险评估和危险源辨识评估工作，应急预案流于形式，应急处置力量、装备严重缺乏，不具备初起火灾的扑救能力。天津港公安局消防支队没有针对不同性质的危险化学品准备相应的预案、灭火救援装备和物资，消防队员缺乏专业训练演练，危险化学品事故处置能力不强；天津市公安消防部队也缺乏处置重大危险化学品事故的预案以及相应的装备；天津市政府在应急处置中的信息发布工作一度安排不周、应对不妥。从全国范围来看，专业危险化学品应急救援队伍和装备不足，无法满足处置种类众多、危险特性各异的危险化学品事故的需要。

12.2.4.2 防范措施

(1) 把安全生产工作摆在更加突出的位置。建立健全与现代化大生产和社会主义市场经济体制相适应的安全监管体系，积极推动安全生产文化建设、法治建设、制度建设、机制建设、技术建设和力量建设，对安全生产特别是对公共安全存在潜在危害的危险品的生产、经营、储存、使用等环节实行严格规范的监管，切实加强源头治理，大力解决突出问题。

(2) 推动生产经营单位切实落实安全生产主体责任。充分运用市场机制，建立完善生产经营单位强制保险和"黑名单"制度，将企业的违法违规信息与项目核准、用地审批、证券融资、银行贷款挂钩，促进企业提高安全生产的自觉性，建立"安全自查、隐患自除、责任自负"的企业自我管理机制，并通过调整税收、保险费用、信用等级等经济措施，引导经营单位自觉加大安全投入，加强安全措施，淘汰落后的生产工艺、设备，培养高素质高技能的产业工人队伍。严格落实属地政府和行业主管部门的安全监管责任，深化企业安全生产标准化创建活动，推动企业建立完善风险管控、隐患排查机制，实行重大危险源信息向社会公布制度，并自觉接受社会舆论监督。

(3) 进一步理顺港口安全管理体制。认真落实港口政企分离要求，明确港口行政管理职能机构和编制，进一步强化交通、海关、公安、质检等部门安全监管职责，加强信息共享和部门联动配合；按照深化司法体制改革的要求，将港口公安、消防以及其他相关行政监管职能交由地方政府主管部门承担。在港口设置危险货物仓储物流功能区，根据危险货物的性质分类储存，严格限定危险货物周转总量。进一步明确港区海关运抵区安全监管职责，加强对港区海关运抵区安全监督，严防失控漏管。其他领域存在的类似问题，尤其是行政区、功能区行业管理职责不明的问题，都应抓紧解决。

(4) 着力提高危险化学品安全监管法治化水平。针对当前危险化学品生产经营活动快速发展及其对公共安全带来的诸多重大问题，要将相关立法、修法工作置于优先地位，切实增强相关法律法规的权威性、统一性、系统性、有效性。建议立法机关在已有相关条例的基础上，抓紧制定、修订危险化学品管理、安全生产应急管理、民用爆炸物品安全管理、危险货物安全管理等相关法律、行政法规；以法律的形式明确硝化棉等危险化学品的物流、包装、运输等安全管理要求，建立易燃易爆、剧毒危险化学品专营制度，限定生产规模，严禁个人经营硝酸铵、氰化钠等易爆、剧毒物。

(5) 建立健全危险化学品安全监管体制机制。建议国务院明确一个部门及系统承担对危险化学品安全工作的综合监管职能，并进一步明确、细化其他相关部门的职责，消除监管盲区。全面加强涉及危险化学品的危险货物安全管理，强化口岸港政、海事、海关、商检等检验机构的联合监督、统一查验机制，综合保障外贸进出口危险货物的安全、便捷、高效运行。

(6) 建立全国统一的危险化学品监管信息平台。利用大数据、物联网等信息技术手段，对危险化学品生产、经营、运输、储存、使用、废弃处置进行全过程、全链条的信息化管理，实现危险化学品来源可循、去向可溯、状态可控，实现企业、监管部门、公安消防部队及专业应急救援队伍之间信息共享。升级改造面向全国的化学品安全公共咨询服务电话，为社会公众、各单位和各级政府提供化学品安全咨询以及应急处置技术支持服务。

(7) 科学规划合理布局，严格安全准入条件。对涉及危险化学品的建设项目，实施住建、规划、发改、国土、工信、公安消防、环保、卫生、安监等部门联合审批制度，严把安全许可审批关，严格落实规划区域功能。科学规划危险化学品区域，严格控制与人口密集区、公共建筑物、交通干线和饮用水源地等环境敏感点之间的距离。

(8) 加强生产安全事故应急处置能力建设。合理布局、大力加强生产安全事故应急救援力量建设，推动高危行业企业建立专兼职应急救援队伍，整合共享全国应急救援资源，提高应急协调指挥的信息化水平。危险化学品集中区的地方政府，可依托公安消防部队组建专业队伍，加强特殊装备器材的研发与配备，强化应急处置技战术训练演练，满足复杂危险化学品事故应急处置需要。

(9) 严格安全评价、环境影响评价等中介机构的监管。相关行业部门要加强相关中介机构的资质审查审批、日常监管，提高准入门槛，严格规范其从事安全评价、环境影响评价、工程设计、施工管理、工程质量监理等行为。切断中介服务利益关联，杜绝"红顶中介"现象，审批部门所属事业单位、主管的社会组织及其所办的企业，不得开展与本部门行政审批相关的中介服务。相关部门每年要对相关中介机构开展专项检查，对发现的问题严肃处理。建立"黑名单"制度和举报制度，完善中介机构信用体系和考核评价机制。

(10) 集中开展危险化学品安全专项整治行动。在全国范围内对涉及危险化学品生产、储存、经营、使用等的单位、场所普遍开展一次彻底的摸底清查，切实掌握危险化学品经营单位重大危险源和安全隐患情况，对发现掌握的重大危险源和安全隐患情况，分地区逐一登记并明确整治的责任单位和时限；对严重威胁人民群众生命安全的问题，采取改造、搬迁、停产、停用等措施坚决整改；对违反规划未批先建、批小建大、擅自扩大许可经营范围等违法行为，坚决依法纠正，从严从重查处。

12.3 典型案例三："11·13"火灾爆炸事故次生松花江污染事件

12.3.1 事故概况

2005年11月13日13时40分，中国石油天然气股份有限公司吉林石化分公司（以下简称吉化公司）双苯厂硝基苯精馏塔发生爆炸，造成8人死亡，60人受伤，直接经济损失6908万元（水污染造成的直接损失未计入其中），并引发松花江水污染事件，事故区域排出的污水主要通过吉化公司东10号线进入松花江，约98吨苯类物质流入松花江，造成水体严重污染，沿岸数百万居民的生活受到影响。国务院事故及事件调查组认定，吉化公司双苯厂"11·13"爆炸事故和松花江水污染事件是一起特大生产安全责任事故和特别重大水环境污染责任事件（事发地现场如图12-4所示）。

吉化公司双苯厂是由吉化公司在1957年建成投产的吉林化学工业公司染料厂基础上组建的，双苯厂在岗职工1038人，厂区占地83万平方米，共有5套生产装置，其中有2套苯胺装置，设计生产能力分别为6.6万吨/年和7.0万吨/年。发生爆炸事故的苯胺二车间在岗职工88人，配备四个化工操作班和一个产品包装班，苯胺装置设计生产能力为7.0万吨/年，采用混酸等温硝化和硝基苯气相催化加氢还原技术，主要原料有苯、硝酸和氢气，工艺流程主要包括苯硝化、硝基苯精制、硝基苯加氢还原和苯胺精制四个生产单元，日产苯胺230~240吨。事故发生前，现场共有原料、产品约为1349.61吨，其中苯358.8吨、硝基苯697.08吨、苯胺77.43吨、硝酸216.3吨；事故发生后，回收的物料约为337.6吨，其中苯100吨、硝基苯237.6吨，其余物料通过爆炸、燃烧、挥发、地面吸附、导入污水处理厂和进入松花江等途径损失。经专家组计算，爆炸发生后，约有98吨物料（其中苯17.6吨、苯胺14.7吨、硝基苯65.7吨）流入松花江。

图 12-4　事发地现场照片

12.3.2　主要原因

12.3.2.1　直接原因

事故直接原因是硝基苯精制岗位外操人员违反操作规程，在停止粗硝基苯进料后，未关闭预热器蒸气阀门，导致预热器内物料气化；恢复硝基苯精制单元生产时，再次违反操作规程，先打开了预热器蒸汽阀门加热，后启动粗硝基苯进料泵进料，引起进入预热器的物料突沸并发生剧烈振动，使预热器及管线的法兰松动、密封失效，空气吸入系统，由于摩擦、静电等原因，导致硝基苯精馏塔发生爆炸，并引发其他装置、设施连续爆炸。

12.3.2.2　间接原因

(1)吉化公司双苯厂安全生产管理制度存在着漏洞，安全生产管理制度执行不严格，尤其是操作规程和停车报告制度的执行不落实。在吉化公司双苯厂安全生产检查制度上，存在着车间巡检方式针对性不强和巡检时间安排不合理的问题。从苯胺二车间当天巡检记录来看，事故发生前车间巡检人员虽然对各个巡检点进行了两次巡检，但未能发现硝基苯精制单元长达205分钟的非正常工况停车。按照双苯厂有关制度的规定，如果临时停车，当班班长要向车间和厂生产调度室报告，但从调度和通讯记录看，生产调度人员虽在当天10时13分与当班班长徐德成通过电话了解情况，却未发现10时10分硝基苯精制单元就已经停车。苯胺二车间11月13日当班应属正常操作，出现非正常工况临时停车后，操作人员虽在硝基苯精制操作记录上记载了停车时间，却未记载向生产调度室和苯胺二车间巡检人员报告的情况。

(2)吉化公司双苯厂及苯胺二车间的劳动组织管理存在着一定缺陷。按照吉化公司有关操作人员定额的规定，苯胺二车间应配备4个化工班，12名内操人员、20名外操人员、4名班长、4名备员，而实际配备12名内操人员、4名班长、4名备员、42名外操人员。外操岗位操作人员相对较多，超定员22人，而内操岗位操作人员却没有富余。按照吉化公司岗位责任制的规定，当班时内、外操作人员不能互相兼值操作岗位，只有班长可以兼值其他操作岗位。因操作人员休假调配不合理，经常导致当班班长兼值内、外操岗位。据统计，徐德成从2005年3月18日担任班长至11月13日事故发生时，共有35班兼值内、外操岗位。11月13日，徐德成在当班的同时，兼值硝基苯和苯胺精制内操岗位，由于硝基苯精制装置出现了非正常工况，班长徐德成既要组织指挥其他岗位操作人员处理问题，又要进行硝基苯和苯胺精制内操岗位的操作，致使硝基苯和苯胺精制内操岗位时常处于无人值守的状态。

(3)吉化公司对安全生产管理中暴露出的问题重视不够，整改不力。2004年12月30日，吉化公司化肥厂合成车间曾发生过一起三死三伤的爆炸事故，导致事故发生的原因是在现场安全生产管理方面存在着一定漏洞。吉化公司虽然在2004年工作总结中，已经指出现场管理方面存在的问题尤其是非计划停车问题比较突出，但没有认真吸取教训，有针对性地加以整改。

12.3.2.3 水污染事件主要原因

12.3.2.3.1 直接原因

爆炸事故发生后，大部分生产装置和中间贮罐及部分循环水系统遭到严重破坏，致使未发生爆炸和燃烧的部分原料、产品和循环水泄漏出来，逐渐漫延流入双苯厂清净废水排水系统，抢救事故现场所用的消防水与残余物料混合后也逐渐流入该系统。这些污水通过吉化公司清净废水排水系统进入东 10 号线，并与东 10 号线上游来的清净废水汇合，一并流入松花江，造成了松花江水体严重污染。

12.3.2.3.2　间接原因

(1) 吉化公司及其双苯厂对其可能发生的事故会引发松花江水污染问题没有进行深入研究，制定的《重大突发事件应急救援预案》有重大缺失，预案中的应对措施原则要求多、针对性和操作性差。吉化公司在 13 日 18 时已知松花江水体被严重污染的情况下，却在 13 日 23 时召开的"11·13"爆炸事故新闻发布会上，向媒体通报松花江水体没有发生变化。此外，吉化公司在每天向中石油集团公司报送的事故信息快报中，均没有报告松花江水污染情况。

(2) 吉林市事故应急救援指挥部对爆炸事故可能引发严重水污染估计不足、重视不够。事故发生后，在布置事故应急抢救工作中，未根据实际情况提出防控松花江水污染的措施和要求。

(3) 中石油集团公司及中石油股份公司对环境保护工作重视不够，对吉化公司在环境保护工作中存在的问题失察，特别是没有及时发现吉化公司《重大突发事件应急救援预案》存在的问题。中石油集团公司对爆炸事故引发的松花江水严重污染情况估计不足、重视不够，未能及时督促有关单位采取措施。

(4) 吉林市环保部门在 13 日 18 时 40 分知道松花江水体被严重污染后，没有及时向事故应急救援指挥部建议采取相应的措施，直到 14 日 18 时才向省环保局书面报告松花江污染情况，而且没有按照有关规定全面、准确地报告松花江污染的严重程度。吉林省环保部门对爆炸事故引发的松花江水严重污染问题重视不够。13 日下午接到吉化公司双苯一发生爆炸事故的报告后，14 日 13 时左右派出人员才赶到事故及松花江水污染现场。在上报松花江水污染情况时，没有按照有关规定全面、准确地报告松花江水污染的严重程度。

(5) 环保总局在初期对事件重视不够，对可能产生的严重后果估计不足，没有及时提出妥善处置意见，也没有提前向松花江下游地方通报污染监测情况，对这起事件造成的损失负有责任。

12.3.3 应急救援处置

12.3.3.1 爆炸事故应急救援情况

事故发生后,现场人员启动了事故应急预案,立即向"119"报警和向有关部门、领导报告,双苯厂迅速成立了抢险救灾指挥部。13 日 13 时 45 分,消防车赶到事故现场,实施灭火救援,由于事故现场可能存在二次爆炸的危险,消防队员迅速撤离了事故现场。吉林石化分公司、吉林市、吉林省主要领导接到事故报告后,迅速赶到了现场,启动了应急预案;14 时左右,吉林市政府成立了事故应急救援指挥部,开始全面指挥爆炸现场紧急救援工作。在停电约 2 小时后,于 15时 20 分恢复供电、供水,16 时恢复装置区灭火。14 日凌晨 4 时,火势得到基本控制,14 日中午 12 时,现场明火全部扑灭。中石油集团公司、中石油股份公司也派出有关负责人员于爆炸事故发生当天抵达吉林市,并参与了爆炸事故应急救援工作。截至 2006 年 4 月 30 日,爆炸事故中死亡的 8 名人员的善后理赔工作已经结束,60 名受伤人员中已有 55 人出院(赔付工作已经结束),尚有 5 名受伤人员仍在住院治疗。

12.3.3.2 水污染事件应急处置情况

12.3.3.2.1 初期应对

双苯厂发生爆炸后,在灭火过程中,大量没有燃烧或燃烧不充分的苯类物质在消防用水中溶解,形成有毒的污水,这些污水绕过了专用的污水处理通道,通过排污口直接进入了松花江。吉林市环保部门当天立即启动化学事故应急监测预案,爆炸 2 小时后,监测人员赶到现场,开展现场采样和分析化验工作。刚开始环保工作人员监测的重点是大气,检测结果表明大气中的有毒物质指标不超标,随后,工作人员把监测重点转移到了水体上,在石化厂区的一条排雨管线中发现水体颜色发黄,苯含量超标,且浓度很高,工作人员于是在厂区雨水排放口 8 千米处设立了三个监测点,4 个小时后检测到污染物浓度超标。

12.3.3.2.2 后期处置

针对松花江水体中存在的污染物,水污染处理专家顾问组提出,用活性炭粉末吸附水污染物,供水部门工作人员和武警官兵昼夜工作,调集大批活性炭净化水体。同时为加快污染水团下行流速、稀释污染水团浓度,经水利部等部门协调,提高丰满水库、尼尔基水库日平均放流量,经过各方努力,11月27日早上6点,松花江哈尔滨饮用水源地四方台断面苯处于未检出状态,硝基苯浓度符合国家标准。11月29日,国家环保总局邀请多位院士及知名专家召开专家评审会,讨论通过了"松花江重大水污染生态环境影响评估与修复技术方案",会同有关部门组织专家赴松花江污染事件影响区现场,开展分析测试和工程应急措施的试验工作,之后松花江水污染事件开始进入恢复与治理时期。

12.3.4 防范措施(来源于事故调查报告)

(1)事发企业持续开展反违章指挥、违章作业和违反劳动纪律的"反三违"活动,经常认真检查安全管理制度存在的问题和漏洞,并持续改进和完善,加强从业人员的安全培训和教育,特别是注重对操作人员实际操作技能的培训和考核,严格执行安全生产管理制度和操作规程。

(2)建议有关部门尽快组织认真研究并修订石油和化工企业设计规范,提出在事故状态下防止环境污染的措施和要求,尽量减少生产装置区特别是防爆区内的危险化学品的储存。当前,限期落实事故状态下"清净下水"不得排放的措施,防止和减少事故状态下的环境污染。

(3)建议各地、各有关部门、有关单位要按照国家有关法律、法规的规定,尽快完善事故状态下环境污染的监测、报告和信息发布的内容、程序和要求,要结合实际情况,不断改进本地区、本部门和本单位重大突发事件应急救援预案中控制、消除环境污染的应急措施。

(4)建立统一的化学品危险性和安全信息国家档案和信息传递平台,为危险化学品事故预防和应急救援,为防范环境污染和应急处理提供相关信息和技术服务,尽快建立危险化学品事故应急救援体系,组建危险化学品事故应急救援指挥中心;加强环境监测监控力量,制定各有关部门能够协同作战的环境污染应急预案。

(5)鼓励科研机构和有关企业开展化学品燃烧、爆炸机理的基础研究、本质安全技术研究,大力推广应用符合清洁发展、安全发展要求的先进技术和切实有效的措施；支持从事易燃易爆化学品生产活动的单位进行安全技术和事故状态下防止环境污染措施的持续改进。

(6)本着"四不放过"的原则，各地、各部门、各有关单位认真组织开展危险化学品事故特别是此次事故及事件经验教训的宣传和交流活动，进一步提高各级党、政领导干部和企业负责人对危险化学品事故引发环境污染的认识，切实加强危险化学品的安全监督管理和环境监测监管工作，举一反三，排查治理隐患，防止类似事故和事件的再次发生。

12.4 典型案例四："11·22"特别重大爆炸事故次生污染事件

12.4.1 事故概况

2013年11月22日凌晨2时许，位于青岛市黄岛区秦皇岛路与斋堂岛街交汇处，中石化输油储运公司潍坊分公司输油管线破裂，事故发生后，2时25分停止输油，附近约1000平方米路面被原油污染，部分原油沿着雨水管线进入胶州湾，海面过油面积约3000平方米。黄岛区立即组织在海面布设两道围油栏。处置过程中，当日上午10时25分，黄岛区沿海河路和斋堂岛街交汇处发生爆燃，同时在入海口被油污染海面上发生爆燃。由于原油泄漏到发生爆燃达8个多小时，受海水倒灌影响，泄漏原油及其混合气体在排水暗渠内蔓延、扩散、积聚，最终造成大范围连续爆炸。事故造成62人死亡、136人受伤，直接经济损失75172万元(事发地现场见图12-5所示)。

12.4.2 主要原因

12.4.2.1 直接原因

输油管道与排水暗渠交汇处管道腐蚀减薄、管道破裂、原油泄漏，流入排水暗渠及反冲到路面。原油泄漏后，现场处置人员采用液压破碎锤在暗渠盖板上打孔破碎，产生撞击火花，引发暗渠内油气爆炸。通过现场勘验、物证检测、调查询问、查阅资料，并经综合分析认定：由于与排水暗渠交叉段的输油管道所处区

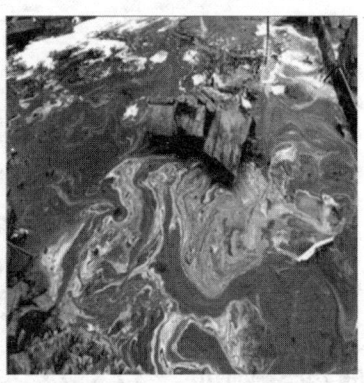

图 12-5　事发地现场照片

域土壤盐碱和地下水氯化物含量高，同时排水暗渠内随着潮汐变化海水倒灌，输油管道长期处于干湿交替的海水及盐雾腐蚀环境，加之管道受到道路承重和振动等因素影响，导致管道加速腐蚀减薄、破裂，造成原油泄漏。泄漏点位于秦皇岛路桥涵东侧墙体外 15 厘米，处于管道正下部位置。经计算、认定，原油泄漏量约 2000 吨。

泄漏原油部分反冲出路面，大部分从穿越处直接进入排水暗渠。泄漏原油挥发的油气与排水暗渠空间内的空气形成易燃易爆的混合气体，并在相对密闭的排水暗渠内积聚。由于原油泄漏到发生爆炸达 8 个多小时，受海水倒灌影响，泄漏原油及其混合气体在排水暗渠内蔓延、扩散、积聚，最终造成大范围连续爆炸。

12.4.2.2　间接原因

（1）企业安全生产主体责任不落实，隐患排查治理不彻底，现场应急处置措施不当。未按要求及时全面报告泄漏量、泄漏油品等信息，存在漏报问题；现场处置人员没有对泄漏区域实施有效警戒和围挡；抢修现场未进行可燃气体检测，盲目动用非防爆设备进行作业，严重违规违章。对管道泄漏突发事件的应急预案缺乏演练，应急救援人员对自己的职责和应对措施不熟悉。

（2）黄岛街道办事处对青岛丽东化工有限公司长期在厂区内排水暗渠上违章

搭建临时工棚问题失察，导致事故伤亡扩大。

（3）管道保护工作主管部门履行职责不力，安全隐患排查治理不深入。对管道保护的监督检查不彻底、有盲区，2013年开展了6次管道保护的专项整治检查，但都没有发现秦皇岛路道路施工对管道安全的影响；对管道改建计划跟踪督促不力，督促企业落实应急预案不到位。

（4）事故发生地段规划建设混乱。管道在排水暗渠内悬空架设，存在原油泄漏进入排水暗渠的风险，且不利于日常维护和抢维修；管道处于海水倒灌能够到达的区域，腐蚀加剧。

（5）相关部门对事故风险研判失误，导致应急响应不力。未能充分认识原油泄漏的严重程度，根据企业报告情况将事故级别定为一般突发事件，导致现场指挥协调和应急救援不力，对原油泄漏的发展趋势研判不足；未及时提升应急预案响应级别，未及时采取警戒和封路措施，未及时通知和疏散群众，也未能发现和制止企业现场应急处置人员违规违章操作等问题。

经调查认定，山东省青岛市"11·22"中石化东黄输油管道泄漏爆炸特别重大事故是一起生产安全责任事故。

12.4.3 应急救援处置

12.4.3.1 企业处置情况

11月22日2时12分，潍坊输油处调度中心通过数据采集与监视控制系统发现东黄输油管道黄岛油库出站压力从4.56兆帕降至4.52兆帕，两次电话确认黄岛油库无操作因素后，判断管道泄漏；2时25分，东黄输油管道紧急停泵停输。2时35分，潍坊输油处调度中心通知青岛站关闭洋河阀室截断阀；3时20分左右，截断阀关闭；2时57分，安排人员赴现场抢修。3时40分左右，青岛站人员到达泄漏事故现场，确认管道泄漏位置距黄岛油库出站口约1.5千米，位于秦皇岛路与斋堂岛街交叉口处。组织人员清理路面泄漏原油，并请求潍坊输油处调用抢险救灾物资。4时左右，青岛站组织开挖泄漏点、抢修管道，安排人员拉运物资清理海上溢油。4时47分，运销科向潍坊输油处处长报告泄漏事故现场情况。5时07分，运销科向中石化管道分公司调度中心报告原油泄漏事故总体情况。5时30分左右,潍坊输油处处长安排副处长赴现场指挥原油泄漏处置和入海原油围控。6时左右,潍坊输油处、黄岛油库等现场人员开展海上溢油清理。7时左右,潍坊输油处组织泄漏现场抢修,使用挖掘机实施开挖作业;7时40分,在管道泄漏处路面挖出2米×2米×1.5米作业坑,管道露出;8时20分左右,找到管道泄漏点,即向中石化管道分公司报告。9时15分,中石化管道分公司通知现场人员按照预案成立现场指挥部,做好抢修工作;9时30分左右,潍坊输油处副处长报告中石化管道分公司,潍坊输油处无法独立完成管道抢修工作,请求中石化管道分公司抢维修中心支援。10时25分,现场作业时发生爆炸,排水暗渠和海上泄漏原油相继燃烧爆炸。

12.4.3.2 政府及相关部门处置情况

原油泄漏事故发生后,开发区应急办、安全监管局、环保分局、市政局黄岛街道办事处有关人员先后到达原油泄漏事故现场,开展海上溢油清理。现场发生爆炸燃烧后,时任山东省、青岛市主要负责人,以及中石化集团公司主要负责人迅速率领有关部门负责同志赶赴事故现场,成立应急指挥部,调集资源,组织抢险救援。

现场指挥部下设8个工作组,开展人员搜救、抢险救援、医疗救治及善后处理等工作。当地驻军也投入力量积极参与抢险救援。现场指挥部组织2000余名武警及消防官兵、专业救援人员,调集100余台(套)大型设备和生命探测仪及搜救犬,紧急开展人员搜救(事发现场应急处置见图12-6所示)。

12.4.4 防范措施(来源于事故调查报告)

(1)坚持科学发展安全发展,牢牢坚守安全生产红线。

建立健全"党政同责、一岗双责、齐抓共管"的安全生产责任体系,坚持"管行业必须管安全、管业务必须管安全、管生产经营必须管安全"的原则,把安全责任落实到领导、部门和岗位,谁踩红线谁就要承担后果和责任。在发展地方经济、加快城乡建设、推进企业改革发展的过程中,要始终坚持安全生产的高标准、严要求,各级各类开发区招商引资、上项目不能降低安全环保等标准,不能不按相关审批程序搞特事特办,不能违规"一路绿灯"。政府规划、企业生产与

12.4 典型案例四:"11·22"特别重大爆炸事故次生污染事件

图 12-6 事发现场应急处置照片

安全发生矛盾时,必须服从安全需要;所有工程设计必须满足安全规定和条件。

(2)切实落实企业主体责任,深入开展隐患排查治理。

要建立健全隐患排查治理制度,落实企业主要负责人的隐患排查治理第一责任,实行谁检查、谁签字、谁负责,做到不打折扣、不留死角、不走过场。按照《国务院安委会关于开展油气输送管线等安全专项排查整治的紧急通知》的要求,认真开展在役油气管道,特别是老旧油气管道检测检验与隐患治理,对与居民区、工厂、学校等人员密集区和铁路、公路、隧道、市政地下管网及设施安全距离不足,或穿(跨)越安全防护措施不符合国家法律法规、标准规范要求的,要落实整改措施、责任、资金、时限和预案,限期更新、改造或者停止使用。

(3)加大政府监督管理力度,保障油气管道安全运行。

各级政府要加强本行政区域油气管道保护工作的领导,督促、检查有关部门依法履行油气管道保护职责,组织排查油气管道的重大外部安全隐患。市政管理部门在市政设施建设中,对可能影响油气管道保护的,要与油气管道企业沟通会商,制定并落实油气管道保护的具体措施。油气管道保护工作主管部门要加大监管力度,对打孔盗油、违章施工作业等危害油气管道安全的行为要依法严肃处理;要按照后建服从先建的原则,加大油气管道占压清理力度。安全监管部门要配备专业人员,加强监管力量;要充分发挥安委会办公室的组织协调作用,督促有关部门采取"四不两直"的方式,对油气管道、城市管网开展暗查暗访,深查隐蔽致灾隐患及其整改情况,对不符合安全环保要求的立即进行整治,对工作不到位的地区要进行通报,对自查自纠等不落实的企业要列入"黑名单"并向社会公开曝光。对瞒报、谎报、迟报生产安全事故的,要按有关规定从严从重查处。

(4)科学规划合理调整布局,提升城市安全保障能力。

随着经济高速发展及城市快速扩张,开发区危险化学品企业与居民区毗邻、交错,功能布局不合理,对该区域的安全和环境造成一定影响,也不利于城市的长远发展。青岛市政府相关部门要对该区域的安全、环境状况进行整体评估、评价,通过科学论证,对产业结构和区域功能进行合理规划、调整,对不符合安全生产和环境保护要求的,要立即制定整治方案,尽快组织实施。

(5)完善油气管道应急管理,全面提高应急处置水平。

各级领导干部要带头熟悉、掌握应急预案内容和现场救援指挥的必备知识,提高应急指挥能力。油气管道企业要根据输送介质的危险特性及管道状况,制定有针对性的专项应急预案和现场处置方案,定期组织演练,检验预案的实用性、可操作性,不能"一定了之"、"一发了之";要加强应急队伍建设,提高人员专业素质,配套完善安全检测及管道泄漏封堵、油品回收等应急装备;对于原油泄漏要提高应急响应级别,在事故处置中要对现场油气浓度进行检测,对危害和风险进行辨识和评估,做到准确研判,杜绝盲目处置,防止油气爆炸。

(6)加快安全保障技术研究,健全完善安全标准规范。

要组织力量加快开展油气管道普查工作,摸清底数,建立管道信息系统和事故数据库,深入研究油气管道可能发生事故的成因机理,尽快解决油气管道规划、设计、建设、运行面临的安全技术和管理难题。要吸取国外好的经验和做法,开展油气管道安全法规标准、监管体制机制对比研究,完善油气管道安全法规,制定油气管道穿跨越城区安全布局规划设计、检测频次、风险评价、环境应急等标准规范。要开展油气管道长周期运行、泄漏检测报警、泄漏处置和应急技术研究,提高油气管道安全保障能力。

12.5 典型案例五："4·3"重大饮用水源镉污染事件

12.5.1 事件概况

2016年4月3日下午5时左右，江西省新余市仙女湖上游袁河出现死鱼，4月4日—5日经检测确定仙女湖镉超标。以仙女湖为水源的新余市第三水厂从4月5日下午起停止取水，供水中断。事件发生后，新余市政府启动了突发环境事件应急响应，开展应急处置工作。环境保护部4月6日派出工作组赶赴新余市，协助指导应急处置，当天晚上即锁定偷排企业，切断了污染源。4月7日确定了本次事件的主要污染物是镉、铊、砷，属复合重金属污染。经过对应急净水工艺开展现场试验研究和水厂增加应急药剂投加设备后，4月10日中午新余市第三水厂恢复供水。在严密监控下，污染水团被排泄至袁河下游的赣江并得到稀释，4月17日仙女湖湖体及袁河仙女湖下游段水质全部达到Ⅲ类水体要求，当日21:00终止应急响应。经调查认定，此次事件是一起因非法小冶炼企业违法排污致仙女湖水体污染造成新余市第三水厂取水中断的环境责任事件，导致新余市日供水量减少约15%，全程停水影响人口约1.7万人，阶段性停水影响人口约4万人。环境保护部2016年4月14日发布公报，事件定级为重大突发环境事件。

12.5.2 偷排企业核查

4月4日—5日环保部门发现死鱼后，对附近水域采样测定，发现镉浓度超标，最高超标10余倍。通过开展拉网式排查，4月6日19时发现位于宜春市彬江镇一山沟内的宜春中安实业有限公司(以下简称中安公司)私设排污管通到袁河，初步锁定了污染源。

经调查，中安公司于2014年8月20日注册成立，经营范围为农业项目开发、有机肥生产、销售。2015年3月被宜春市袁州区彬江镇人民政府关停。2016年2月至事发期间，该企业在没有申请改变经营范围、无环评审批手续、无有效的污染治理设施的情况下，以有色金属冶炼废渣为原料采用酸浸萃取法生产粗铟等产品，废水(萃余液)中含有高浓度的镉、铊、砷等重金属。

中安公司的生产废水(萃余液)仅部分用石灰中和处理,平时储存在废水收集池中。在大雨期间或池满时,通过铺设的暗管直接排入袁河。暗管管径约70毫米,长约2千米。经对废水池中的残存废水检测,镉浓度5980mg/L,铊浓度56.8mg/L,砷浓度2600mg/L。据查,2016年4月3日前后,中安公司在暴雨期间,将积存废水偷排入袁河,导致仙女湖的镉、铊、砷超标。该企业在2—4月总共生产了400多千克粗铟半成品,价值仅几十万元,而污染事件的直接损失费就高达1190万元。

12.5.3 应急处置

2016年4月5日,江西省新余市水务集团在水质检测中发现江口水库(即仙女湖)水源地出现重金属镉浓度超标,单项指标达到劣Ⅴ类水标准。当日下午,新余市第三水厂关闭停产。新余市采取的应急措施如下:

(1) 及时启动应急预案。

第三水厂停止供水后,新余市立即启动Ⅲ级应急响应,成立应急指挥部,下设排查调查、水质处理、维稳保障、市场供应、舆情宣传5个小组,开展污染源排查、应急处置和供水保障等工作。

(2) 全力恢复正常供水。

为尽快确定应对方案,新余市集中相关技术骨干,从全省、全国紧急调剂、购买相关化学药剂和设施设备。4月5日晚,江西省环保厅工作组、专家组赶到新余;4月6日下午,环境保护部工作组、专家组赶到新余;在专家组的努力下,第三水厂出水镉曾一度达到供水标准并恢复供水,但在跟踪检测中,又发现铊和砷严重超标,出现了微量元素复合超标的复杂局面,第三水厂被迫再次停止供水。在专家组指导下,技术人员反复取样试验,全力进行技术攻关,相关部门加大力度,且24小时跟踪监测。经过多方努力,4月10日9时,第三水厂恢复供水。

(3) 全面开展污染源排查。

从4月5日晚开始,江西省环保厅会同新余市、宜春市政府,组织环保、国土、安监等部门及相关县、乡、村政府,对仙女湖周边及上游地区开展拉网式排查,锁定江西省宜春市中安实业有限公司为污染肇事企业。该企业为三氯化铟和硫酸锌土法冶炼厂，在 4 月 3 日—5 日暴雨期间通过暗管将含高浓度镉、铊、砷等重金属的生产废液排入袁河，导致袁河及下游仙女湖水质超标。4 月 7 日，监测发现该厂排污口镉浓度超排放标准 46550 倍，铊和砷亦严重超标。地方政府和相关部门立即截断了该企业排污管道，查封了生产设备、原料和厂房，企业负责人及相关人员已被宜春市警方控制，至此，污染源被切断。4 月 7 日，袁河上游高家断面镉含量由 6 日的 0.192mg/L 下降至 0.0017mg/L。

(4) 切实保障居民用水。

新余城区居民用水主要由在孔目江取水的第四水厂供应，第三水厂供水为辅。第三水厂停止供水后，新余市立即安排第四水厂满负荷生产，由原来日供水量 8 万吨/日提高到 15 万吨/日，主城区绝大部分居民用水得到保障。并调集 25 辆消防车开展应急送水，缓解居民生活用水问题。4 月 8 日，新余紧急实施第四水厂管网增压工程，新建临时加压泵，日均调剂增加供水 1 万吨，同时紧急启动界水江备用水源建设。4 月 11 日晚建成投用，居民用水得到有效保障。

(5) 加密开展应急监测。

从 4 月 8 日开始根据监测数据反应的实际情况，为保持数据的延续性和可比性，选取了具有代表性的 6 个常规监测断面进行高频率监测，同时对第三水厂取水口进行每小时一次镉指标测定。针对仙女湖水质砷、镉、铊三项指标进行布点排查可能存在的未发现污染源，在仙女湖库区新布设 18 个点位进行加密监测，保证 24 小时随时提供水质实验所需的分析数据。

(6) 加快稀释湖区污染物。

为稀释污染物浓度，新余市积极协调江西省防总启动了袁河上游水库水坝排水工作，并先后于 4 月 6 日、7 日请求降低仙女湖水位，加快水流速度。

(7) 积极开展舆论引导。

事件发生后，新余市密切关注舆情，加强舆论引导工作。市政府新闻办通过新闻发布会、微信公众号、手机短信等方式，将事件进展及供水信息等情况及时告知全体市民。同时，及时澄清网络谣言，依法处理一起造谣传谣事件。

(8) 扎实做好后续工作。

新余市已经全面启动仙女湖环境损害影响和生态环境综合评估，并全面评估事件可能引发的社会影响，以此为基础，推动相关应急预案的编制修订工作。

12.5.4 防范措施(来源于事件调查报告)

(1)强化饮用水源环境风险管理。

属地政府应当科学评估行政区域内的环境风险,抓好饮用水水源地等重点领域环境风险管理工作,有针对性地开展环境安全隐患排查和整治。建立饮用水水源地监测预警体系,提高风险防范能力,推进备用饮用水水源建设,进一步完善突发性水污染应急体系,形成多元化供水格局,有效防范妥善处置,切实保障群众饮水安全。

(2)推进区域、流域间应急联动。

完善区域间及上下游应急联动机制,建立健全流域管理责任制,落实河长制、网格化监管等制度,加大对"插花地带"企业的监督管理力度,实现信息共享和协同应对,有效防范和妥善处置各类突发事件。

(3)积极主动做好事件信息公开。

事件发生后,及时、准确地发布突发环境事件处置进展权威信息,同步开展专家解读,从监测情况、污染趋势分析等方面,客观解读事件的环境影响。特别是涉及饮用水安全等涉及公众切身利益时,主动公开相关信息,避免谣言传播。加强舆情分析研判,积极回应公众关切,全面客观答疑释惑,最大限度满足公众知情权,为处置突发环境事件创造良好的舆论环境。

12.6 典型案例六:"6·14"柴油泄漏致重大污染事件

12.6.1 事件概况

2020年7月14日6时6分许,贵州省遵义市桐梓县境内中石化输油管道柴油发生泄漏,造成跨贵州、重庆两省(市)影响的重大突发环境事件。经评估,本次突发环境事件应急响应阶段共造成直接经济损失148.73万元,其中,贵州省直接经济损失89.54万元,重庆市直接经济损失59.19万元。

此次事件中柴油泄漏量约为289.91吨,其中,回收约252.21吨,吸附约3.67吨,入土壤约20.58吨,入河约13.45吨。事件造成事故点下游捷阵溪、松坎河及綦江共计 119 千米河道石油类超标。綦江区三江水厂因饮用水水源地水质超标中断取水 19 小时，缩减了供水区域；事故点周边 4.5 亩农田被污染，受污染土壤约 461.9 吨。

此次事件是山体滑坡导致管道柴油泄漏，由于企业研判失误、先期处置不当等因素，造成跨省界污染的重大突发环境事件。

12.6.2 事件直接原因

本次事件发生的直接原因是山体滑坡导致输油管道受到挤压，发生位移变形和局部损伤，致使柴油泄漏，进而造成跨省界污染。

(1) 山体滑坡原因。

专家认定，新站镇捷阵村岩上组滑坡是在集中强降雨天气、不利的地形地貌条件、不利的岩土结构等主要因素影响下形成的，属自然因素引发的地质灾害。

(2) 管道泄漏原因。

滑坡发生以后，向下推挤前缘土体，致使埋置于土体内的管道 ZY109+410 段受到挤压，发生位移变形和局部损伤，从而导致了泄漏事故的发生。在查找泄漏点过程中，组织开挖扰动泄漏点平衡，造成大量柴油泄漏，污染事态扩大。

12.6.3 应急处置

(1) 政府部门迅速响应。

事件发生后，贵州省和重庆市主要领导、分管领导均非常重视，7 月 14 日即派出工作组现场指导。生态环境部于 7 月 15 日获知事件信息后，立即派出工作组赶赴现场，指导地方做好源头阻断、拦截吸附、水厂改造、沿程稀释等工作，提出了"保障饮用水安全、不让超标污水进入长江"的应急目标。中石化华南分公司及时采取停输、关阀、泄压等措施，遵义市和桐梓县政府分级启动应急响应，紧急集合抢险力量，开展现场应急处置。重庆市綦江区人民政府于 7 月 14 日 8 时许得到相关事件信息后，立即安排应急监测、水厂错时取水、污染处置和发布信息通告等措施，并及时将信息向下游的江津区通报；江津区人民政府安排 24 小时轮流值班观察源水状况并开展水质监测。重庆市的快速响应确保了在相关水源水质受影响的情况下，没有影响到居民供水安全，保障了舆情和社会的稳定。

(2) 切断污染源头。

7月14日发现泄漏后,中石化华南分公司紧急停止输油,迅速关闭泄漏点上游的板桥镇阀室、夜郎阀室、东山阀室,并对泄漏点下游的尧龙山站通过大流量泄放进行泄压。6时34分起,现场投入280余人、挖机8台、油罐车21辆次、抽油设备14台、围油栏1680米、吸油毡210包等应急物资投入应急处置工作,7月15日10时完成封堵。

(3) 污染控制。

本次事件处置共布设31道围油栏,其中贵州省境内15道,重庆市境内16道;贵州省还在境内构筑拦油坝12道、活性炭坝12道、隔油池1座,共削减污染物约3.67吨。通过收油机等回收柴油14.01吨。

本次事件处置中,在泄漏点上游附近设置排水沟5处,在泄漏点下游设置用于收集泄漏柴油以及含油雨水的集油坑1个,用于将雨水、地表径流拦截并引出,在泄漏区域共覆盖防雨布约2882平方米。应急处置结束后,清挖被污染土壤461.9吨。

(4) 饮水保障。

重庆市对受影响自来水厂实施应急改造,綦江区三江水厂及时缩减了供水区域,从7月15日至17日,将原供水区域的桥河、沱湾片区改由文龙水厂供水。7月16日4时,三江水厂通过工艺改造,达到供水要求,居民用水需求得到满足。

(5) 信息公开。

贵州省于7月16日通过《娄山资讯》平台将事故信息及初步处置情况向公众发布。重庆市綦江区应急局分别于7月16日、18日分3次通过公共信息预警平台发布事件信息;重庆市于7月15日在"大美綦江"APP上发布《因綦江河水源污染造成城区部分区域水压不足的通告》。

12.6.4 防范措施(来源于事故调查报告)

(1) 进一步提升地方各级政府领导干部环境应急管理能力,完善突发环境事件应急机制。

其一,加大培训力度。机构改革后,"大应急"管理体制基本建立,但针对综合性突发事件应对机制还不够完善,如本次事件是由于自然灾害造成生产安全泄漏事故,进而演化为突发环境事件,在此情景下更加考验政府负责人对相关预案的了解程度和应急决策管理能力。要在专题培训、会议研讨、综合培训中增加环境应急管理相关内容,加强对政府负责人环境应急管理培训,通过系统学习习近平关于生态环境安全、环境应急管理等系列论述、批示指示精神,进一步强化地方政府及各部门、企业的应急指挥调度和应急处置人员的生态环境保护意识,提升突发环境事件研判、指挥调度、应对能力,切实做好全过程应急处置,避免或减少环境污染和生态破坏。

其二,强化对政府环境应急预案修编指导。要加强政府突发环境事件专项应急预案与突发事件总体应急预案、自然灾害应急预案、生产安全事故应急预案等的有效衔接,明确应急指挥体系、应急响应程序和各部门职责,适时组织开展应急演练,完善跨区域、跨部门联动机制。针对此次事件暴露的问题,2021年贵州省遵义市和重庆市綦江区开展一次跨省界突发环境事件应急演练,检验应急指挥、部门联动、上下游联动机制建设成效。

(2)提升管道企业风险防控水平和应急处置能力。

各管道企业要高度重视环境风险管理工作,在环境风险评估的基础上编制环境应急预案,做好与政府预案的衔接;完善管道环境风险管理制度,从避免环境污染的角度细化风险防控措施,定期开展环境风险隐患自查并及时整改。企业要结合管道周边环境情况,按照预案要求储备必要的应急物资、装备,加大人员培训力度,加强与地方政府及相关部门的信息沟通,建立群防群策、群防群治工作机制,定期组织开展环境应急演练和培训,不断提升综合应急响应能力。

(3)加强地方环境应急能力建设。

其一是提升基层环境应急监测能力。要加强应急监测设备、人员等资源信息整合、分析,加大基层监测人员技能培训,尤其是非常规污染物监测人员培训,建立健全社会化监测力量包括有监测能力企业参与突发环境事件应急监测的制度机制,确保在事件应对时可以及时补充支援。

其二是加强基层环境应急救援能力建设。各地要结合行政区域内环境风险特征,分级、分类储备污染源切断、控制、收集、降解、安全防护、应急通信和指挥以及应急监测等物资装备。要动态规范管理环境应急物资信息，完善环境应急物资信息管理制度。加大基层环境应急管理人员、救援人员处置各类突发环境事件的知识和技能培训力度，提升环境应急专业水平。

(4)加快推进上下游联防联控机制建设。

各地要按照《关于建立跨省流域上下游突发水污染事件联防联控机制的指导意见》要求，加快推进签订跨省流域上下游突发水污染事件联防联控协作框架协议。上游地区要重点掌握水利闸坝、环境风险源等信息，下游地区要重点掌握河流流量流速等水文信息，以及重要湖库、饮用水水源地等环境敏感目标信息。针对环境风险隐患大、敏感目标多、流量大、流速快等重点河流，可联合制定"一河一策"联防联控方案。上下游地区要大力开展联合应急演练，及时检验联防联控机制和相关应急预案的实效性，切实提升上下游在快速响应、应急监测、应急处置等方面的协调配合能力。

(5)建立多部门参与的饮用水源安全保障机制。

饮用水源安全保障涉及水利、农业农村、卫生健康、城市管理、生态环境等相关部门。此次事件应对过程中暴露出水厂在水质监测、深度处理能力方面存在不足。建议加强水源地综合毒性生物预警监测能力建设，从预警、监测、应急应对、备用水源建设等方面，建立多部门参与的饮用水源安全保障机制。

12.7 典型案例七："9·9"甬莞高速交通事故次生污染事件

12.7.1 事件概况

2020年9月9日6时08分，甬莞高速揭阳普宁市路段（往潮州方向K1201+750M处）发生一起一辆装载液化天然气的危化品运输车（车牌号：桂E27377/桂E8982挂）追尾一辆装载苯酚的危化品运输车（车牌号：粤S36030/粤S3236挂）的交通事故，造成2人轻伤，现场苯酚、液化天然气泄漏，双方车辆不同程度损坏，财产损失，周边环境受到污染。经评估，本次交通事故泄漏至环境中的苯酚共28.94吨，其中进入地表水20.36吨、底泥和土壤0.93吨、挥发至大气7.65吨；本次突发环境事件应急处置费用2356.46万元，扣除事故责任方主动支付的

1860万元，直接经济损失共计496.46万元。

12.7.2 主要原因

12.7.2.1 直接原因

（1）粤S36030/粤S3236挂车驾驶员和押运员驾车在高速公路上行驶，非紧急情况时在应急车道内停车换班；接班后将车辆驶入车道内后没有按照操作规范安全驾驶，在车辆行驶时更换驾驶员身份识别卡，发生事故时行驶速度低于规定的最低时速；粤S36030/粤S3236挂号车经鉴定车尾安全反光标识部分破损缺失、老化，未能完整体现该车后部宽度和轮廓。

（2）桂E27377/桂E8982挂车驾驶员驾驶危险货物运输车辆在高速公路上超过规定速度行驶，行驶过程中注意力不集中、疏忽大意，没有仔细观察路面情况，没有与前车保持足以采取紧急制动措施的安全距离，造成追尾碰撞前车粤S36030/粤S3236挂的道路交通事故。

12.7.2.2 间接原因

（1）粤S36030/粤S3236挂车驾驶员和押运员，在事故发生后，未正确履行事故报告和应急处置职责，造成衍生突发环境灾害的扩大。在向公安部门报警时，未说明危险货物品名、特性和苯酚泄漏量、流向及可能影响范围；未穿戴随车配备的防护服，在救援队伍到达前，未采取可能的警示措施和应急措施或者将事故变化情况续报；在救援队伍到达时，未将随车安全卡、苯酚货运单、安全技术说明书、安全标签等安全相关资料移交或者告知救援队伍。

（2）粤S36030/粤S3236挂车所属单位——东莞致远物流有限公司的《生产安全事故应急预案》编制不规范，演练评价分析不到位，未针对演练总结提出修订应急预案的建议，未能督促道路危险货物运输驾驶员、押运人员正确履行规定的事故报告和应急处置职责，造成衍生突发环境灾害的扩大；安全生产管理人员检查本单位的安全生产工作存在漏洞，未能及时排查人的不安全行为导致的生产安全事故隐患，行车日志填写流于形式，未发现和消除粤S36030/粤S3236挂车车尾安全反光标识部分破损缺失、老化的安全隐患。

(3)桂 E27377/桂 E8982 挂车所属单位——北海领鹏物流有限公司未落实企业安全生产主体责任，车辆及驾驶员安全管理职责不清、落实不到位。违法为个人出资购买的非自有的车辆办理入户和相关道路运输经营手续，再将车辆出租给不具备安全生产条件的个人从事道路危险货物运输；未能发现驾驶员和押运员持伪造的危险货物运输从业人员资格证件，违规安排持伪造证件、未经考核合格的人员上岗作业；未如实记录安全生产教育和培训情况；对监控平台报警多次的车辆驾驶员、监控平台车辆报警触阈值异常等情况，未采取技术、管理措施及时消除事故隐患；对事故车辆驾驶员的超速、疲劳驾驶行为惩戒、纠正不到位，造成安全行车意识淡薄，导致追尾事故发生。

12.7.3 应急处置

9月9日6时24分，揭阳市消防救援支队指挥中心接到报警称：甬莞高速普宁赤岗段发生2辆货车追尾事故，有人被困。接警后，支队指挥中心第一时间调派揭西河婆消防救援站到场处置，经侦察发现：现场为两辆危化品车辆追尾（前车储存物质为苯酚，储量为30立方米；后车为液化天然气，储量为56立方米），事故导致苯酚槽罐车车尾与LNG槽罐车导管破裂，LNG槽罐车发生部分泄露，2名司机被困车内。

8时52分，揭阳市生态环境局接到揭阳市交警部门电话通知，分管应急工作的负责人即组织应急勘查、监测人员赶赴现场，并通知普宁分局。9时25分，普宁分局应急、监测人员到达现场；10时许，揭阳市生态环境局到达现场并组织开展勘查、监测，10时19分向省生态环境厅、揭阳市政府值班室上报《突发环境应急事件专报》初报。16时许，在事故点下游埔下村水沟发现浓烈刺激性气味，确认为泄漏的苯酚，现场人员立即电话向省生态环境厅、揭阳市政府报告勘查情况，并落实普宁市赤岗镇组织堵截，通知揭西分局立即对下游水体开展排查、监测，关闭榕江南河入口贡山电排。17时，形成综合勘查情况向省生态环境厅、揭阳市政府续报。

事故发生后，揭阳市委市政府组织公安、消防救援、应急管理、交通运输、生态环境等相关部门工作人员全力以赴开展应急救援工作。事故处置过程按照环境应急"南阳实践"的工作思路，采取"分段堵截、分类处置"方法和"快速、科学、安全"原则有序处置,封闭地方公路路口 5 个,疏散最近居民点(距离事故点 500 米)群众 2500 多人,提供 3 个开放场所作为安置点,同时对事故现场周边 500 米范围内电源实施紧急切断。21 时许,疏散的村民陆续回到家中,恢复正常 生活秩序,社会面平稳。

截至 9 月 28 日 16 时,事故点下游受污染的高、中浓度水体共 3223 车 70594.5 吨全部完成转运;至 29 日 16 时,转运至各污水处理厂的污染水体全部 完成处理,并达标排放。经多次检测,榕江南河干流未检出挥发酚,下游自来水 厂进出水合格,事故点周边村庄 470 个地下水监测点位数据显示未检出挥发酚, 水质未受污染;大气检测未见异常;事故点周边群众生产生活恢复正常。突发环 境应急事件应急处置工作至 9 月 30 日基本结束,普宁、揭西两地结束突发环境 应急事件Ⅳ级响应,应急监测至 10 月 9 日结束。事故应急救援善后处置果断、 高效。

12.7.4 经验启示(来源于事故调查报告)

12.7.4.1 事故暴露的问题

(1)证件伪造。桂 E27377/桂 E8982 挂车驾驶员和押运员,持伪造的危险货 物运输从业人员资格证件上岗作业。

(2)车辆挂靠。个人出资购买车辆,以北海领鹏公司名称办理入户和相关道 路运输经营手续并返租,车辆《道路运输证》等证件随车使用,违规获取道路危 险货物运输车辆许可证件,以北海领鹏公司名义从事道路危险货物运输经营。驾 驶员在不具备安全生产条件的情况下,擅自从事道路危险货物运输,并取得绝大 部分的运输服务收入(约占 91%)。

(3)履职不到位。北海和信信息科技有限公司是北海领鹏公司车辆动态监控 委托单位,为北海领鹏公司提供道路运输车辆动态监控社会化服务,未正确履行 动态监控平台职责,未正确设置监控超速行驶和疲劳驾驶的限值。事故发生后, 2020 年 9 月 21 日,监控平台才将有关车辆报警触阈值按道路危险货物运输车辆 参数进行重新设置。

(4)监管力度不够。北海市交通运输局、北海市道路运输服务和信息中心在检查过程中未能发现该公司存在违法出租车辆、人员持伪证上岗、未如实记录从业人员教育培训情况等问题。北海市负有道路运输监管职责部门对北海领鹏公司存在监督检查力度不够的情况。

12.7.4.2 防范措施

针对事故暴露出的突出问题，切实采取有效措施加以改进，坚决杜绝同类事故发生。

(1) 强化营运危险货物运输车辆挂靠问题排查整治，进一步提升企业本质安全水平。揭阳市和事故单位属地道路交通运输主管部门要组织力量对私人购车并以公司名义从事道路危险货物运输经营、事实上脱离挂靠企业管理的危险货物运输车辆进行排查，研究制定整治方案，提出退出营运问题的解决办法，严厉打击不具备安全生产条件、擅自从事道路危险货物运输经营行为，杜绝同类事故的发生。

(2) 强化危运企业安全生产主体责任落实，进一步严查严处各类交通违法违规行为。揭阳市和事故单位属地道路交通运输主管部门要认真履行监管职责，切实落实国家、省整治"两客一危"重点监管企业的工作部署和要求，督促危运企业落实安全生产主体责任，严格遵守和执行安全生产法律法规与技术标准，完善内部安全管理制度，确保各项制度和措施执行到位；严格落实动态监控平台值班制度，强化实时监管，对监控平台报警的车辆和驾驶人员，要督促企业及时给予警戒、奖惩处理，杜绝动态监控不到位现象发生；要加大对超速、疲劳驾驶、未按规定路线行驶、违规停靠等违法行为的处罚力度。

(3) 强化道路运输从业人员管理，进一步提升道路危险货物运输驾驶员、押运人员履责能力。揭阳市和事故单位属地道路交通运输主管部门要督促危险货物运输企业严格审查新聘用驾驶员、押运人员的从业资格和安全驾驶记录，畅通道路运输从业人员资格查询信息通道，对于报备到全国道路危险货物运输电子运单的人员，相关受理部门要加强人员资格审查；要进一步完善驾驶人驾驶证和从业资格证审验教育培训制度，加强道路交通安全法律法规、安全行车常识、典型事故案例等内容的宣教培训；要落实公安机关交通管理部门定期向交通运输部门抄告营运车辆及驾驶人交通违法行为的机制，共同做好营运车辆及驾驶人交通违法行为"清零"工作。

(4)强化道路危险货物运输企业应急建设,进一步提升道路运输从业人员应急救援能力。各危险货物运输企业要根据实际情况,依照《生产安全事故应急条例》修订完善生产安全事故应急救援预案,细化应急响应事件的措施,做好预案备案、定期演练、向主管部门报送演练情况等工作;加强应急教育培训,切实落实道路危险货物运输驾驶员、押运人员的事故报告和应急处置职责,保证从业人员具备必要的应急救援知识,了解事故应急处理措施,掌握应急救援操作技能。道路交通运输主管部门要依法监督检查道路危险货物运输企业贯彻落实应急管理法律法规情况,督促企业编制综合应急演练方案,加强演练总结评估,及时发现存在问题,提出预案修订建议,发挥演练对应急工作的持续改进作用。

(5)强化监管部门应急救援能力建设,进一步提升道路危险货物运输事故现场应急处置水平。揭阳市各级公安交警、消防救援、交通运输、应急管理、生态环境等部门要认真总结并深刻吸取本次危险化学品运输车辆交通事故的惨痛教训,强化自身应急救援能力建设,进一步提升道路危险货物运输事故现场应急处置水平,强化应急处置能力建设,加强应急救援队伍、应急物资储备、应急检验检测、应急信息化等能力建设,统筹应急资源和力量,加强综合性应急演练,形成优化、协同、高效的应急处置能力。

12.8 典型案例八:"3·31"固体废物燃爆较大责任事故

12.8.1 事故概况

2019年3月31日7时12分左右,位于昆山开发区雄鹰路66号的昆山汉鼎精密金属有限公司(以下简称"汉鼎公司")数控机床(简称CNC)加工车间北墙外堆放镁合金废屑的集装箱发生爆燃事故,造成相邻生产车间7人死亡、1人重伤、4人轻伤,直接经济损失4186万元。调查认定,汉鼎公司"3·31"爆燃事故是一起较大生产安全责任事故。

汉鼎公司成立于2004年2月28日,公司类型为境外法人独资的有限责任公司,注册资本为2080万美元,总用地面积49000平方米,总建筑面积42334平方米，员工总数 1588 人。汉鼎公司主要从事笔记本电脑外壳、照相机外壳、光机外壳、新型合金材料制品、镁合金铸件、镁合金及其应用产品、汽车铸锻毛坯件制造加工、精密型腔模具等产品的生产加工，年产量约 1700 万件。事故涉及的 CNC 加工车间位于整个厂区的西北区域，内部编号 K33 栋，主要加工汽车件和 3C 件(信息家电)，图 12-7 为汉鼎公司平面布置图。

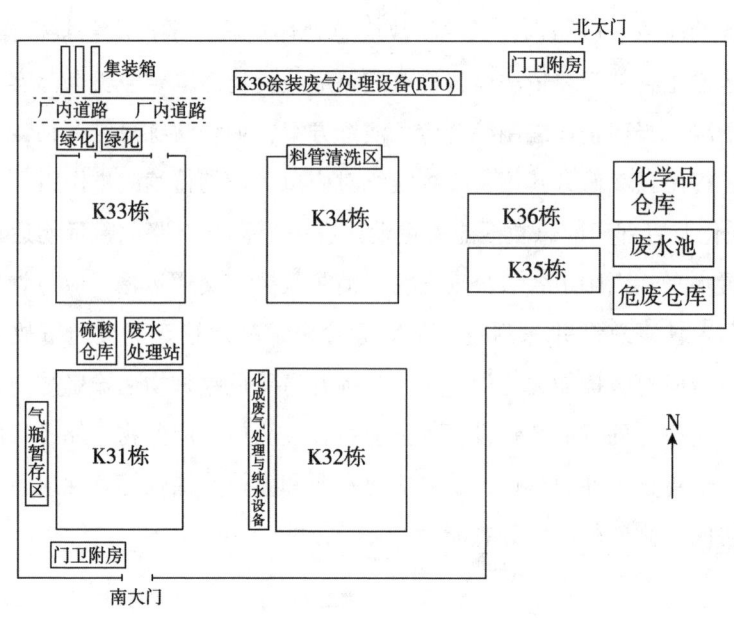

图 12-7　汉鼎公司平面布置图

12.8.2　主要原因

12.8.2.1　直接原因

CNC 加工过程中使用了用超量水稀释的切削液，混有切削液的镁合金废屑经过滤分离，堆放在集装箱内，镁合金废屑与切削液中的水发生反应生成氢气，同时放出热量，因堆垛堆积紧密、散热不良，热积累形成高温；高温进一步导致氢气、镁合金废屑等的爆发式喷射；受集装箱空间所限，喷射而出的氢气无法及时散逸，在堆垛附近空间形成氢气与空气的爆炸性混合物，遇高温热点(火源)发生爆燃，并在冲击波作用下，镁合金废屑在集装箱外形成二次爆燃，爆燃的冲击波夹带着燃烧的镁合金碎屑冲入对面的CNC加工车间，造成人员伤亡。

12.8.2.2　间接原因

汉鼎公司：未严格落实安全生产主体责任，镁合金废屑处置措施缺失，安全管理较为混乱。

(1)公司法定代表人未履行安全生产职责。汉鼎公司主要负责人同时也是法定代表人，安全生产法律意识淡薄，长期不在公司，对公司的安全生产工作基本不过问，没有真正履行法律法规规定的安全生产工作职责。

(2)对镁合金废屑安全管理严重缺失。企业管理人员普遍对镁合金废屑的危险性认识不足，在中介公司提交安评、环评报告后，均未认真阅读相关报告，未采取科学的安全管理措施；企业违规稀释切削液提升水含量配比，使得镁合金废屑含水量增大，同时未在存放镁合金废屑之前有效控制废屑含水量；公司定期清运镁合金废屑的管理措施未得到有效落实。

(3)镁合金废屑擅自堆放埋下严重安全隐患。企业未辨识出镁合金废屑的废物属性，忽视了其危险性，对员工缺乏针对性的安全教育；镁合金废屑长期违规堆放在集装箱中，在历次更新并公开的隐患空间分布图中未将集装箱区域辨识出；在公司组织的历次安全检查和隐患排查中均不同程度地忽略了集装箱区域的危险性，均未排查出存放镁合金废屑的集装箱存在着严重安全隐患。

(4)环保管理制度措施不落实。汉鼎公司CNC加工车间实际设置的机床与环保部门批准的数量严重不符，超过核定批准144台。在擅自变更固废存储场所，设置镁合金废屑存放的集装箱后，至事发时未报环保部门批准，也未采取有效措施进行管理。

(5)消防安全责任和制度不落实。汉鼎公司消防安全责任人及管理人员法律意识淡薄，集装箱区域的消防安全责任人履行消防安全管理职责不到位，未设置消防报警系统也未有针对性的储存灭火物资。公司存在违规占用防火间距和消防管理台账不齐全等消防安全隐患。

中介机构：未严格开展环境评价、安全评价工作，未起到为服务企业、提示和消除隐患的作用。

（1）江苏久力环境科技股份有限公司：出具的环评报告存在疏漏。对镁合金废屑的环境风险认识不足，将其列为一般固废，仅提出了通风防潮等一般性要求，未将其环境风险纳入评价范围；未明确镁合金废屑存放场所，对历年来汉鼎公司在镁合金废屑的环境管理上具有导向性影响。

（2）江苏安泰科技有限公司：出具的安全现状评价报告存在疏漏。未将汉鼎公司内临时设施纳入安全评价范围，未对镁合金废屑的危险性进行辨识，未对镁合金废屑的储存提出相关安全管理要求。

（3）江苏泰康安全环境科技有限公司：出具的安全现状评价报告存在疏漏。未签订技术服务合同；不重视评价过程中的现场勘查，未准确的反映汉鼎公司CNC车间机台设置数量远超环保部门核准的数量；未发现CNC车间卷帘门附近设置品检区，未对镁合金废屑的危险性进行辨识，未对镁合金废屑的储存提出相关安全管理要求。

监管部门：当地政府及有关部门没有牢固树立"安全发展"理念，没有深刻汲取"8·2"特别重大爆炸事故教训，监管及检查工作不到位、有疏漏。

（1）昆山经济技术开发区安环局对镁合金废屑发生爆燃的危险性认识不足，对铝镁制品废弃物安全工作重视程度不够，贯彻落实原昆山市安监局《关于加强铝镁制品废弃物安全管理的通知》要求不深入、不扎实，对企业镁合金废屑储存的不安全行为监督检查不到位、督促整改不力；对汉鼎公司未按规定场所储存镁合金废屑，而是违规储存于集装箱的问题未予发现并制止；对企业实际生产设备数量远超环评审批验收数量等问题未发现并制止，监督检查不到位。

（2）昆山市应急管理局对昆山经济技术开发区安环局安全监管工作指导、督促不力；对铝镁制品废弃物安全工作重视程度不够，开展相关排查整治工作措施、要求、督办检查不到位；未有效指导、协调、督促有关管理部门对涉及铝镁加工废弃物企业开展监督检查。

（3）昆山市环保局对企业环境影响评价事中事后监管不到位，对企业实际生产设备数量超出审核批准的部分设备数量发现后未及时查处；对企业项目未批先建、批建不符的情况监管不力；对昆山开发区安环局固废现场管理检查工作指导、督促不力。

(4)昆山市消防大队对列为二级消防安全重点单位的汉鼎公司消防监督检查不细致,对企业消防安全重点部位的情况没有及时跟进督促整改,工作未形成闭环。

(5)昆山市经济技术开发区管委会对昆山市"8·2"特别重大爆炸事故,吸取教训、举一反三存在差距,工作针对性不强;对安全环保等问题隐患督促整改不到位。

12.8.3 应急救援处置

2019年3月30日20时起,汉鼎公司CNC加工车间经交接班后,夜班(30日20时至31日8时)工作人员继续正常生产,共有作业人员53人(3C处、汽车处44人,品保部9人),此时3月30日白班产生的镁合金废屑已存放入集装箱内。2019年3月31日7时许,车间处于正常运作中,品保部的人员正在位于CNC加工车间北侧关闭的卷帘门内侧工作,7时12分许,位于汉鼎公司CNC加工车间北墙外堆放镁合金废屑的集装箱发生爆燃,冲击波及火焰冲破CNC加工车间北侧关闭的卷帘门,向车间内部扩散,引发燃烧,造成正在车间内作业人员7人死亡、1人重伤、4人轻伤。车间内多台设备受损。

3月31日7时15分,昆山市消防救援大队接报汉鼎公司发生事故,指挥中心立即调派19辆消防车、86名消防员赶赴现场处置。至9时30分,现场明火被扑灭,过火面积约670平方米。伤员紧急送医院治疗。

事故发生后,江苏省、苏州市、昆山市立即启动了相应的应急预案。省、市主要领导第一时间赶到事故现场,指挥抢险救援,并对相关工作进行了部署。省应急管理厅等省有关部门负责人也立即赶赴事故现场,指导协调事故应急救援和调查处理工作。事故现场,苏州市立即成立了事故处置救援现场指挥部,下设现场救援组、综合协调组、医疗救治组、环境监测组、事故善后组、新闻宣传组、维稳应急组7个工作组,全力做好伤员救治、秩序维护等各项工作。

12.8.4 防范措施(来源于事故调查报告)

(1)进一步深化镁合金废弃物专项整治。昆山市要对辖区内存在镁合金废弃物的企业进行全面排查,与"安全生产大排查大整治"专项行动紧密结合,摸清生产企业基本情况，摸清全市固废存储、处理场所情况，建立基础台账，借助专业力量，采取"四不两直"的方式深入相关企业检查，确保专项治理取得实效。对违法违规和不落实整改措施的企业要列入"黑名单"并向社会公开曝光，严格落实停产整顿、关闭取缔、上限处罚和严厉追责的"四个一律"执法措施，集中处罚一批、停产一批、取缔一批典型非法违法企业。

(2) 落实企业安全生产主体责任，进一步加强安全风险辨识管控工作。汉鼎公司要深刻反思，认真落实安全、环保、消防的主体责任，建立、健全企业内部安全生产责任制；要针对本企业生产工艺特点，制定完善安全风险分级管控和隐患排查治理的相关工作制度和工作方案，从源头上系统上识别风险、控制风险，查找出风险管控过程中可能出现的缺失、漏洞及风险控制失效环节，将排查出的风险分级管控；尤其要提高镁合金废料危险性的认识，有针对性地采取有效措施，妥善储存、有效处置，切实消除事故隐患。

(3) 加强中介服务机构管理，提高中介服务工作质量。各级监管部门要会同有关部门采取明察暗访、专项督查等方式，组织对安全、环境评价中介机构进行专项检查，重点督查出具的评价、检测检验报告质量和发现事故隐患的整改落实情况，对检查发现的问题要依法依规追究相关中介机构和从业人员的责任，并依法从重实施行政处罚。安全、环保等中介服务机构要进一步提升专业服务的责任意识、法制意识、自律意识，全面、客观、如实反映所服务的事项，杜绝重大疏漏和辨识错误，不断提升技术服务水平和质量，更有效地发挥中介服务机构在企业风险防控和隐患排查治理工作中的专业技术支撑作用。

(4) 严格落实部门监管职责，加强审批、执法全过程监管。属地政府各有关部门要按照"管行业必须管安全，管业务必须管安全、管生产经营必须管安全"的要求，认真履行职责，把好准入和监督关。各部门要结合自身监管职责，主动靠前，加强与相关部门的衔接，加强自身监管领域的安全风险形势研判，提高隐患辨识能力，切实把影响本地区安全生产形势稳定的突出问题和薄弱环节找出来。各部门要针对铝镁制品行业的隐患特点和产业特点，找出自己最不托底、容易忽视的单位和场所，制定针对性检查方案和整改措施，要切实把隐患辨识出来、整改下去。

12.9 典型案例九:"2·15"污染防治设施有限空间较大中毒事故

12.9.1 事故概况

2019年2月15日23时许,位于东莞市中堂镇吴家涌村庙水路12号的东莞市双洲纸业有限公司工作人员在进行污水调节池(事故应急池)清理作业时,发生一起气体中毒事故,造成7人死亡、2人受伤,直接经济损失约为人民币1200万元。

东莞市双洲纸业有限公司(以下简称"双洲纸业")成立于2002年4月4日,采用废纸为原料,年用量35万吨;辅料主要有:淀粉(年用量17500吨/年)、施胶剂(年用量526吨/年)、助流剂(年用量70吨/年)、硫酸铝(年用量700吨/年)。产品为瓦楞纸,年生产能力为32万吨。双洲纸业拥有2个生产车间(一车间和三车间),5条生产线,其中一车间3条生产线,三车间2条生产线。生产设备主要有3800型单长网纸机3台,4600型叠网纸机2台,180吨锅炉1台等。其中一车间和三车间各设有一套污水处理系统。该公司主要由造纸车间、制浆车间、熬胶车间、锅炉房、原料仓库、成品仓库和堆成废纸组成。图12-8为一车间平面布置示意图。

12.9.2 主要原因

12.9.2.1 直接原因

双洲纸业一车间污水处理班三组人员违章进入含有硫化氢气体的污水调节池内进行清淤作业,导致硫化氢中毒是本次事故的直接原因。双洲纸业污水调节池属于有限空间(见图12-9),相关人员进入有限空间违章作业的表现:一是作业前未采取通风措施,未对氧气、有毒有害气体(硫化氢)浓度进行检测;二是在作业过程中未采取有效通风措施,且未对有限空间作业面气体浓度进行连续检测;三是作业人员未佩戴隔绝式呼吸器(如长管式呼吸器或正压式空气呼吸器)

作业和便携式有毒气体报警仪。

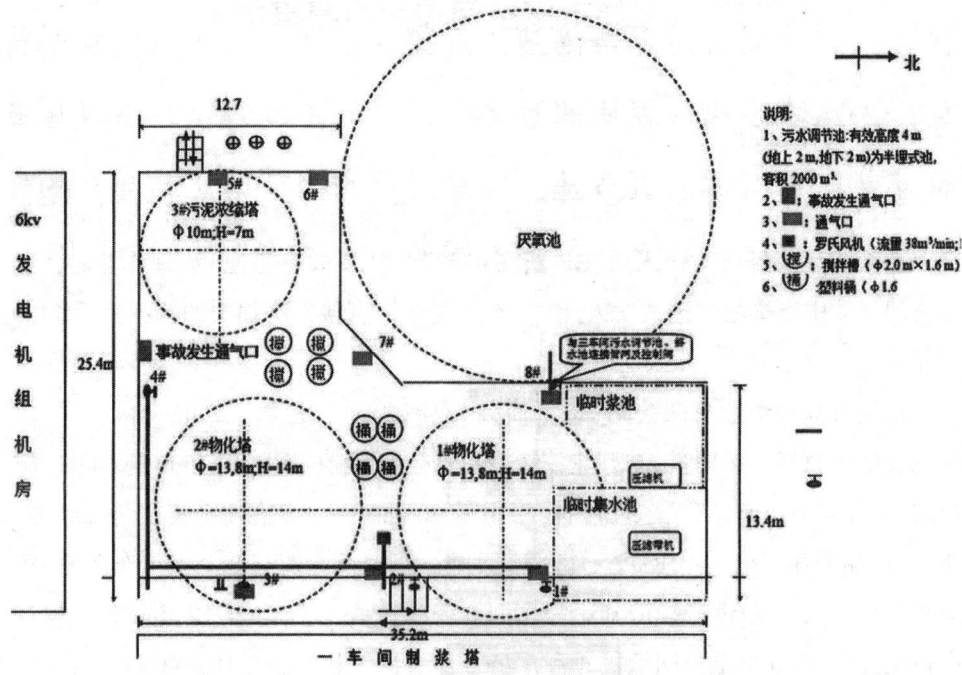

图 12-8　一车间平面布置图

图 12-9　事发现场照片

硫化氢气体的产生原因分析：污水调节池曝气不均匀，存在连片未曝气淤泥区形成厌氧环境，在硫酸盐还原菌的作用下生成的硫化氢裹挟于污泥中，清淤作业时消防高压水的剧烈扰动使硫化氢释放到池内空气中，浓度逐渐增高、扩散，达到人员致死浓度。

双洲纸业其他从业人员盲目施救导致事故伤亡扩大。参与应急救援的人员均不具备有限空间事故应急处置知识和能力，在对污水调节池内中毒人员施救时未做好自身安全防护，未配备必要的救援器材和器具(人员安全防护装备、通风装备、应急救援支架等)。

12.9.2.2 间接原因

(1)安全生产管理制度不落实。环保部主任在未履行有限空间作业审批手续、未确定有限空间作业安全监护人员、应急救援人员及其安全职责的情况下，违规组织7人分3组轮番下池实施清污作业，且未做到有限空间作业"先通风、再检测、后作业"的基本要求。

(2)有限空间作业安全隐患排查治理工作不落实。企业有限空间的数量、位置以及危险有害因素辨识不足；未能排查出有限空间作业存在违反作业审批制度、现场安全管理制度、安全操作规程等违章作业的安全隐患，未能排查出有限空间作业专项安全教育培训、应急救援预案编制及演练存在严重不足的问题。

(3)有限空间作业应急救援预案编制不完善、应急演练缺失。一是针对污水调节池有限空间作业编制的应急救援预案可操作性不足，未明确应急组织机构及职责、事故风险描述、预警及信息报告、应急响应、保障措施等方面内容；二是未曾对污水调节池等有限空间作业开展专项应急救援演练工作，未能保证相关人员具备应急处置能力。

(4)有限空间作业专项安全培训不到位。一是未做到作业人员全覆盖，未对作业人员进行专项安全培训；二是对部分有限空间作业人员进行的专项培训在检测仪器、劳动防护用品的正确使用，紧急情况下的应急处置措施及自救和互救知识等方面的培训缺失；三是安排未经培训教育合格的有限空间作业人员上岗作业。

12.9.3　应急救援处置

东莞市政府及相关部门、中堂镇政府及相关部门在获悉事故情况后,市主要领导及相关部门立即赶赴现场开展应急救援处置,对现场进行了勘查和保护,未造成次生事故。

政府部门采取的主要应急救援措施如下:

(1)接报事故信息后,中堂镇政府迅速启动了应急响应机制,组织消防、卫生、公安、安监、环保实施应急救援:一是迅速成立中堂镇"2·15"较大中毒事故处置工作指挥部,负责事故处置的组织领导和协调指挥;二是迅速安排救援组赶赴医院,协调伤者入住医院,全力救治伤员;三是迅速组建9个安抚专项小组,赶赴伤者所在医院,做好死伤者家属善后处置等工作。

(2)东莞市政府及相关部门开展应急救援。事故发生后,东莞市政府立即启动较大生产安全事故应急预案,迅速行动,第一时间组织力量全力救援、调查原因、防止次生事故发生。

12.9.4　经验启示(来源于事故调查报告)

12.9.4.1　主要教训

(1)涉事企业没有牢固树立安全发展理念,真正把安全放在首位。

双洲纸业没有落实安全生产主体责任,安全生产意识淡薄。如在进行有限空间作业时,相关责任人未履行审批手续,违章指挥,违背"先通风、再检测、后作业"的基本工作原则,罔顾安全。

(2)涉事企业对有限空间作业安全风险意识淡薄。

双洲纸业对自身存在的有限空间底数不清、危险因素辨识不足,对进入有限空间作业的风险认识不足,违章作业习以为常,未能吸取2018年大岭山镇"5·26"较大中毒事故血的教训,安全风险意识极为淡薄。

(3)涉事企业应急预案纸上谈兵、流于形式,应急处置不科学。

双洲纸业编制的应急救援预案,可操作性不强,为应付检查而编制,未明确应急组织机构及职责、事故风险描述、预警及信息报送、应急响应、保障措施等方面内容，未针对有限空间事故开展专项应急演练。本次事故中，作业人员应急救援杂乱无章，应急处置不科学、不合理，冒险救人，最终导致人员伤亡扩大。

(4) 职能部门安全监管缺乏行业针对性。

有限空间作业随意性、机动性较强，有些有限空间作业频次较低，给职能部门安全监管带来很大的难度。日常安全监管过程中，相关职能部门更多的是从安全生产主体责任落实情况、隐患排查治理台账资料齐全性等方面检查发现问题，提出整改要求，对有限空间作业审批情况、安全防护用品正确佩戴情况缺乏有针对性的监管措施，容易忽视对有限空间作业事故处置、紧急情况下人员撤离预案及演练等情况的监督检查，通过严格安全监管进而有效防范遏制事故的作用不明显。

12.9.4.2 防范措施

(1) 时刻绷紧安全生产这根弦。

各级有关部门、各企事业单位要牢固树立安全发展理念、红线意识、底线思维，按照上级关于安全生产工作的决策部署，时刻绷紧安全生产这根弦，始终保持清醒头脑，任何时候都不能麻痹大意；要真抓实干、务求实效，把"生命至上、安全第一"的理念贯穿到生产经营管理和各项社会活动的全过程，从根本上提高科学发展、安全发展水平，切实维护人民群众生命财产安全；要深刻吸取中堂镇"2·15"较大中毒事故的教训，举一反三，进一步落实安全生产责任，切实把稳安全生产基本盘、基本面。

(2) 深刻吸取教训，不折不扣落实企业主体责任。

双洲纸业要深刻汲取本次事故惨痛的教训：一是要立即组织开展全厂生产安全事故隐患排查，特别是要针对有限空间进行全面清查，不留死角，对发现的隐患和问题要登记造册，明确整改的措施及期限，落实具体责任人，并将整改落实情况上报中堂镇政府。二是要完善有限空间作业安全生产制度和规程，严格执行有限空间作业审批制度和操作规程，加强对有限空间作业场所危险性的辨识和对员工的安全教育培训，培训要有课件、有考核、有总结，务必确保从事有限空间作业人员熟知岗位风险，掌握岗位安全操作技能，杜绝违章操作和作业。三是要加大安全生产投入力度，严格按照有关法律法规规定，保证安全生产所必需的资金投入，配齐符合要求的个人安全防护装备。四是要加强应急救援演练，提高应急救援处置能力，双洲纸业要有针对性地编制有限空间作业发生事故情况下撤离疏散作业及影响范围内的人员应急预案，明确各级指挥人员职责，经常性地组织演练；一旦发生有限空间作业事故，现场负责人必须冷静组织施救，立即报警，救援人员应首先做好自身防护，借助应急救援装备，安全快速地将发生意外的人员救出有限空间。

(3) 压实属地监管责任，全面提升监管水平。

中堂镇要进一步落实安全生产责任制，全面推进事故整改及防范工作：一是要立即开展有限空间安全生产专项整治，对全镇有限空间进行全面、彻底的排查摸底，特别是要针对存在类似事故污水调节池的有限空间进行排查，登记造册，建立台账，明确责任单位及责任人。二是要根据《国务院安委会办公室关于实施遏制重特大事故工作指南全面加强安全生产源头管控和安全准入工作的指导意见》的要求，组织开展安全风险评估，深入排查整治各类风险点、危险源，深化隐患排查治理和专项安全整治，严厉打击、坚决查处安全生产违法违规行为，全面提升本质安全水平，坚决遏制较大以上事故发生。三是要提高认识，高度重视安全生产工作。中堂镇要按照《东莞市人民政府印发东莞市推进安全生产监管检查(巡查)全覆盖工作方案的通知》要求，针对行业监管部门力量薄弱、人手不足等问题，进一步充实应急管理部门执法力量，聘请专业人员参与有限空间的日常监管，提高监管的针对性和专业性。

(4) 持续深入开展有限空间作业安全专项整治。

各负有安全生产监督管理职责的部门要严格按照《东莞市人民政府关于印发东莞市推进安全生产监管检查(巡查)全覆盖工作方案的通知》的要求，认真履行"管行业必须管安全，管业务必须管安全，管生产经营必须管安全"的原则，积极履行行业安全监管职责，持续深入开展有限空间作业安全专项整治，对所有行业领域的有限空间排查整治、登记建档，明确每一处有限空间的事故风险、管理主体和监管部门。继续加强对有限空间作业安全的监督管理，增强监督检查的针对性，特别是对于易发事故隐患点及突出问题要采取强有力的措施督促企业落实整改,严厉打击安全生产非法违法行为,对忽视安全、隐患突出、存在安全生产违法违规行为的企业,该停产整顿的要坚决停产整顿,该关闭取缔的要坚决关闭取缔,该顶格处罚的要坚决顶格处罚,确保整治强力彻底、绝不姑息手软。市应急管理局要立即开展冶金工贸行业企业有限空间作业条件确认专项整治工作,准确掌握全市有限空间作业场所的底数和情况,建立完善监管台账,明确责任单位及责任人,进一步压实监管责任。督促企业落实有限空间作业安全主体责任,规范冶金等工贸行业企业有限空间作业行为,有效消除有限空间作业安全隐患,坚决遏制有限空间作业安全事故发生。

各镇街(园区)要深刻吸取近年来发生的有限空间中毒事故教训,按照有关工作部署,深化有限空间作业安全专项整治,聚焦"七不"实施更加精准、更加严格的安全生产监管执法。要继续加大安全生产投入力度,逐步提高安全生产检查巡查人员的工资待遇,确保队伍的稳定。要加强业务培训,提高安全生产检查巡查人员发现问题、解决问题的能力,切实解决有限空间作业安全监管最后一千米的问题。

(5)加强事故警示作用,增强安全防范意识。

中堂镇、市应急管理局要深刻吸取事故教训,策划拍摄事故警示片,警示片制作完成后,要在全市范围内进行播放,务必确保每家存在有限空间作业单位的全体人员都要观看,通过事故警示各单位进一步强化责任落实,防范类似事故发生。各镇街(园区)要做好警示片播放工作的检查、抽查,切实落实"四不放过"(即事故原因未查清不放过、责任人员未处理不放过、责任人和群众未受教育不放过、整改措施未落实不放过),对于未按要求观看事故警示片的,要依法依规加大执法检查和行政处罚的力度。各镇街(园区)、各有关部门要充分利用各种宣传媒介,大力宣传有限空间作业安全知识,举办专项培训,切实提升有限空间作业现场负责人、监护人员、作业人员和应急救援人员的安全意识和安全技能。定期开展有针对性的事故应急演练,提高作业人员的应急处置能力,提高应急救援的科学性和有效性,确保事故发生时,现场救援人员能冷静应对、规范处置,防止因救人心切、盲目入内施救,导致不必要的伤亡。

12.10 典型案例十："8·2"特别重大粉尘爆炸事故

12.10.1 事故概况

2014年8月2日7时34分，位于江苏省苏州市昆山市昆山经济技术开发区（以下简称昆山开发区）的昆山中荣金属制品有限公司（台商独资企业，以下简称中荣公司）抛光二车间（即4号厂房，以下简称事故车间）发生特别重大铝粉尘爆炸事故，当天造成75人死亡、185人受伤。依照《生产安全事故报告和调查处理条例》（国务院令第493号）规定的事故发生后30日报告期，共有97人死亡、163人受伤，直接经济损失3.51亿元。

国务院事故调查组认定，中荣公司"8·2"事故是一起特别重大责任事故。司法机关共对18人采取了强制措施，35人受党纪政纪处分。

12.10.2 应急救援

8月2日7时35分，昆山市公安消防部门接到报警，立即启动应急预案，第一辆消防车于8分钟内抵达，先后调集7个中队、21辆车辆、111人，组织了25个小组赴现场救援。8时03分，现场明火被扑灭，共救出被困人员130人。交通运输部门调度8辆公交车、3辆卡车运送伤员至昆山各医院救治。环境保护部门立即关闭雨水总排口和工业废水总排口，防止消防废水排入外环境，并开展水体、大气应急监测。安全监管部门迅速检查事故车间内是否使用危险化学品，防范发生次生事故。

12.10.3 事故原因

12.10.3.1 直接原因

事故车间除尘系统较长时间未按规定清理，铝粉尘集聚。除尘系统风机开启后，打磨过程产生的高温颗粒在集尘桶上方形成粉尘云。1号除尘器集尘桶锈蚀破损，桶内铝粉受潮，发生氧化放热反应，达到粉尘云的引燃温度，引发除尘系统及车间的系列爆炸。

因没有泄爆装置，爆炸产生的高温气体和燃烧物瞬间经除尘管道从各吸尘口喷出，导致全车间所有工位操作人员直接受到爆炸冲击，造成群死群伤。

由于一系列违法违规行为，整个环境具备了粉尘爆炸的五要素，引发爆炸。粉尘爆炸的五要素包括：可燃粉尘、粉尘云、引火源、助燃物、空间受限。

可燃粉尘：事故车间抛光轮毂产生的抛光铝粉，主要成分为88.3%的铝和10.2%的硅，抛光铝粉的粒径中位值为19微米，经实验测试，该粉尘为爆炸性粉尘，粉尘云引燃温度为500℃。事故车间、除尘系统未按规定清理，铝粉尘沉积。

粉尘云：除尘系统风机启动后，每套除尘系统负责的4条生产线共48个工位抛光粉尘通过一条管道进入除尘器内，由滤袋捕集落入集尘桶内，在除尘器灰斗和集尘桶上部空间形成爆炸性粉尘云。

引火源：集尘桶内超细的抛光铝粉，在抛光过程中具有一定的初始温度，比表面积大，吸湿受潮，与水及铁锈发生放热反应。除尘风机开启后，在集尘桶上方形成一定的负压，加速了桶内铝粉的放热反应，温度升高达到粉尘云引燃温度。

助燃物：在除尘器风机作用下，大量新鲜空气进入除尘器内，支持了爆炸发生。

空间受限：除尘器本体为倒锥体钢壳结构，内部是有限空间，容积约8立方米。

12.10.3.2 管理原因

12.10.3.2.1 中荣公司

中荣公司无视国家法律，违法违规组织项目建设和生产，是事故发生的主要原因。

(1) 厂房设计与生产工艺布局违法违规。事故车间厂房原设计建设为戊类，而实际使用应为乙类，导致一层原设计泄爆面积不足，疏散楼梯未采用封闭楼梯间，贯通上下两层。事故车间生产工艺及布局未按规定规范设计，是由林伯昌根据自己经验非规范设计的。生产线布置过密，作业工位排列拥挤，在每层1072.5

平方米车间内设置了16条生产线,在13米长的生产线上布置有12个工位,人员密集,有的生产线之间员工背靠背间距不到1米,且通道中放置了轮毂,造成疏散通道不畅通,加重了人员伤害。

(2)除尘系统设计、制造、安装、改造违规。事故车间除尘系统改造委托无设计安装资质的昆山菱正机电环保设备公司设计、制造、施工安装。除尘器本体及管道未设置导除静电的接地装置、未按《粉尘爆炸泄压指南》(GB/T 15605—2008)要求设置泄爆装置,集尘器未设置防水防潮设施,集尘桶底部破损后未及时修复,外部潮湿空气渗入集尘桶内,造成铝粉受潮,产生氧化放热反应。

(3)车间铝粉尘集聚严重。事故现场吸尘罩大小为500毫米×200毫米,轮毂中心距离吸尘罩500毫米,每个吸尘罩的风量为600立方米/小时,每套除尘系统总风量为28800立方米/小时,支管内平均风速为20.8米/秒。按照《铝镁粉加工粉尘防爆安全规程》(GB 17269—2003)规定的23米/秒支管平均风速计算,该总风量应达到31850立方米/小时,原始设计差额为9.6%。因此,现场除尘系统吸风量不足,不能满足工位粉尘捕集要求,不能有效抽出除尘管道内粉尘;同时,企业未按规定及时清理粉尘,造成除尘管道内和作业现场残留铝粉尘多,加大了爆炸威力。

(4)安全生产管理混乱。中荣公司安全生产规章制度不健全、不规范,盲目组织生产,未建立岗位安全操作规程,现有的规章制度未落实到车间、班组。未建立隐患排查治理制度,无隐患排查治理台账。风险辨识不全面,对铝粉尘爆炸危险未进行辨识,缺乏预防措施。未开展粉尘爆炸专项教育培训和新员工三级安全培训,安全生产教育培训责任不落实,造成员工对铝粉尘存在爆炸危险没有认知。

(5)安全防护措施不落实。事故车间电气设施设备不符合《爆炸和火灾危险环境电力装置设计规范》(GB 50058—1992)规定,均不防爆,电缆、电线敷设方式违规,电气设备的金属外壳未做可靠接地。现场作业人员密集,岗位粉尘防护措施不完善,未按规定配备防静电工装等劳动保护用品,进一步加重了人员伤害。

12.10.3.2.2 苏州市和昆山市相关政府部门(根据调查报告,内容有删减)

(1)苏州市、昆山市和昆山开发区安全生产红线意识不强、对安全生产工作重视不够,是事故发生的重要原因。

(2)安全监管部门。昆山市安全监管局对铝镁制品机加工企业安全生产专项治理工作不深入、不彻底,安全生产检查工作流于形式,多次对中荣公司进行安全检查均未能发现该公司长期存在粉尘超标可能引起爆炸的重大隐患,对中荣公司长期存在的事故隐患和安全管理混乱问题失察。

(3)公安消防部门。昆山市公安消防大队在中荣公司事故车间建筑工程消防设计审核、验收中未按照《建筑设计防火规范》(GB 50016—2022)发现并纠正设计部门错误认定火灾危险等级的问题,简化审核、验收程序不严格。

(4)环境保护部门。昆山开发区经济发展和环境保护局环境影响评价工作不落实,未发现和纠正中荣公司事故车间未按规定履行环境影响评价程序即开工建设、未按规定履行环保竣工验收程序即投产运行等问题。对中荣公司事故车间除尘系统技术改造未进行竣工验收、除尘系统设施设备不符合相关技术标准即投入运行等问题,监督检查不到位,未及时向上级环境保护部门报告组织验收,也未督促企业落实整改措施。对中荣公司事故车间的粉尘排放情况疏于检查,未对除尘设施设备是否符合相关技术标准及其运行情况进行检查。

(5)住房城乡建设部门。昆山开发区规划建设局对所属的利悦图审公司开发区办公室审查程序不规范、审查质量存在缺陷等问题失察,未按照《建筑设计防火规范》(GB 50016—2022)将厂房火灾危险类别核准为乙类,而是核准为戊类,审查把关不严。

12.10.3.2.3 中介服务机构

江苏省淮安市建筑设计研究院、南京工业大学、江苏莱博环境检测技术有限公司和昆山菱正机电环保设备有限公司等单位,违法违规进行建筑设计、安全评价、粉尘检测、除尘系统改造,对事故发生负有重要责任。

江苏省淮安市建筑设计研究院在未认真了解各种金属粉尘危险性的情况下,仅凭中荣公司提供的"金属制品打磨车间"的厂房用途,违规将车间火灾危险性类别定义为戊类。

南京工业大学出具的《昆山中荣金属制品有限公司剧毒品使用、储存装置安全现状评价报告》,在安全管理和安全检测表方面存在内容与实际不符问题,且未能发现企业主要负责人无安全生产资格证书和一线生产工人无职业健康检测表等事实。

江苏莱博环境检测技术有限公司未按照《工作场所空气中有害物质监测的采样规范》(GB/Z 159—2004)要求,未在正常生产状态下对中荣公司生产车间抛光岗位粉尘浓度进行检测即出具监测报告。

昆山菱正机电环保设备有限公司无设计和总承包资质,违规为中荣公司设计、制造、施工改造除尘系统,且除尘系统管道和除尘器均未设置泄爆口,未设置导除静电的接地装置,吸尘罩小、罩口多,通风除尘效果差。

12.10.4 防范措施(来源于事故调查报告)

12.10.4.1 严格落实企业主体责任 加强现场安全管理

各类粉尘爆炸危险企业不分内外资、不分所有制、不分中央地方、不分规模大小,必须遵守国家法律法规,把保护职工的生命安全与健康放在首位,坚决不能以牺牲职工的生命和健康为代价换取经济效益。必须坚决贯彻执行《安全生产法》《严防企业粉尘爆炸五条规定》(安全监管总局令第68号),认真开展隐患排查治理和自查自改,要按标准规范设计、安装、维护和使用通风除尘系统,除尘系统必须配备泄爆装置,一定要切记加强定时规范清理粉尘,使用防爆电气设备,落实防雷、防静电等技术措施,配备铝镁等金属粉尘生产、收集、储存防水防潮设施,加强对粉尘爆炸危险性的辨识和对职工粉尘防爆等安全知识的教育培训,建立健全粉尘防爆规章制度,严格执行安全操作规程和劳动防护制度。

12.10.4.2 加大政府监管力度 强化开发区安全监管

各地区特别是江苏省、苏州市、昆山市都要深刻吸取事故教训,认真落实党的十八届四中全会关于全面推进依法治国的决定要求,强化依法治安,建立健全"党政同责、一岗双责、齐抓共管"的安全生产责任体系,落实安全发展,坚持安全第一,切实解决好安全生产在地方经济建设和社会发展中的"摆位"问题,坚守安全生产"红线"。招商引资、上项目要严把安全生产关,对达不到安全条件的企业,坚决淘汰退出;要严厉打击企业非法违法行为,保护员工健康与安全;要切实理顺开发区安全监管体制,建立健全安全监管机构,加强基层执法力量；要切实解决对开发区安全生产违法违规企业放松监管、大开绿灯、听之任之的问题，严防安全监管"盲区"。要提高安全监管人员的专业素质，提高履职能力，加强企业承担社会责任制度建设，研究探索政府购买服务的方式，引入和培育第三方专业安全管理力量，指导企业加强安全管理，帮助基层和企业解决安全生产难题。

12.10.4.3　落实部门监管职责　严格行政许可审批

各地区特别是江苏省、苏州市、昆山市各有关部门要按照"管行业必须管安全"的要求，认真履行职责，把好准入和监督关。安全监管部门要准确掌握存在粉尘爆炸危险企业的底数和情况；加强安全培训工作，认真落实专项治理和检查，严格执法，监督企业及时消除隐患。公安消防部门要在消防设计审核、消防验收中依法依规核定厂房的火灾危险性分类，依法对易燃易爆企业开展消防监督检查，督促企业落实消防安全主体责任，坚决依法查处火灾隐患和消防违法行为。环境保护部门要严格落实环境影响评价各项工作要求，严把除尘系统项目技术标准和竣工验收关，加强对粉尘排放情况的检查监测。住房城乡建设部门要规范厂房建设项目审查程序，严格审批和备案。有关部门要加强对中介机构的监管，确保中介机构合法合规地开展建设项目设计、安全评价、环境检测等业务，对弄虚作假和违法违规行为坚决查处，发挥好中介机构的支撑作用。

12.10.4.4　深刻吸取事故教训　强化粉尘防爆专项整治

各地区特别是江苏省、苏州市、昆山市及其有关部门要认真开展粉尘防爆专项整治工作，对辖区内存在粉尘爆炸危险的企业进行全面排查，摸清企业基本情况，建立基础台账，将《严防企业粉尘爆炸五条规定》宣贯到每个企业。要与"六打六治"打非治违专项行动紧密结合，借助专业力量，采取"四不两直"的方式深入企业检查，重点查厂房、防尘、防火、防水、管理制度和泄爆装置、防静电措施等内容，及时消除安全隐患，确保专项治理取得实效。对违法违规和不落实整改措施的企业要列入"黑名单"并向社会公开曝光，严格落实停产整顿、关闭取缔、上限处罚和严厉追责的"四个一律"执法措施，集中处罚一批、停产一批、取缔一批典型非法违法企业。

12.10.4.5 加强粉尘爆炸机理研究 完善安全标准规范

学习借鉴国外先进方法，建立粉尘特性参数数据库，为修订不同类型可燃性粉尘安全技术标准、粉尘爆炸预防提供科学依据；加强与国际劳工组织及发达国家相关研究机构交流，制定出台《铝镁制品机械加工防爆安全技术规范》等标准规范；加强对可燃性粉尘企业生产工艺、安全生产条件、安全监管等基础情况的调查研究，建立可燃性粉尘重点监管目录，提出涉及可燃性粉尘企业安全设施技术指导意见；推广采用湿法除尘工艺和机械自动化抛光技术，提高企业本质安全水平，有效预防和坚决遏制重特大粉尘爆炸事故发生。

参 考 文 献

[1] 黄小武. 环境应急管理. 武汉：中国地质大学出版社有限公司，2011.

[2] 田为勇等. 突发环境事件应急管理制度学习读本. 北京：中国环境出版社，2015.

[3] Gay Woodside Dianna Kocurek 著，毛海峰等，译. 环境、安全与健康工程. 北京：化学工业出版社，2006.

[4] 姬振海. 环境安全论. 北京：人民出版社，2011.

[5] 郭振仁，张剑鸣，李文禧. 突发性环境污染事故防范与应急. 北京：中国环境科学出版社，2006.

[6] 韩世奇，韩燕晖. 危险化学品生产安全与应急救援. 北京：化学工业出版社，2008.

[7] 孙超，佟瑞鹏. 企业环境污染事故应急手册. 北京：中国劳动社会保障出版社，2008.

[8] 霍然，杨振宏，柳静献. 火灾爆炸预防控制工程学. 北京：机械工业出版社，2007.